“十二五”职业教育国家规划教材
经全国职业教育教材审定委员会审定

电机与控制

李贤温　主编
祝木田　林毓梁　滕春梅　副主编

化学工业出版社
·北京·

本书紧密结合工厂实际，以项目为载体，以工作任务为目标，重组和优化教学内容，构建以工作为目的、职业能力提高为本位的教学案例。本书紧扣岗位职业能力标准，按照岗位职业能力、职业素质的培养要求，打破以讲解理论为主的编写模式，将知识点融入案例和任务中，学训结合，工学结合，实用性强。

全书共分8个学习情境，主要包括：常用低压电器的选用、直流电动机控制、三相交流异步电动机启动与反转、三相交流异步电动机调速与制动、单相交流异步电动机控制、特种电机控制、普通机床电路分析与故障排除、特殊机械电路分析与故障排除。

本书可作为高职高专院校电气自动化技术、机电一体化技术、数控技术等相关专业的教学用书，也可作为非电专业的教学参考用书，还可作为从事电机控制、电力传动等有关人员自学或培训用书。

图书在版编目（CIP）数据

电机与控制/李贤温主编．—北京：化学工业出版社，2014.6（2025.2重印）
“十二五”职业教育国家规划教材
ISBN 978-7-122-20342-7

Ⅰ.①电…　Ⅱ.①李…　Ⅲ.①电机-控制系统-职业教育-教材　Ⅳ.①TM301.2

中国版本图书馆CIP数据核字（2014）第071596号

责任编辑：王听讲　　文字编辑：闫　敏
责任校对：宋　玮　　装帧设计：韩　飞

出版发行：化学工业出版社（北京市东城区青年湖南街13号　邮政编码100011）
印　　装：北京科印技术咨询服务有限公司数码印刷分部
787mm×1092mm　1/16　印张18¼　字数511千字　2025年2月北京第1版第3次印刷

购书咨询：010-64518888　　售后服务：010-64518899
网　　址：http://www.cip.com.cn
凡购买本书，如有缺损质量问题，本社销售中心负责调换。

定　　价：48.00元

前　言

“电机与控制”是电气设备中应用非常广泛的技术，特别是在工业生产、农业生产、军事等自动控制领域得到广泛的应用。这些领域需要大量的能胜任电气控制设备安装、调试、维护、维修等岗位的高技能性人才。

为了满足这些领域岗位的需要，电气自动化技术及相关专业都开设了电机与控制技术、电机与拖动、电力与传动等类似课程。电机与控制是在电工电子技术、机械与电气制图等课程的基础上开设的一门核心课程。

通过这门课的学习，可为后续课程：单片机应用技术、可编程控制器技术、自动化生产线设备维修技术、电器运行与维护技术、电气设备检修技术等课程的学习起到衔接的作用。学完后，学生可具备从事电气控制设备及相关工作的运行、安装、调试与维护的能力；具备电气产品生产现场的设备操作、产品测试和生产管理的能力；具备工程项目的电气设备施工、维护和技术服务的能力；具备电气类产品的营销与售后服务的能力；具备生产一线从事技术、技术管理、操作、维护检修及质检管理等方面的能力。

为了使学生学好这些课程，我们根据高职“十二五”《高等职业学校专业教学标准（试行）》以项目为载体，以工作任务为目标，重组和优化课程内容，编写了这本工学结合的《电机与控制》项目化教材。本教材是“电机与电气控制技术课程改革与实践”课题的研究成果。本书还聘请了企业具有工作经验的工程师参加编写。

本教材共分8个学习情境，主要包括如下内容：

1. 常用低压电器的选用：主要介绍常用开关、熔断器、接触器和继电器的类型、结构、原理、特性和选用。

2. 直流电动机控制：主要介绍直流电动机的启动、正反转、调速和制动电路的分析。

3. 三相交流异步电动机启动与反转：主要介绍三相交流异步电动机启动和反转电路的分析。

4. 三相交流异步电动机调速与制动：主要介绍三相交流异步电动机调速和制动电路的分析。

5. 单相交流异步电动机控制：主要介绍单相交流异步电动机的启动、正反转和调速电路的分析。

6. 特种电机控制：主要介绍伺服电动机、测速发电机、步进电动机、直线电动机、微型同步电动机和自整角机的类型、结构、特性和选用。

7. 普通机床电路分析与故障排除：主要介绍普通车床、普通钻床、普通磨床和普通铣床的结构、用途、控制线路、常见故障分析与排除。

8. 特殊机械电路分析与故障排除：主要介绍桥式起重机、注塑机和电梯的结构、用途、电气控制、常见故障分析与排除。

本教材具有如下特点：

1. 以项目、任务和案例的形式进行知识学习。

2. 能力的训练主要通过自己动手、分析问题、解决问题、完成任务得到提高。

3. 每一个学习情境的内容都由多个项目组成，每个项目由多个任务或案例构成。

4. 每个项目的后面有问题与思考和知识链接，每个任务后面安排了自己动手内容。

5. 本教材有配套的相应课件。我们将为使用本书的教师免费提供电子教案等教学资源，需要者可以到化学工业出版社教学资源网站 http://www.cipedu.com.cn 免费下载使用。

本书可作为高等职业院校电气自动化技术、机电一体化技术、数控技术等相关专业的教学用书，也可作为非电专业的教学参考用书，还可作为从事电机控制、电力传动等有关人员或培训人员的参考用书。

本书由淄博职业学院李贤温教授担任主编并统稿，淄博职业学院祝木田、山东职业学院林毓梁和淄博职业学院滕春梅担任副主编，参与编写的还有淄博万营制药设备有限公司李小鹏、科汇电气有限公司王相安、山东理工大学张术环、山东水利技师学院范瑞波、山东商业职业技术学院李佩禹、山东工业职业学院牛同训。国家教学名师曾照香对本书进行了审定，我们在编写过程中还参考了许多相关资料。在此，对参与编写的有关人员、提出宝贵意见的人员和参考资料的相关作者，表示衷心的感谢。

本书虽然经过多次修改完善、校对和审定，但是由于时间和水平原因，教材中可能有错漏或不妥，希望使用本教材的教师或学生或其他人员提出宝贵的意见，以便今后修改、完善和提高。

编者

2014 年 9 月

目　　录

情境1　常用低压电器的选用

情境2　直流电动机控制

情境3　三相交流异步电动机启动与反转

情境4　三相交流异步电动机调速与制动

情境5 单相交流异步电动机控制

情境6 特种电机控制

情境7 普通机床电路分析与故障排除

情境 8　特殊机械电路分析与故障排除

情境1　常用低压电器的选用

【教学提示】

教	知识重点	(1)普通开关的结构、符号、型号及意义 (2)熔断器的结构、符号、型号及意义 (3)接触器的结构、符号、型号及意义 (4)继电器的结构、符号、型号及意义
	知识难点	普通开关、熔断器、接触器、继电器的选用与故障排除
	推荐教学方式	从任务入手，从实物出发，边讲边学
	建议学时	10学时
学	推荐学习方法	自己先预习，不懂的地方作出记录，查资料，听老师讲解；在老师指导下做些拆装练习和实验，但不要盲目通电
	需要掌握的知识	(1)普通开关的结构、符号、型号及意义 (2)熔断器的结构、符号、型号及意义 (3)接触器的结构、符号、型号及意义 (4)继电器的结构、符号、型号及意义
	需要掌握的技能	(1)正确选用普通开关、熔断器、接触器、继电器 (2)正确处理普通开关、熔断器、接触器、继电器的常见故障

低压电器是一种能根据外界的信号和要求，手动或自动地接通、断开电路，以实现对电路或非电对象的切换、控制、保护、检测、变换和调节的元件或设备。控制电器按其工作电压的高低，以交流1200V、直流1500V为界，可划分为高压控制电器和低压控制电器两大类。

低压电器可以分为配电电器和控制电器两大类，是成套电气设备的基本组成元件。在工业、农业、交通、国防以及用电部门中，大多数采用低压电路。

低压电路中常用的低压电器主要有开关、熔断器、接触器、继电器等控制电器。

【学习目标】

(1) 学习普通开关的类型、结构、符号、型号及意义、选用和故障排除。

(2) 学习熔断器的类型、结构、符号、型号及意义、选用和故障排除。

(3) 学习接触器的类型、结构、符号、型号及意义、选用和故障排除。

(4) 学习继电器的类型、结构、符号、型号及意义、选用和故障排除。

项目1　开关的选用

【项目描述】

主要学习开关的类型、结构、用途和选用。

【项目内容】

开关是指一个可以使电路开路、使电流中断或使其流到其他电路的电子元件。最常见的开关是让人操作的机电设备，其中有一个或数个电气接点。接点的"闭合"(closed)表示电气接点导通，允许电流流过；开关的"开路"(open)表示电气接点不导通形成开路，不允许电流流过。

开关是一种配电电器，在电气控制系统中开关通常用于电源隔离，有时也可用于不频繁接通和断开小电流配电电路或直接控制小容量电动机的启动和停止。

开关的种类很多，电气控制系统中常用的开关主要有刀开关、组合开关等。

任务1　刀开关的选用

刀开关的种类也很多，通常将刀开关和熔断器合二为一，组成具有一定接通和分断能力和短路分断能力的开关，其短路分断能力由开关中熔断器的分断能力来决定。

在电气控制系统中，使用最为广泛的有胶壳刀开关、铁壳刀开关。

1. 胶壳刀开关的选用

胶壳刀开关也称为开启式负荷开关，是一种结构简单、应用广泛的手动隔离开关。主要用作电源隔离和小容量电动机不频繁启动与停止的控制电器。

隔离开关是指不承担接通和断开电流任务，将电路与电源隔开，以保证检修人员检修时安全的开关。

(1) 胶壳刀开关的组成

胶壳刀开关由操作手柄、熔丝、静触点（触点座）、动触点（触刀片）、瓷底座和胶盖组成。胶盖使电弧不致飞出灼伤操作人员，防止极间电弧短路；熔丝对电路起短路保护作用。胶壳刀开关外形及结构如图 1-1 所示。

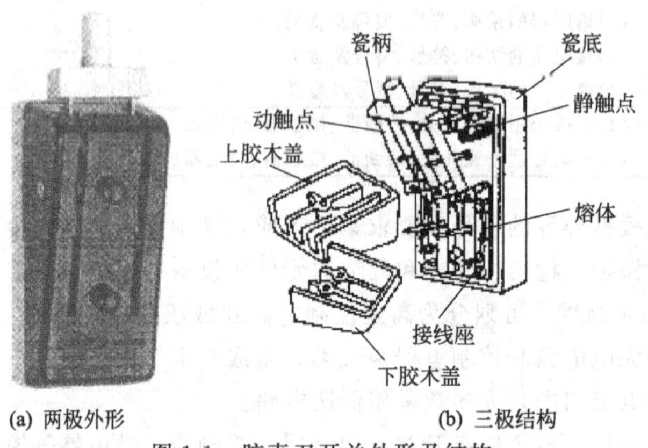

(a) 两极外形　(b) 三极结构

图 1-1　胶壳刀开关外形及结构

(2) 胶壳刀开关图形符号及文字符号

胶壳刀开关有两极（两刀）式和三极（三刀）式，图形符号及文字符号如图 1-2 所示。

(3) 胶壳刀开关的型号及意义

胶壳刀开关的型号及意义如图 1-3 所示。

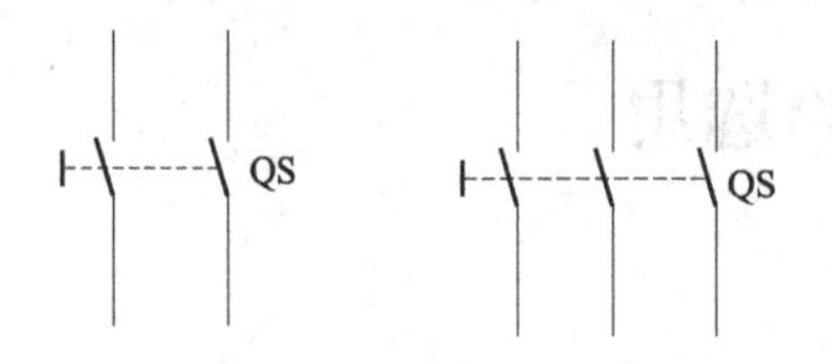

图 1-2　胶壳刀开关图形符号及文字符号

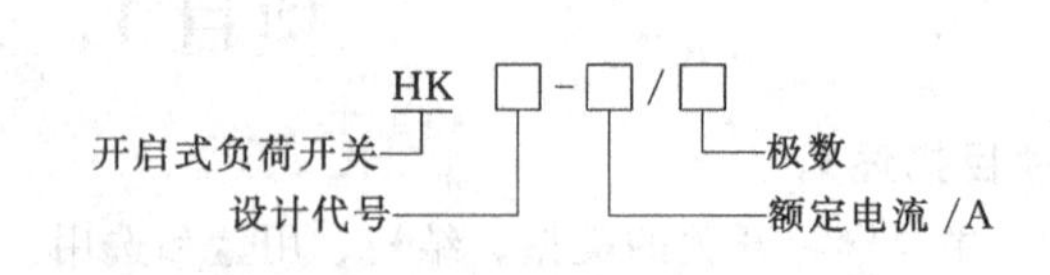

图 1-3　胶壳刀开关型号及意义

(4) 胶壳刀开关的选择

① 额定电压选择。刀开关的额定电压要大于或等于电路实际的最高电压。

② 额定电流选择。当作为隔离开关使用时，刀开关的额定电流要等于或稍大于电路实际的工作电流。当直接用其控制小容量（小于 5.5kW）电动机的启动和停止时，则需要选择电流容量比电动机额定值大些。

(5) 胶壳刀开关的安装与使用

① 胶壳刀开关安装时，手柄要向上，不得倒装或平装。因为倒装时，手柄有可能因为振动而

自动下落造成误合闸，另外分闸时可能电弧灼手。

② 接线时，应将电源线接在上端（静触点），负载线接在下端（动触点），这样，拉闸后刀开关与电源隔离，便于更换熔丝。

③ 操作时，拉闸与合闸要迅速，一次拉合到位。

④ 胶壳刀开关不适合用来直接控制 5.5kW 以上交流电动机。

（6）胶壳刀开关常见故障及处理

胶壳刀开关的常见故障及处理方法见表 1-1。

表 1-1　胶壳刀开关的常见故障及处理方法

序号	故障现象	可能原因	处理方法
1	开关手柄转动失灵	(1)定位机械损坏 (2)触刀固定螺钉松脱	(1)检查后更换 (2)拧紧固定螺钉
2	夹座(静触头)过热或烧坏	(1)夹座表面烧毛 (2)闸刀与夹座压力不足 (3)负载过大	(1)用细锉修整夹座 (2)调整夹座压力 (3)减轻负载或更换大容量开关

2. 铁壳刀开关的选用

铁壳刀开关也称为封闭式负荷开关，主要用于配电电路，作电源开关、隔离开关和应急开关之用；在控制电路中，也可用于不频繁启动 28kW 以下交流电动机。

（1）铁壳刀开关的组成

铁壳刀开关由钢板外壳、动触点、触刀、静触点（夹座）、储能操作机构、熔断器及灭弧机构等组成。图 1-4 所示为铁壳刀开关结构图。铁壳刀开关的图形符号及文字符号与胶壳刀开关相同。

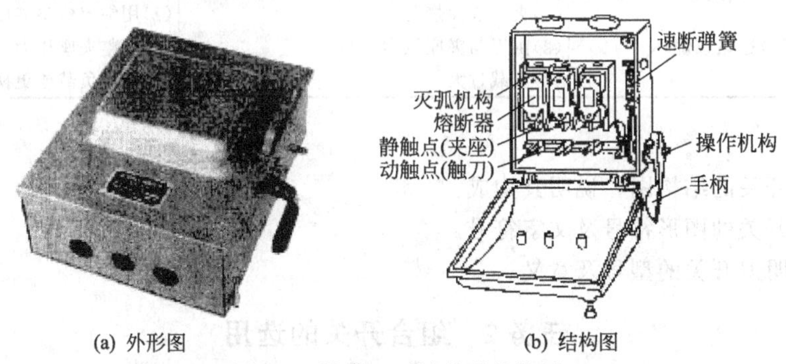

图 1-4　铁壳刀开关外形结构图

铁壳刀开关的操作机构有以下特点：一是采用储能合、分闸操作机构，当扳动操作手柄时，通过弹簧储存能量，当操作手柄扳动到一定位置时。弹簧储存的能量瞬间爆发出来、推动触点迅速合闸、分闸，因此触点动作的速度很快，并且与操作速度无关。二是具有机械联锁，当铁盖打开时不能进行合闸操作：而合闸后不能打开铁盖，具有较高的安全性。

（2）铁壳刀开关的图形符号及文字符号

图 1-5 所示为三极式铁壳刀开关的图形符号及文字符号，与胶壳刀开关的一样。

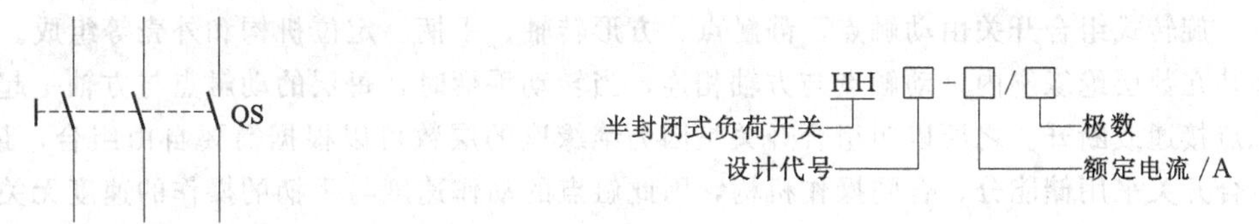

图 1-5　三极式铁壳刀开关图形符号及文字符号　　图 1-6　铁壳刀开关型号及意义

(3) 铁壳刀开关的型号及意义

铁壳刀开关的型号及意义如图 1-6 所示。

(4) 铁壳刀开关的选择

由于铁壳刀开关其结构上的特点，铁壳刀开关的断流能力比相同电流容量的胶壳刀开关要大得多，因此在电流容量的选择上与胶壳刀开关有所区别。

① 作为隔离开关或控制电热、照明等电阻性负载时，其额定电流等于或稍大于负载的额定电流即可。

② 用于控制电动机启动和停止时，其额定电流可按大于或等于两倍电动机额定电流选取。

(5) 铁壳刀开关的安装与使用

① 铁壳刀开关安装时，手柄要向上，不得倒装或平装。因为倒装时，手柄有可能因为振动而自动下落造成误合闸，另外分闸时可能电弧灼手。

② 接线时，应将电源线接在上端（静触点），负载线接在下端（动触点），这样，拉闸后刀开关与电源隔离，便于更换熔丝。

③ 操作时，拉闸与合闸要迅速，一次拉合到位。

(6) 铁壳刀开关常见故障及处理

铁壳刀开关的常见故障及处理方法见表 1-2。

表 1-2 铁壳刀开关的常见故障及处理方法

序号	故障现象	可能原因	处理方法
1	操作手柄带电	(1)外壳未接地或接地线松脱 (2)电源进出线绝缘损坏碰壳	(1)检查后,加固接地导线 (2)更换导线或恢复绝缘
2	夹座(静触头)过热或烧坏	(1)夹座表面烧毛 (2)闸刀与夹座压力不足 (3)负载过大	(1)用细锉修整夹座 (2)调整夹座压力 (3)减轻负载或更换大容量开关

【自己动手】

(1) 画出刀开关的结构图，说明其构成。

(2) 写出刀开关的图形符号及文字符号。

(3) 举例说明刀开关的型号及意义。

任务 2 组合开关的选用

组合开关又称转换开关，它实质上是一种特殊的刀开关，只不过一般刀开关的操作手柄是在垂直于安装面的平面内向上或向下转动，而组合开关的操作手柄则是在平行于其安装面的平面内向左或向右转动而已。它具有多触点、多位置、体积小、性能可靠、操作方便、安装灵活等特点。但它没有短路保护装置。在电气控制系统中，一般用作电源引入开关或电路功能切换开关，也可直接用于控制 5kW 及以下的小容量交流电动机的不频繁操作。常用的组合开关主要有旋转式、倒顺式和万能式等类型。

1. 旋转式组合开关的选用

(1) 旋转式组合开关的组成

旋转式组合开关由动触点、静触点、方形转轴、手柄、定位机构和外壳等组成。它的触点分别叠装在数层绝缘座内，动触点与方轴相连，当转动手柄时，每层的动触点与方轴一起转动，使动静触点接通或断开。之所以叫组合开关是因为绝缘座的层数可以根据需要自由组合，最多可达六层。组合开关采用储能分、合闸操作机构，因此触点的动作速度与手柄的操作的速度无关，可使触头快速闭合或分断，从而提高了开关的通断能力。

图 1-7 所示为旋转式组合开关的外形和结构示意图。

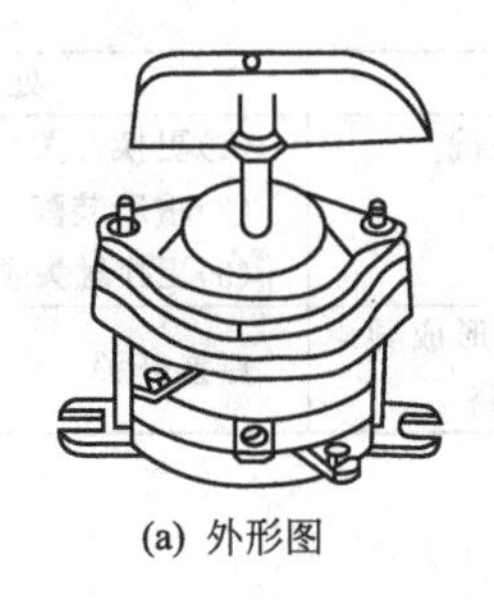

(a) 外形图

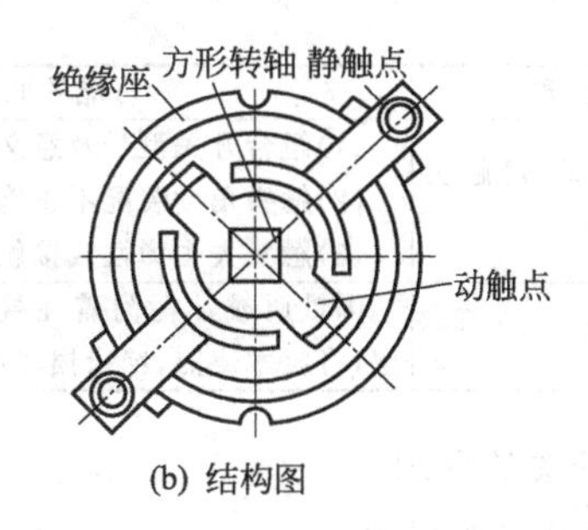

(b) 结构图

图 1-7　旋转式组合开关外形结构图

(2) 旋转式组合开关的图形符号及文字符号

图 1-8 所示为旋转式组合开关的图形符号及文字符号。

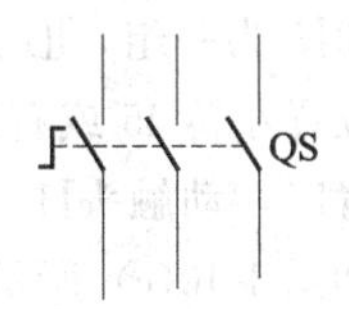

图 1-8　旋转式组合开关图形符号及文字符号

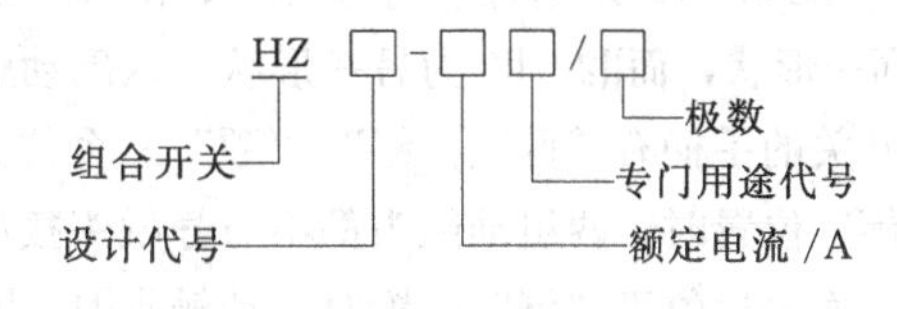

图 1-9　旋转式组合开关型号及意义

(3) 旋转式组合开关的型号及意义

如图 1-9 所示，为旋转式组合开关的型号及意义。

(4) 旋转式组合开关的选择

① 用于一般照明、电热电路，其额定电流应大于或等于被控电路的负载电流总和。

② 当用作设备电源引入开关时，其额定电流稍大于或等于被控电路的负载电流总和。

③ 当用于直接控制电动机时，其额定电流一般可取电动机额定电流的 2～3 倍。

(5) 旋转式组合开关的安装与使用

① HZ10 系列组合开关应安装在控制箱（或壳体）内，其操作手柄最好在控制箱的前面或侧面。开关为断开状态时应使手柄在水平旋转位置。HZ3 系列组合开关在外壳上的接地螺钉应可靠接地。

② 若需在箱内操作，开关最好装在箱内右上方，并且在它的上方不安装其他电器，否则应采取隔离或绝缘措施。

③ 组合开关的通断能力较低，不能用来分断故障电流。用于控制异步电动机的正反转时，必须在电动机完全停止转动后才能反向启动。且每小时的接通次数不能超过 15～20 次。

④ 当操作频率过高或负载功率因数较低时，应降低开关的容量使用，以延长其使用寿命。

⑤ 倒顺开关接线时，应将开关两侧进出线中的一相互换，并看清开关接线端标记，切忌接错，以免产生电源两相短路故障。

(6) 旋转式组合开关的常见故障及处理

如表 1-3 所示，为旋转式组合开关常见故障及处理方法。

表 1-3　旋转式组合开关常见故障及处理方法

序号	故障现象	可能的原因	处理方法
1	手柄转动后，内部触头未动	(1)手柄上的轴孔磨损变形 (2)绝缘杆变形(由方形磨为圆形) (3)手柄与方轴，或轴与绝缘杆配合松动 (4)操作机构损坏	(1)调换手柄 (2)更换绝缘杆 (3)紧固松动部件 (4)修理更换

续表

序号	故障现象	可能的原因	处理方法
2	手柄转动后，动、静触头不能按要求动作	(1)组合开关型号及意义选用不正确 (2)触头角度装配不正确 (3)触头失去弹性或接触不良	(1)更换开关 (2)重新装配 (3)更换触头或清除氧化层或污染
3	接线柱间短路	因铁屑或油污附着在接线柱间，形成导电层，将胶木烧焦，绝缘损坏而形成短路	更换开关

2. 倒顺式组合开关的选用

(1) 倒顺式组合开关的组成

倒顺式组合开关是专为控制小容量交流电动机的正反转而设计生产的，如HZ3-132型倒顺式组合开关，俗称倒顺开关或可逆转换开关，其结构如图1-10所示。开关的两边各装有三副静触头，右边标有符号L1、L2和W，左边标有符号U、V和L3。转轴上固定着六副不同形状的动触头，其中Ⅰ1、Ⅰ2、Ⅰ3和Ⅱ1是同一形状，而Ⅱ2、Ⅱ3为另一形状，六副动触头分成两组，Ⅰ1、Ⅰ2和Ⅰ3为一组，Ⅱ1、Ⅱ2和Ⅱ3为另一组。开关的手柄有“倒”、“停”、“顺”三个位置，手柄只能从“停”位置左转45°或右转45°。当手柄位于“停”位置时，两组动触头都不与静触头接触；手柄位于“顺”位置时，动触头Ⅰ1、Ⅰ2、Ⅰ3与静触头接通，而手柄位于“倒”位置时，动触头Ⅱ1、Ⅱ2、Ⅱ3与静触头接通，如图1-10(c)所示。触头的通断情况见表1-4。表中“×”表示触头接通，空白处表示触头断开。

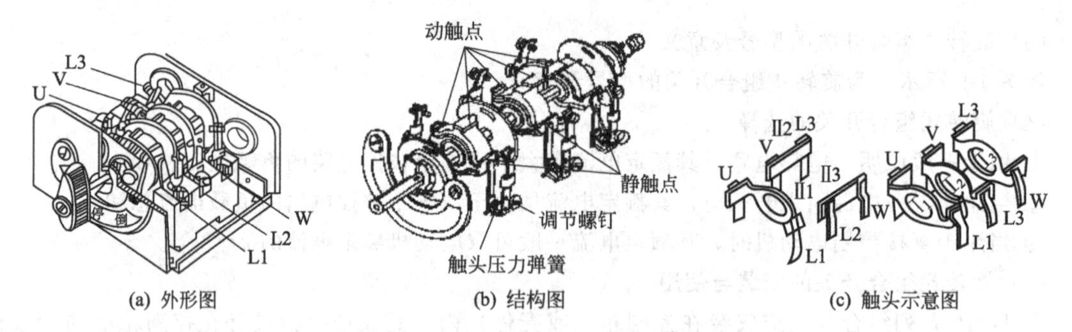

(a) 外形图 (b) 结构图 (c) 触头示意图

图1-10 倒顺式组合开关外形结构图

表1-4 倒顺式组合开关触头分合表

触头	手柄位置		
	倒	停	顺
L1-U	×		×
L2-W	×		
L3-V	×		
L2-V			×
L3-W			×

(2) 倒顺式组合开关的图形符号及文字符号

图1-11所示为倒顺式组合开关的图形符号及文字符号。

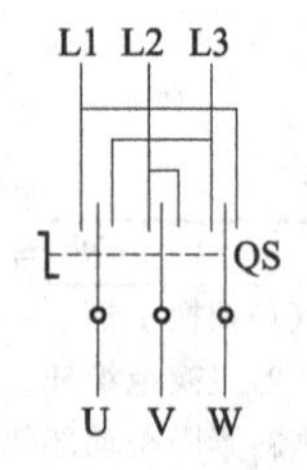

图1-11 倒顺式组合开关图形符号及文字符号

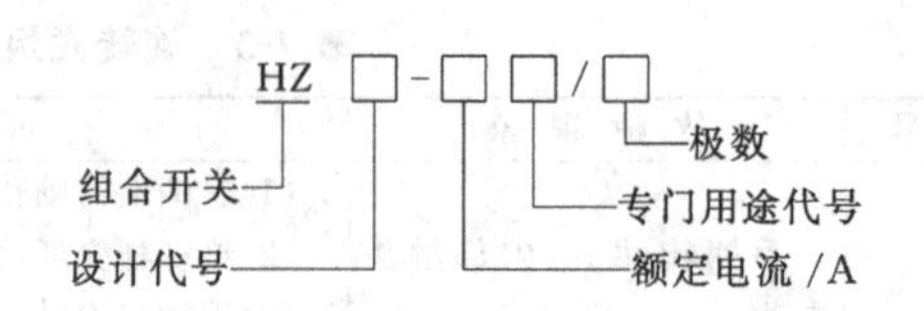

图1-12 倒顺式组合开关型号及意义

(3) 倒顺式组合开关的型号及意义

图 1-12 所示为倒顺式组合开关的型号及意义。

(4) 倒顺式组合开关的选择

① 用于一般照明、电热电路，其额定电流应大于或等于被控电路的负载电流总和。

② 当用作设备电源引入开关时，其额定电流稍大于或等于被控电路的负载电流总和。

③ 当用倒顺式组合开关直接控制电动机时，其额定电流一般可取电动机额定电流的 2～3 倍。

(5) 倒顺式组合开关的安装与使用

① 倒顺式组合开关应安装在控制箱（或壳体）内，其操作手柄最好在控制箱的前面或侧面。开关为断开状态时应使手柄在下方位置。组合开关在外壳上的接地螺钉应可靠接地。

② 若需在箱内操作，倒顺式组合开关最好装在箱内右上方，并且在它的上方不安装其他电器，否则应采取隔离或绝缘措施。

③ 倒顺式组合开关的通断能力较低，不能用来分断故障电流。用于控制异步电动机的正反转时，必须在电动机完全停止转动后才能反向启动。且每小时的接通次数不能超过 15～20 次。

④ 当操作频率过高或负载功率因数较低时，应降低开关的容量使用，以延长其使用寿命。

⑤ 倒顺式组合开关接线时，应将开关两侧进出线中的一相互换，并看清开关接线端标记，切忌接错，以免产生电源两相短路故障。

(6) 倒顺式组合开关常见故障及处理

倒顺式组合开关的常见故障及处理方法见表 1-5 所示。

表 1-5 倒顺式组合开关常见故障及处理

序号	故障现象	可能的原因	处理方法
1	手柄转动后，内部触头未动	(1)手柄上的轴孔磨损变形 (2)绝缘杆变形(由方形磨为圆形) (3)手柄与方轴，或轴与绝缘杆配合松动 (4)操作机构损坏	(1)调换手柄 (2)更换绝缘杆 (3)紧固松动部件 (4)修理更换
2	手柄转动后，动、静触头不能按要求动作	(1)组合开关型号及意义选用不正确 (2)触头角度装配不正确 (3)触头失去弹性或接触不良	(1)更换开关 (2)重新装配 (3)更换触头或清除氧化层或污染
3	接线柱间短路	因铁屑或油污附着在接线柱间，形成导电层，将胶木烧焦，绝缘损坏而形成短路	更换开关

3. 万能式组合开关的选用

万能式组合开关主要用作控制电路的转换或功能切换，电气测量仪表的转换以及配电设备（高压油断路器、低压空气断路器等）的远距离控制，亦可用于控制伺服电机和其他小容量电动机的启动、换向以及变速等。因为这种开关触点数量较多，因此可同时控制多条控制电路，用途较广，故称为万能式组合开关。

(1) 万能式组合开关的基本结构

万能式组合开关由触点系统、操作机构、转轴、手柄、定位机构等主要部件组成，用螺栓组装成整体。图 1-13 所示为典型的万能式组合开关的结构图。

① 触点系统。由许多层接触单元组成，最多可达 20 层。每一接触单元有 2～3 对双断点触点安装在塑料压制的触点底座上，触点由凸轮通过支架驱动，每一断点设置隔弧罩以限制电弧，增加其工作的可靠性。

② 定位机构。一般采用滚轮卡棘轮辐射型结构，其优点是操作轻便、定位可靠并有一定的速动作用，有利于提高触点分断能力。定位角度不完全相同，由具体的系列规定，一般分为 30°、

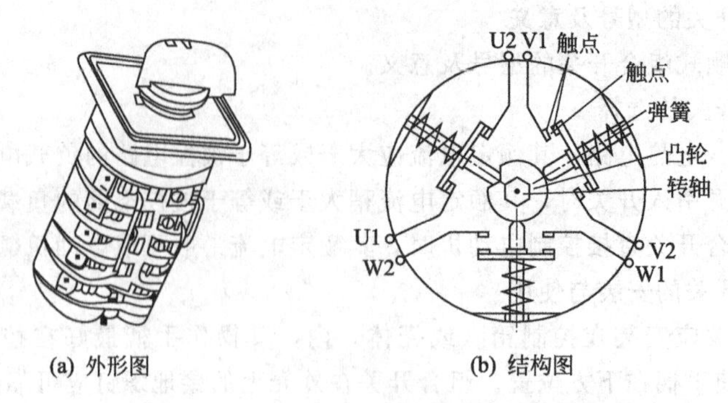

(a) 外形图　　(b) 结构图

图 1-13　万能式组合开关外形结构图

45°、60°和 90°等几种。

③ 手柄形式。有旋钮式、普通式、带定位钥匙式和带信号灯式等。

(2) 万能式组合开关相关符号及触点闭合表。

如图 1-14 所示，为万能式组合开关相关符号及触头闭合表。

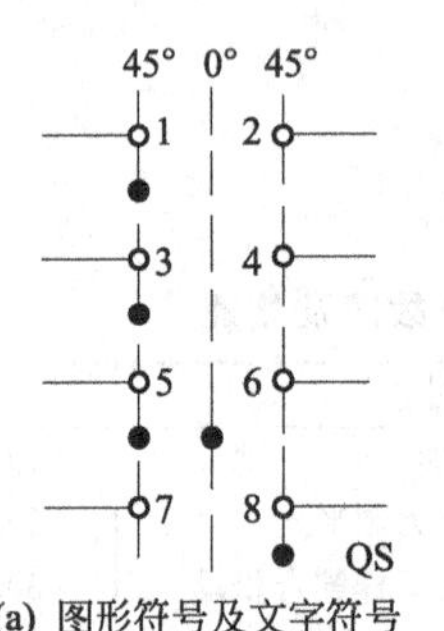

(a) 图形符号及文字符号

LW5-15D0403/2				
触头编号		45°	0°	45°
	1-2	×		
	3-4	×		
	5-6	×	×	
	7-8			×

(b) 触头闭合表

图 1-14　万能式组合开关相关符号及触头闭合表

(3) 万能式组合开关的型号及意义

如图 1-15 所示，为万能式组合开关的型号及意义。

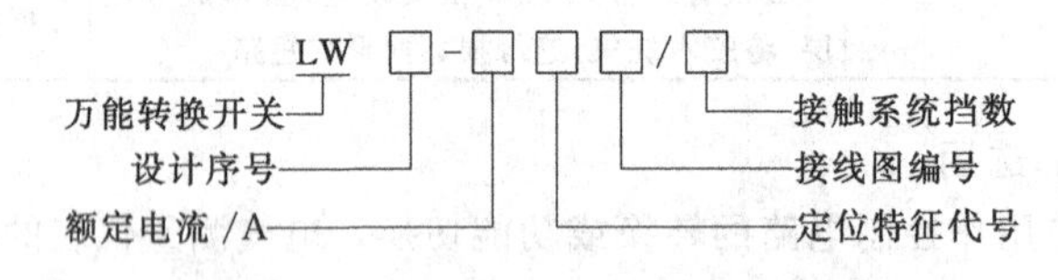

图 1-15　万能式组合开关型号及意义

(4) 万能式组合开关的选择

万能式组合开关可按下列要求进行选择：

① 按额定电压和工作电流等选择合适的系列。

② 按操作需要选择手柄形式和定位特征。

③ 按控制要求确定触点数量与接线图编号。

④ 选择面板形式及标志。

(5) 万能式组合开关的安装与使用

万能转换开关的手柄操作位置是以角度表示的。不同型号及意义的万能转换开关的手柄有不同

万能转换开关的触点，电路图中的图形符号如图 1-14 所示。但由于其触点的分合状态与操作手柄

的位置有关，所以，除在电路图中画出触点图形符号外，还应画出操作手柄与触点分合状态的关系。图中当万能转换开关打向左45°时，触点1-2、3-4、5-6闭合，触点7-8打开；打向0°时，只有触点5-6闭合，右45°时，触点7-8闭合，其余打开。

使用环境如下：

① 周围空气温度不超过＋40℃，且24h内平均温度不超过＋35℃。

② 周围空气温度下限不超过－5℃。

③ 最高温度＋40℃时，空气的相对湿度不超过50％，在温度较低的时候可以允许有较高的相对湿度，例如20℃时达90％。对于温度变化偶尔产生的凝露应采取特殊的措施。

④ 周围环境应该空气清洁、无易燃及可燃危险物、无足以损坏绝缘及金属的气体、无导电尘埃。

(6) 万能式组合开关的常见故障及处理

万能式组合开关常见故障及处理方法见表1-6。

表1-6　万能式组合开关常见故障及处理方法

序号	故障现象	可能的原因	处理方法
1	万能转换开关卡住	越位转动开关手柄，使开关定位装置损坏	更换定位装置
2	万能转换开关接线接点松动，接触电阻大	螺钉没有扭紧，或螺钉生锈，或线头滑脱	重新压紧各接线螺钉，对照图纸接好沿脱线头，对锈蚀线头做除锈处理

【自己动手】

(1) 画出组合开关的结构图，说明其构成。

(2) 写出组合开关的图形符号及文字符号。

(3) 举例说明组合开关的型号、意义及用途。

任务3　信号开关的选用

信号开关主要是在电路中用于发出控制信号，作远距离控制。信号开关的种类很多，常用的有控制按钮、行程开关、接近开关等。

1. 控制按钮的选用

控制按钮在低压控制电路中用于手动发出控制信号，作远距离控制之用。

(1) 控制按钮的基本结构

控制按钮一般都由操作头、复位弹簧、触点、外壳及支持连接部件组成。操作头的结构形式有按钮式、旋钮式和钥匙式等。按钮开关的外形图、工作原理示意图、图形符号及文字符号如图1-16所示。

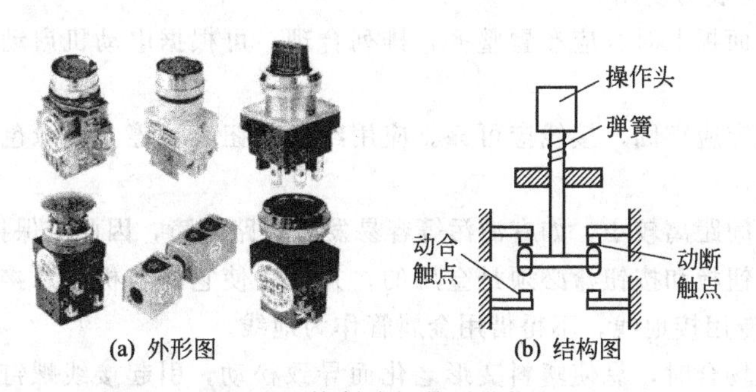

图1-16　控制按钮外形结构图

(2) 控制按钮的图形符号及文字符号

如图 1-17 所示为控制按钮的图形符号及文字符号。

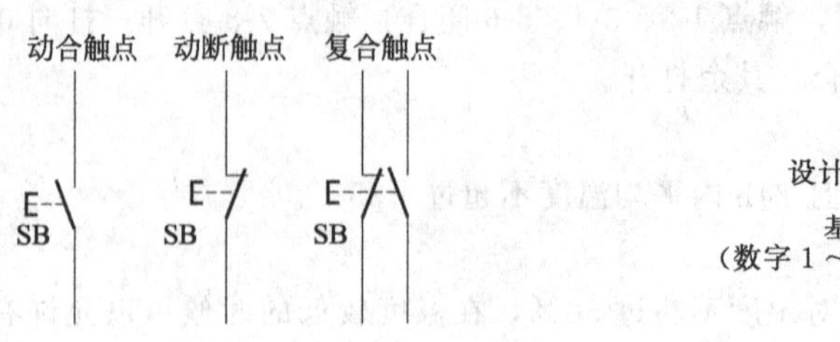

图 1-17　控制按钮图形符号及文字符号

LA□-□□

按钮

设计代号

基本规格代号
(数字 1 ～ 6 号表示触点对数)

派生代号：
无字母 — 平钮
J— 蘑菇钮
D— 带灯钮
X— 旋转钮
Y— 钥匙钮

图 1-18　控制按钮型号及意义

(3) 控制按钮的型号及意义

如图 1-18 所示为控制按钮的型号及意义。

(4) 控制按钮颜色的含义

按钮颜色含义的说明见表 1-7。

表 1-7　按钮颜色的含义

颜　色	含　义	说　　明	应用示例
红	紧急	危险或紧急情况时操作	急停
黄	异常	异常情况时操作	干预、制止异常情况 干预、重新启动中断了的自动循环
绿	安全	安全情况或为正常情况准备时操作	启动/接通
蓝	强制性的	要求强制动作情况下的操作	复位功能
白	未赋予特定含义	除急停以外的一般功能的启动	启动/接通(优先) 停止/断开
灰			启动/接通 停止/断开
黑			启动/接通 停止/断开(优先)

(5) 控制按钮的选择

① 根据使用场合，选择按钮的种类。如开启式、保护式、防水式和防腐式等。

② 根据用途，选用合适的形式。如手把旋钮式、钥匙式、紧急式和带灯式等。

③ 按控制回路的需要，确定不同按钮数。如单钮、双钮、三钮和多钮等。

④ 按工作状态指示和工作情况要求，选择按钮和指示灯的颜色（参照国家有关标准）。

⑤ 控制按钮额定电压、电流等指标是否满足要求。

(6) 控制按钮的安装与使用

① 将按钮安装在面板上时，应布置整齐，排列合理，可根据电动机启动的先后次序，从上到下或从左到右排列。

② 按钮的安装固定应牢固，接线应可靠。应用红色按钮表示停止，绿色或黑色表示启动或通电，不要搞错。

③ 由于按钮触头间距离较小，如有油污等容易发生短路故障，因此应保持触头的清洁。

④ 安装按钮的按钮板和按钮盒必须是金属的，并设法使它们与机床总接地母线相连接，对于悬挂式按钮必须设有专用接地线，不得借用金属管作为地线。

⑤ 按钮用于高温场合时，易使塑料变形老化而导致松动，引起接线螺钉间相碰短路，可在接线螺钉处加套绝缘塑料管来防止短路。

⑥ 带指示灯的按钮因灯泡发热，长期使用易使塑料灯罩变形，应降低灯泡电压，延长使用

寿命。

⑦“停止”按钮必须是红色；“急停”按钮必须是红色蘑菇头式；“启动”按钮必须有防护挡圈，防护挡圈应高于按钮头，以防意外触动使电气设备误动作。

(7) 控制按钮的常见故障及处理

按钮的常见故障及处理方法见表1-8。

表1-8 按钮的常见故障及处理方法

序号	故障现象	可能的原因	处理方法
1	触头接触不良	触头烧损 触头表面有尘垢 触头弹簧失效	修整触头或更换产品 清洁触头表面 重绕弹簧或更换产品
2	触头间短路	塑料受热变形，导致接线螺钉相碰短路 杂物或油污在触头间形成通路	更换产品，并查明发热原因，如灯泡发热所致，可降低电压 清洁按钮内部

2. 行程开关的选用

行程开关是用来反映工作机械的行程位置，并发出命令，以控制其运动方向和行程大小的电器。若行程开关安装于工作机械行程的终点，用来限制其行程，则称为限位开关或终端开关。行程开关的结构与控制按钮相似，触头系统及工作原理与控制按钮完全相同。不同之处在于行程开关是利用机械运动部分的碰撞而使其动作；控制按钮则是通过人力使其动作。

(1) 行程开关的基本结构

行程开关的种类很多，但基本结构相同，主要由三部分组成：操作部分、触点系统和反力系统等。根据操作部分运动特点的不同，行程开关可分为直动式、滚轮式、微动式以及能自动复位和不能自动复位等。图1-19所示为几种常见行程开关的结构示意图。

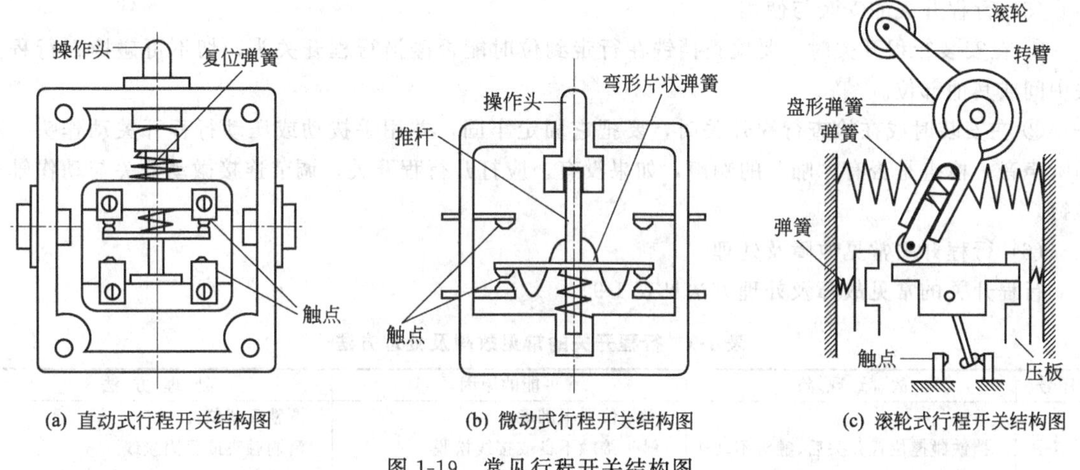

(a) 直动式行程开关结构图　(b) 微动式行程开关结构图　(c) 滚轮式行程开关结构图

图1-19 常见行程开关结构图

① 直动式行程开关。其结构如图1-19(a) 所示。这种行程开关的特点是，结构简单，成本较低，但触点的运行速度取决于挡铁移动的速度，若挡铁移动速度太慢，则触点就不能瞬时切断电路，使电弧或电火花在触头上滞留时间过长，易使触头损坏。这种开天不宜用于挡铁移动速度小于0.4m/min的场合。

② 微动式行程开关。其结构如图1-19(b) 所示。这种开关的特点是，有储能动作机构，触点动作灵敏、速度快并与挡铁的运行速度无关。缺点是触点电流容量小、操作头的行程短，使用时操作头部分容易损坏。

③ 滚轮式行程开关。其结构如图 1-19(c) 所示。这种开关具有触点电流容量大、动作迅速，操作头动作行程大等特点，主要用于低速运行的机械。

还有很多种不同结构形式的行程开关，一般都是在直动式或微动式行程开关的基础上加装不同的操作头构成的。

(2) 行程开关的图形符号及文字符号

行程开关的图形符号及文字符号如图 1-20 所示。

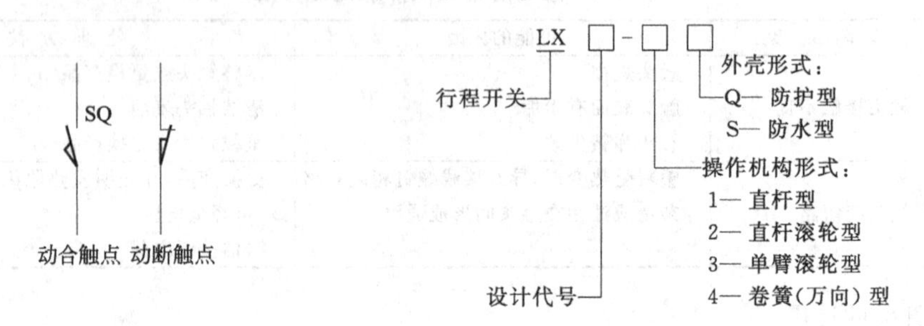

图 1-20 行程开关图形符号及文字符号　　图 1-21 行程开关型号及意义

(3) 行程开关的型号及意义

行程开关的型号及意义如图 1-21 所示。

(4) 行程开关的选择

① 根据应用场合及控制对象选择，有一般用途行程开关和起重设备用行程开关。

② 根据安装环境选择结构形式，如开启式、防护式等。

③ 根据机械运动与行程开关相互间的传动与位移的关系选择合适的操作头形式。

④ 根据控制回路的电压与电流选择系列。

(5) 行程开关的安装与使用

① 在安装行程开关时，要检查挡铁在行走到位时能否碰撞行程开关头，切不可碰撞在行程开关中间或其他部位。

② 在安装时或在检查行程开关时，要把它固定牢固，并用手拨动或压动行程开关动作头，仔细听声音，检查是否有“啪”的响声，如果没有，应打开行程开关，调节连接微动开关与动作轴的螺钉。

(6) 行程开关常见故障及处理

行程开关的常见故障及处理方法见表 1-9。

表 1-9 行程开关的常见故障及处理方法

序号	故障现象	可能的原因	处理方法
1	挡铁碰撞位置开关后，触头不动作	安装位置不准确 触头接触不良或接线松脱 触头弹簧失效	调整安装位置 清刷触头或紧固接线 更换弹簧
2	杠杆已经偏转，或无外界机械力作用，但触头不复位	复位弹簧失效 内部撞块卡组 调节螺钉太长，顶住开关按钮	更换弹簧 清扫内部杂物 检查调节螺钉

3. 接近开关的选用

接近开关是一种无机械触点的开关，它的功能是当物体接近到开关的一定距离时就能发出“动作”信号，不需要行程开关所必须施加的机械外力。接近开关具有体积小、可靠性高、使用寿命长、动作速度快以及无机械、电气磨损等优点。接近开关可当作行程开关使用，广泛应用于产品计数、测速、液面控制、金属检测等设备中。

(1) 接近开关的分类及用途

目前，接近开关的种类较多，按工作原理可分为高频振荡型，用于检测各种金属；电磁感应型，用于检测导磁或非导磁金属；电容型，用于检测各种导电或不导电的固体和液体；永磁型及磁敏元件型，用于检测磁场或磁性金属；光电型，用于检测不透光的所有物体；超声波型，用于检测不透超声波的所有物体。

(2) 接近开关的结构

下面以使用最为频繁的高频振荡型接近开关为例，简单介绍其组成。

高频振荡型接近开关是由振荡器、检测器以及晶体管或晶闸管输出等部分组成，封装在一个体积较小的外壳内。

(3) 接近开关的工作原理

图 1-22 所示为高频振荡型接近开关的工作原理方框图。当接通电源后，振荡器开始振荡，检测电路输出低电位，晶体管或晶闸管截止，负载中只有维持振荡的电流通过，负载不动作；当移动的金属片到达开关感应面动作距离以内时，金属内产生涡流，振荡器的能量被金属片吸收，振荡器停振，检测电路输出高电位，此高电位使输出电路导通，接通负载工作。

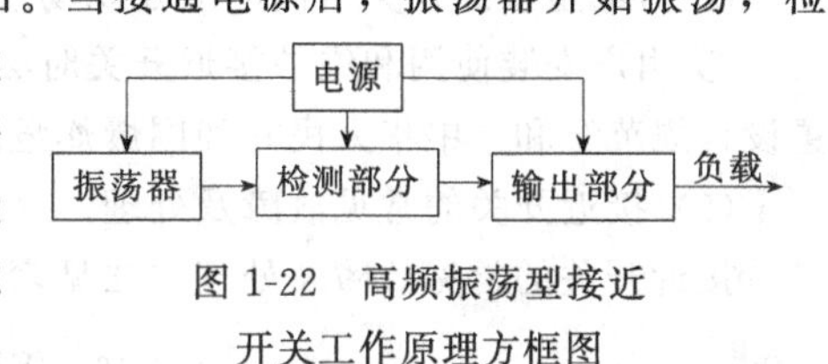

图 1-22　高频振荡型接近开关工作原理方框图

(4) 接近开关的技术参数

接近开关的技术参数有工作电压、输出电流、动作距离、最高工作频率、复位行程和重复精度等。

① 动作距离。一般是指开关刚好动作时，被检测体与检测头之间的距离。

② 重复精度。是指在一定条件下，连续进行十次试验。取其最大或最小值与平均值之差为开关的重复精度，它是一个反映定位精度的指标。

③ 复位行程。是指开关从“动作”到“复位”位置的距离。

④ 最高工作频率。是指开关每秒最高的操作次数。

(5) 接近开关的图形符号及文字符号

如图 1-23 所示，为接近开关的图形符号及文字符号。

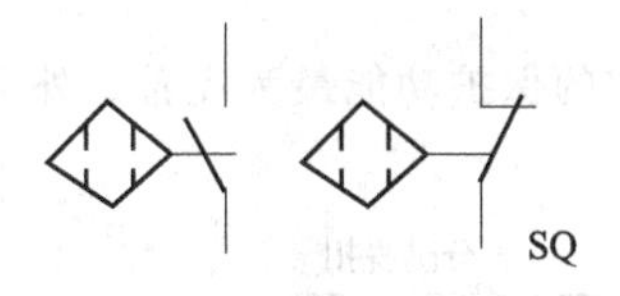

图 1-23　接近开关图形符号及文字符号

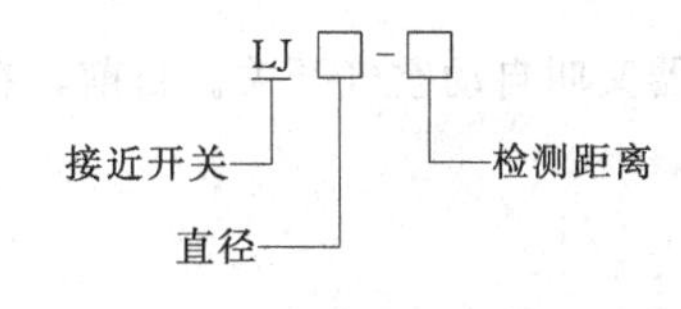

图 1-24　接近开关型号及意义

(6) 接近开关的型号及意义

如图 1-24 所示，为接近开关的型号及意义。

(7) 接近开关的选择

① 在一般的工业生产场所，通常都选用涡流式接近开关和电容式接近开关。因为这两种接近开关对环境的要求条件较低。

② 当被测对象是导电物体或可以固定在一块金属物上的物体时，一般都选用涡流式接近开关，因为它的响应频率高、抗环境干扰性能好、应用范围广、价格较低。

③ 若所测对象是非金属（或金属）、液位高度、粉状物高度、塑料、烟草等。则应选用电容式接近开关。这种开关的响应频率低，但稳定性好。

④ 若被测物为导磁材料或者为了区别和它在一同运动的物体而把磁钢埋在被测物体内时，应选用霍尔接近开关，它的价格最低。

⑤ 在防盗系统中，自动门通常使用热释电接近开关、超声波接近开关、微波接近开关。有时为了提高识别的可靠性，上述几种接近开关往往被复合使用。

(8) 接近开关的安装与使用

① 当防爆型接近开关安装于危险场所时，必须与经国家指定防爆检验机构认可的安全栅（安全栅安装于安全场所）配套使用，形成本安防爆系统（系统应用中必须选配其指定的关联设备）。其安装使用维护必须遵守其使用说明书。

② 安装现场应不存在对铝合金有腐蚀作用的有毒气体。

③ 产品维修时须确认现场无可燃性粉尘存在时方可进行。

④ 接近开关外壳须保持清洁，粉尘堆积厚度不大于 3mm。

⑤ 防爆型接近开关引出电缆在现场接线时，应采用相应的防爆措施。

⑥ 用户安装使用和维护接近开关时必须同时遵守 GB 50058—92“爆炸和火灾危险环境电力装置设计规范”和“中华人民共和国爆炸危险场所电气安全规程”的有关规定。

(9) 接近开关的常见故障及处理

接近开关的常见故障及处理方法见表 1-10。

表 1-10 接近开关的常见故障及处理方法

序号	故障现象	可能的原因	处理方法
1	感应头磨损严重	安装位置没调好	调整安装位置
2	内部元器件坏	使用不当或质量问题	更换
3	电源线断或磨损对地	安装问题	检查更换
4	不工作	三线接近开关时，NPN 与 PNP 用错	更换

【自己动手】

(1) 画出信号开关的结构图，说明其构成。

(2) 写出信号开关的图形符号及文字符号。

(3) 举例说明信号开关的型号、意义及用途。

任务 4 断路器的选用

断路器又叫自动空气开关。目前，在低压配电系统中，它的保护功能最为完善。外形结构如图 1-25 所示。

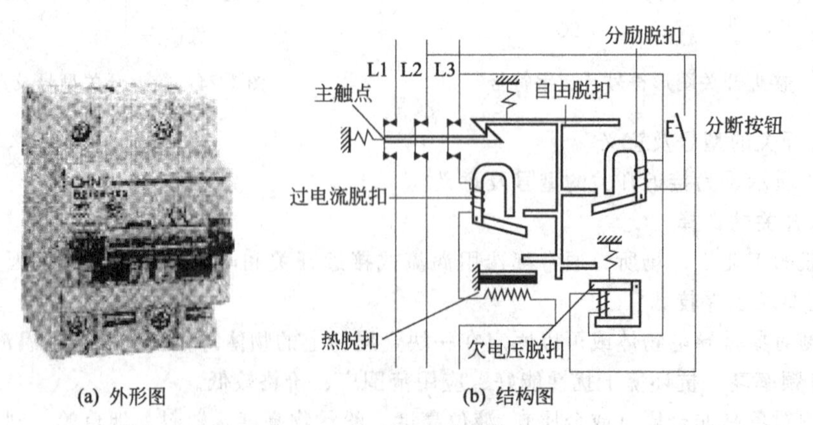

(a) 外形图 (b) 结构图

图 1-25 断路器外形结构图

断路器主要用在交直流低压电网中，既可就地手动操作，又可远距离电动分合电路，且可对电路或用电设备实现过载、短路和欠电压等保护。在故障排除后，断路器又能迅速恢复供电。也可以用于不频繁启动电动机，是一种重要的控制和保护电器。断路器都装有灭弧装置；因此，它可以安全地带负荷合闸与分闸。

(1) 断路器的基本结构

断路器一般由触点系统、灭弧系统、操作机构、脱拟器及外壳或框架等组成。漏电保护断路器还需有漏电检测机构和动作装置等。各组成部分的作用如下。

① 触点系统。用于接通和断开电路。触点的结构形式有：对接式、桥式和插入式。

② 灭弧系统。有多种结构形式、常用的灭弧方式有：窄缝灭弧和金属栅灭弧。

③ 操作机构。用于实现断路器的闭合与断开。有手动操作机构、电磁铁操作机构等。

④ 脱扣器。断路器有一套较复杂的自动脱扣装置和传动杠杆，所以在发生短路等故障时自动跳闸，切断电源，起到保护作用。脱扣器的种类很多，有电磁脱扣器、热脱扣器、自由脱扣器、漏电脱扣器等。电磁脱扣器又分为过电流、欠电流、过电压、欠电压脱扣器、分励脱扣器等。常见脱扣器作用如下：

a. 电磁式过电流脱扣器。主要用于电路的短路保护。

b. 热脱扣器。主要用于电路的过载保护。

c. 欠电压脱扣器。用于零压和欠压保护。

d. 分励脱扣器。主要用于远距离控制断路器的使用。

(2) 断路器的基本工作原理

通过手动或电动等操作机构可使断路器合闸，从而使电路接通。当电路发生短路、过载、欠电压等故障时，通过脱扣装置使断路器自动跳闸，达到自动保护的目的。

断路器的工作原理示意图。

如图 1-25(b) 所示，当主触点闭合后，若 L3 相电路发生短路或严重过载（电流达到或超过过电流脱扣器动作值）事故时，过电流脱扣器的衔铁吸合，驱动自由脱扣器动作，主触点在弹簧的作用下断开；当电路过载时（L3 相），热脱扣器的热元件发热使双金属片产生足够的弯曲，推动自由脱扣器动作，从而使主触点切断电路；当电源电压不足（小于欠电压脱扣器释放值）时，欠电压脱扣器的衔铁释放使自由脱扣器动作，主触点切断电路。分励脱扣器用于远距离切断电路，当需要分断电路时，按下分断按钮，分励脱扣器线圈通电，衔铁驱动自由脱扣器动作，使主触点切断电路。

(3) 断路器的图形符号及文字符号

断路器的图形符号及文字符号如图 1-26 所示

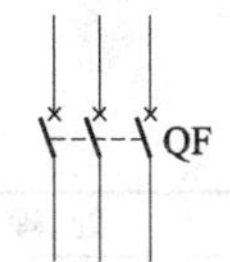

图 1-26 断路器图形符号及文字符号

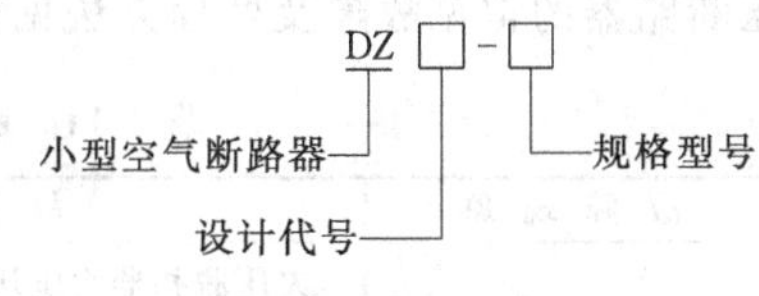

图 1-27 断路器型号及意义

(4) 断路器的型号及意义

断路器的型号及意义如图 1-27 所示。

(5) 断路器的选择

在选择断路器时，应首先确定断路器的类型，然后进行具体参数的确定。断路器的选择大致可按以下步骤进行。

① 应根据具体使用条件、被保护对象的要求选择合适的类型。

一般在电气设备控制系统中，常选用塑料外壳式或漏电保护断路器；在电力网主干电路中主要选用框架式断路器；而在建筑物的配电系统中则一般采用漏电保护断路器。

② 在确定断路器的类型后，再进行具体参数的选择，选用的一般通则如下。

a. 断路器的额定工作电压大于或等于被保护电路的额定电压。

b. 断路器的额定电流大于或等于被保护电路的计算负载电流。

c. 断路器的额定通断能力大于或等于被保护电路中可能出现的最大短路电流，一般按有效值计算。

d. 电路末端单相对地短路电流大于或等于 1.25 倍断路器瞬时（或短延时）脱扣器整定电流。

e. 断路器欠电压脱扣器额定电压等于被保护电路的额定电压。

f. 断路器分励脱扣器额定电压等于控制电源的额定电压。

g. 若断路器用于电动机保护，则电流整定值的选用还应遵循以下原则：

ⅰ. 断路器的长延时电流整定值等于电动机的额定电流。

ⅱ. 保护笼型异步电动机时，瞬时值整定电流等于 k 倍电动机的额定电流；系数 k 与电机的型号及意义、容量和启动方法有关，其大小在 8～15 之间。

ⅲ. 保护绕线转子异步电动机时，瞬时值整定电流等于 k 倍电动机的额定电流；系数 k 大小在 3～6 之间。

ⅳ. 若断路器用于保护和控制不频繁启动电动机时，则还应考虑断路器的操作条件和电气寿命。

(6) 断路器的安装与使用

为保证低压断路器可靠工作，使用时要注意以下事项：

① 断路器按规定垂直安装，连接导线必须符合规定要求。

② 工作时不可将灭弧罩取下，灭弧罩损坏应及时更换，以免发生短路时电流不能熄灭的事故。

③ 脱扣器的整定值一经调好就不要随意变动，但应作定期检查，以免脱扣器误动作或不动作。

④ 分断短路电流后，应及时检查主触点，若发现弧烟痕迹，可用干布擦净；若发现触点烧毛时应及时修复。

⑤ 使用一定次数（一般为 1/4 机械寿命）后，应给操作机构添加润滑油。

⑥ 应定期清除断路器的尘垢，以免影响操作和绝缘。

⑦ 不同型号及意义、规格的断路器，内部脱扣器的种类不一定相同，在同一个断路器中可以有几种不同性质的脱扣装置。

⑧ 各种脱扣器的动作值或释放值根据保护要求可以通过整定装置在一定的范围内调节。

(7) 断路器常见故障及处理

低压断路器的常见故障及处理方法见表 1-11。

表 1-11 断路器常见故障及处理方法

序号	故障现象	故障原因	处理方法
1	不能合闸	欠压脱扣器无电压或线圈损坏 储能弹簧变形 反作用弹簧力过大 机构不能复位再扣	检查施加电压或更换线圈 更换储能弹簧 重新调整 调整再扣接触面至规定值
2	电流达到整定值，断路器不动作	热脱扣器双金属片损坏 电磁脱扣器的衔铁与铁芯距离太大或电磁线圈损坏 主触头熔焊	更换双金属片 调整衔铁与铁芯的距离或更换断路器 检查原因并更换主触头

续表

序号	故障现象	故障原因	处理方法
3	启动电动机时断路器立即分断	电磁脱扣器瞬动整定值过小 电磁脱扣器某些零件损坏	调高整定值至规定值 更换脱扣器
4	断路器闭合后经一定时间自行分断	热脱扣器整定值过小	调高整定值至规定值
5	断路器温升过高	触头压力过小 触头表面过分磨损或接触不良 两个导电零件连接螺钉松动	调整触头压力或更换弹簧 更换触头或修整接触面 重新拧紧

【自己动手】

（1）画出断路器的结构图，说明其构成及工作原理。

（2）写出断路器的图形符号及文字符号。

（3）举例说明断路器的型号及意义及用途。

【问题与思考】

（1）常用开关有哪些类型？

（2）常用开关的结构由哪几部分组成？

（3）如何选用开关？

（4）常用断路器有哪些类型？

（5）常用断路器的结构由哪几部分组成，具有哪些功能？

（6）如何选用断路器？

（7）断路器常见故障有哪些？如何排除？

【知识链接】

1. 开关的发展

1879年爱迪生发明了电灯，发光45h后随即而逝，为了使这种跨时代的光辉能永恒，德国电气工程师奥古斯塔·劳西（ROS，August）创造了电气开关的概念。

开关发展到今天，经历了多次的变化，也实现了技术的飞跃。不要小看开关，它维系的是我、你、他，我们大家的生活安全。开关之间无小事，且来看看国内外开关的发展史，它将帮助你了解关于开关更多的知识。让我们来一起了解一下中国开关的发展进程。

中国家用电灯开关生产历史可以追溯至1913年美国通用电气公司在上海成立公司。1914年，钱镛森在上海创办钱镛记电业机械厂，中国人开始自己兴办电气事业：1916年，国内开始生产电器开关产品；1919年，我国开始仿制一些美式开关。

在1949年前，中国生产开关插座的厂家很少并且很小。在插座方面，厂家主要生产日光灯座、插头、两用插座、三相插座等产品，而开关产品则主要是卧轮式拉线开关、平开关等拉线式开关。第一代拉线式开关用的是机电技术和齿轮机械运动的原理，拉动即开，再拉即关，这是一种简单的电源开关控制，这些开关大都简单而且比较廉价。

20世纪80年代，我国墙壁开关插座行业进入发展的新时代，相继形成了以温州和广东为主的中国开关插座生产基地。到了80年代中后期，随着国内经济技术的发展，第一代开关逐渐被淘汰。

接着，就进入了第二代开关——指压式开关时代，与拉链式开关相比，这类开关只需镶嵌在墙壁上，既增加了房屋的整体协调，又具有美观感受。随着人民生活水平提高，第三代开关开始进入市场。

第三代开关是大翘板式开关，它的设计原理与指压式开关相同，只是在外形和工艺上寻求突破，增强了产品的外观装饰性和操作多样性。这类产品使用方便，大方美观，至今仍被广泛应用。

第四代开关——钢铁开关近年来开始流行，安全、质感和时尚的钢架开关产品越来越得到消费者的青睐。

2. 开关的类型

(1) 按照用途分类

按照用途分类，开关分为以下几种类型：波动开关，波段开关，录放开关，电源开关，预选开关，限位开关，控制开关，转换开关，隔离开关，行程开关，墙壁开关，智能防火开关等。如图1-28所示 。

图 1-28　部分开关类型

(2) 按照结构分类

微动开关，船型开关，钮子开关，拨动开关，按钮开关，按键开关，还有时尚潮流的薄膜开关、点开关。

(3) 按照接触类型分类

开关按接触类型可分为 a 型触点、b 型触点和 c 型触点三种。接触类型是指，“操作（按下）开关后，触点闭合”这种操作状况和触点状态的关系。需要根据用途选择合适接触类型的开关。

(4) 按照开关数分类

单控开关、双控开关、多控开关、调光开关、调速开关、防溅盒、门铃开关、感应开关、触摸开关、遥控开关、智能开关、插卡取电开关、浴霸专用开关。

3. 开关的未来

随着电子设备小型化的要求，随着对环境保护的更高要求，第五代开关——智能开关应运而生，成功投入市场。现在技术含量最高的莫属于智能墙壁开关、免布线开关、智能延时开关、遥控开关、触摸开关、别墅免布线开关。使用寿命高达 10 万次，同时还保护了灯具的使用寿命。外观上也是非常有艺术感。

智能开关必将成为未来一大流行趋势，市面上也已出现了一批美观好用的智能开关，LVC 智能无线开关的出现，标志着中国开关已发展到一个新的阶段，技术已日臻成熟。

项目 2　熔断器的选用

【项目描述】

主要学习熔断器的类型、结构、用途和选用。

【项目内容】

熔断器（fuse）是指当电流超过规定值时，以本身产生的热量使熔体熔断，断开电路的一种电器。熔断器是根据电流超过规定值一段时间后，以其自身产生的热量使熔体熔化，从而使电路断开；运用这种原理制成的一种电流保护器。熔断器广泛应用于高低压配电系统和控制系统以及用电设备中，作为短路和过电流的保护器，是应用最普遍的保护器件之一。

熔断器在电气控制系统中，主要用作短路保护或严重过载保护。熔断器串联在被保护电路中。当电路发生短路或严重过载时，熔断器中的熔体将自动熔断，从而切断电路。起到保护作用。

熔断器的种类很多，按其结构可分为插式熔断器、螺旋式熔断器、有填料封闭管式熔断器、无填料封闭管式熔断器、有填料管式快速熔断器、半导体保护用熔断器及自复式熔断器等。

熔断器的种类不同，其特性和使用场合也有所不同，在电气控制系统中，插式熔断器和螺旋式熔断器使用最为广泛。

任务1 插式熔断器的选用

1. 插式熔断器的结构

插式熔断器的结构如图 1-29 所示，它由底座和插件两部分构成。熔体安装在插件内，熔体通常用铅锡合金或铅锑合金等制成，也有用铜丝作为熔体的，安装和固定在熔座内。

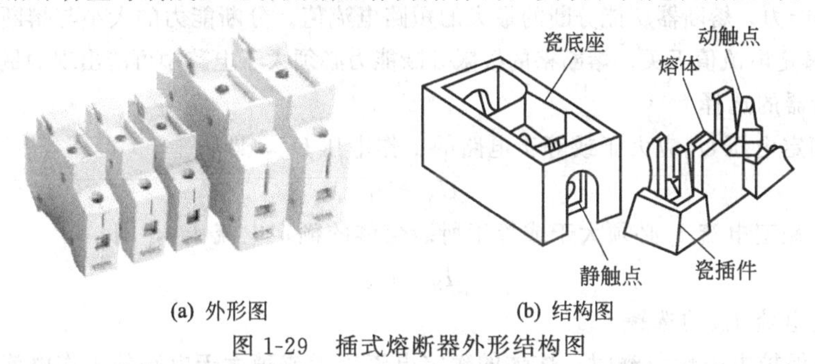

(a) 外形图 (b) 结构图

图 1-29 插式熔断器外形结构图

2. 插式熔断器的图形符号及文字符号

插式熔断器图形符号及文字符号如图 1-30 所示。

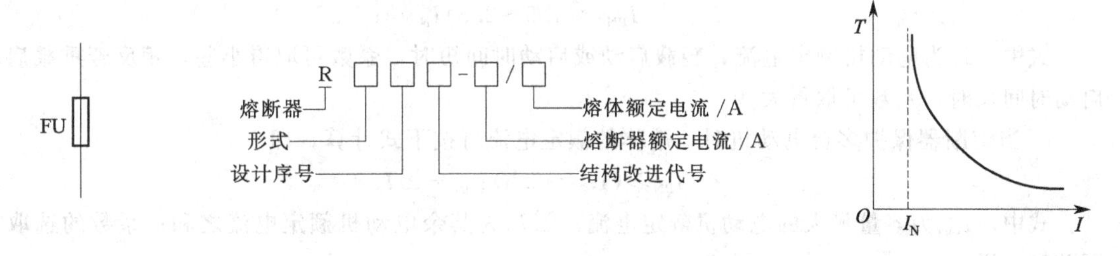

图 1-30 插式熔断器图形符号及文字符号

图 1-31 插式熔断器型号及意义

图 1-32 插式熔断器保护特性

3. 插式熔断器的型号及意义

插式熔断器的型号及意义如图 1-31 所示。

熔断器的形式：C—瓷插式熔断器；L—螺旋式熔断器；M—无填料封闭管式熔断器；T—有填料封闭管式熔断器；S—快速熔断器；Z—自复式熔断器。

4. 插式熔断器的工作原理

插式熔断器的工作原理很简单，当熔断器的熔体串联在电路中时，若电路发生短路或者严重过载时，过大的电流通过熔体，熔体以其自身产生的热量而熔断，从而切断电路，起到保护作用。熔断器的保护特性可用安秒特性来描述，它表示熔体熔断的时间与流过熔体的电流大小之间的关系特性。熔断器的保护特性如图 1-32 所示。

插式熔断器的保护特性即安秒特性为反时限特性，即通过熔体的电流值越大，熔断时间越短。有这种特性的元件就具备短路保护和过载保护的能力。熔断器的熔断电流与熔断时间的数值关系如表 1-12 所示。

表 1-12 熔断器的熔断电流与熔断时间的数值关系

熔断电流倍数	1.25～1.3	1.6	2	2.5	3	4
熔断时间	∞	3600s	40s	8s	4.5s	2.5s

5. 插式熔断器的主要参数

① 额定电压。这是从灭弧角度出发，规定熔断器所在电路工作电压的最高限额。如果电路的实际电压超过熔断器的额定电压，一旦熔体熔断时，有可能发生电弧不能及时熄灭的现象。

② 额定电流。实际上是指熔座的额定电流，这是由熔断器长期工作所允许的温升决定的电流值。配用的熔体的额定电流应小于或等于熔断器的额定电流。

③ 熔体的额定电流。熔体长期通过此电流而不熔断的最大电流。

④ 极限分断能力。熔断器所能分断的最大的短路电流值。分断能力的大小与熔断器的灭弧能力有关，而与熔体的额定电流值无关。熔断格的极限分断能力必须人于电路中可能出现的最人短路电流值。

6. 插式熔断器的选择

① 熔断器额定电压 U_N 应大于或等于电路的工作电压 U_L，即

$$U_N \geqslant U_L$$

② 熔断器的额定电流 I_N 必须大于或等于所装熔体的额定电流 I_{RN}，即

$$I_N \geqslant I_{RN}$$

③ 熔体额定电流 I_{RN} 的选择

a. 当熔断器保护电阻性负载时，熔体的额定电流等于或稍大于电路的工作电流即可，即

$$I_{RN} \geqslant I_L$$

b. 当熔断器保护一台电动机时，熔体的额定电流可按下式计算，即

$$I_{RN} \geqslant (1.5 \sim 2.5) I_N$$

式中，I_N 为电动机额定电流，轻载启动或启动时间短时，系数可取得小些，相反若重载启动或启动时间长时，系数可取得大些。

c. 当熔断器保护多台电动机时，熔体的额定电流可按下式计算，即

$$I_{RN} \geqslant (1.5 \sim 2.5) I_{MN} + \sum I_N$$

式中，I_{MN} 为容量最大的电动机额定电流；$\sum I_N$ 为其余电动机额定电流之和；系数的选取方法同前面一样。

7. 插式熔断器的安装与使用

① 熔断器的额定电压应与电路的电压相吻合，不能低于电路电压。

② 熔体的额定电流不可大于熔管（支持件）的额定电流。

③ 熔断器的极限分断能力应高于被保护电路的最大短路电流。

④ 安装熔体时不要使其受机械损伤，特别是较柔软的铅锡合金丝，以免发生误动作。

⑤ 安装时应保证熔体和触刀以及触刀和刀座接触良好，以免因接触电阻过大而使温度过高发生误动作。

⑥ 更换熔体时，新换熔体的规格与旧熔体的规格要相同，以保证动作的可靠性。

⑦ 更换熔体或熔管，必须在不带电的情况下进行。

8. 插式熔断器常见故障及处理

插式熔断器的常见故障及处理见表1-13所示。

表1-13　插式熔断器的常见故障及处理

序号	故障现象	可能原因	处理方法
1	电路接通瞬间，熔体熔断	熔体电流等级选择过小 负载侧短路或接地 熔体安装时受机械损伤	更换熔体 排除负载故障 更换熔体
2	熔体未见熔断，但电路不通	熔体或接线座接触不良	重新连接

【自己动手】

（1）画出插式熔断器的结构图，说明其构成。

（2）写出插式熔断器的图形符号及文字符号。

（3）举例说明插式熔断器的型号及意义及用途。

任务2　螺旋式熔断器的选用

螺旋式熔断器的结构如图1-33所示。它由底座、绝缘帽、绝缘套和熔体组成。熔体安装在熔断器的绝缘熔管内，熔管内部充满起灭弧作用的石英砂。熔体自身带有熔体熔断指示装置。

螺旋式熔断器是一种有填料的封闭管式熔断器，结构较插式熔断器复杂。

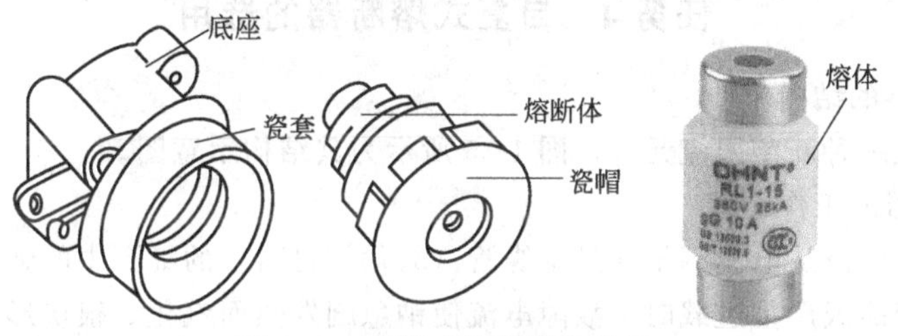

图1-33　螺旋式熔断器结构图

螺旋式熔断器的工作原理、主要参数与插式熔断器基本相同。

螺旋式熔断器的选择和安装与使用也与插式熔断器基本相同，不同之处是螺旋式熔断器接线时，电源接在底座的下接线端上，负载接在与金属螺纹壳相连的上接线端上。

螺旋式熔断器常见故障及处理也与插式熔断器基本相同。

螺旋式熔断器具有较好的抗振性能，灭弧效果与断流能力均优于插式熔断器，它广泛用于电气控制系统中。

【自己动手】

（1）画出螺旋式熔断器的结构图，说明其构成。

（2）写出螺旋式熔断器的图形符号及文字符号。

（3）举例说明螺旋式熔断器的型号及意义及用途。

任务3　管式熔断器的选用

管式熔断器分为有填料封闭管式熔断器和无填料封闭管式熔断器。

1. 有填料封闭管式熔断器

有填料封闭管式熔断器的结构如图1-34(a)所示，它由瓷底座、熔断体两部分组成。熔断体安放在瓷质熔管内，熔管内部充满石英砂作灭弧用。

有填料封闭管式熔断器具有熔断迅速、分断能力强、无声光现象等良好性能，但结构复杂，价格昂贵。主要用于供电电路及要求分断能力较高的配电设备中。

2. 无填料封闭管式熔断器

此种熔断器主要用于低压电力网以及成套配电设备中。无填料封闭管式熔断器由夹座、熔断管、熔体等组成。其结构如图 1-34(b) 所示。

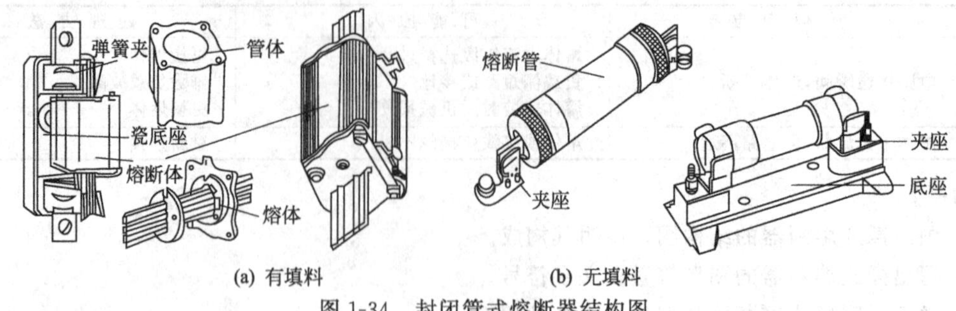

图 1-34　封闭管式熔断器结构图

【自己动手】

(1) 画出管式熔断器的结构图，说明其构成。

(2) 写出管式熔断器的图形符号及文字符号。

(3) 举例说明管式熔断器的型号及意义及用途。

任务 4　自复式熔断器的选用

1. 自复式熔断器的结构

自复式熔断器是一种新型限流元件，图 1-35 所示为其结构示意图。

2. 自复式熔断器的工作原理

在正常条件下，电流从电流端子通过绝缘管（氧化铍材料）的细孔中的金属钠到另一电流端子构成通路。当发生短路或严重过载时，故障电流使钠急剧发热而汽化．很快形成高温、高压、高电阻的等离子状态，从而限制短路电流的增加。在高压作用下，活塞使氩气压缩。当短路或过载电流切除后，钠温度下降，活塞在压缩氩气的作用下使熔断器迅速回复到正常状态。由于自复式熔断器只能限流，不能分断电流，因此，它常与断路器配合使用以提高组合分断能力。自复式熔断器的优点是：具有限流作用、重复使用时不必更换熔体等。

【自己动手】

(1) 画出自复式式熔断器的结构图，说明其构成。

(2) 写出自复式式熔断器的图形符号及文字符号。

(3) 举例说明自复式式熔断器的型号及意义及用途。

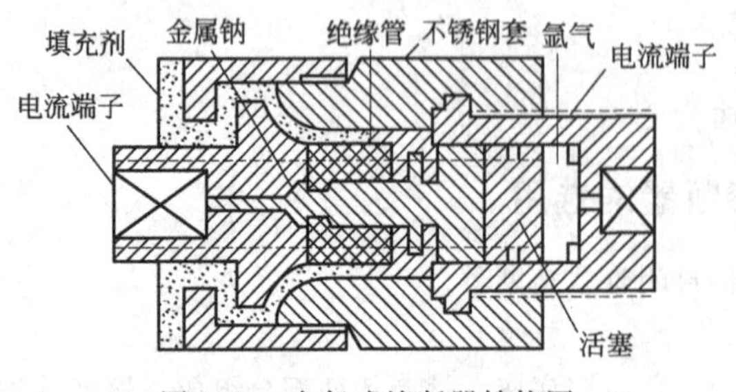

图 1-35　自复式熔断器结构图

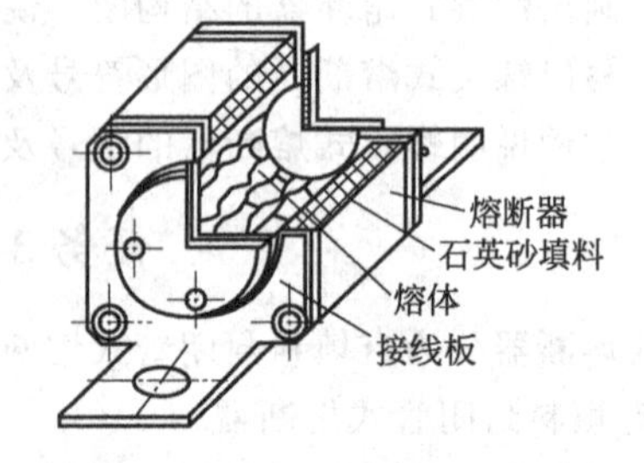

图 1-36　快速熔断器结构图

任务 5　快速熔断器的选用

快速熔断器主要用于半导体元件或整流装置的短路保护。由于半导体元件的过载能力很低，只能在极短的时间内承受较大的过载电流，因此要求短路保护器件具合快速熔断能力。

快速熔断器的结构与有填料封闭管式熔断器基本相同，但熔体材料和形状不同，一般熔体用银片冲成有 V 形深槽的变截面形状，图 1-36 为其结构图。

【自己动手】

（1）画出快速熔断器的结构图，说明其构成。

（2）写出快速熔断器的图形符号及文字符号。

（3）举例说明快速熔断器的型号及意义及用途。

【问题与思考】

（1）常用熔断器有哪些类型？

（2）常用熔断器的结构由哪几部分组成？

（3）如何选用、更换熔断器？

（4）熔断器常见故障有哪些？如何排除？

【知识链接】

1. 熔断器的发明

最早的熔断器于 100 多年前由爱迪生发明，由于当时的工业技术不发达，白炽灯很贵重，所以，最初是将它用来保护价格昂贵的白炽灯的。

2. 熔断器的种类

① 按保护形式分，有过电流保护与过热保护。用于过电流保护的熔断器就是平常说的熔断器（也叫限流熔断器）。用于过热保护的熔断器一般被称为“温度熔断器”。

温度熔断器又分为低熔点合金型与感温触发型，还有记忆合金型等等（温度熔断器是防止发热电器或易发热电器温度过高而进行保护的，例如，电吹风、电熨斗、电饭锅、电炉、变压器及电动机等；它响应于用电电器温升的升高，不会理会电路的工作电流大小。其工作原理不同于“限流熔断器”）。

② 按使用范围分，有电力熔断器、机床熔断器、电器仪表熔断器（电子熔断器）及汽车熔断器等。

③ 按体积大小分，有大型、中型、小型及微型。

④ 按额定电压分，有高压熔断器、低压熔断器和安全电压熔断器。

⑤ 按分断能力分，有高、低分断能力熔断器。

⑥ 按形状分，有平头管状熔断器（又可分为内焊熔断器与外焊熔断器）、尖头管状熔断器、铡刀式熔断器、螺旋式熔断器、插片式熔断器、平板式熔断器、裹敷式熔断器及贴片式熔断器。

⑦ 按熔断速度分，有特慢速熔断器（一般用 TT 表示）、慢速熔断器（一般用 T 表示）、中速熔断器（一般用 M 表示）、快速熔断器（一般用 F 表示）及特快速熔断器（一般用 FF 表示）。

⑧ 按标准分，有欧规熔断器、美规熔断器及日规熔断器。

3. 熔断器的正确选择

各种电气设备都具有一定的过载能力，允许在一定条件下较长时间运行，而当负载超过允许值时，就要求保护熔体在一定时间内熔断。还有一些设备启动电流很大，但启动时间很短，所以要求这些设备的保护特性要适应设备运行的需要，要求熔断器在电机启动时不熔断，在短路电流作用下和超过允许过负荷电流时，能可靠熔断，起到保护作用。熔体额定电流选择偏大，负载在短路或长期过负荷时不能及时熔断；选择过小，可能在正常负载电流作用下就会熔断，影响正常运行。为保证设备正常运行，必须根据负载性质合理地选择熔体额定电流（熔体额定电流的数值范围是为了适应熔体系列标准件的额定值）。通常，可按下述方法选择熔断器。

（1）基本原则

① 熔断器的额定电压应按电网的额定电压选定。

② 保护线路用的熔断器，其额定电流可按线路的负荷电流选择，但其额定分断能力必须大于线路中可能出现的最大故障电流。

③ 为满足选择性保护的要求，上、下级熔断器应根据其特性曲线及其实际误差来选用，如下级熔断器熔断时间取 1s，则熔断器熔断时间取 1.1s。

(2) 照明电路

照明电路的熔断器熔体额定电流≥被保护电路上所有照明电器工作电流之和。

干线熔断器熔体容量应等于或稍大于各分支线熔断器熔体容量之和；各分支熔断器熔体容量应等于或稍大于各灯工作电流之和。

(3) 电动机电路

保护电动机用的熔断器，应按避开电动机启动电流这一原则来考虑，亦即应根据电动机类型、启动时间长短及其工作制等条件来进行不同的选择。

① 单台直接启动电动机。熔体额定电流＝(1.5～2.5)×电动机额定电流。

② 多台直接启动电动机。总保护熔体额定电流＝(1.5～2.5)×各台电动机电流之和。

③ 降压启动电动机。熔体额定电流＝(1.5～2)×电动机额定电流。

④ 绕线式电动机。熔体额定电流＝(1.2～1.5)×电动机额定电流。

(4) 配电变压器低压侧电路

配电变压器低压侧的熔体额定电流＝(1.0～1.5)×变压器低压侧额定电流。

(5) 并联电容器组电路

并联电容器组的熔体额定电流＝(1.3～1.8)×电容器组额定电流。

(6) 电焊机电路

电焊机的熔体额定电流＝(1.5～2.5)×负荷电流。

(7) 电子整流元件电路

电子整流元件的熔体额定电流≥1.57×整流元件额定电流。

4. 熔断器的安装

① 检查熔断器的额定电压是否大于或等于电源的额定电压，其额定分断能力是否大于预期短路故障电流。

② 熔断器的保护特性应与被保护对象的过载特性相适应，考虑到可能出现的短路电流，选用适应分断能力的熔断器。

③ 线路中各级熔断器熔体额定电流要相互配合，保持前一级熔体额定电流必须大于下一级熔体额定电流。

④ 熔断器的熔体要按要求使用相配合的熔体，不允许随意加大熔体或用其他导体代替熔体。

⑤ 安装时应保证接触良好，不使熔体受到机械损伤，并防止其中个别相接触不良。

⑥ 熔断器的周围环境温度与保护对象的周围环境温度尽可能一致，以免保护特性产生误差。

⑦ 换上的新熔体，其规格应与原来熔体的规格一致，不得任意加大和缩小规格，并且必须在不带电的情况下更换熔体或熔管。

⑧ 为确保更换熔断器时的安全，尤其在确需带电更换时，应戴绝缘手套，站在绝缘垫上，并戴上护目眼镜。

⑨ 在有爆炸危险和有火灾危险的环境中，不得使用所产生的电弧可能与外界接触的熔断器。

5. 熔体的安装

① 熔体的最大额定电流不得超过熔断器的额定电流；熔体的安装长度，应按熔断器或刀闸开关内的面积所允许的长度确定。

② 安装熔体时，熔体两头应顺时针方向顺螺钉绕一圈，既不宜拧得太紧，也不宜拧得太松，以免损伤熔体或造成接触不良，否则，熔体温度将过高而造成误熔断。

③ 表面严重氧化的熔体应予以更换，以免在正常工作时过热熔断而造成电动机单相运行。

④ 如果熔体选择正确，但在使用中却反复熔断，说明线路或负载（如电动机等）存在故障，或熔体安装不当，需要查明原因后再安装。此时不得任意增大熔体截面或用较粗的其他金属丝来代替。

⑤ 不许将几根小容量熔体合并，以增大熔体截面来代替一根容量相等的熔体。因为合并熔体的熔断电流并不等于各单根熔体的熔断电流之和。

6. 熔断器的检查

① 检查熔断器和熔体的额定值与被保护设备是否相配合。

② 检查熔断器外观有无损伤、变形，瓷绝缘部分有无闪烁放电痕迹。

③ 检查熔断器各接触点是否完好、接触紧密，有无过热现象。

④ 熔断器的熔断信号指示器是否正常。

项目3　接触器的选用

接触器主要用于接通和分断电压至1140V、电流630A以下的电路。在设备自动控制系统中，可实现对电动机和其他电气设备的频繁操作和远距离控制。

接触器分为交流接触器和直流接触器。

任务1　交流接触器的选用

1. 交流接触器的基本结构

交流接触器由电磁机构、触点系统和灭弧机构三部分组成。图1-37所示为常见交流接触器外形图结构图。

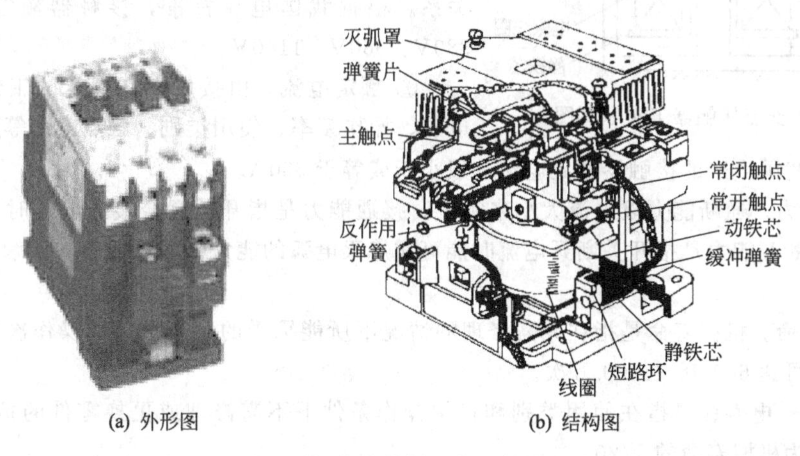

图1-37　交流接触器外形结构图

电磁机构由静止的铁芯、衔铁和电磁线圈组成，吸引线圈为电压线圈，使用时并接在电压相当的控制电源上。

触点系统有主触点和辅助触点。主触点一般为三极动合触点，电流容量大，具有较大的电流通断能力，主要用于大电流电路（主电路）；辅助触点电流容量小，主要用在小电流电路（控制电路或其他辅助电路）中作联锁或自锁之用。

灭弧机构用来熄灭主触点在切断电路时所产生的电弧，保护触点不受电弧灼伤，一般装在主触点系统中。辅助触点电流容量小，一般不设灭弧机构。在交流接触器中常用下列几种灭弧方法：电动力灭弧、纵缝灭弧、栅片灭弧和磁吹灭弧等。

2. 交流接触器图形符号及文字符号

其图形符号及文字符号如图 1-38 所示。

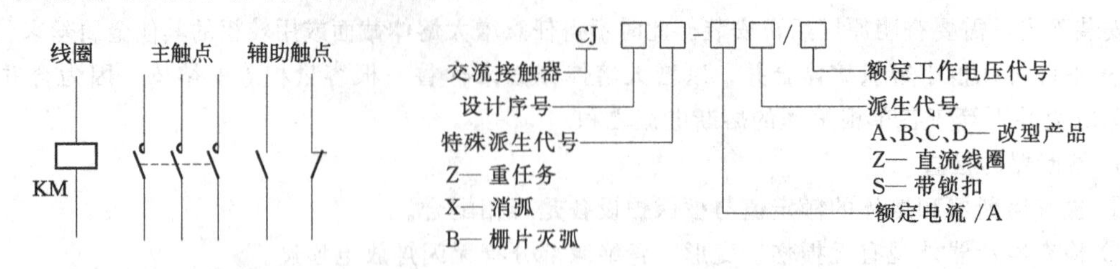

图 1-38 交流接触器图形符号及文字符号

图 1-39 交流接触器型号及意义

3. 交流接触器的型号及意义

如图 1-39 所示，为交流接触器的型号及意义。

4. 交流接触器的工作原理

交流接触器的工作原理如图 1-40 所示，当吸引线圈通电后、衔铁被吸合，并通过传动机构使触点动作，达到接通或断开电路的目的；当线圈断电后，衔铁在反力弹簧的作用下回到原始位置使触点复位。

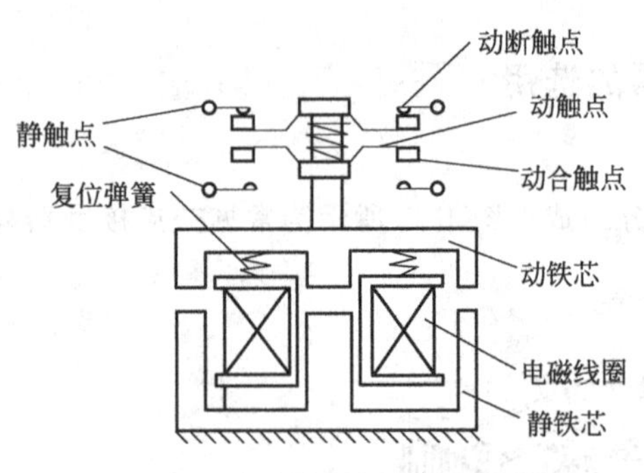

图 1-40 交流接触器工作原理图

5. 交流接触器的主要参数

交流接触器的主要参数有额定电压、额定电流、通断能力、机械寿命与电寿命等。

① 额定工作电压。是指在规定条件下，能保证电器正常工作的电压值。它与接触器的灭弧能力有很大的关系。根据我国电压标准，接触器额定电压为交流 380V、660V、1140V。

② 额定电流。由接触器在额定的工作条件（额定电压、操作频率、使用类别、触点寿命等）下所决定的电流值。目前我国生产的接触器额定电流一般小于或等于 630A。

③ 通断能力。通断能力以电流大小来衡量。接通能力是指开关闭合接通电流时不会造成触点熔焊的能力；断开能力是指开关断开电流时能可靠熄灭电弧的能力。通断能力与接触器的结构及灭弧方式有关。

④ 机械寿命。机械寿命是指在无需修理的情况下所能承受的不带负载的操作次数。一般接触器的机械寿命可达 600 万～1000 万次。

⑤ 电寿命。电寿命是指在使用类别和正常操作条件下不需修理或更换零件的负载操作次数。一般电寿命约为机械寿命的 1/20。

6. 交流接触器的选择

由于使用场合及控制对象不同，接触器的操作条件与工作繁重程度也不相同。为了尽可能经济、正确地使用接触器，必须对控制对象的工作情况以及接触器性能有一全面了解。接触器铭牌上所规定的电压、电流、控制功率等参数是在某一使用条件下的额定数据，而电气设备实际使用时的工作条件是千差万别的。因此，在选择接触器时必须根据实际使用条件正确选择。

① 类型选择。根据被控制电动机或负载电流类型来选择，交流负载应使用交流接触器，直流

负载应使用直流接触器。如果整个控制系统中主要是交流负载，而直流负载的容量较小时，也可以全部使用交流接触器，但触点的额定电流应适当选大些。而本例采用三相笼型异步电动机，理应选择交流接触器。

② 主触点额定电压选择。一般选择接触器触点的额定电压大于或等于负载回路的额定电压。

③ 主触点额定电流选择。接触器主触点的额定电流应大于或等于电动机或负载的额定电流。由于电动机的额定电流与其额定功率有关，因此也可根据电动机的额定功率进行选择。

交流电动机额定电压为380V时，电动机的额定运行线电流为

$$I_N = P_N \times 2\text{A/kW} \tag{1-1}$$

式中　P_N——电动机额定容量，kW。

交流电动机额定电压为660V时，电动机的额定运行线电流为

$$I_N = P_N \times 1.2\text{A/kW} \tag{1-2}$$

在本例中，$P_N = 4\text{kW}$，$U_N = 220\text{V}/380\text{V}$。由式(1-1)可知：

$$I_N = 4\text{kW} \times 2\text{A/kW} = 8\text{A}$$

则选择接触器主触点额定电流大于或等于8A。

当接触器使用在频繁启动、制动和正反转的场合时，一般将接触器主触点的额定电流降低一个等级或按可控制电动机的最大功率减半选择。

④ 线圈电压选择。一般应使接触器线圈电压与控制回路的电压等级相同。

⑤ 辅助触点选择。接触器辅助触点的额定电流、数量和种类应能满足控制电路的要求，如不能满足时，可选择中间继电器来扩充。

7. 交流接触器的安装与使用

① 检查接触器铭牌与线圈的技术数据（如额定电压、电流、操作频率等）是否符合使用要求。

② 检查接触器外观，应无机械损伤；用手推动接触器可动部分时，接触器应动作灵活，无卡阻现象；灭弧罩应完整无缺且固定牢靠。

③ 将铁芯极面上的防锈油或粘在极面上的铁垢用煤油擦净，以免多次使用后衔铁被粘住，造成线圈断电后不能释放。

④ 接触器一般应安装在垂直面上，倾角应小于5°；若有散热孔，则应将有孔的一面放在垂直方向上，以利散热，并按规定留有适当的飞弧空间，以免飞弧烧坏相邻器件。

⑤ 安装和接线时，注意不要将零件失落或掉入接触器内部。安装孔的螺钉应装有弹簧垫圈和平垫圈，并拧紧螺钉以防松脱。

⑥ 安装完毕，检查接线正确无误后，在主触点不带电的情况下操作几次，然后测量其动作值和释放值，所测数值应符合产品的规定要求。

⑦ 使用中，应定期检查接触器的各部件，要求可动部分无卡住、紧固件无松脱。如有损坏，应及时检修。

⑧ 触点表面应经常保持清洁，不允许涂油。当触点表面因电弧作用形成金属小珠时，应及时铲除，但银及银基合金触点表面产生的氧化膜其接触电阻很小，不必锉修，否则将缩短触点的寿命。当触点严重磨损后，应及时调整超程，当厚度只剩下原来的1/3时，应调换触点。

⑨ 原来有灭弧室的接触器，一定要带灭弧室使用，以免发生短路事故。

8. 交流接触器常见故障及处理

交流接触器的常见故障及处理见表1-14。

表 1-14 交流接触器常见故障及处理方法

序号	故障现象	故障原因	维修方法
1	触头熔焊	(1)操作频率过高或选用不当 (2)负载侧短路 (3)触头弹簧压力过小 (4)触头表面有金属颗粒突起或异物 (5)吸合过程中触头停滞在似接触非接触的位置上	(1)降低操作频率或更换合适型号及意义 (2)排除短路故障、更换触头 (3)调整触头弹簧压力 (4)清理触头表面 (5)消除停滞因素
2	触头断相	(1)触头烧缺 (2)压力弹簧片失效 (3)连接螺钉松脱	(1)更换触头 (2)更换压力弹簧片 (3)拧紧松脱螺钉
3	相间短路	(1)可逆转换接触器联锁失灵或误动作致使两台接触器同时投入运行而造成相间短路 (2)接触器正反转换接时间短而燃弧时间又长，换接过程中发生弧光短路 (3)尘埃堆积、潮湿、过热使绝缘损坏 (4)绝缘件或灭弧室损坏或破碎	(1)检查联锁保护 (2)在控制电路中加入中间环节或更换动作时间长的接触器 (3)缩短维护周期 (4)更换损坏件

【自己动手】

(1) 画出交流接触器的结构图，说明其构成。

(2) 写出交流接触器的图形符号及文字符号。

(3) 举例说明交流接触器的型号及意义及用途。

任务 2 直流接触器的选用

直流接触器有 CZ5、CZ16、CZ17 和 CZ18 等系列，与交流接触器相比，具有冲击小、噪声低、寿命长等优点。

如图 1-41 所示，为直流接触器外形结构图。直流接触器的外形、结构与交流接触器基本相同，也由电磁系统、触点系统和灭弧装置三个主要部分组成。

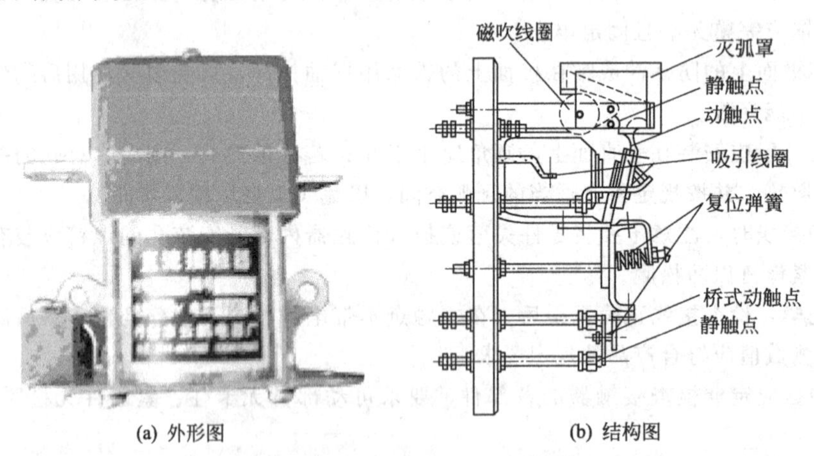

(a) 外形图　(b) 结构图

图 1-41 直流接触器外形结构图

① 电磁系统。电磁系统包括线圈、动铁芯和静铁芯。直流接触器的线圈也是由绝缘铜导线绕制而成的，与交流接触器的线圈相比匝数多、电阻大，故制成细而长的圆筒形，以保证线圈散热良好。直流接触器的铁芯在直流电通入线圈时不会产生涡流，故铁芯可用整块的铸铁或铸钢做成。由于直流电没有过零点问题，因此铁芯极面上也不需要装短路环。为了保证动铁芯的可靠释放，常在磁路中夹有非磁性垫片，以减小剩磁的影响。

② 触点系统。直流接触器的触点也分主触点和辅助触点，其动合触点和动断触点的通断情况与交流接触器相同。

③ 灭弧装置。直流接触器的主触点在切断电路时，灭弧更加困难，所以灭弧装置更为重要。在直流接触器中一般采用磁吹灭弧法，对小容量的直流接触器也有的采用永久磁铁磁吹灭弧法，对大中容量的直流接触器则常采用纵缝灭弧加磁吹灭弧法。此外，直流接触器还有其他部分，如复位弹簧、传动机构和接线柱等。

直流接触器的工作原理主要参数选择、安装与使用、常见故障及处理与交流接触器的基本相同。

【自己动手】

(1) 画出直流接触器的结构图，说明其构成。

(2) 写出直流接触器的图形符号及文字符号。

(3) 举例说明直流接触器的型号及意义及用途。

【问题与思考】

(1) 常用接触器有哪些类型?

(2) 常用接触器的结构由哪几部分组成?

(3) 如何选用接触器?

(4) 接触器常见故障有哪些? 如何排除?

【知识链接】

1. 接触器的发展

接触器是电路中不可缺少的器材之一，而近年来各式各样的接触器不断产生，接触器正在向着多样化发展，带给人们更多的，不同的选择。

接触器制作为一个整体，外形和性能也在不断提高，但是功能始终不变。无论技术的发展到什么程度，普通的接触器还是有其重要地位的。

2. 接触器的类型

(1) 空气式交流电磁接触器

空气式交流电磁接触器就是上面介绍的交流接触器，主要由触点系统、电磁操动系统、支架、辅助接点和外壳（或底架）组成。

空气式交流电磁接触器的线圈一般采用交流电源供电，在接触器激磁之后，通常会有一声高分贝的“咯”的噪声，这也是电磁式接触器的特色。

(2) 真空接触器

真空接触器是触点系统采用真空消磁室的接触器。

(3) 半导体接触器

半导体接触器是一种通过改变电路回路的导通状态和断路状态而完成电流操作的接触器。

3. 接触器的未来

20世纪80年代后，各国研究交流接触器电磁铁的无声和节电，基本的可行方案之一是将交流电源用变压器降压后，再经内部整流器转变成直流电源后供电，但此复杂控制方式并不多见。

项目4　继电器的选用

【项目描述】

主要介绍各种继电器的结构特点、工作原理与选用。

【项目内容】

继电器（英文名称：relay）是一种电控制器件，是当输入量（激励量）的变化达到规定要求时，在电气输出电路中使被控量发生预定的阶跃变化的一种电器。它具有控制系统（又称输入回路）和被控制系统（又称输出回路）之间的互动关系。通常应用于自动化的控制电路中，它实际上是用小电流去控制大电流运作的一种“自动开关”。故在电路中起着自动调节、安全保护、转换电路等作用。

继电器是一种根据外界输入信号（电信号或非电信号）来控制电路“接通”或“断开”的一种自动电器，主要用于控制、电路保护或信号转换。继电器的种类很多，分类方法也较多。按反映的信号来分，可分为中间继电器、热继电器、时间继电器、电压继电器、电流继电器和速度继电器等。

任务1 中间继电器的选用

中间继电器是用来增加控制电路中的信号数量或将信号放大的继电器。其输入信号是线圈的通电和断电，输出信号是触点的动作。它具有触点多，触点容量大，动作灵敏等特点。由于触点的数量较多，所以用来控制多个元件或回路。

1. 中间继电器的结构及工作原理

中间继电器的结构及工作原理与接触器基本相同，但中间继电器的触点对数多，且没有主辅之分，各对触点允许通过的电流大小相同，多数为5A。因此，对于工作电流小于5A的电气控制电路，可用中间继电器代替接触器实施控制。

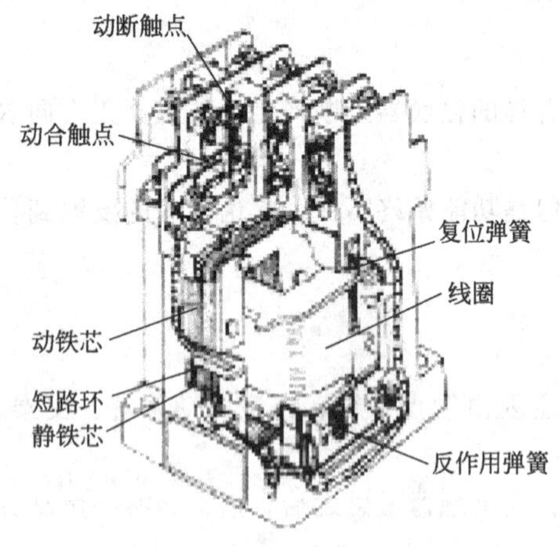

图1-42 中间继电器结构图

如JZ7系列为交流中间继电器，其结构如图1-42所示，采用立体布置，由铁芯、衔铁、线圈、触点系统、反作用弹簧和缓冲弹簧等组成。触点采用双断点桥式结构，上下两层各有四对触点，下层触点只能是动合触点，故触点系统可按8动合触点、6动合触点、2动断触点及4动合触点、4动断触点组合。继电器吸引线圈额定电压有12V、36V、110V、220V、380V等。

JZ14系列中间继电器有交流操作和直流操作两种，该系列继电器带有透明外罩，可防止尘埃进入内部而影响工作的可靠性。

2. 中间继电器的图形符号及文字符号

中间继电器在电路中的图形符号及文字符号如图1-43所示。

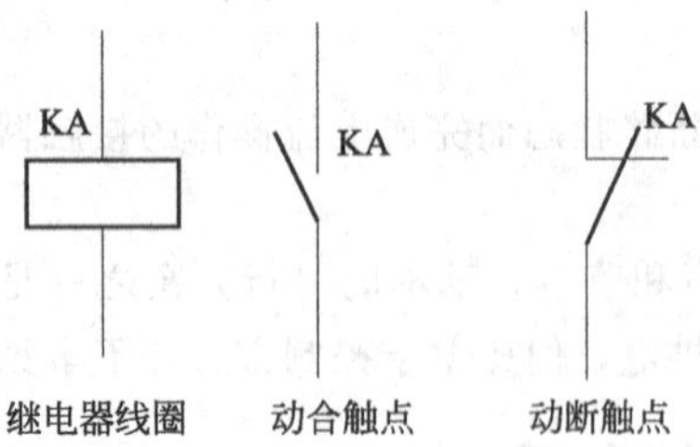

KA KA KA

继电器线圈 动合触点 动断触点

图1-43 中间继电器图形符号及文字符号

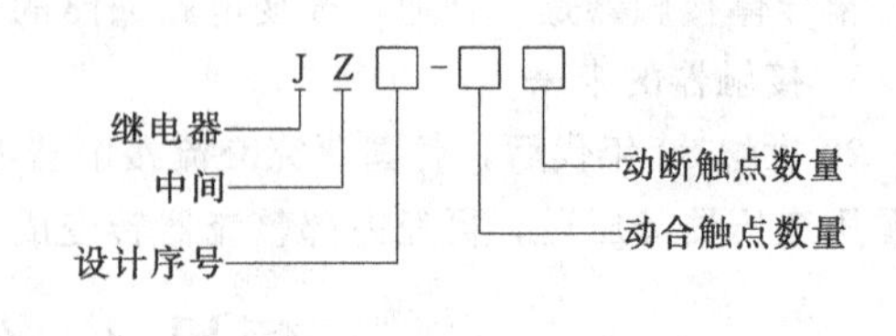

图1-44 中间继电器型号及意义

3. 中间继电器的型号及意义

中间继电器的型号及意义如图1-44所示。

4. 中间继电器的主要技术数据

JZ7系列中间继电器的主要技术数据见表1-15所示。

表 1-15 JZ7系列中间继电器的主要技术数据

型号及意义	触头额定电压/V	触头额定电流/A	常开触头数	常闭触头数	操作频率/(次/h)	线圈启动功率/V·A	线圈吸持功率/V·A
JZ7-44	500	5	4	4	1200	75	12

5. 中间继电器的选择

中间继电器主要根据控制电路的电压等级、所需触点的数量和种类、容量等要求选择。

6. 中间继电器的安装与使用

① 检查继电器的铭牌及线圈的技术数据，如额定电压、电流、过电流等是否符合实际使用要求。

② 检查继电器的可动部分，要求动作灵活可靠。

③ 去除部件表面污垢，如继电器铁芯表面的防锈油等，以保证运行可靠。

④ 安装接线时，应检查接线正确无误、安装螺钉不得松动。

⑤ 先在主电路触点不带电的情况下，使吸引线圈通电分合数次，检查其证明动作无误后，才能投入使用。

⑥ 使用中，应定期检查继电器的各部件，要求可动部分无卡住、紧固件无松脱。如有损坏，应及时更换。

⑦ 及时擦净触点上的积灰及油污，以保证接触良好。触点烧损后，应及时清理，当触点磨损至原厚度的1/3时，应更换触点。触点修整后，应注意调整好触点开距、超程、接触压力及动静触点接触面。

7. 中间继电器的常见故障及处理

(1) 触头熔焊

① 故障原因

a. 操作频率过高或型号选用不当。

b. 负载侧短路。

c. 触头弹簧压力过小。

d. 触头表面有金属颗粒突起或异物。

e. 吸合过程中触头停滞在似接触非接触的位置上。

② 维修方法

a. 降低操作频率或更换合适的型号。

b. 排除短路故障、更换触头。

c. 调整触头弹簧压力。

d. 清理触头表面。

e. 消除停滞因素。

(2) 触头断相

① 故障原因

a. 触头烧缺。

b. 压力弹簧失效。

c. 连接螺钉松脱。

② 维修方法

a. 更换触头。

b. 更换压力弹簧。

c. 拧紧松脱的螺钉。

【自己动手】

(1) 画出中间继电器的结构图，说明其构成。

(2) 写出中间继电器的图形符号及文字符号。

(3) 举例说明中间继电器的型号及意义及用途。

任务 2　热继电器的选用

电动机在运行过程中经常会遇到过载（电流超过额定值）现象，只要过载不严重、时间不长，电动机绕组的温升没有超过其允许温升，这种过载是允许的；但如果电动机长时间过载，温升超过允许温升时，轻则使电动机的绝缘加速老化而缩短其使用寿命，严重时可能会使电动机因温度过高而烧毁。因此，对电动机应进行必要的过载保护，通常采用的器件是热继电器。

按照热继电器动作方式，可分为双金属片式、断相保护式、热敏电阻式、易熔合金式、电子式等多种，使用最为普遍的是双金属片式热继电器。它结构简单、成本低，且具有良好的反时限特性，即电流越大，动作时间越短，电流与动作时间成反比。

1. 热继电器的结构

双金属片式继电器由发热元件、双金属片、触点系统和传动机构等部分组成。有两相结构和三相结构热继电器之分，三相结构热继电器又可分为带断相保护和不带断相保护两种。图 1-45 所示为双金属片式三相结构热继电器外形结构图（图中热继电器无断相保护功能）。

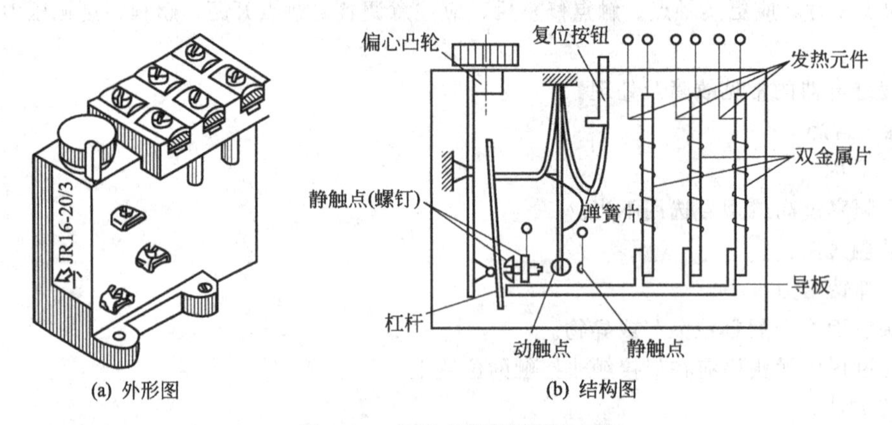

(a) 外形图　　(b) 结构图

图 1-45　热继电器外形结构图

(1) 发热元件

发热元件由电阻丝制成，使用时它与主电路串联（或通过电流互感器）；当电流通过热元件时，热元件对双金属片进行加热，使双金属片受热弯曲。热元件对双金属片加热方式有三种，如图 1-46 所示。

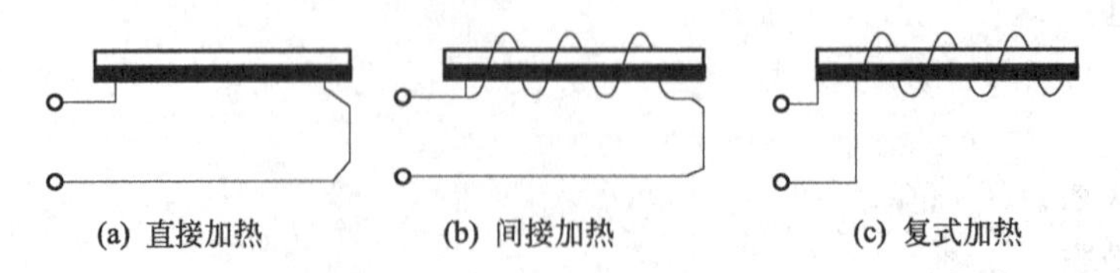

(a) 直接加热　　(b) 间接加热　　(c) 复式加热

图 1-46　热继电器加热方式示意图

(2) 双金属片

双金属片是热继电器的核心部件，由两种热膨胀系数不同的金属材料辗压而成，当它受热膨胀时会向膨胀系数小的一侧弯曲。

2. 热继电器的图形符号及文字符号

热继电器的图形符号及文字符号如图 1-47 所示。

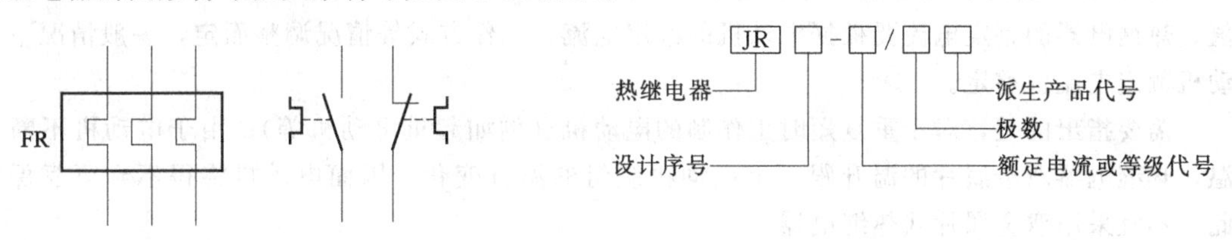

图 1-47 热继电器图形符号及文字符号

图 1-48 热继电器型号及意义

3. 热继电器型号及意义

热继电器的型号及意义如图 1-48 所示。

4. 热继电器工作原理

双金属片式热继电器是利用电流通过发热元件时所产生的热量，使双金属片受热弯曲而推动触点动作的一种保护电器。它主要用于电动机的过载保护、断相保护以及电流不平衡运行保护，也可用于其他电气设备发热状态的控制。

当电动机电流未超过额定电流时，双金属片自由端弯曲的程度（位移）不足以触及动作机构，因此热继电器不会工作；当电流超过额定电流时，双金属片自由端弯曲的位移将随着时间的积累而增加，最终将触及动作机构而使热继电器动作。出于双金属片弯曲的速度与电流大小有关，电流越大时，弯曲的速度也越快，于是动作时间就短；反之，则时间就长，这种特性称为反时限特性。只要热继电器的整定值调整恰当，就可以使电动机在温度超过允许值之前停止运转，避免因高温造成损坏。

当电动机启动时，电流往往很大，但时间很短，热继电器不会影响电动机的正常启动。表 1-16 是热继电器动作时间和电流之间的关系表。

表 1-16 热继电器动作时间和电流之间的关系

电　流	动作时间	试验条件	电　流	动作时间	试验条件
$1.05I_N$	＞1～2h	冷态	$1.5I_N$	＜2min	热态
$1.2I_N$	＜20min	热态	$6.0I_N$	＞5s	冷态

注：I_N是热继电器整定电流（A）。

5. 热继电器的选择

热继电器的选择主要有种类和主要参数的选择。

（1）热继电器种类的选择

应根据被保护电动机的连接组别进行选择：

① 当电动机定子绕组为星形连接时，选用两相或三相热继电器均可进行保护。

② 当电动机定子绕组为三角形连接时，应选用三相带差分放大机构的热继电器才能进行最佳的保护。

（2）热继电器主要参数的选择

热继电器的主要参数有额定电压、额定电流、相数和热元件编号等。

① 额定电压。热继电器额定电压是指触点的电压值，选用时要求额定电压大于或等于触点所在电路的额定电压。

② 额定电流。热继电器的额定电流是指允许装入的热元件的最大额定电流值。每一种额定电流的热继电器可以装入几种不同电流规格的热元件，选用时要求额定电流大于或等于被保护电动机的额定电流。

③ 热元件规格。热元件规格用电流值表示，它是指热元件允许长时间通过的最大电流值。选

用时一般要求其电流规格小于或等于热继电器的额定电流。

④ 热继电器的整定电流。整定电流是指长期通过热元件又刚好使热继电器不动作的最大电流值。热继电器的整定电流要根据电动机的额定电流、工作方式等情况调整而定，一般情况下可按电动机额定电流值整定。

需要指出的是，对于重复短时工作制的电动机（例如起重电动机等），由于电动机不断重复升温，热继电器双金属片的温升跟不上电动机绕组的温升变化，因而电动机将得不到可靠保护。因此，不宜采用双金属片式热继电器。

6. 热继电器的安装与使用

① 首先应按说明书正确安装。一般都安装在其他电器的下方，以免因其他电器发热影响它的动作准确性。

② 其次热元件的动作电流可以调整（也就是经常所说的整定），调整的电流值（简称整定值）一般等于电动机的额定电流。若启动频繁或启动时间较长的电动机，可使动作电流等于额定值的1.1～1.5倍。

③ 再次，热继电器自动作后，可在2min后按手动复位按钮，使它恢复原来的状态，否则它不再动作。

7. 热继电器常见故障及处理

热继电器的常见故障及处理见表1-17所示。

表1-17 热继电器的常见故障及处理方法

序号	故障现象	故障原因	维修方法
1	热元件烧断	负载侧短路,电流过大 操作频率过高	排除故障、更换热继电器 更换合适参数的热继电器
2	热继电器不动作	热继电器的额定电流值选用不合适 整定值偏大 动作触头接触不良 热元件烧断或脱焊 动作机构卡组 导板脱出	按保护容量合理选用 合理调整整定值 消除触头接触不良因素 更换热继电器 消除卡组因素 重新放入并调试
3	热继电器动作不稳定,时快时慢	热继电器内部机构某些部件松动 在检修中弯折了双金属片 通电电流波动太大,或接线螺钉松动	将这些部件加以紧固 用两倍电流预试几次或将双金属片拆下来热处理(一般约240℃)以去除内应力 检查电源电压或拧紧接线螺钉
4	热继电器动作太快	整定值偏小 电动机启动时间过长 连接导线太细 操作频率过高 使用场合有强烈冲击和振动 可逆转换频繁 安装热继电器处与电动机处环境温差太大	合理调整整定值 按启动时间要求,选择具有合适的可返回时间的热继电器或在启动过程中将热继电器短接 选用标准导线 更换合适的型号及意义 选用带防振动冲击的或采取防振动措施 改用其他保护方式 按两地温差情况配置适当的热继电器
5	主电路不通	热元件烧断 接线螺钉松动或脱落	更换热元件或热继电器 紧固接线螺钉
6	控制电路不通	触头烧坏或动触头片弹性消失 可调整式旋钮转到不合适的位置 热继电器动作后未复位	更换触头或簧片 调整旋钮或螺钉 按动复位按钮

【自己动手】

(1) 画出热继电器的结构图，说明其构成。

（2）写出热继电器的图形符号及文字符号。

（3）举例说明热继电器的型号及意义及用途。

任务 3　过电压继电器的选用

电压继电器根据电路中电压的大小来控制电路的“接通”或“断开”。主要用于电路的过电压或欠电压保护，使用时其吸引线圈直接（或通过电压互感器）并联在被控电路中。

电压继电器有直流电压继电器和交流电压继电器之分，交流电压继电器用于交流电路，而直流电压继电器则用于直流电路中，同一类型又可分为过电压继电器、欠电压继电器和零电压继电器。

1. 过电压继电器结构

过电压继电器用于电路过电压保护，当电路电压正常时不动作；当电路电压超过某一整定值（一般为额定电压的 105%～120%），过电压继电器动作。

如图 1-49 所示为过电压继电器外形结构图。过电压继电器的基本结构与接触器相似，由电磁系统、触点系统和反力系统三部分组成。

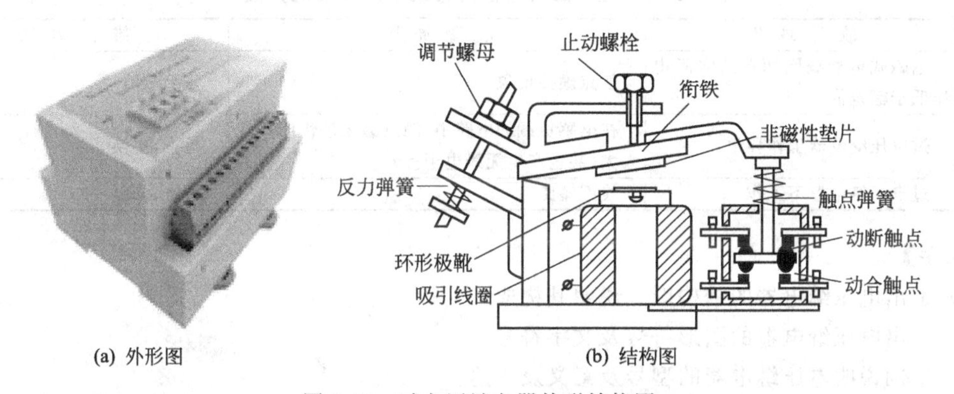

(a) 外形图　　(b) 结构图

图 1-49　过电压继电器外形结构图

2. 过电压继电器工作原理

过电压继电器的工作原理与接触器也相似，其中电磁系统为感测机构，由于其触点主要用于小电流电路中（电流一般不超过 10A），因此不专门设置灭弧装置。

3. 过电压继电器图形符号及文字符号

过电压继电器的图形符号及文字符号如图 1-50 所示。

图 1-50　过电压继电器图形符号及文字符号

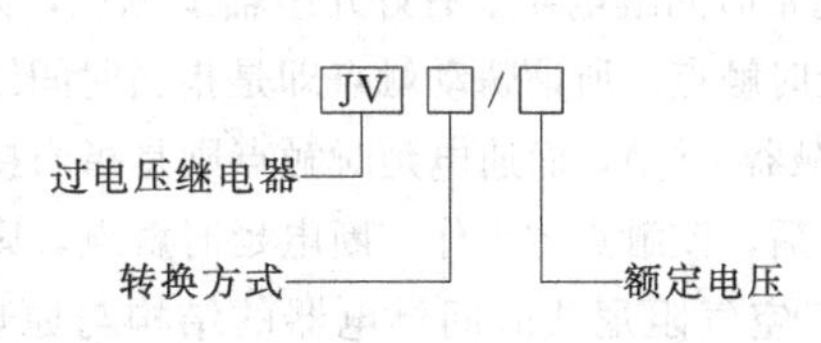

图 1-51　过电压继电器型号及意义

4. 过电压继电器的型号及意义

过电压继电器的型号及意义如图 1-51 所示。

5. 过电压继电器的选择

① 先应选择继电器线圈电源电压是交流还是直流。继电器的额定工作电压一般应小于或等于其控制电路的工作电压。

② 选择电磁式继电器线圈的额定工作电流：是用晶体管驱动的还是用集成电路驱动的。

6. 过电压继电器的安装与使用

① 先了解必要的条件。

a. 控制电路的电源电压。

b. 被控制电路中的电压。

c. 被控电路需要几组、什么形式的触点。

选用继电器时，一般控制电路的电源电压可作为选用的依据。控制电路应能给继电器提供足够的工作电流，否则继电器吸合是不稳定的。

② 查阅有关资料确定使用条件后，可查找相关资料，找出需要的继电器的型号及意义和规格号。若手头已有继电器，可依据资料核对是否可以利用。最后考虑尺寸是否合适。

③ 注意器具的容积。若是用于一般用电器，除考虑机箱容积外，小型继电器主要考虑电路板安装布局。对于小型电器，如玩具、遥控装置则应选用超小型继电器产品。

7. 过电压继电器的故障与处理

过电压继电器的常见故障及处理见表 1-18 所示。

表 1-18 过电压继电器的常见故障及处理方法

序号	故障现象	故障原因	维修方法
1	电磁式电器线圈两端的实际电压低于额定值	触点虚接现象	排除故障
2	过电压继电器工作异常	在电感负载的电路中，触点磨损过快或火花太大(甚至产生无线电干扰)	检查，更换
3	过电压继电器不工作	线圈短路	检查，修复

【自己动手】

(1) 画出电压继电器的结构图，说明其构成。

(2) 写出电压继电器的图形符号及文字符号。

(3) 举例说明电压继电器的型号及意义及用途。

任务 4 时间继电器的选用

时间继电器是指当继电器的感测机构接受到外界动作信号后要经过一段时间延时后触点才动作的继电器，它在电路中起着使控制电路延时动作的作用。

时间继电器按延时方式可分为通电延时和断电延时两种。

按动作原理可分为空气阻尼式、电子式、电动式等。

通常时间继电器上有好几组辅助触点，分为瞬动触点、延时触点。延时触点又分为通电延时触点和断电延时触点。所谓瞬动触点即是指当时间继电器的感测机构接受到外界动作信号后，该触点立即动作(与接触器一样)，而通电延时触点则是指当接受输入信号（例如线圈通电）后，要经过一定时间（延时时间）后，该触点才动作。断电延时触点，则在线圈断电后要经过一定时间后，该触点才恢复。

1. 空气阻尼式时间继电器的结构与原理

空气阻尼式时间继电器也叫空气式时间继电器或气囊式时间继电器。

(1) 空气阻尼式时间继电器的结构

由电磁机构、触点系统和空气阻尼器三部分组成。图 1-52 所示为空气阻尼式时间继电器外形结构图（通电延时型）。

(2) 空气阻尼式时间继电器的工作原理

如图 1-52(b) 所示，当线圈通电后衔铁吸合，活塞杆在塔形弹簧作用下带动活塞及橡皮膜向上移动，橡皮膜下方空气室空气变得稀薄而形成负压，活塞杆只能缓慢移动，其移动速度由进气孔气隙大小来决定。经一段时间延时后，活塞杆通过杠杆压动微动开关使其动作，达到延时的目的。当线圈断电时，衔铁释放，橡皮膜下方空气室的空气通过活塞肩部所形成的单向阀迅速排放，使活塞杆、杠杆、微动开关迅速复位。通过调节进气孔气隙大小可改变延时时间的长短。通过改变电磁机构在继电器上的安装方向可以获得不同的延时方式。

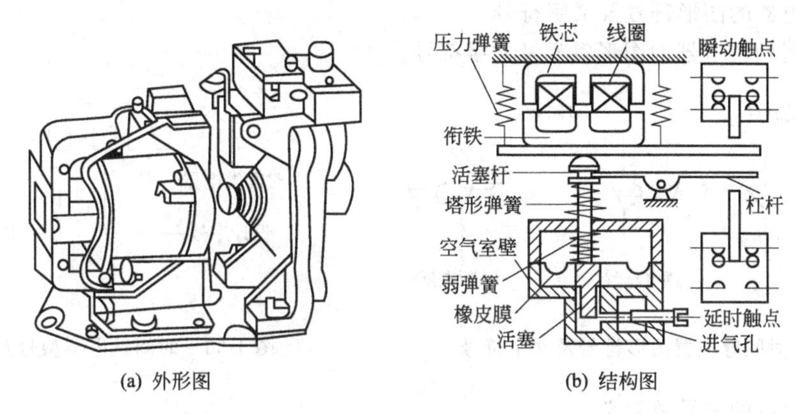

图 1-52　空气阻尼式时间继电器外形结构图

(3) 空气阻尼式时间继电器的特点

延时精度低，受周围环境影响较大，但延时时间长、价格低廉、整定方便，主要用于延时精度要求不高的场合。刻度盘上的值只是一个近似值，仅作参考用。

2. 电子式时间继电器的结构与原理

(1) 电子式时间继电器的结构

电子式时间继电器，采用插座式结构，所有元件装在印制电路板上，用螺钉使之与插座紧固，再装上塑料罩壳组成本体部分，在罩壳顶部装有铭牌和整定电位器旋钮，并有动作指示灯。图 1-53 所示为其外形图。

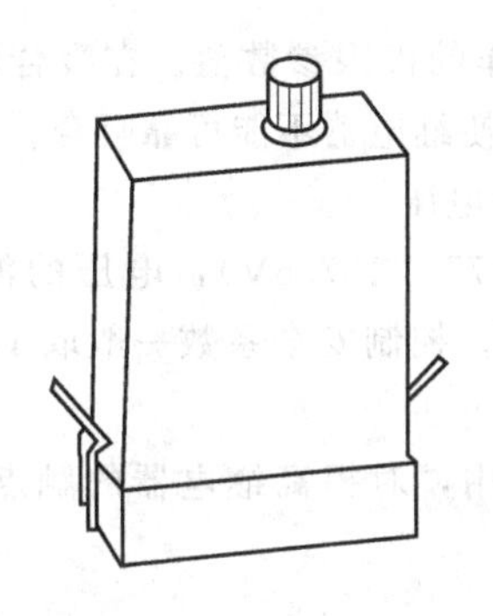

图 1-53　电子式时间继电器外形图

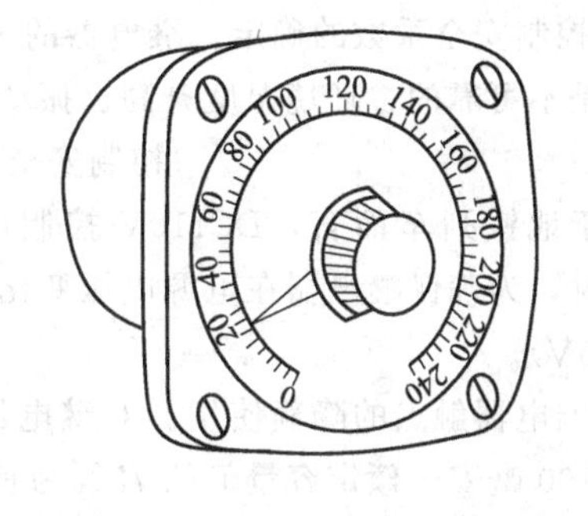

图 1-54　电动式时间继电器外形图

(2) 电子式时间继电器的工作原理

JS20 系列电子式时间继电器采用的延时电路分为两类：一类为场效应晶体管电路，另一类为单结晶体管电路。

电子式时间继电器具有体积小、延时范围大、精度高、寿命长以及调节方便等特点，目前在自动控制系统中的使用十分广泛。

3. 电动式时间继电器的结构与原理

(1) 电子式时间继电器的结构

电动式时间继电器由同步电机、传动机构、离合器、凸轮、调节旋钮和触点几部分组成。图 1-54所示为其外形图。

（2）电动式时间继电器的工作原理

电动式时间继电器的延时时间不受电源电压波动及环境温度变化的影响、调整方便、重复精度高、延时范围大（可长达数十小时）；但结构复杂、寿命低、受电源频率影响较大，不适合频繁工作。

4. 时间继电器的图形符号及文字符号

图 1-55 为时间继电器的图形符号及文字符号。

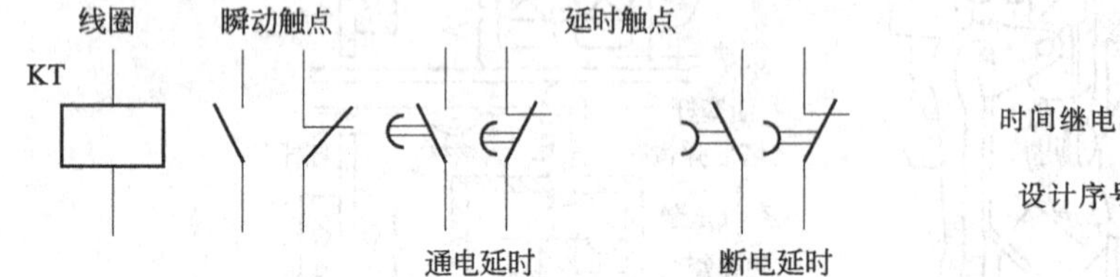

图 1-55　时间继电器图形符号及文字符号

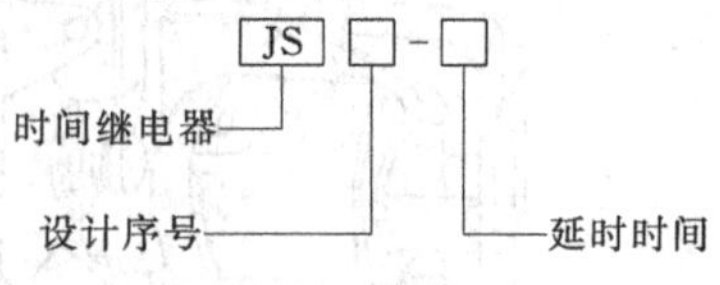

图 1-56　时间继电器型号及意义

5. 时间继电器的型号及意义

图 1-56 为时间继电器的型号及意义。

6. 时间继电器的选择

① 根据系统的延时范围和精度选择时间继电器的系列和类型。在延时精度要求不高的场合，一般可选用价格较低的 JS7-A 系列空气阻尼式时间继电器；反之，对精度要求较高的场合，可选用晶体管式时间继电器。

② 根据控制电路的要求选择时间继电器的延时方式（通电延时或断电延时）。同时，还必须考虑电路对瞬时动作的要求。

③ 根据控制电路的电压选择时间继电器线圈的电压。

7. 时间继电器的安装与使用

① 控制安全系数的确定。继电器的吸合电压是继电器工作的极限参数值。在吸合值下使用继电器，是不可靠的，环境温度升高、振动、冲击等，都有可能使继电器不能可靠吸合。

控制安全系数＝工作电压/吸合电压

对于地铁列车而言，DC110V 控制电源变化范围很大（77～137.5V），电压的波动范围达±30％时，为确保继电器在电源电压变化范围内均能可靠工作，控制安全系数一般取 1.8（吸合电压为 6.6V）。

② 继电器触点的降额使用。对继电器触点适度的降额使用，对提高继电器的触点寿命有利。一般取 100 毫安～额定容量值的 75％为宜。

8. 时间继电器的故障与处理

下面以空气阻尼式时间继电器为例介绍时间继电器的常见故障及处理。

空气阻尼式时间继电器是一种较常见的时间继电器，它的常见故障及处理方法见表 1-19 所示。

表 1-19　空气阻尼式时间继电器常见故障及处理方法

序号	故障现象	可能原因	处理方法
1	延时触头不动作	电磁线圈断线 电源电压过低 转动机构卡住或损坏	更换线圈 调高电源电压 排除卡住故障或更换部件
2	延时时间缩短	气室装配不严，漏气 橡皮膜损坏	修理或更换气室 更换橡皮膜
3	延时时间变长	气室内有灰尘，使气道阻塞	清除气室内灰尘，使气道畅通

【自己动手】

(1) 画出时间继电器的结构图，说明其构成。

(2) 写出时间继电器的图形符号及文字符号。

(3) 举例说明时间继电器的型号及意义及用途。

任务5 速度继电器的选用

速度继电器是利用转轴的一定转速来切换电路的自动电器。它常用于电动机反接制动的控制电路中，当反接制动的转速下降到接近零时，它能自动地及时切断电源。

1. 速度继电器的结构

速度继电器由转子、定子和触头三部分组成。其外形结构如图1-57所示。其结构与鼠笼式异步电动机相似。

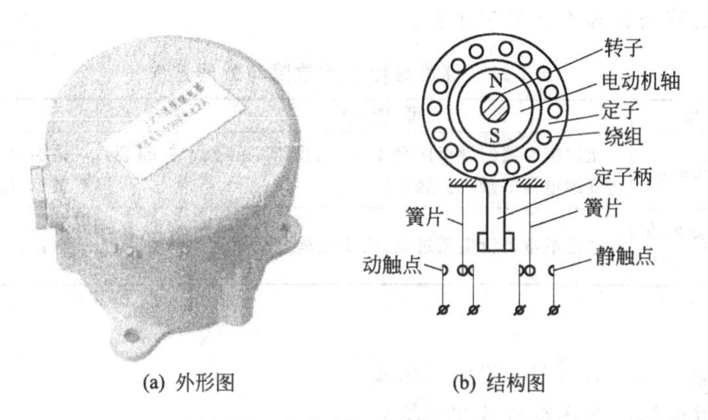

(a) 外形图　　(b) 结构图

图1-57 速度继电器外形结构图

转子是一块永久磁铁，与电动机或机械转轴连在一起，随轴转动。它的外边有一个可以转动一定角度的外环，装有鼠笼型绕组。

2. 速度继电器的工作原理

当转轴带动永久磁铁旋转时，定子外环中的笼型绕组因切割磁力线而产生感应电动势和感应电流，该电流在转子磁场作用下产生电磁力和电磁转矩，使定子外环跟随转动一个角度。如果永久磁铁逆时针方向转动，则定子外环带着摆杆向右边，使右边的动断触点断开，动合触点接通；当永久磁铁顺时针方向旋转时，使左边的触点改变状态。当电动机的转速较低（如小于100r/min）时，触点复位。

3. 速度继电器的图形符号及文字符号

速度继电器的图形符号及文字符号如图1-58所示。

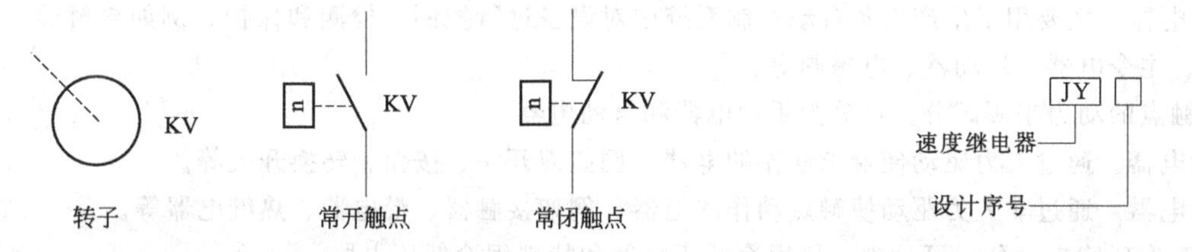

图1-58 速度继电器图形符号及文字符号　　图1-59 速度继电器型号及意义

常用的感应式速度继电器有JY1和JFZ0系列。JY1系列能在3000r/min的转速下可靠工作。JFZ0型触点动作速度不受定子柄偏转快慢的影响，触点改用微动开关。JFZ0系列JFZ0-1型适用于300～1000r/min，JFZ0-2型适用于1000～3000r/min。速度继电器有两对常开、常闭触点，分别对应于被控电动机的正、反转运行。一般情况下，速度继电器的触点，在转速达 120r/min 时能动作，100r/min 左右时能恢复正常位置。

4. 速度继电器的型号及意义

速度继电器的型号及意义如图 1-59 所示。

5. 速度继电器的选择

速度继电器根据电动机的额定转速进行选择。

6. 速度继电器的安装与使用

速度继电器的轴与电动机的轴相连接。转子固定在轴上，定子与轴同心。

一般速度继电器的转轴在 130r/min 左右即能动作，在 100r/min 时触头即能恢复到正常位置。可以通过螺钉的调节来改变速度继电器动作的转速，以适应控制电路的要求。

7. 速度继电器的故障与处理

速度继电器的故障与处理方法见表 1-20。

表 1-20 速度继电器的故障与处理方法

序号	故障现象	可能原因	处理方法
1	不能进行反接制动	速度继电器的触点闭合不了，速度继电器胶木杆断裂，速度继电器的触头接触不良	更换胶木摆杆或速度继电器，检查触头，清除触头的污物
2	电动机制动效果不好	速度继电器设定值过高，致使过早地撤除反接制动	重新设定整定值

【自己动手】

(1) 画出速度继电器的结构图，说明其构成。

(2) 写出速度继电器的图形符号及文字符号。

(3) 举例说明速度继电器的型号、意义及用途。

【问题与思考】

(1) 常用继电器有哪些类型？

(2) 如何选用继电器？

(3) 继电器常见故障有哪些？如何排除？

【知识链接】

1. 低压电器的分类

(1) 按用途区分，可分为配电电器和控制电器

① 配电电器。主要用于供配电系统中实现对电能的输送、分配和保护。例如熔断器、断路器、开关及保护继电器等。

② 控制电器。主要用于生产设备自动控制系统中对设备进行控制、检测和保护。例如接触器、控制继电器、主令电器、启动器、电磁阀等。

(2) 按触点的动力来源区分，可分为手动电器和自动电器

① 手动电器。通过人力驱动使触点动作的电器，例如刀开关、按钮、转换开关等。

② 自动电器。通过非人力驱动使触点动作的电器，例如接触器、继电器、热继电器等。

(3) 按工作环境来区分，可分为一般用途低压电器和特殊用途低压电器

① 一般用途低压电器。用于海拔高度不超过 2000m；周围环境温度在 −25～40℃之间；空气相对湿度为 90%；安装倾斜度不大于 5°；无爆炸危险的介质及无显著摇动和冲击振动的场合。

② 特殊用途电器。特殊环境和工作条件下使用的各类低压电器，通常是在一般用途低压

电器的基础上进行派生而成，如防爆电器、船舶电器、化工电器、热带电器、高原电器以及牵引电器等。

2. 低压电器结构的基本特点

低压电器在结构上种类繁多，且没有最终固定的结构形式，因此在讨论各种低压电器的结构时显得较为繁琐，但是从低压电器各组成部分的作用上去理解，低压电器一般都有三个基本组成部分：感受部分、执行部分和灭弧机构。

(1) 感受部分

它用来感受外界信号，并根据外界信号作特定的反应或动作。不同的电器，感受部分结构不一样，对手动电器来说，操作手柄就是感受部分；而对于电磁式电器而言，感受部分一般指电磁机构。

(2) 执行部分

它根据感受机构的指令，对电路进行"通断"操作。对电路实行"通断"控制的工作一般由触点来完成，所以执行部分一般是指电器的触头系统。

(3) 灭弧机构

触点在一定条件下断开电流时往往伴随有电弧或火花产生，电弧或火花对断开电流和触点的使用寿命都有极大的不良影响。特别是电弧，必须及时熄灭。用于熄灭电弧的机构称为灭弧机构。

3. 继电器的类型

(1) 按继电器的工作原理或结构特征分类

① 电磁继电器。利用输入电路内电路在电磁铁铁芯与衔铁间产生的吸力作用而工作的一种电气继电器。

② 固体继电器。指电子元件履行其功能而无机械运动构件的，输入和输出隔离的一种继电器。

③ 温度继电器。当外界温度达到给定值时而动作的继电器。

④ 舌簧继电器。利用密封在管内，具有触电簧片和衔铁磁路双重作用的舌簧动作来开，闭或转换线路的继电器。

⑤ 时间继电器。当加上或除去输入信号时，输出部分需延时或限时到规定时间才闭合或断开其被控线路继电器。

⑥ 高频继电器。用于切换高频，射频线路而具有最小损耗的继电器。

⑦ 极化继电器。有极化磁场与控制电流通过控制线圈所产生的磁场综合作用而动作的继电器。继电器的动作方向取决于控制线圈中流过的电流方向。

⑧ 其他类型的继电器。如光继电器，声继电器，热继电器，仪表式继电器，霍尔效应继电器，差动继电器等。

(2) 按继电器的外形尺寸分类

① 微型继电器。

② 超小型微型继电器。

③ 小型微型继电器。

(3) 按继电器的负载分类

① 微功率继电器。

② 弱功率继电器。

③ 中功率继电器。

④ 大功率继电器。

(4) 按继电器的防护特征分类

① 密封继电器。

② 封闭式继电器。

③ 敞开式继电器。

(5) 按继电器动作原理分类

① 电磁型。

② 感应型。

③ 整流型。

④ 电子型。

⑤ 数字型等。

(6) 按继电器反应的物理量分类

① 电流继电器。

② 电压继电器。

③ 功率方向继电器。

④ 阻抗继电器。

⑤ 频率继电器。

⑥ 气体（瓦斯）继电器。

(7) 按继电器在保护回路中所起的作用分类

① 启动继电器。

② 量度继电器。

③ 时间继电器。

④ 中间继电器。

⑤ 信号继电器。

⑥ 出口继电器。

4. 继电器的作用

继电器是具有隔离功能的自动开关元件，广泛应用于遥控、遥测、通信、自动控制、机电一体化及电力电子设备中，是最重要的控制元件之一。

继电器一般都有能反映一定输入变量（如电流、电压、功率、阻抗、频率、温度、压力、速度、光等）的感应机构（输入部分）；有能对被控电路实现“通”、“断”控制的执行机构（输出部分）；在继电器的输入部分和输出部分之间，还有对输入量进行耦合隔离，功能处理和对输出部分进行驱动的中间机构（驱动部分）。作为控制元件，概括起来，继电器有如下几种作用。

(1) 扩大控制范围

例如，多触点继电器控制信号达到某一定值时，可以按触点组的不同形式，同时换接、开断、接通多路电路。

(2) 放大

例如，灵敏型继电器、中间继电器等，用一个很微小的控制量，可以控制很大功率的电路。

(3) 综合信号

例如，当多个控制信号按规定的形式输入多绕组继电器时，经过比较综合，达到预定的控制效果。

(4) 自动、遥控、监测

例如，自动装置上的继电器与其他电器一起，可以组成程序控制线路，从而实现自动化运行。

小 结

本情境主要介绍了开关、熔断器、接触器、继电器的结构、类型、电气符号、型号和选用。

开关主要介绍了普通刀开关，组合开关、信号开关和断路器；熔断器主要介绍了插式、螺旋式、管式、自复式和快速式；接触器主要介绍了交流接触器和直流接触器；继电器主要介绍了中间继电器、热继电器、电压继电器、时间继电器和速度继电器。

情境2　直流电动机控制

【教学提示】

教	知识重点	(1)直流电动机启动方法 (2)直流电动机反转方法 (3)直流电动机调速方法 (4)直流电动机制动方法
	知识难点	直流电动机启动、反转、调速、制动电路分析
	推荐讲授方式	从任务入手,从实际电路出发,讲练结合
	建议学时	12学时
学	推荐学习方法	自己先预习,不懂的地方作出记录,查资料,听老师讲解;在老师指导下连接电路,但不要盲目通电
	需要掌握的知识	直流电动机启动、反转、调速、制动方法及电路分析
	需要掌握的技能	(1)正确进行电路的接线 (2)正确处理电路故障

直流电动机是将直流电能转化为机械能的电气设备。直流电动机具有调速性能好、过载倍数大、控制性能稳定等优点，在调速性能要求比较高的场所，直流电动机得到了广泛应用。例如在金属切削机床、轧钢机、直流电动机车、电动汽车、电动自行车、造纸机和纺织机等设备上。

【学习目标】

(1) 学习直流电动机的启动方法、控制电路及应用。

(2) 学习直流电动机的反转方法、控制电路及应用。

(3) 学习直流电动机的调速方法、控制电路及应用。

(4) 学习直流电动机的制动方法、控制电路及应用。

项目1　直流电动机启动

【项目描述】

主要学习直流电动机直接启动、转子串电阻启动和降压启动的方法及控制电路的分析和故障处理及应用。

【项目内容】

要正确使用一台直流电动机，首先碰到的问题是启动。直流电动机启动是指转子从静止状态开始，转速逐渐上升，最后达到稳定运行状态的过程。直流电动机在启动过程中，转子电流 I_a、电磁转矩 T_{em}、转速 n 都随时间变化，是一个过渡过程。开始启动的一瞬间，转速等于零，这时的转子电流称为启动电流，用 I_{st} 表示，对应的电磁转矩称为启动转矩，用 T_{st} 表示。

要使直流电动机启动的过程达到最优应考虑以下几个方面的要求：

① 启动电流 I_s 不要太大，一般是 $I_s \leqslant (1.5\sim3)I_N$，启动电流 $I_s=\dfrac{U}{R}$。

② 启动转矩 T_s 足够大；一般是 $T_s \geqslant (2\sim2.5)T_N$，启动转矩 $T_s=C\Phi I_s$。

③ 启动时间不要太长。

④ 启动过程要平滑，即加速要均匀。

⑤ 启动过程的能量损耗和发热量要小。

⑥ 启动设备简单、可靠。

为了提高生产率，尽量缩短启动过程的时间，首先要求直流电动机应有足够大的启动转矩。

直流电动机启动的电磁转矩应大于静态转矩，才能使直流电动机获得足够大的动态转矩和加速度而运行起来。根据 $T_{em}=C_T\Phi I_a$，要使转矩足够大，就要求磁通及启动时转子电流足够大。因此，在启动时，首先要注意的是将励磁电路中外接的励磁调节变阻器全部切除，使励磁电流达到最大值，保证磁通为最大。

要求启动转矩和启动电流足够大，并非越大越好，过大的启动电流将使电网电压波动，换向困难，甚至产生环火；而且由于直流电动机产生的启动转矩过大，可能损坏直流电动机的传动机构等。所以启动转矩和启动电流也不能太大。

为了满足启动要求，可采取下列三种启动方法：直接启动、转子回路串电阻启动和减压启动。

任务 1　直 接 启 动

1. 启动电路

如图 2-1 所示，为直接启动电路。该电路主要由开关 QS、电阻 R_f 和电动机等组成。

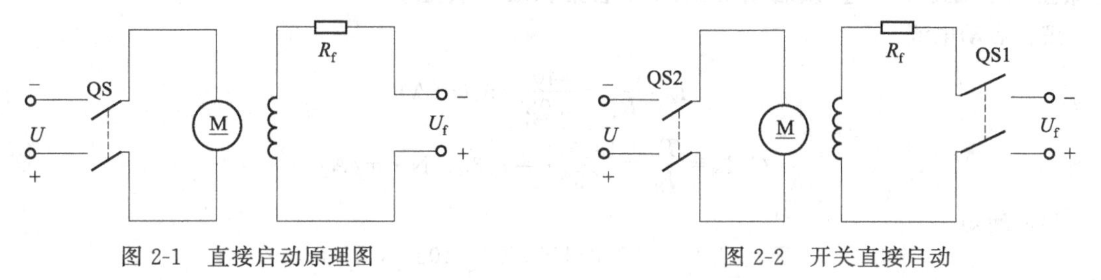

图 2-1　直接启动原理图　　图 2-2　开关直接启动

2. 启动过程

合上开关 QS，接通电源，直流电动机的转子上直接加以额定电压启动。

3. 电路特点

优点：电路结构简单。

缺点：启动电流大。

例 2-1　开关直接启动。

(1) 启动电路

如图 2-2 所示，是用普通开关直接启动的控制电路。该电路主要由开关 QS1、QS2、电阻 R_f 和电动机等组成。

(2) 启动过程

将直流电动机接到电源，先合上开关 QS1 接通励磁电路建立磁场，然后合上 QS2 将转子绕组接上电源全压启动。

(3) 启动电流

$$I_s=\frac{U}{R_a} \tag{2-1}$$

(4) 启动转矩

$$T_s=C_T\Phi I_s \tag{2-2}$$

上面式中　C_T——转矩常数；

Φ——励磁磁通，Wb；

I_s——启动电流，A；

U——转子电压，V；

R_a——转子内阻，Ω；

T_s——启动转矩，N·m。

(5) 电路特点

由此可见，直接启动时，因为转子内电阻 R_a 很小，启动电流很大，约为额定电流的 22 倍，将出现强烈的电动机换向火花，造成换向困难，还可能引起过流保护装置的误动作或引起电网电压的下降，影响其他用户的正常用电；启动转矩也很大，造成机械冲击，易使设备受损。这样大的转子电流显然是不允许的。因此，除个别容量很小的直流电动机外，直流电动机是不容许直接启动的。为此在启动时必须设法限制转子电流。通常直流电动机的瞬时过载电流按规定不得超过额定电流的 1.5～2 倍，对于专为起重机、轧钢机、冶金辅助机械等设计的 ZZJ 型和 ZZY 型直流电动机不超过额定电流的 2.5～3 倍。

对于一般的他励直流电动机，限制启动电流的方法，常采用转子回路串电阻法。

例 2-2　一他励直流电动机额定功率 96kW，接到额定电压 440V 的电源，额定电流为 250A，额定转速 500 r/min，额定转矩 1833.5N·m，转子回路总电阻 0.08Ω，额定运行，忽略空载转矩。求：直接启动时的启动电流和启动转矩。

解：启动电流

$$I_s=\frac{U_N}{R_a}=\frac{440}{0.08}=5500(\mathrm{A})$$

$$C_T\Phi_N=\frac{T_N}{I_N}=\frac{1833.5}{250}=7.334(\mathrm{N\cdot m/A})$$

启动转矩

$$T_s=C_T\Phi_N I_s=7.334\times 5500=40337(\mathrm{N\cdot m})$$

【自己动手】

(1) 一他励直流电动机额定功率 22kW，额定电压 220V，额定电流 115A，额定转速 1500 r/min，额定转矩 152.66N·m，转子回路总电阻 0.1Ω，额定运行，忽略空载转矩。求：直接启动时的启动电流和启动转矩。

(2) 设计一他励直流电动机直接启动的控制电路，接线、检查，检查无误后在教师指导下通电试验并分析启动过程。

任务 2　转子回路串电阻启动

1. 启动电路

如图 2-3 所示，为转子回路串电阻启动电路。电路主要由开关 QS1、QS2、QS3，电阻 R、R_{Pf} 和电动机等组成。

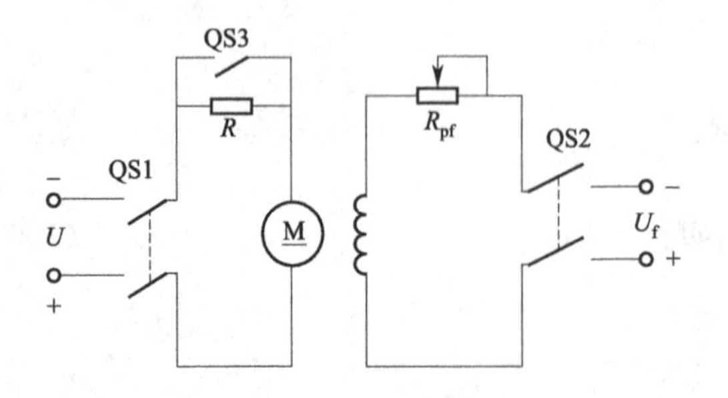

图 2-3　转子回路串电阻启动原理图

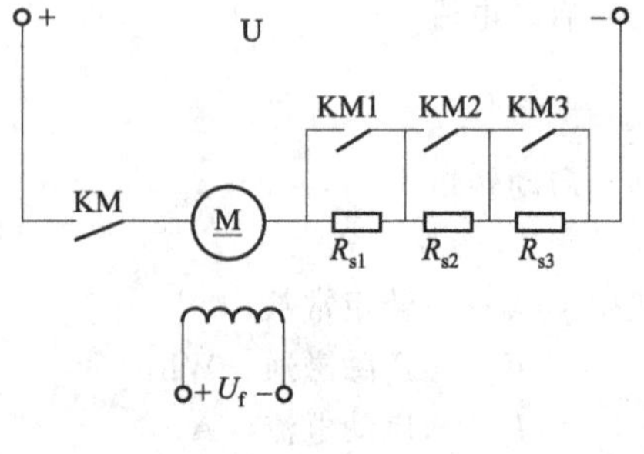

图 2-4　他励直流电动机转子串电阻启动

2. 启动过程

如图 2-3 所示，转子回路串电阻启动就是在转子回路中串接附加电阻启动，启动结束后再将附加电阻切除。合上开关 QS2、QS1，接通电源，转子串电阻 R 启动，启动结束后合上开关 QS3，切除电阻 R，转入正常运行。

3. 电路特点

优点：启动电流小。

缺点：启动转矩也小。

例 2-3　他励直流电动机转子串电阻启动。

（1）启动电路

如图 2-4 所示，该电路主要由接触器 KM、KM1、KM2、KM3，电阻 R_{s1}、R_{s2}、R_{s3}和电动机 M 等组成。

（2）启动过程

如图 2-4 所示，KM 常开触点闭合，启动开始瞬间，串入全部启动电阻，使启动电流不超过允许值。

闭合 KM3 常开触点，切除第一段启动电阻 R_{s3}，再依次闭合 KM2、KM1 常开触点，切除启动电阻 R_{s2}、R_{s1}，直流电动机从启动点最后稳定在工作点，直流电动机启动结束。

启动电流

$$I_{st}=\frac{U_N}{R_a+R_{s1}+R_{s2}+R_{s3}} \tag{2-3}$$

式中，$R_a+R_{s1}+R_{s2}+R_{s3}$ 为转子回路总电阻。

$$R_{s1}=(\beta-1)R_a$$
$$R_{s2}=(\beta-1)\beta R_a=\beta R_{s1}$$
$$R_{s3}=(\beta-1)\beta^2 R_a=\beta R_{s2}$$
$$\beta=\sqrt[m]{\frac{U_N}{I_{s1}R_a}}(m\text{ 为整数})\text{或 }\beta=\frac{I_{s1}}{I_2}$$

启动电阻计算主要是选定最大启动电流 I_{s1} 和切换电流 I_2，确定适当的启动级数 m，计算各分段电阻的阻值和功率等。除工艺上对启动转矩或电流有特殊要求的情况之外，一般均按启动级数较少、启动过程较快的原则设计计算。

技术标准规定，一般直流电动机的启动电流应限制在额定电流的 2 倍以内，相应的启动转矩为额定转矩的 2～2.5 倍。

一般来说，若启动电流 I_{s1} 取得大些、过载倍数 λ 取得小些，则启动级数可以少些。但是，为缩短启动时间，要求各级启动过程均为加速运行状态，故 I_{s1} 必须大于额定电流 I_N。

I_{s1} 一般在下述范围内选取：$I_{s1}=(1.5\sim2)I_N$。选定 I_{s1} 之后，可求出第一级启动时转子回路应有的总电阻 R_{s1}。

$$R_{s1}=U_N/I_{s1}$$

启动级数 m 可根据控制设备来选取，也可根据经验试选，一般为三级，不宜超过六级。

一般情况下，计算启动电阻可按以下步骤进行：

① 确定最大启动电流 I_{s1}。

② 估算或计算转子内阻 R_a。

③ 选择启动级数（通常可试取 $m=3$）。

④ 求出启动电流比 β。

⑤ 计算切换电流 I_2（$I_2=\frac{I_{s1}}{\beta}>0.8I_N$）。

⑥ 计算各分段电阻值 R_s。

一些特殊用途启动电阻的详细设计和计算可参阅有关资料和手册。

（3）电路特点

这种启动方法主要用于中小型直流电动机。技术标准规定，额定功率小于 2kW 的直流电动机，允许采用一级启动电阻启动，功率大于 2kW 的，应采用多级电阻启动或降低转子电压启动。

例 2-4　若例 2-1 中的电动机采用串电阻启动，启动电流限制在额定值的 2 倍以内。①若用一级电阻启动。求电阻阻值、启动电流和启动转矩。②若采用三级电阻启动，求各级电阻阻值。

解：

① 启动电流　$I_s=2I_N=2\times250=500(\text{A})$

应串电阻　$R_s=\frac{U_N}{I_s}-R_a=\frac{440}{500}-0.08=0.8(\Omega)$

启动转矩　$T_s=C_T\Phi_N I_s=7.334\times500=3667(\text{N}\cdot\text{m})$

② 启动电流比　$\beta=\sqrt[m]{\frac{U_N}{I_{s1}R_a}}=\sqrt[3]{\frac{440}{500\times0.08}}=2.23$

切换电流　$I_2=\frac{I_{s1}}{\beta}=\frac{500}{2.23}=224.2(\text{A})>0.8I_N$

各级启动电阻：

$$R_{s1}=(\beta-1)R_a=(2.23-1)\times0.08=0.0984(\Omega)$$
$$R_{s2}=(\beta-1)\beta R_a=\beta R_{s1}=2.23\times0.0984=0.2194(\Omega)$$
$$R_{s3}=(\beta-1)\beta^2R_a=\beta R_{s2}=2.23\times0.2194=0.4893(\Omega)$$

例 2-5　并励直流电动机转子串电阻启动。

（1）启动电路

图 2-5 是并励直流电动机的二级启动控制电路。该电路主要由开关 QS，接触器 KM1、KM2、KM3，按钮 SB1、SB2，时间继电器 KT1、KT2，电阻 $R1$、$R2$ 和电动机 M 等组成。

（2）启动过程

合上电源开关 QS，时间继电器 KT1、KT2 获电动作，接触器 KM2、KM3 瞬时断电，常开触头 KM2、KM3 瞬时断开，保证了直流电动机启动时启动电阻 $R1$、$R2$ 全部串入转子回路中。

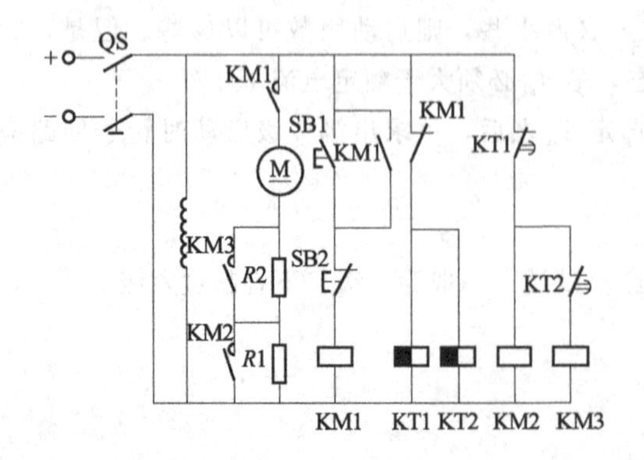

图 2-5　并励直流电动机转子串电阻启动

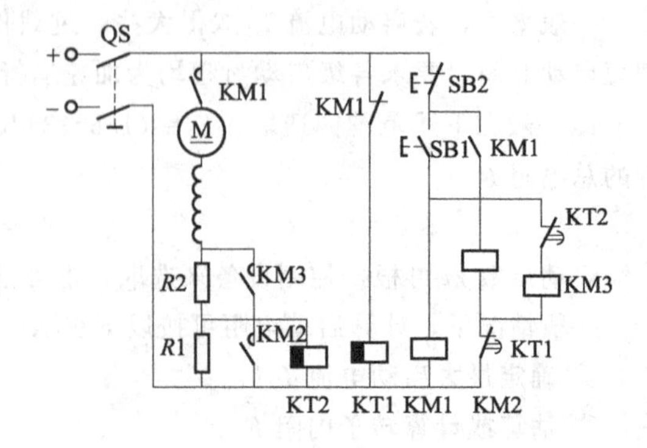

图 2-6　串励直流电动机转子串电阻启动

按下启动按钮 SB1，接触器 KM1 获电动作，电动机在全部串入电阻下开始启动。同时，由于接触器 KM1 的常闭触头断开，时间继电器 KT1、KT2 断电并按延时时间顺序，使常闭触头复位，使接触器 KM2、KM3 依次获电动作，启动电阻 $R1$、$R2$ 依次被短接，从而实现了电动机逐级启动。电动机的转速接近额定转速时，切除所有启动电阻，电动机进入额定转速下运行，启动过程结束。

按下停止按钮 SB2，接触器 KM1 失电，KM1 的常闭触头闭合，为下一次启动做好准备。

值得注意的是，并励直流电动机在启动时，励磁绕组的两端电压必须保证为额定电压。否则，启动电流仍然很大，启动转矩也可能很小，甚至仍不能启动。

例 2-6　串励直流电动机转子串电阻启动。

(1) 启动电路

图 2-6 是串励电动机的二级启动控制电路图。该电路主要由开关 QS，接触器 KM1、KM2、KM3，按钮 SB1、SB2，时间继电器 KT1、KT2，电阻 $R1$、$R2$ 和电动机 M 等组成。

(2) 启动过程

串励直流电动机在启动时，启动电流很大。为限制启动电流，常采用在转子回路串入电阻，并在启动过程中，将启动电阻逐级切除。图 2-6 中，$R1$、$R2$ 分别是二级启动电阻。

如图 2-6 所示，首先合上电源开关 QS，时间继电器 KT1 获电，常闭触头瞬时断开。使接触器 KM2、KM3 断电．启动电阻 $R1$、$R2$ 全部串入，为启动作好了准备。

按下启动按钮 SB1，接触器 KM1 获电动作，使电动机在全部串入电阻下启动；同时，时间继电器 KT2 获电动作，其延时闭合的动断触点断开；而时间继电器 KT1 断电，其常闭触头延时闭合，使接触器 KM2 获电动作，切除了启动电 $R1$。这时，时间继电器 KT2 被短接而断电释放，其常闭触头延时闭合，接触器 KM3 获电动作，切除了启动电阻 $R2$。然后，电动机逐渐进入额定转速下运行启动完毕。

按下停止按钮 SB2，接触器 KM3 失电，KM3 的常开触头断开，为下一次启动做好准备。

【自己动手】

(1) 一他励直流电动机额定功率 22kW，额定电压 220V，额定电流 115A，额定转速 1500 r/min，额定转矩 152.66N·m，转子回路总电阻 0.1Ω，启动电流限制在额定值的 2 倍以内，额定运行，忽略空载转矩。求：采用转子回路串电阻启动时应串的电阻、启动电流和启动转矩。

(2) 设计一他励直流电动机串电阻启动的控制电路并接线、检查，检查无误后在教师指导下通电试验并说明启动过程。

任务 3　降低转子电压启动

在城市电动机车、工厂车间用直流电源的辅助机械等，多采用转子回路串电阻启动，这种方法结构简单，成本低，但能量消耗大，启动不平稳。若启动要求平稳的场合一般采用降低转子电压来限制启动电流的方法。

1. 启动电路

如图 2-7 所示，降压启动就是指在其他条件不变的情况下，降低转子的供电电压启动的方法。

2. 启动过程

如图 2-7 所示，将直流电动机接到电源，先合上开关 QS1 接通励磁电路建立磁场，并调节励磁电流为最大，然后合上 QS2 将转子绕组接上电源全压启动。

3. 电路特点

优点：启动平稳，启动电流小。

缺点：需一个调压电源。

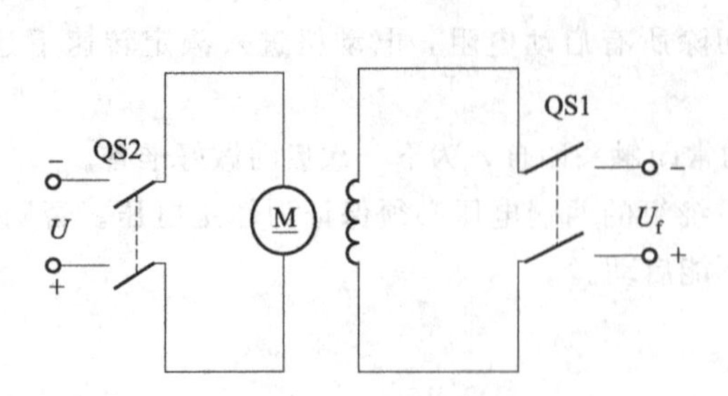

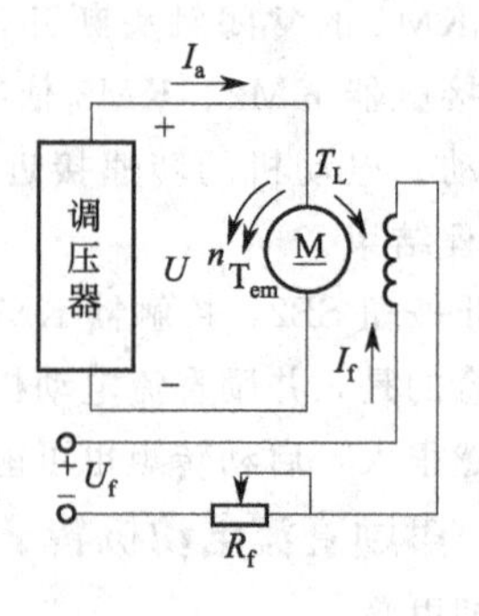

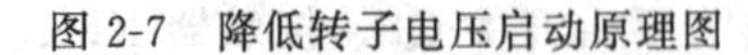
图 2-7　降低转子电压启动原理图　　　图 2-8　调压电源降低转子电压启动

例 2-7　调压电源降低转子电压启动。

（1）启动电路

如图 2-8 所示，采用调压电源降低转子的电压启动。该电路主要由调压器和电动机 M 等组成。

（2）启动过程

如图 2-8 所示，加上励磁，利用调压器将转子电压调制额定电压 30%，开始升压启动电动机，直至电动机达到额定运行状态。

（3）电路特点

优点：启动平稳。

缺点：需一套专用的调压电源。

随着晶闸管整流技术的发展，电压调节比较方便，所以，降低转子电压启动的方法很受欢迎。

【自己动手】

（1）一他励直流电动机额定功率 22kW，额定电压 220V，额定电流 115A，额定转速 1500 r/min，额定转矩 152.66N·m，转子回路总电阻 0.1Ω，启动电流限制在额定值的 2 倍以内，额定运行，忽略空载转矩。转子回路电压降额定电压的一半时启动。求：启动时的启动电流和启动转矩。

（2）设计一他励直流电动机降压启动的控制电路图并接线、检查，检查无误后在教师指导下通电试验并分析启动过程。

【问题与思考】

（1）直流电动机有哪些启动方法？

（2）直接启动有什么要求？

（3）各种启动方法各有什么特点？

（4）各种启动方法各适用于什么场合？

【知识链接】

1. 固有机械特性

当转子两端加额定电压、气隙磁通为额定值、转子回路不串电阻时，即 $U=U_N$，$\Phi=\Phi_N$，$R=R_a$ 这种情况下的机械特性，称为固有机械特性。

其表达式为

$$n=\frac{U_N}{C_e\Phi_N}-\frac{R_a}{C_eC_T\Phi_N^2}T_{em} \tag{2-4}$$

固有机械特性曲线如图 2-9 所示。

他励直流电动机固有机械特性具有以下特点：

① 随着电磁转矩 T 的增大，转速 n 降低，其特性是略下斜的直线。

② 当 $T=0$ 时，$n=n_0$ 为理想空载转速。

③ 机械特性斜率很小，特性较平，习惯称之为硬特性。

④ 当 $T=T_N$ 时，此时，转速 $n=n_N$，此点为直流电动机的额定运行点。$\Delta n_N=n_0-n_N$，为额定转速差。一般 $\Delta n_N=0.05n_N$。

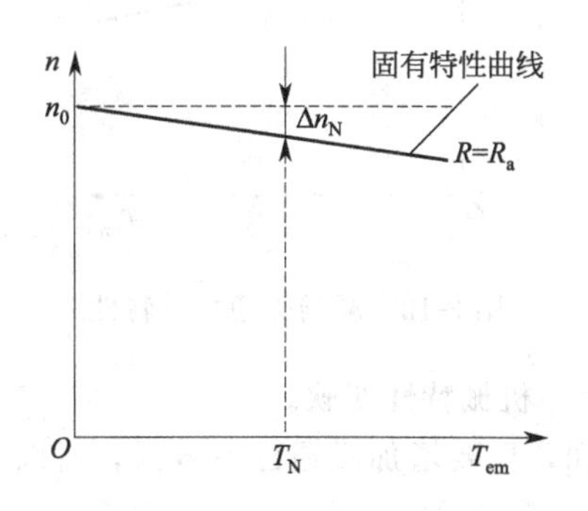

图 2-9　固有机械特性曲线

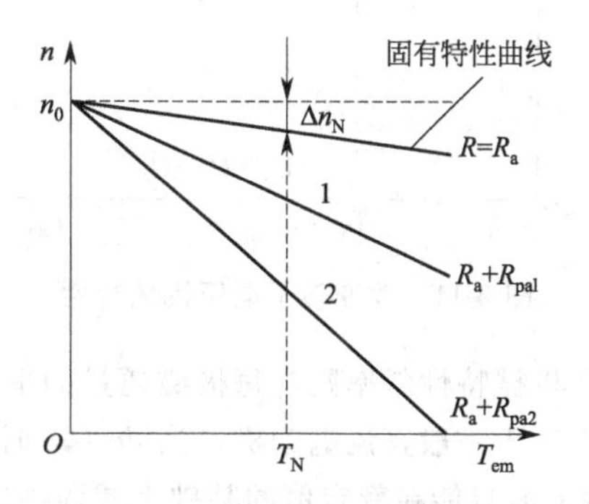

图 2-10　转子串电阻机械特性曲线

2. 转子串电阻机械特性

转子加额定电压 U，每极磁通为额定值，转子回路串入电阻 R 后的机械特性表达式为

$$n=\frac{U_N}{C_e\Phi_N}-\frac{R_a+R_{pa}}{C_eC_T\Phi_N^2}T_{em} \tag{2-5}$$

转子串入不同电阻（R）值时的机械特性曲线如图 2-10 所示。

机械特性特点：

① 理想空载转速 n_0 不变。

② 特性斜率与转子回路串入的电阻有关，R 增大，斜率也增大。故转子回路串电阻的机械特性是通过理想空载点的一簇放射形直线。

3. 改变转子电压机械特性

保持每极磁通额定值不变，转子回路不串电阻，只改变转子电压大小及方向的机械特性

$$n=\frac{U}{C_e\Phi_N}-\frac{R_a}{C_eC_T\Phi_N^2}T_{em} \tag{2-6}$$

如图 2-11 所示。

机械特性的特点如下：

① 理想空载转速 n_0 与转子电压 U 成正比，且 U 为负时，n_0 也为负。

② 特性斜率不变，与固有机械特性相同。因而改变转子电压 U 的机械特性是一组平行于固有机械特性的直线。

4. 减弱磁通机械特性

减弱磁通的机械特性是指转子电压为额定值不变，转子回路不串电阻，仅减弱磁通的机械特性。减弱磁通是通过减小励磁电流（如增大励磁回路调节电阻）来实现的。

表达式为

$$n=\frac{U_N}{C_e\Phi}-\frac{R_a}{C_eC_T\Phi^2}T_{em} \tag{2-7}$$

不同磁通时的机械特性如图 2-12 所示。

机械特性的特点如下：

① 理想空载转速随磁通的减弱而上升。

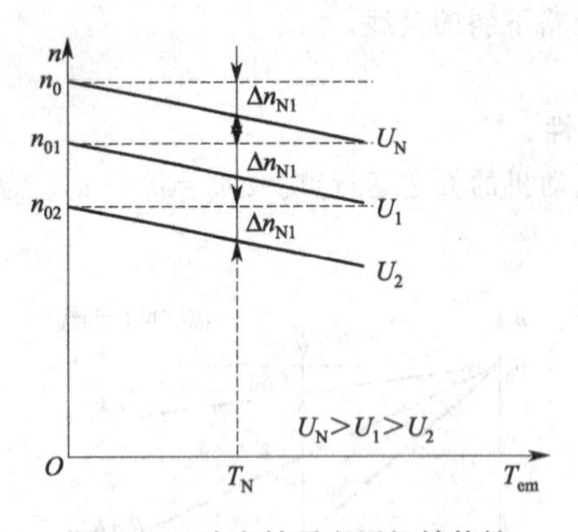

图 2-11　改变转子电压机械特性

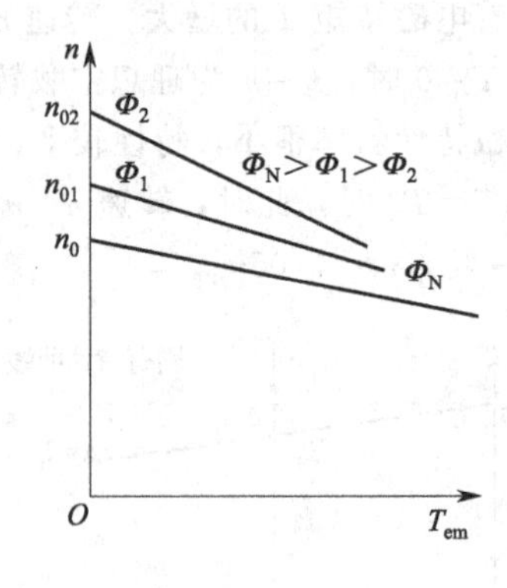

图 2-12　减弱磁通机械特性

② 机械特性斜率则与每极磁通量的平方成反比而增大，机械特性变软。

③ 对于一般直流电动机，当 $\Phi=\Phi_N$ 时，磁路已经饱和，再要增加磁通已不容易，所以人为机械特性一般只能在额定值的基础上减弱磁通。

项目 2　直流电动机正反转

【项目描述】

主要学习直流电动机改变转子电压极性和改变励磁绕组极性正反转的方法及控制电路的分析。

【项目内容】

电机控制过程中，常常需要改变转动方向，为此需要直流电动机反方向启动和运行，即反转。直流电动机的反转就是改变直流电动机产生的电磁转矩的方向，让直流电动机改变原来的旋转方向继续旋转。

因为电磁转矩是由主磁极磁通与转子电流相互作用而产生的，根据左手定则，任意改变两者之一时，作用力方向就改变。所以，改变转向的方法有两个：

① 转子绕组两端极性不变，改变励磁绕组两端的电压极性。

② 励磁绕组极性不变，改变转子电压极性。

任务 1　改变转子电压极性正反转

1. 正反转电路

如图 2-13 所示，该电路主要由开关 QS1、QS2 和电动机等组成。

2. 正反转过程

直流电动机保持励磁绕组两端的电压极性不变，合上开关 QS1，切换 QS2，转子绕组反接，转子电流改变方向，电动机反转。

3. 电路特点

优点：改变转子极性反转方法是磁通方向不变，改变电动机转子电流的方向实现反转，由于转子回路的电感较小，电磁时间常数小（约几十毫秒），快速性好，电路比较简单，适用于频繁启动、制动和要求过渡过程尽量短的生产机械上。

缺点：在大容量系统中，投资就更大。不适用于制动和要求过渡过程长的生产机械上。

例 2-8　用接触器改变直流电动机转子电压极性反转。

(1) 正反转电路

如图 2-14 所示，该电路主要是用一套晶闸管变流器供电，利用接触器 KM1～KM4 来改变转子电压极性反转的方法。

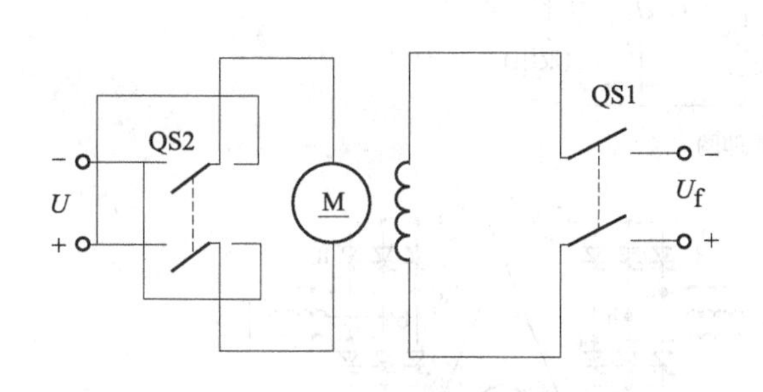

图 2-13　改变转子电压极性正反转原理图

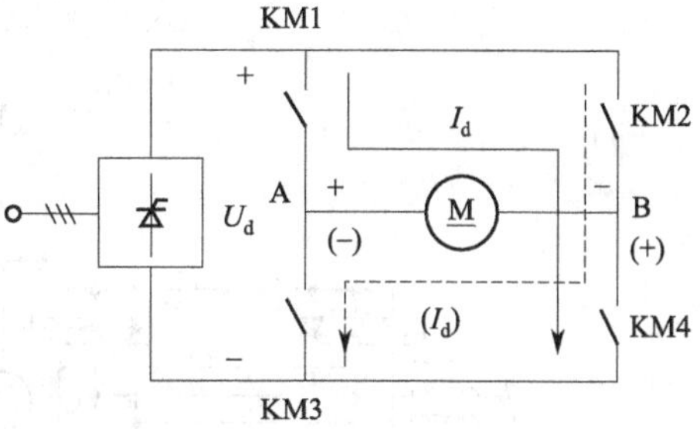

图 2-14　用接触器改变转子电压极性反转

(2) 正反转过程

当 KM1 和 KM4 闭合，KM2 和 KM3 打开时，电路中 A 点为正极性电位，B 点为负极性电位，转子电流的方向如图中实线所示，电动机正转。当 KM2 和 KM3 闭合，KM1 和 KM4 打开时，A 点为负极性电位，B 点为正极性电位，转子电流的方向如图中虚线所示，电动机反转。

(3) 电路特点

优点：由于转子回路的电感较小，电磁时间常数小（约几十毫秒），快速性好，电路比较简单，适用于频繁启动、制动和要求过渡过程尽量短的生产机械上。

缺点：接触器的寿命比半导体元件短，接触器从一个方向断开到另一个方向闭合，需要时间，它使切换过程延缓。这种方案需要两套相应于主电路容量的晶闸管变流器，投资比较大，特别是在大容量系统中，投资就更大。

例 2-9　用一组晶闸管改变他励直流电动机转子电压极性正反转。

(1) 正反转电路

如图 2-15 所示，该电路是将图 2-14 中的接触器用一组晶闸管替代，从接触器的有触点控制变为晶闸管的无触点控制。

(2) 正反转过程

由图 2-15 可见，当晶闸管 V1 和 V4 触发导通时，A 点得到正极性电位，而 B 点为负极性的电位，转子电流 I 如图中实线所示的方向，电动机正转；当晶闸管 V2 和 V3 触发导通时，A 点得到负极性电位，而 B 点为正极性电位，转子电流 I 的方向如图中虚线所示，电动机反转。

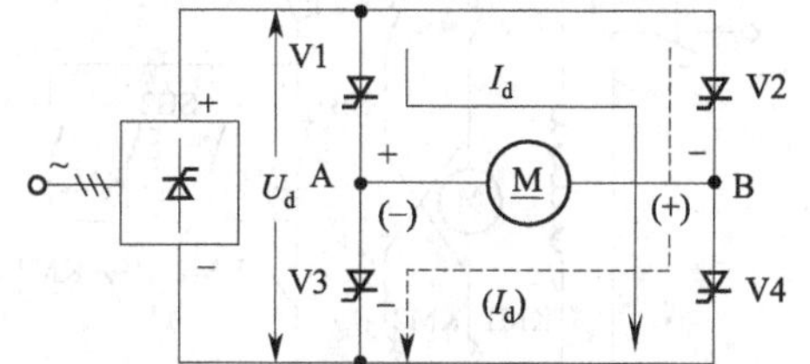

图 2-15　用一组晶闸管改变转子电压极性正反转

(3) 电路特点

优点：利用一组四只晶闸管实现反转，经济。适用于几十千瓦以下的正反转系统。

缺点：不适合大容量的电动机。

例 2-10　用两组晶闸管改变他励直流电动机转子电压极性正反转。

(1) 正反转电路

如图 2-16 所示，采用两组八只管变流器分别提供正、反两个方向的转子电流，实现电动机反转的电路。

(2) 正反转过程

如图 2-16(a) 所示，正向晶闸管变流器设为Ⅰ组，它为电动机提供正向转子电流［图 2-16(a) 中 I 的实线］，实现电动机的正转；反向晶闸管变流器为Ⅱ组，为电动机提供反向转子电流［如图

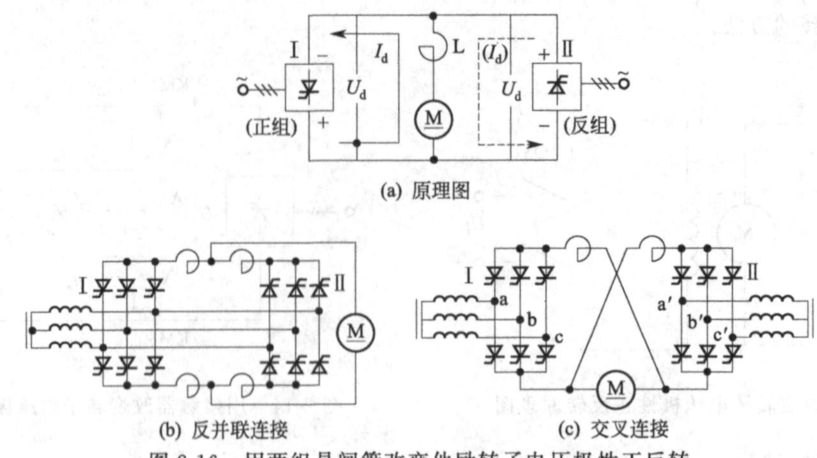

图 2-16　用两组晶闸管改变他励转子电压极性正反转

2-16(a) 中虚线所示]，实现电动机的反转。

(3) 电路特点

采用两组晶闸管变流器组成的反转电路又分为两种接线方式，一种为反并联连接。如图 2-16(b) 所示。它的特点是由一个交流电源同时向两组晶闸管变流器供电；另一种为交叉连接。如图 2-16(c) 所示。它的特点是两组晶闸管变流器由两个独立的交流电源分别供电。在二相全控桥正反转电路中，交叉连接比反并联连接所用的限制环流大小的均衡电抗器数目可少一半，因而，在有环流系统中，三相全控桥均采用交叉连接组成反转系统。除此而外，一般均采用反并联连接形式。

例 2-11　用接触器改变并励直流电动机转子电压极性正反转。

(1) 正反转电路

如图 2-17 所示，该电路主要由开关 QS，接触器 KM1、KM2，按钮 SB1、SB2、SB3 和电动机 M 等组成。

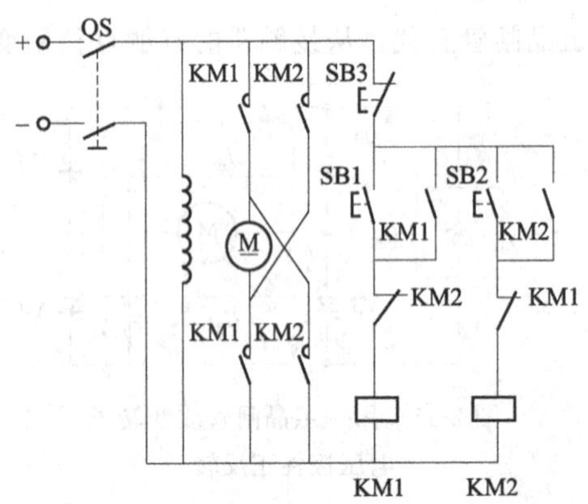

图 2-17　改变并励转子电压极性正反转

(2) 正反转过程

如图 2-17 所示，合上开关 QS，按下启动按钮 SB1，接触器 KM1 获电，常开触头 KM1 闭合，电动机转子绕组接通电源，启动运转（假设正向转动）。

若要使电动机反转，按下停止按钮 SB3，使接触器 KM1 断电释放，电动机转子绕组断电，电机停转。按下启动按钮 SB2，接触器 KM2 获电，常开触头闭合，转子电流改变方向，电动机反转。

此电路中，采取了两个接触器 KM1、KM2 的互锁控制、避免了因启动按钮 SB1 和 SB2 的误操作而不能使电动机正常工作的现象。

【自己动手】

设计一个并励直流电动机转子电压极性正反转的控制电路、接线、检查，检查无误后在教师指导下通电试验并分析正反转过程。

任务 2　改变励磁绕组电压极性正反转

(1) 正反转电路

如图 2-18 所示，保持转子两端电压极性不变，励磁绕组反接，改变励磁绕组两端的电压极性，使励磁电流反向，磁通改变方向，使电动机反转。该电路主要由开关 QS1、QS2 和电动机 M 等组成。

（2）正反转过程

直流电动机保持转子两端的电压极性不变，合上开关 QS2，切换 QS1，励磁绕组反接，励磁绕组电流改变方向，电动机反转。

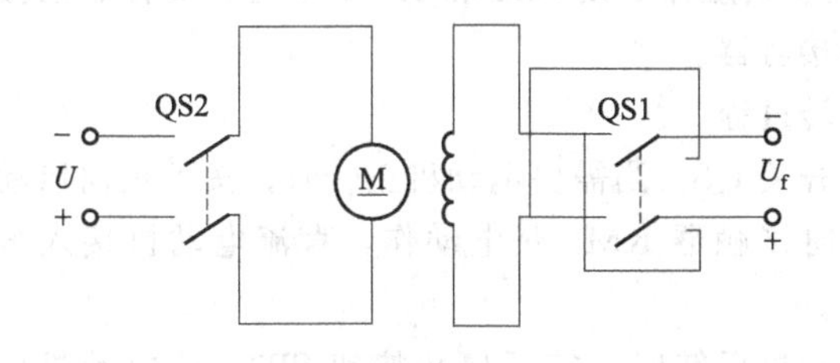

图 2-18　改变励磁绕组电压极性正反转原理图

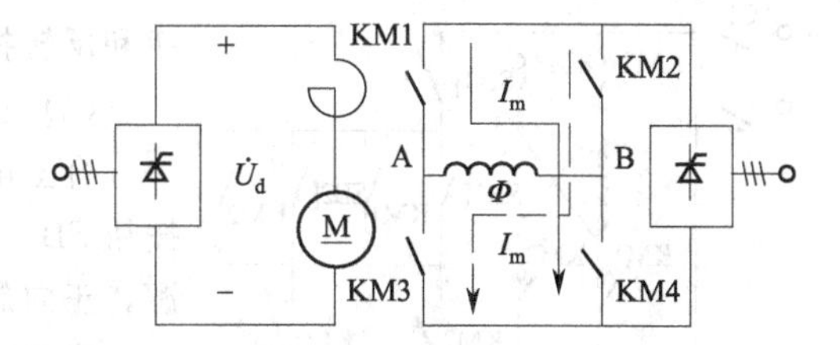

图 2-19　用接触器改变励磁绕组电压极性正反转

例 2-12　用接触器改变直流电动机励磁绕组电压极性正反转。

（1）正反转电路

如图 2-19 所示，电动机转子用一组晶闸管变流器供电，励磁绕组用一组晶闸管变流器供电，采用正、反向接触器作为开关，来改变励磁绕组中电流的方向式电动机反转。

（2）正反转过程

当 KM1 和 KM4 闭合，KM2 和 KM3 打开时，电路中 A 点为正极性电位，B 点为负极性电位，转子电流的方向如图中实线所示，电动机正转。当 KM2 和 KM3 闭合，KM1 和 KM4 打开时，A 点为负极性电位，B 点为正极性电位，转子电流的方向如图 2-19 中虚线所示，电动机反转。这种正反转电路采用两组晶闸管分别给转子和励磁供电。因此，这种方案可适用于不频繁快速正、反转的他励或并直流电动机控制系统。

（3）电路特点

由于电动机励磁功率小（通常为 3%～5%额定功率），相对而言晶闸管容量较小，改变磁场极性反转方法，投资费用少，比较经济。但是电动机励磁回路的电感大，电磁时间常数大（约几秒到十几秒），所以即使在励磁绕组上加很大的强迫励磁电压，该系统的快速性也很差。此外，磁场反转电路，在换向过程中，当磁通接近于零时，转子的供电电压也要相应为零，以防“飞车”事故。因此，这种方法只有当系统的容量很大，而且对快速性要求不高的场合才考虑采用。它适用于功率从几十到几千千瓦的系统，如卷扬机、电动机车等。

例 2-13　用一组变流器改变他励直流电动机励磁绕组电压极性正反转。

如图 2-20 所示，电动机转子用一组晶闸管变流器供电，励磁绕组用一组晶闸管变流器供电，采用四只晶闸管作为开关，来改变励磁绕组中电流的方向。正反转过程同图 2-19 的正反转过程。

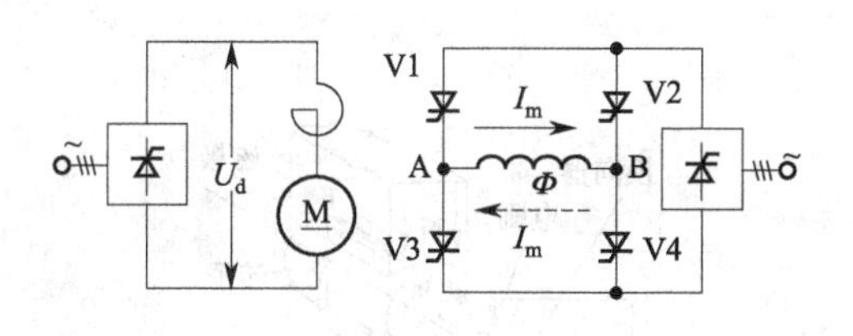

图 2-20　用一组变流器改变他励电压极性正反转

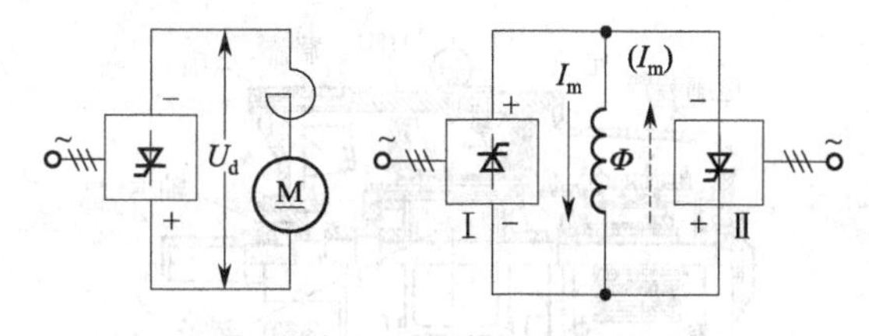

图 2-21　用两组变流器改变他励电压极性正反转

例 2-14　用两组变流器改变他励直流电动机励磁绕组电压极性正反转。

如图 2-21 所示，电动机转子用一组晶闸管变流器供电，励磁绕组采用两组晶闸管变流器按照反并联连接组成磁场反转电路。正反转过程同图 2-19 的正反转过程。

例 2-15　用接触器改变串励直流电动机励磁绕组电压极性正反转。

(1) 正反转电路

如图 2-22 所示，为串励电动机的励磁绕组反接法正反转控制电路。设 SB1 为正转启动按钮，KM1 为正转控制接触器，则 SB2 和 KM2 分别为反转启动按钮和反转控制接触器。

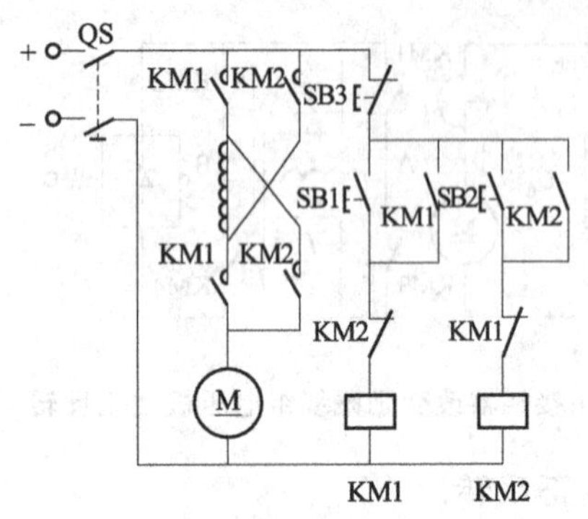

图 2-22　用接触器改变串励励磁电压极性正反转

(2) 正反转过程

合上电源开关 QS。当需要电动机正转时，按下正向启动按钮 SB1，正向接触器 KM1 获电动作，直流电动机接入电源，正向旋转。

当需要电动机反转时，按下停止按钮 SB3，待电动机停转后，再按下反转启动按钮 SB2 使接触器 KM2 获电动作，励磁绕组反接，电动机反转。

(3) 电路特点

串励电动机的反转方法宜采用励磁绕组反接法，因为串励电动机的转子两端电压很高，而励磁绕组两端的电压很低，反接较容易。如内燃机车、电动机车的反转常采用此法。

在实际生产中，改变直流电动机转动方向可根据励磁方式、元器件等条件采取合适的接线方法。

【自己动手】

设计一个他励直流电动机励磁电压极性正反转的控制电路、接线、检查，检查无误后在教师指导下通电试验并分析正反转过程。

【问题与思考】

(1) 直流电动机有哪些反转方法?

(2) 并励直流电动机如何实现反转?

(3) 各种反转方法各有什么特点?

(4) 各种反转方法各适用于什么场合?

【知识链接】

1. 直流电动机的结构

直流电动机结构根据用途、环境等不同，种类多种多样，下面通过一个小型直流电动机的例子做简要分析。

图 2-23 是一直流电动机的剖面示意图。从图可以看出，直流电动机主要由定子、转子、气隙、电刷装置和风扇等零部件组成。

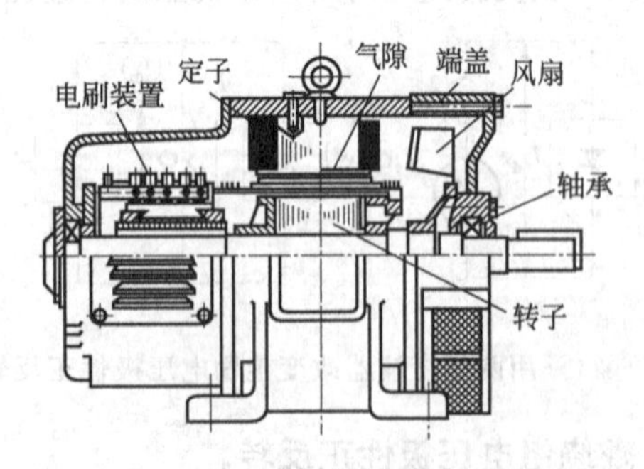

图 2-23　直流电动机剖面示意图

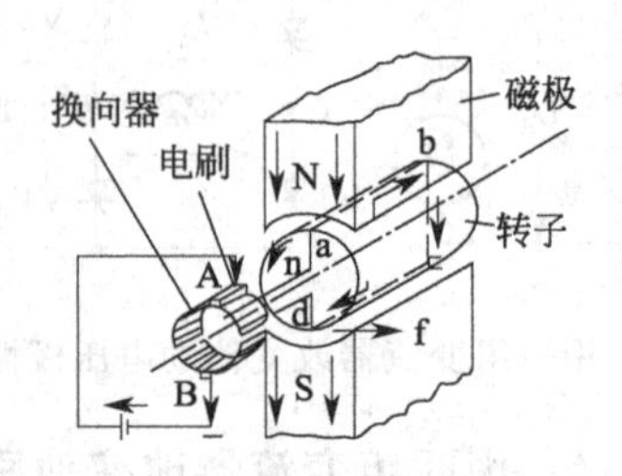

图 2-24　直流电动机原理模型

2. 直流电动机的转动原理

图 2-24 所示为直流电动机的原理模型，电刷 A、B 接上直流电源。于是在线圈 abcd 中有电流流过，电流的方向如图 2-24 所示。根据电磁力定律可知，载流导体 ab、cd 上受到的电磁力 f 大小为

$$f=Bli \tag{2-8}$$

式中 B——导体所在处的气隙磁密，Wb/m^2；

l——导体 ab 或 cd 的长度，m；

i——导体中的电流，A。

导体受力的方向用左手定则确定，导体 ab 的受力方向是从右向左，导体 cd 的受力方向是从左向右，如图 2-24 所示。这一对电磁力形成了作用于转子一个力矩，这个力矩在旋转电机里称为电磁转矩，转矩的方向是逆时针方向，企图使转子逆时针方向转动。如果此电磁转矩能够克服转子上的阻转矩（例如由摩擦引起的阻转矩以及其他负载转矩），转子就能按逆时针方向旋转起来。当转子转了 180°后，导体 cd 转到 N 极下，导体 ab 转到 S 极下时，由于直流电源供给的电流方向不变，仍从电刷 A 流入，经导体 cd、ab 后，从电刷 B 流出。这时导体 cd 受力方向变为从右向左，导体 ab 受力方向是从左向右，产生的电磁转矩的方向仍为逆时针方向。因此，转子一经转动，由于换向器配合电刷对电流的换向作用，直流电流交替地由导体 ab 和 cd 流入，使线圈边只要处于 N 极下，其中通过电流的方向总是由电刷 A 流入的方向，而在 S 极下时，总是从电刷 B 流出的方向。这就保证了每个极下线圈边中的电流始终是一个方向，从而形成一种方向不变的转矩，使电动机能连续地旋转。这就是直流电动机的工作原理。

3. 直流电动机的铭牌

直流电动机制造公司在每台直流电动机机座的显著位置钉有一块标牌，这块标牌就叫做直流电动机的铭牌。铭牌上标明了型号、额定数据等与直流电动机有关的一些信息，供用户选择和使用直流电动机时参考。

(1) 型号

直流电动机的型号一般用大写印刷体的汉语拼音字母和阿拉伯数字表示。其中汉语拼音字母是根据直流电动机的全名称选择有代表意义的汉字，再从该字的拼音中得到。

(2) 额定数据

额定数据是表征直流电动机按要求长时间运行时允许的安全数据。

直流电动机的额定数据主要有：

① 额定容量 P（功率）(kW)。额定容量是指直流电动机带额定负载时，转轴上输出的机械功率。

② 额定电压 V(V)。额定电压是指直流电动机安全运行时的最高电压。

③ 额定电流 I(A)。额定电流是指直流电动机按照规定的工作方式运行时，绕组允许的最大电流。

④ 额定转速 n_N(r/min)。额定转速是指直流电动机在额定电压、额定电流和额定容量的情况下运行时，直流电动机所允许的旋转速度。

⑤ 额定转矩 T(N·m)。额定转矩是指直流电动机带额定负载运行时，输出的机械功率与转子额定角速度的比值。

⑥ 额定效率 η。额定效率是指直流电动机带额定负载运行时，输出的机械功率与输入的电功率之比。

⑦ 额定励磁电流 I(A)。额定励磁电流是指直流电动机带额定负载运行时，励磁回路所允许的最大励磁电流。

(3) 其他有关信息

① 励磁方式。

② 防护等级。

③ 绝缘等级。

④ 工作制。

⑤ 重量。

⑥ 出厂日期。

⑦ 出厂编号。

⑧ 生产单位。

项目 3　直流电动机调速

【项目描述】

主要学习直流电动机改变转子回路电阻、改变励磁磁通和改变转子供电电压的方法调速及电路分析。

【项目内容】

为了提高劳动生产率和保证产品质量，要求生产机械在不同的情况下有不同的工作速度，如轧钢机在轧制不同的品种和不同厚度的钢材时，就必须有不同的工作速度以保证生产的需要，这种改变电动机控制系统的速度的过程称为调速。调速包含两方面的含义：一是使转速发生变化，二是使转速保持不变。

为了评价调速的优缺点，对调速提出了一些要求：

① 调速范围。调速范围是指直流电动机拖动额定负载时，所能达到的最大转速与最小转速之比。用系数 $D=n_{max}/n_{min}$ 表示。不同的生产机械要求不同的调速范围，例如轧钢机 $D=3\sim120$，龙门刨床 $D=10\sim40$，车床 $D=20\sim120$ 造纸机 $D=3\sim20$ 等。

② 调速的平滑性。直流电动机的两个相邻调速级的转速之比称为调速的平滑性。$\phi=n_i/n_{i-1}$。ϕ 称为平滑系数。在一定的范围内，调速级越多，相邻级转速差越小，ϕ 越接近于 1，平滑性越好。$\phi=1$ 称为无级调速。

③ 调速的稳定性。调速的稳定性是指负载转矩发生变化时，直流电动机转速随之变化的程度。工程上常用静差率 δ 来衡量，它是指直流电动机在某一机械特性上运转时，由理想空载至满载时的转速降对理想空载转速的百分比。$\delta=\Delta n/n_0=n_0-n_N/n_0$。

④ 调速的经济性。调速的经济性由调速设备的投资及直流电动机运行时的能量消耗来决定。

⑤ 调速时电动机的容许输出。它是指在电动机得到充分利用的情况下，在调速过程中所能输出的功率和转矩。

根据调速的要求，调速方法有多种。可以用机械的方法或电气的方法。这里只分析电气的调速方法。电气调速是通过改变电气参数，使直流电动机工作转速发生变化或稳定的方法。

由直流电动机的转速公式

$$n=\frac{U-I_a(R_a+R_{pa})}{C_e\Phi} \tag{2-9}$$

式中 U——转子供电电压，V；

I_a——转子电流，A；

Φ——励磁磁通，Wb；

R_a——转子回路总电阻，Ω。

可以看出，式中U、R_a、Φ中三个参量都可以改变，只要改变其中一个参量，就可以改变直流电动机的转速，所以直流电动机有三种基本调速方法：

① 改变转子回路总电阻R_a。

② 改变励磁磁通Φ。

③ 改变转子供电电压U。

任务1　改变他励直流电动机转子回路电阻调速

1. 调速电路

如图2-25所示，保持电源电压及主磁极磁通为额定值不变，在转子回路串入电阻R，直流电动机的转速降低，调节R，即可调节转速。该电路主要由开关QS1、QS2，R、R_f和电动机M等组成。

2. 调速过程

如图2-25所示，合上开关QS1、QS2，调节R的大小，电动机转速就会发生变化。

3. 电路特点

优点：电路简单。

缺点：只能在基速以下调节。

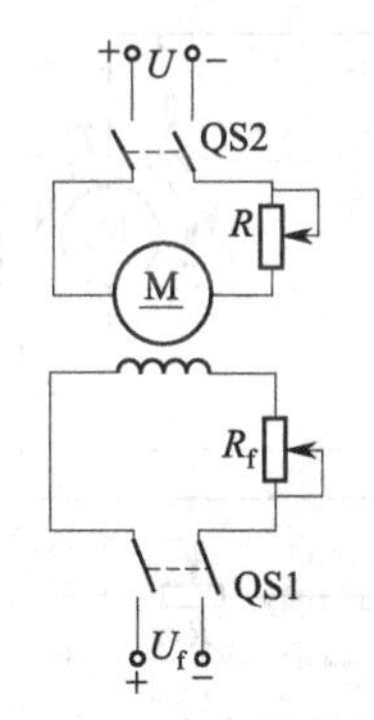

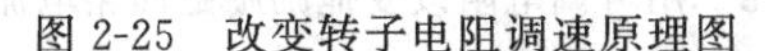
图2-25　改变转子电阻调速原理图

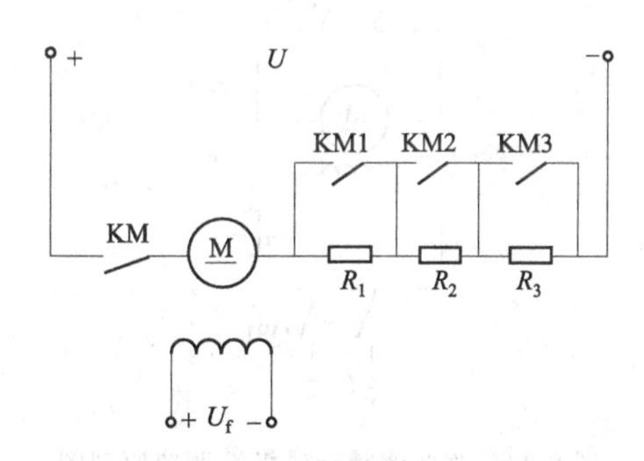

图2-26　他励转子串电阻调速

例2-16　利用交流接触器实现他励转子串电阻调速。

(1) 调速电路

如图2-26所示，该电路是由一台他励直流电动机，四个交流接触器KM1、KM2、KM3、KM，三个电阻R_1、R_2、R_3和电动机M等组成。

(2) 调速过程

如图2-26所示，闭合KM，断开KM1，闭合KM2、KM3，串入电阻R_1电机稳定运行于一个较低的转速，断开KM1、KM2，闭合KM3，串入R_1、R_2电动机再稳定运行于一个较低的转速，若断开KM1、KM2、KM3，串入R_1、R_2、R_3电动机会稳定运行于一个更低的转速。

(3) 电路特点

转子回路串电阻调速只能在低于额定转速的范围内调速，一般称为由基速（额定转速）向下调速。转子回路串电阻调速时，所串电阻越大，稳定运行转速越低。

转子回路串电阻后，系统转速受负载波动的影响较大，而且在空载和轻载时能够调速的范围非常有限，调速效果不明显。另一方面，因调速电阻容量较大，一般多采用电器开关分级控制，不能连续调节，只能有级调速。同时，所串的调速电阻通过很大的转子电流，会产生很大的功率损耗。转速越低，须串入电阻值越大，损耗越大，这样将使直流电动机的效率大为降低。

转子回路串电阻调速多用于对调速性能要求不高，而且是不经常调速的设备上，如起重机、运输牵引机械等。

【自己动手】

设计一个他励直流电动机改变转子回路电阻的调速控制电路，接线、检查，检查无误后在教师指导下通电试验并分析调速过程。

任务 2 改变他励直流电动机励磁极性调速

1. 调速电路

如图 2-27 所示，该电路主要由开关 QS1、QS2、R_f和电动机 M 等组成。

2. 调速过程

保持他励直流电动机转子电压不变，转子回路电阻不变，合上开关 QS1、QS2，减少直流电动机的励磁磁通，可改变直流电动机的转速。

3. 电路特点

优点：调速灵敏，可在基速以上调节。

缺点：易飞速。

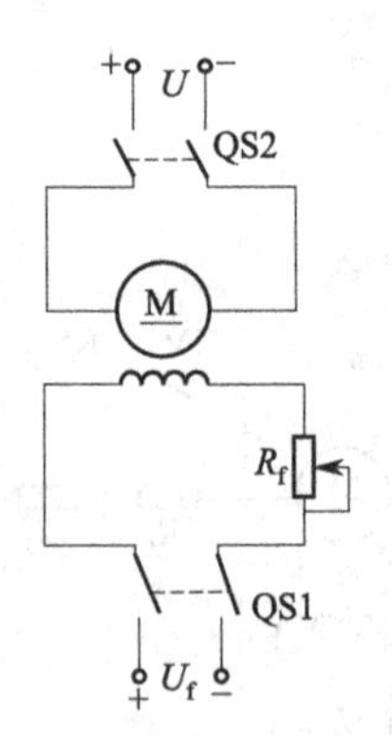

图 2-27 改变他励励磁极性调速原理图

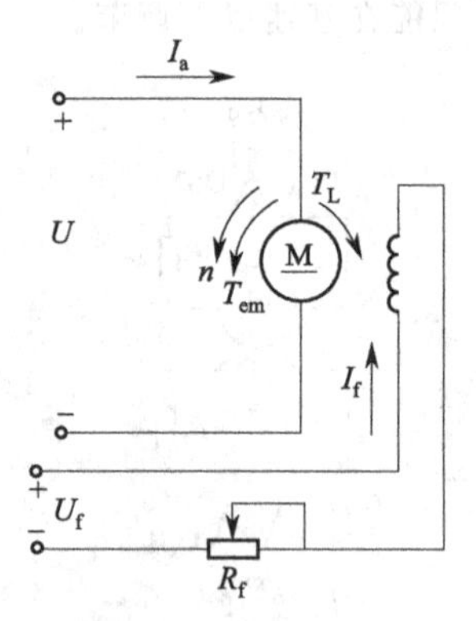

图 2-28 用可调电阻改变他励励磁回路电流调速

例 2-17 利用可调电阻改变他励直流电动机励磁回路电流调速。

(1) 调速电路

如图 2-28 所示，该电路主要由 R_f和电动机等组成。励磁回路利用可调电阻改变他励直流电动机励磁电流。

(2) 调速过程

从图中可以看出，当励磁磁通为额定值时，直流电动机转速为额定值。可调电阻变大时，励磁电流减小，励磁磁通减少，转速升高；可调电阻再变大时，励磁电流再减小，励磁磁通也减少，转速再升高；可调电阻继续变大时，励磁电流趋零时，励磁磁通趋零，转速趋向无穷大。

(3) 电路特点

改变励磁回路电流调速是在额定转速与直流电动机所允许最高转速之间进行调节，至于直流电动机所允许最高转速值是受换向与机械强度所限制，一般约为 $1.2n_N$左右，特殊设计的调速直流电动机，可达 $3n_N$或更高。单独使用改变励磁回路电流调速方法，调速的范围不会很大。

改变励磁回路电流调速的优点是设备简单，调节方便，运行效率高，适用于恒功率负载，缺点是励磁过弱时，转速稳定性差，可能出现超速或飞车现象，拖动恒转矩负载时，可能会使转子电流过大。

【自己动手】

设计一个他励直流电动机改变励磁回路电流调速的控制电路。接线、检查，检查无误后在教师指导下通电试验并分析调速过程。

任务 3　改变直流电动机转子供电电压调速

1. 调速电路

如图 2-29 所示，该电路主要由 R_f、QS1、QS2 和电动机 M 等组成。

2. 调速过程

合上开关 QS1、QS2，保持转子回路电阻不变、励磁绕组电压不变，改变转子两端电压调速。

3. 电路特点

优点：可实现无极调速。

缺点：只能在基速以下调节，且需调压设备。

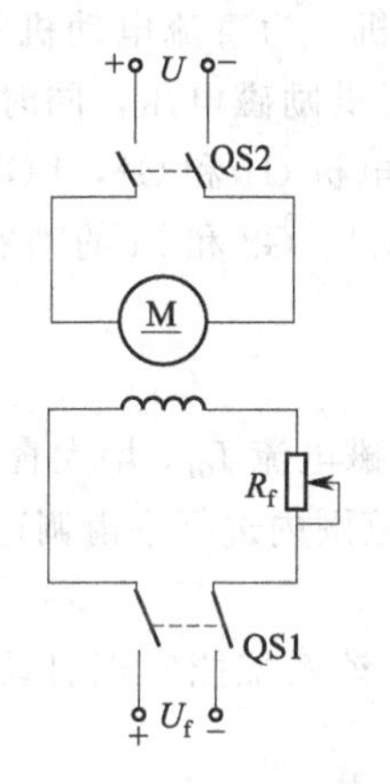

图 2-29　改变转子电压调速原理图

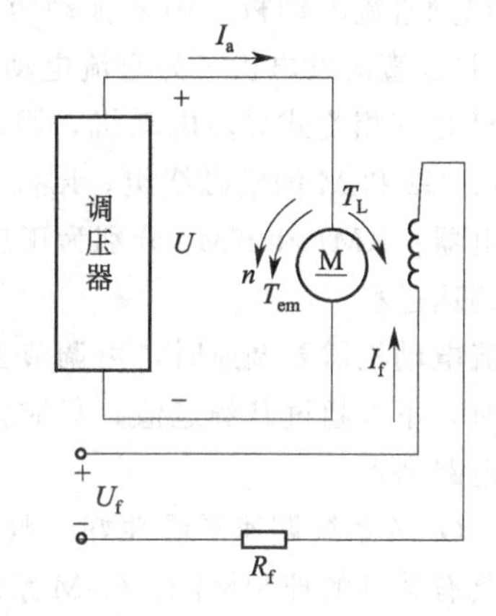

图 2-30　用调压电源改变他励转子电压调速

例 2-18　用调压电源改变他励直流电动机转子电压调速。

(1) 调速电路

如图 2-30 所示，该电路主要由 R_f、调压电源和电动机 M 等组成。

(2) 调速过程

转子利用调压电源供电，励磁回路保持直流电动机励磁电流不变。当转子两端电压为额定值时，直流电动机转速为额定值，电压降低时，转速降低；电压再降低，转速也降低；电压为零时，转速为零；转子电源电压越低，转速也越低。

(3) 电路特点

改变转子电源电压调速只能在额定转速与零转速之间调节。

改变转子电源电压调速时，即使直流电动机在低速运行时，转速随负载变动而变化的幅度较小，即转速稳定性好。当转子电源电压连续调节时，转速变化也是连续的，所以这种调速为无级调速。

改变转子电源电压调速是直流电动机调速系统中应用最广的一种调速方法。在此方法中，由于直流电动机在任何转速下磁通都不变，只是改变直流电动机转子的供电电压，因而在额定电流下，如果不考虑低速下通风恶化的影响，则不论在高速还是低速下，直流电动机都能输出额定转矩，故称这种调速方法为恒转矩调速。这是它的一个极为重要的特性、如果采用反馈控制系统，调速范围可达 50，甚至更大。

优点：该方法调速效率高，转速稳定性好，调速平滑性好，即可实现无级调速。

缺点：所需的可调压电源设备投资较高。

主要用于对调速性能要求较高的设备上，如造纸机、轧钢机、龙门刨床等。

按照系统有无反馈环节，调速系统分开环、闭环系统。开环控制系统是指系统的输出量，不反送到输入端参与控制，即输出量与输入量之间在电路中没有任何直接的联系。闭环控制系统是指系统的输出量，反送到输入端参与控制，即输出量与输入量之间在电路中有直接的联系。

例 2-19　直流发电机供电开环调速（降压调速）(G-M)。

直流电动机的调速最早采用恒定直流电压给直流电动机转子供电，通过改变转子回路中的电阻来实现调速。

20 世纪 30 年代末期，直流发电机-直流电动机系统出现后，通过调整直流发电机的输出电压，即提供给直流电动机转子的电压，使调速性能优异的直流电动机得到了广泛应用。

(1) 调速电路

我们通常把图 2-31 所示的发电机-电动机组拖动系统，简称为 G-M 系统。在此系统的控制电路中，M 是他励直流电动机，用来拖动负载；G1 是他励直流发电机，为直流电动机 M 提供转子电压；G2 是并励直流发电机，为直流电动机 M 和直流发电机 G1 提供励磁电压，同时为控制电路提供电压，M 是三相笼式异步电动机，用来拖动同轴连接的直流发电机 G1 和 G2，LG1、LG2 和 LM 分别是 G1、G2 和 M 的励磁绕组；R_{G1}、R_{G2} 和 R_M 分别用来调节 G1、G2 和 M 的励磁电流；KA 为过电流继电器；KM1 和 KM2 分别为正反转控制接触器。

(2) 调速过程

当直流电动机需要调速时，可调节 R_{G1}，改变发电机 G1 的励磁电流 I_{G1}。增大直流电动机 M 的转子电压时，不得超过其额定值，只能在电动机的额定转速以下范围内进行平滑调速。

(3) 电路特点

优点：G-M 系统调速平滑性好，范围广，可实现无级调速。该系统能实现启动、制动和正反转控制。具有较好的控制性能。G-M 系统得到广泛应用。

缺点：G-M 系统设备投资大，机组占地面积大，效率较低，过渡时间较长。

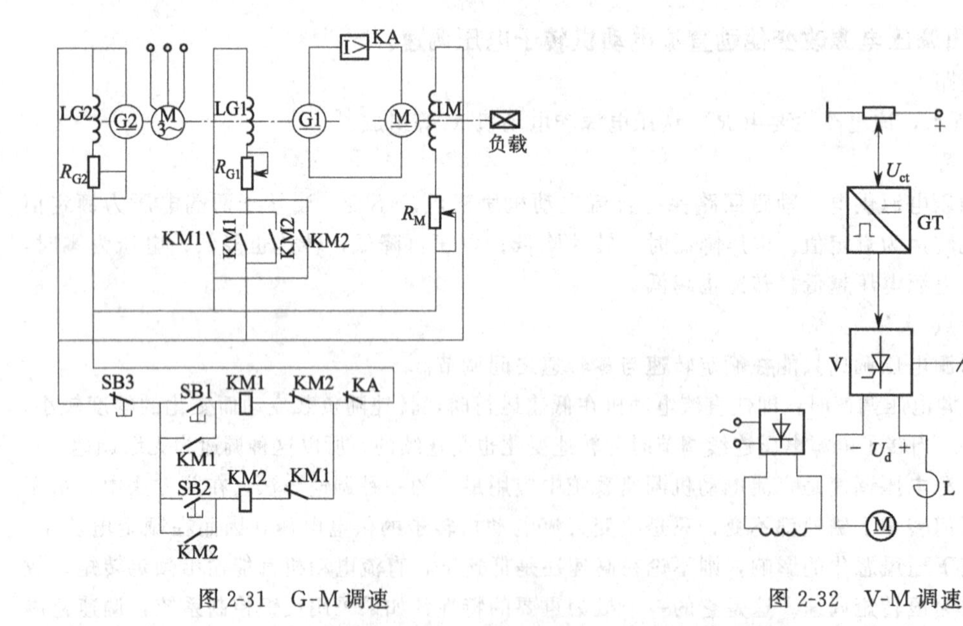

图 2-31　G-M 调速　　　　图 2-32　V-M 调速

例 2-20　晶闸管变流器供电开环调速（降压调速）(V-M)。

20 世纪 50 年代初，用水银整流器变流装置取代旋转式变流机组，减小了噪声，提高了效率和控制的灵活性。但由于水银整流器造价高，体积大，尤其是水银对环境的污染，严重危害维护人员人身的健康，因此，其应用时间不长。到了 60 年代出现了经济、可靠和性能优越的晶闸管变流装置。由晶闸管变流器供电的直流电动机调速系统已取代了直流发电机-直流电动机调速系统，它的调速性能也远远地超过了直流发电机-直流电动机调速系统。这些方法也是通过降低为转子两端提供电压的直流电源的电压来实现的。

按直流电源的类型可分不控、可控调速，可控又分半控、全控调速；若按相数可分单相、三相调速；按整流效果可分半波、全波调速。

(1) 调速电路

如图 2-32 所示，为晶闸管供电的直流开环控制系统。在输入端给定一个电压，输出端电动机就对应有一个转速，欲改变转速，就必须人为地改变输入端给定电压 U_d 的大小。

(2) 调速过程

图 2-32 中，V 是晶闸管可控变流器；它可以是单相、三相或更多相，半波、全波半控、全控等类型，通过调节触发装置 GT 的控制电压 U_{ct} 来移动触发脉冲的相位，即可改变变流器输出电压 U_d，从而实现平滑调速。由于晶闸管整流装置相位控制的特点，V-M 系统主回路串接足够大电感量的电抗器 L，而且电动机的负载电流也足够大时，整流电流波形是连续的。

(3) 电路特点

在此调速方法下可得到与直流发电机-直流电动机调速系统类似的调速特性。在电流连续区特性还比较硬，特性呈一簇平行的直线，它和直流发电机-直流电动机组供电时完全一样。但在电流断续区，则为非线性的软特性。这是由于晶闸管整流器在具有反电势负载时电流易产生断续造成的。

优点：开环控制系统结构简单、成本低、输入量和输出量之间的关系是固定的。在内部参数和外部负载等扰动因素不大的情况下，可以采用开环控制系统，如一般的组合机床的控制等。

缺点：当各种无法预计的扰动因素，使被调量产生的偏差超过允许的限度时，则不能采用开环控制。如一般黑色、有色冶金企业中的压碾机等的控制就必须采用闭环控制系统。

例 2-21　比例调节器构成的晶闸管变流器供电有静差转速负反馈单闭环调速。

闭环控制系统是指系统的输出量被反送到输入端参与控制，即输出量与输入量 U_d 之间通过反馈环节（测速发电机 TG）联系在一起形成闭合回路的系统，称为闭环控制系统，又称为反馈控制系统，见图 2-33。当电压不变而电动机的转速由于某种原因而产生波动时，通过转速负反馈，可以自动调节电动机的转速而维持稳定。这样就抑制了扰动量对输出量的影响，而且还大大地提高了系统机械特性的硬度。但是闭环控制容易产生振荡（如系统的放大倍数过大时）。因此，对闭环控制系统来说，稳定性是一个需要充分重视的问题。依靠反馈信号的作用，达到阻止被控制量变化的目的。

闭环分单闭环和双闭环，单闭环按照系统是否存在稳态偏差可分为有静差调速系统和无静差调速系统。

采用不同物理量的反馈便形成不同的单闭环系统，有转速反馈单闭环、电压反馈单闭环、电流反馈单闭环。

(1) 调速电路

如图 2-33 所示，转速负反馈直流调速系统，就是在电动机轴上安装一台测速发电机 TG，引出与转速成正比的电压信号，以此作为反馈信号与给定电压信号 U_0 作比较，所得差值电压 ΔU_0，经放大器产生控制电压 U_{ct}，用以控制电动机转速，从而构成了转速负反馈调速系统。给定电位器 R_{p1} 一般由稳压电源供电，以保证转速给定信号的精度。R 为调整反馈系数而设置，测速发电机输出电压与电动机 M 的转速成正比。$U_{ct}=K(U_0-U_{f0})$，U_{f0} 为电位器 R_{p2} 的分压，K 称为转速反馈系数。

(2) 调速过程

因为这种调速系统在稳态时，反馈量与给定量不等，即存在着偏差 ΔU。有静差调速系统是通

过偏差 ΔU 的变化来进行调节的。系统的反馈量只能减小偏差 ΔU 的变化，而不能消除偏差，即 ΔU 始终不能为零。若偏差为 0，比例放大器输出 0，晶闸管整流器输出电压 U_d为 0，电动机将停止转动，系统无法正常工作。

(3) 调速特点

有静差调速系统是依靠 U_0为前提工作的。若想消除偏差，使 ΔU 为 0，以提高稳态精度，单纯按比例放大器来进行控制是办不到的，要想提高稳态精度，必须从控制规律上寻求新的出路。

优点：实现自动调速。

缺点：在单闭环有静差调速系统中，由于采用比例调节器，稳态时转速只能接近给定值，而不可能完全等于给定值。提高增益只能减小静差而不能消除静差。

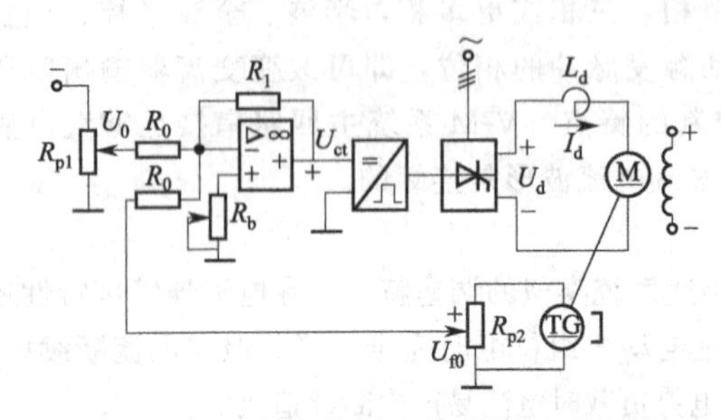

图 2-33　比例调节器有静差单闭环调速

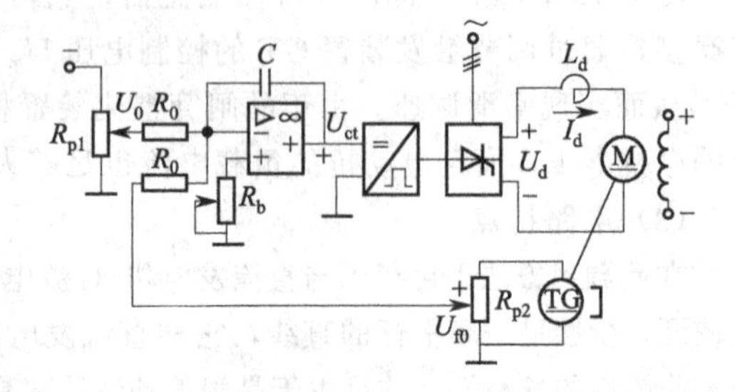

图 2-34　积分调节器无静差单闭环调速

例 2-22　积分调节器构成的晶闸管变流器供电无静差转速负反馈单闭环调速。

(1) 调速电路

如图 2-34 所示，该调速电路是在图 2-33 的基础上将 R_1 改为电容 C，构成无静差转速负反馈单闭环调速电路。

(2) 调速过程

如图 2-34 可见，给定电压 U_0 与测速发电机 TG 的输出电压 U_{f0}之差 ΔU，经放大后所得的电压 U_{ct}，加在伺服电动机 M 的两端，使伺服电动机 M 转动，带动电位器 R_{p2} 的滑动端，去调节晶闸管变流器的触发控制电压 U_0，进而改变晶闸管变流器的输出电压，以调节电动机的转速（即系统的输出量）。

当转速因某种原因（如负载增加）而下降时，其调节过程为；M 正转带动电位器 R_{p2} 滑杆偏移。这种调节过程一直要继续到电动机的转速恢复原值，(忽略伺服电动机的空载转矩)，M 才停止运转，使电位器 R_{p2} 停在所调的新的位置上。可见，M 停止时，称这种系统为无静态（稳态）误差调速系统，简称无静差调速系统。

(3) 电路特点

优点：该电路要实现无静差调速，则控制回路中必须包括伺服电动机环节。这个环节的特点是：只要输入量（偏差 ΔU）不为零，则这个环节的输出量（M 的转动角位移）就会不断地积累增加（或积累减小）；当输入量（偏差 ΔU）为零时，这个环节的输出量不为零，且保持了为零前瞬间的输出值。具有这种性质的环节称为积分环节。

缺点：动态响应慢。

例 2-23　比例-积分调节器构成的无静差转速负反馈单闭环调速。

(1) 调速电路

积分调节器固然能使系统在稳态时无静差，但它的动态响应慢。因为积分增长需要时间，控制作用只能逐渐表现出来，与此相反，采用比例调节器虽然有静差果既要静态准，又要动态响应快，可将两者结合起来，动态反应却较快。即 采用比例积分调节器。

由比例-积分（PI）调节器组成的单闭环无静差调速系统的电路图，如图 2-35 所示。

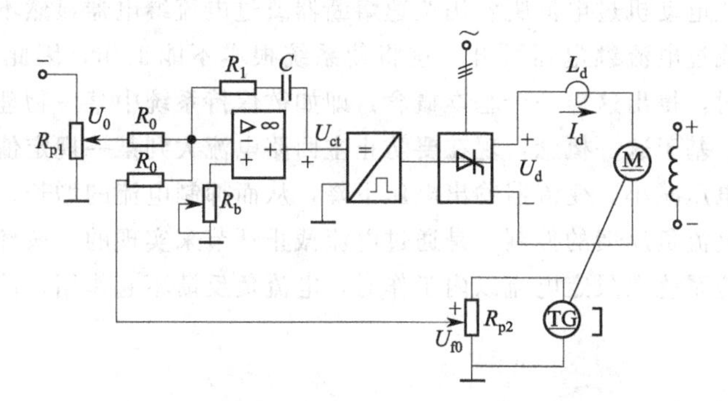

图 2-35　比例-积分调节器无静差单闭环调速

比例-积分调节器构成的无静差转速单闭环调速跟积分调节器组成的单闭环无静差调速系统相比，差别仅是调节器不同而已。即在图 2-34 的基础上增加了 R_1。

（2）调速过程

启动时，突加一个给定电压，因为电动机转速没有升上来，转速反馈电压很小，PI 调节器的输入电压较大，调节器的输出电压一开始就能达到较大值，使整流电压 U_d 瞬时达到较大值并不断增大，在转速还没有上升之前，迅速产生一个较大的转子电流冲击，使电动机转速迅速升高。因此，它的启动过程较快。当系统要减速制动时，使电流突然减小，由于系统的机械惯性，转速不可能紧跟着减小，与启动时相反，可立即使调节器输出反向电压。对于不正反转调速系统而言，由于晶闸管变流器不能流通反向电流，因此只能迫使主电路的电流迅速为零而不产生电气制动转矩。此后，系统只能靠负载转矩自由制动减速。如果系统要求快速制动，则需增设能耗制动电路，或者采用其他反转系统。当稳定运行即稳态时，U_d 保持常值不变。此时，即为无静差调速系统。

（3）电路特点

启动过程和减速制动过程，都是在改变给定输入信号时引起的动态过程。在外界因素作用下引起扰动时，设拖动系统的负载力矩突然增大，电动机力矩来不及跟随负载力矩变化，电动机转动部分便失去平衡。根据动力学方程

$$M-M_L=\frac{GD^2}{375}\frac{dn}{dt}<0$$

引起转速下降，随着下降，调节器的输入 ΔU 不等于零。经过调节作用，使调节器输出 U_{ct} 升高，电动机转子电流增大，最后达到电动机转矩 M 与负载转矩 M 重新相等。也回升到原来的数值。若负载突然增大、引起转速下降和整流电压上升。上升的变化过程，由于 U_d 的升高使得转子电流增加，其增加的数值恰恰克服增长的负载转矩。动态过程中，转速暂时偏离了给定值，最后恢复到原值（给定值），从而实现了无静差调节。动态过程中的偏差值叫做动态转速降。如果负载突然减小，会暂时产生动态转速升。不管是动态转速降或动态转速升，都是表征调速系统的动态质量指标。

例 2-24　带电流截止保护和比例-积分调节器构成的无静差转速负反馈单闭环调速。

直流调速系统在启动时其给定电压信号一般均采用突加方式（即阶跃信号）。而电动机及生产机械因为具有较大的机械惯性。转速不可能立即上升到给定值，因而转速负反馈电压将滞后于给定电压的变化．使调节器的输入端具有较大的偏差电压，迫使晶闸管变流器的输出电压迅速上升而达到最大值。这时由于电动机转速来不及上升，转子反电势较小，故在主电路中，将产生一个很大的冲击电流，它将大大超越一般直流电动机的最大允许电流值。这样大的冲击电流对电动机的换向是十分有害的，尤其对于过载能力较小的晶闸管来说，更是不能容许的，因此必须对启动电流加以限制。此外，有一些生产机械，例如：挖土机、轧钢机的推床、压下装置等．经常会处于堵转工作状

态，若不采取措施限制电动机的电流，则有可能造成机电设备的损坏。

用什么方法来防止电动机过电流呢？用快速熔断器或过电流继电器显然不行。因为当主回路过电流时，熔断器熔断或过电流继电器跳开，这将使系统根本不能工作，因此必须寻求别的限流方法。在分析反馈系统时，得出这样一个基本概念：即如欲保持系统中某一物理量不变时，就引入该物理量的负反馈控制。基于这一概念，现在要防止主回路电流大到某一规定值，就应引入电流负反馈，使调节器的输入电压减小，变流器输出电压下降，从而抑制电流的增长，这种只有当电流大于某规定值后，才引入电流负反馈的控制，是通过电流截止环节来实现的。该环节既防止了主回路电流过大，又能保证调速系统在限定电流以内工作时，电流负反馈不起作用，使调速系统具有较硬的静态特性。

(1) 调速电路

图 2-36 所示为带电流截止负反馈的转速负反馈调速系统的原理图。

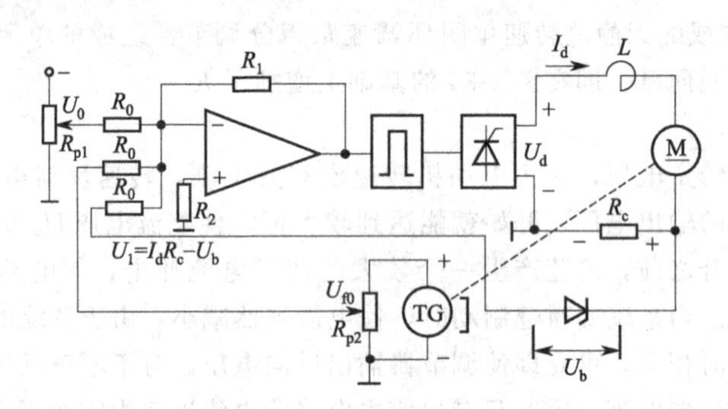

图 2-36　带电流截止负反馈的转速负反馈调速系统

(2) 调速过程

电流反馈信号从串联于主回路中的电阻 R_c上取出，把这个信号电压与比较电压 U_b经二极管反极性后串联。二极管的作用是保证电流负反馈控制回路中，只能有单方向电流。当电压 $U_1>U_b$时，电流反馈回路有电流通过。此时调节器输入电压为 $U_1=I_dR_c-U_b$。

(3) 调速特点

随着使晶闸管变流器输出电压迅速下降，电动机转速也随之迅速下降，特性变软（当 $I_d<I_b$时，$I_dR<U_b$），电流反馈控制回路中没有电流。此时调节器输入信号 ΔU，只有转速负反馈时，从而保证了系统具有较硬的静特性。由于它有下垂特点，因此通常也称它为下坠特性或挖土机特性。

例 2-25　电压负反馈调速。

利用转速负反馈是抑制转速变化的最直接而有效的方法，它是自动调速系统最基本的反馈形式。其缺点是必须采用一台测速发电机作为检测元件，由此给安装及维护带来了麻烦。因此在调速精度要求不是很高的场合下，可以采用更简便易行的反馈形式来取代转速反馈的形式。目前在负反馈调速系统中应用较多的有电压负反馈。

(1) 调速电路

如图 2-37 所示，电压负反馈调速系统实质上是一个调压系统。由于这种系统省去了测速发电机，而且也能使系统的静特性硬度比开环系统有较大的改善。因此在调速精度要求不很高的场合下得到了广泛的应用。

在图 2-37 系统中，反馈电压 U_{d1}是由转子两端的电压经分压器引出的，并与给定电压进行比较，从而组成了电压负反馈直流调速系统。

(2) 调速过程

如图 2-37 所示，比例调节器的输入量为 ΔU，当电动机负载增大时，由于整流装置的内阻压降

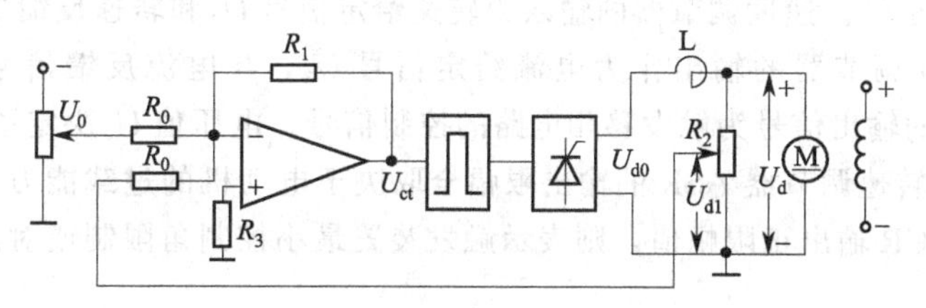

图 2-37　电压负反馈调速

增加，使电动机端电压下降，因此，反馈电压减小。由于给定电压不变，于是加到调节器输入端的偏差电压 ΔU 将增大，这样就使晶闸管变流器的输出电压有所提高，从而使电动机的转速回升（注意：恢复不到负载增大以前的转速），部分地补偿了由负载增大而引起的转速降落。

例 2-26　电流正反馈和电压负反馈调速。

欲改善闭环直流调速系统的静特性，可增大开环放大系数，但这只是减小静态转速降的一种措施，而且放大系数的提高，也是受限制的（系统的稳定性下降）。对于电压负反馈系统来说，总有转速降。无法补偿。因此，必须另外寻求改善静态特性的辅助措施。在系统中引入电流正反馈，则是一种很有效的方法。图 2-38 所示为带电流正反馈的电压负反馈调速系统原理框图。给定信号 U_0、电压负反馈信号 U_{d1}、电流正反馈信号 U_{d2} 接在调节器输入端。由于调节器各输入电路的阻值均为 R_0，故调节器的各输入电压，可以直接代数相加。综合后的调节器输入电压，当负载电流增大时，电流正反馈信号也相应增大，使晶闸管变流器输出电压增加一个分量，用来补偿因负载增加而增大的转子电阻压降。

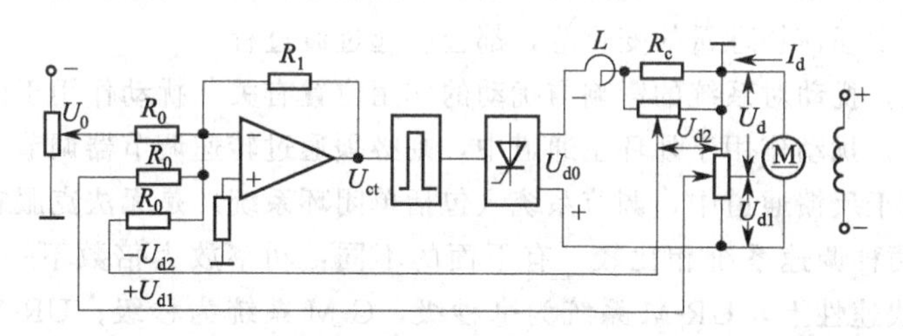

图 2-38　电流正反馈和电压负反馈调速

例 2-27　PWM（直流斩波器）供电，转速、电流双闭环调速。

单闭环调速系统，虽能够保证动态稳定，而且可以消除静态误差，引入电流截止负反馈，还能限制电流冲击。但是，系统的动态性能还是不能令人满意，因为这种单闭环调速系统，不能在充分利用直流电动机过载能力的条件下获得快速响应，对扰动的抑制能力也较差，因此其应用范围受到一定的限制。

为了得到更好的各种动态指标，还是采用双闭环系统为佳。转速、电流双闭环调速可由一个调节器构成电流、转速双闭环调速系统，实现在最大转子电流约束下的转速过渡过程最快的“最优”控制。

在双闭环调速系统中，若将转速反馈和电流反馈信号同时引入一个调节器的输入端，则两种反馈量会互相牵制，不可能获得理想效果。因此在系统中设置两个调节器，分别控制转速和电流，并且将两个调节器实行串级连接。

转速负反馈的闭环在外面，称外环，电流负反馈的闭环在里面，称内环。其原理图如图 2-38 所示。图 2-39 中 ASR 为速度调节器，ACR 为电流调节器，两调节器作用互相配合，相辅相成。为了使转速、电流双闭环调速系统具有良好的静、动态性能。电流、转速两个调节器一般采用 PI 调节器，且均采用负反馈。考虑触发装置的控制电压为正电压，运算放大器又具有导向作用。图中标出了相应信号的实际极性。速度调节器的输入为转速给定信号 U_0和转速反馈信号 U_1，比较后的偏差信号 $\Delta U_1 = U_{01}$速度调节器的输出作为电流给定信号 U_2，与电流反馈信号比较后得偏差信号 ΔU_2，其电流调节器的输出信号为触发移相电路的控制信号。电压值 U_0决定了电流调节器 ACR 的给定电流的最大值。转速调节器 ASR 的输出限幅全取决于电动机的过载能力和系统对最大加速度的需要。电流调节 ACR 输出正限幅值，则表示触发装置最小控制角限制或对晶闸管装置输出电压最大值的限制。

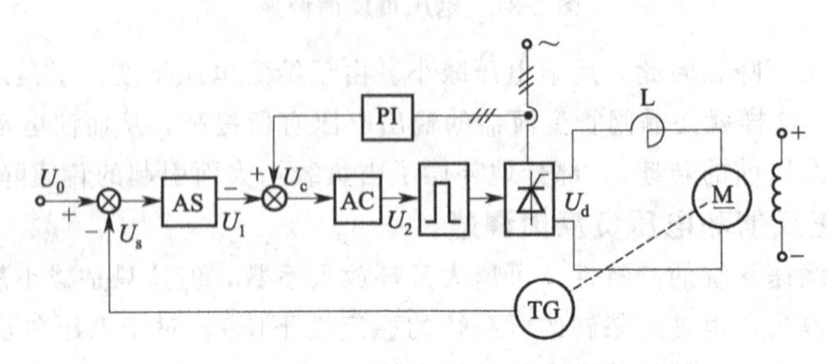

图 2-39 转速、电流双闭环调速

转速、电流双闭环调速系统，把转速、电流分开控制，以外环转速调节器的输出作为内环电流调节器的给定，形成转速、电流双闭环调速系统，这种双环系统与单环系统相比，具有动态响应快、抗干扰能力强等优点，是自动调速系统的一种基本形式。弱磁调速系统及多环调速系统，都是在此基础上发展起来的。调速系统除了给定信号变化引起过渡过程外，外来的扰动信号也会引起过渡过程。扰动产生的原因很多，如负载变动、变流器交流电源电压变化、电动机励磁的变化、控制电源变化、以及电路中任何物理量的变化等，都会引起过渡过程。

对于双闭环系统，扰动对系统的影响与扰动的作用位置有关：扰动作用于内环的主通道中，将不会明显地影响转速；扰动作用于外环主通道中，则必须通过转速调节器调节才能克服扰动引起的误差；扰动如果作用于反馈通道中，调节系统（包括单闭环系统）是无法克服它引起的误差的。

UR-M 与 G-M 两种调速系统相比较，有下面的不同：功率放大倍数不一样：UR-M 系统大，而 G-M 系统小；在快速性上，UR-M 系统为毫秒级，G-M 系统为秒级；UR-M 系统具有效率高、体积小、占地少、重量轻、无噪声、无环境污染、维护方便等优点。它的出现，引起了人们极大的重视。但它存在着晶闸管元件过载、过压能力差，功率因数低，引起电网电压波形畸变等不足之处，随着变流技术发展，IGBT 等大功率器件的出现正在取代晶闸管，出现了性能更好的直流调速系统。如脉宽调制变换器供电调速。

例 2-28 脉冲宽度调制（Pulse Width Modulation），简称 PWM 调速。

PWM 系统是通过功率管开关作用，将恒定直流电压转换成频率一定，宽度可调的方波脉冲电压，通过调节脉冲电压的宽度，改变输出电压的平均值的一种功率变换技术。由脉冲宽度调制变换器向电动机供电的系统称为脉冲宽度调制调速控制系统，简称 PWM 调速系统。如图 2-40 所示为脉宽调制调速系统原理图及输出电压波形。

脉宽调制变换器供电调速实现方法有多种。

图 2-40(a) 所示为不正反转 PWM 变换器（也称为直流斩波器）的主电路原理图。电源 U_s，一般由不可控整流电源提供，采用大电容滤波，脉宽调制器的负载为电动机转子，它可被看成电阻—电感—反电动势负载。二极管 VD 在功率管 IGBT 关断时为转子电路提供释放电感储能的续流电路。

无制动能力不正反转 PWM 变换器供电下的直流电动机调速 IGBT 的栅极由频率不变而脉冲宽度可调的脉冲电压 U_g驱动。在一个开关周期内，当 IGBT 饱和导通，电源电压通过 IGBT 加到电动

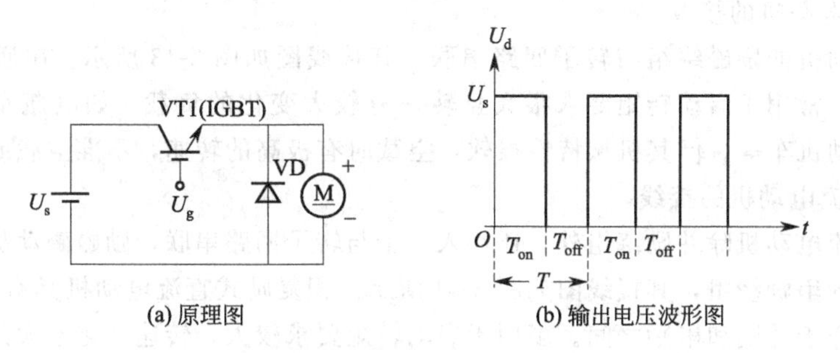

(a) 原理图　　(b) 输出电压波形图

图 2-40 PWM 调速

机转子两端。当U_s为负，IGBT 截止，转子失去电源，经二极管 VD 续流，电动机可得到的平均端电压为

$$U_d = \frac{t_{on}}{T}U_s = \rho U_s$$

在实际电机控制系统中，可以将以上几种调速方法结合起来使用，这样，可以得到更宽的调速范围，直流电动机可以在调速范围之内的任何转速上运行，而且调速时损耗小，运行效率高，能很好地满足各种控制系统对调速的要求。

【自己动手】

设计一个他励直流电动机改变转子回路供电电压调速的控制电路，接线、检查，检查无误后在教师指导下通电试验并分析调速过程。

【问题与思考】

1. 直流电动机有哪些调速方法？
2. 调速指标有哪些？
3. 各种调速方法各有什么特点？
4. 各种调速方法各适用于什么场合？

【知识链接】

1. 他励直流电动机的接线

他励直流电动机的励磁绕组和转子绕组分别由两个不同的电源供电，这两个电源的电压可以相同，也可以不同，其接线图见 2-41 所示。他励直流电动机具有较硬的机械特性，励磁电流与转子电流无关，不受转子回路的影响。这种励磁方式的直流电动机一般用于大型和精密直流电动机控制系统中。

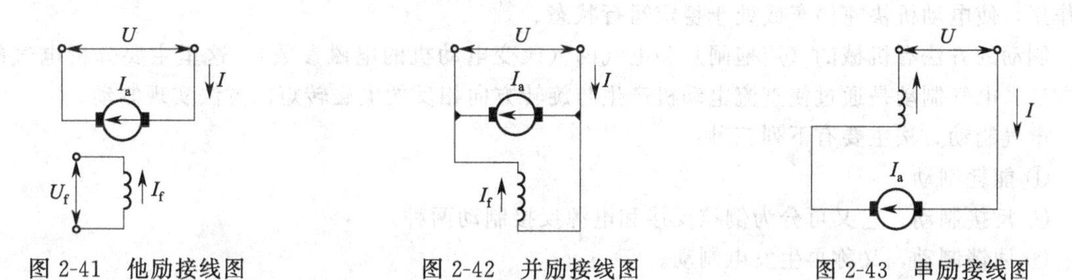

图 2-41 他励接线图　　图 2-42 并励接线图　　图 2-43 串励接线图

2. 并励直流电动机的接线

并励直流电动机的励磁绕组和转子绕组由同一个电源供电，其接线图见图 2-42 所示。并励直流电动机的特性与他励直流电动机的特性基本相同，但比他励直流电动机节省了一个电源。小中型直流电动机多为并励。

3. 串励直流电动机的接线

串励直流电动机的励磁绕组与转子回路串联，其接线图如图 2-43 所示。串励直流电动机具有很大的启动转矩，常用于启动转矩要求很大且转速有较大变化的负载、如电瓶车、起货机、起锚机、电车、电传动机车等。但其机械特性很软，空载时有极高的转速，不准空载或轻载运行。

4. 积复励直流电动机的接线

积复励式直流电动机除并励绕组外，还接入一个与转子回路串联，励磁磁动势方向与并励绕组磁动势方向相同的串励绕组，其接线图如图 2-44 所示。积复励式直流电动机具有较大的启动转矩，机械特性较软，介于并励和串励之间。多用于启动转矩要求较大，转速变化不大的负载，如拖动空气压缩机、冶金辅助传动机械等。由于积复励直流电动机在两个不同旋转方向上的转速和运行特性不同，因此不能用于正反转驱动系统中。

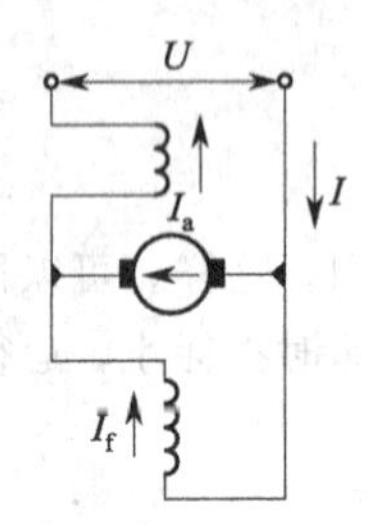

图 2-44　积复励接线图

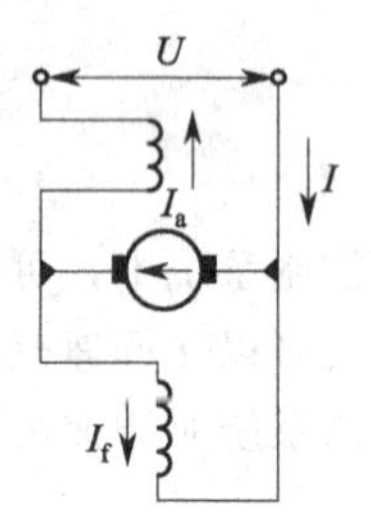

图 2-45　差复励接线图

5. 差复励直流电动机的接线

差复励直流电动机，除并励绕组外，还接入一个与转子回路串联、励磁磁动势方向与并励绕组的磁动势方向相反的串励绕组，其接线图如图 2-45 所示。这种直流电动机启动转矩小，机械特性较硬，有时还可能出现上翘特性。差复励式直流电动机一般用于启动转矩小，要求转速平稳的小型恒压驱动系统中。这种励磁方式的直流电动机也不能用于正反转驱动系统中。

项目 4　直流电动机制动

【项目描述】

主要学习直流电动机能耗制动、反接制动和回馈制动的方法及电路分析。

【项目内容】

电车下坡时需要限制转速的升高，正反转式轧机运行时需要很快地减速或紧急停车，要满足这些要求需对电动机进行制动。制动就是使直流电动机产生一个与转速方向相反的转矩起到阻碍运动的作用，使电动机快速停车或处于稳定运行状态。

制动的方法有机械的（用抱闸）和电气的（改变电动机的电磁参数）。这里主要分析电气的制动方法。电气制动是通过使直流电动机产生与旋转方向相反的电磁转矩的方法实现制动。

电气制动方法主要有下列三种：

① 能耗制动。

② 反接制动，它又可分为倒拉反接和电源反接制动两种。

③ 回馈制动，又称再生发电制动。

电气制动的优点是制动转矩大，制动强度比较容易控制。在电力拖动系统中多采用这种方法，或者与机械制动配合使用。

任务 1　能 耗 制 动

能耗制动是指维持直流电动机的励磁电源不变，把正在作电动运行的电动机转子从电源上断开，再串接上一个外加制动电阻组成制动电阻回路，将机械动能变为热能消耗在转子和制动电阻上。由于电动机的惯性运转，直流电动机此时变为发电机状态，即产生的电磁转矩与转速的方向相反，从而实现了制动。

1. 制动电路

如图 2-46 所示，该电路主要由开关 QS1、QS2，制动电阻 R_H和电动机 M 等组成。

2. 制动过程

如图 2-46 所示，合上开关 QS1、QS2，电动机正常工作，能耗制动时，将开关 QS2 合到电阻 R_H，直流电动机被切断电源与 R_H构成制动回路而快速停车。

3. 电路特点

优点：电路简单。

缺点：制动效果差，耗能。

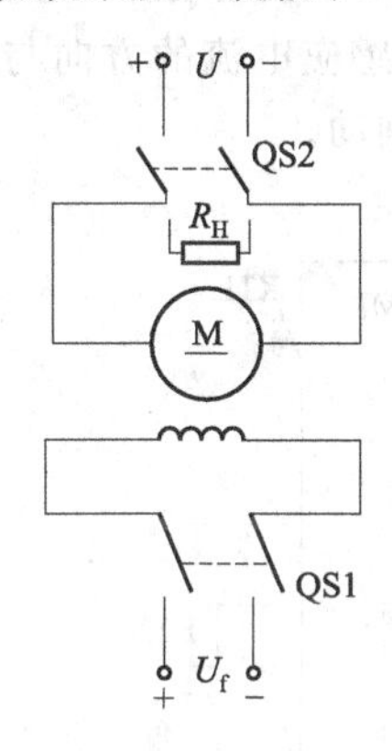

图 2-46 能耗制动原理图

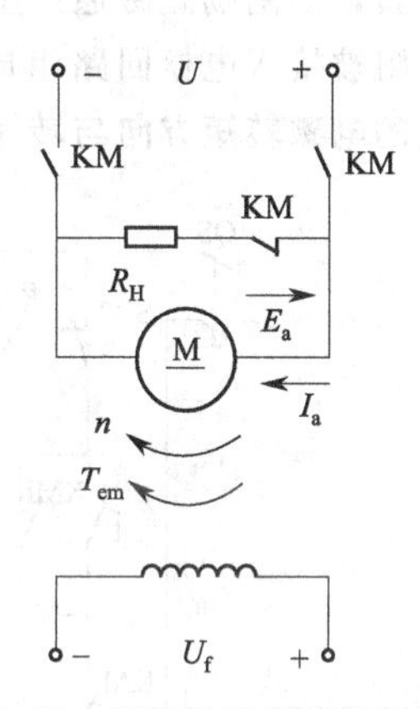

图 2-47 用接触器实现能耗制动

例 2-29 利用接触器实现他励直流电动机的能耗制动。

(1) 制动电路

如图 2-47 所示，该电路主要由接触器 KM、制动电阻 R_H和电动机 M 等组成。

(2) 制动过程

他励直流电动机正常工作时，KM 常开闭合，KM 常闭断开，直流电动机作直流电动机状态运行。电动势、电流、转矩和转动方向如该图所示。停车制动时，KM 常开断开，KM 常闭闭合，直流电动机被切断电源而接到一个制动电阻 R_H上。在此瞬间，在系统惯性作用下，直流电动机继续旋转，转速来不及改变。

(3) 电路特点

由于励磁保持不变，因此转子仍具有感应电动势 E_a，其方向和大小与处于直流电动机状态时相同。电流与原来直流电动机运行状态的方向相反，这个电流叫制动电流。制动电流所产生的电磁转矩和原来的方向相反，变为制动转矩，使直流电动机很快减速至停转。

当转速减小至零时，电动势、电流和电磁制动转矩也减小至零。如果负载为反抗性负载，则旋转系统到此停止。如果负载为位能性负载（吊车），则在位能负载转矩作用下，直流电动机将被拖动而反方向旋转，此时的转速、电动势、电流及转矩方向均与图所示的方向相反，直流电动机运行在反向能耗制动状态下，等速下放重物。为了避免过大的制动电流对系统带来的不利影响，通常限制最大制动电流。

制动电流为

$$I_a=\frac{-E_a}{R_a+R_H}$$

直流电动机在能耗制动过程中，已转变为直流发电机运行，和正常直流发电机不同的是依靠系统本身的动能发电，把动能转变成电能，消耗在转子回路的电阻上。

此方法主要用在要求准确停车的系统。

例 2-30　并励直流电动机能耗制动。

(1) 制动电路

如图 2-48 所示，该电路主要由接触器 KM1、KM2、KM3、KM4，中间继电器 KA1、KA2，时间继电器 KT1、KT2，按钮 SB1、SB2，制动电阻 R_H和电动机 M 等组成。

(2) 制动过程

合上电源开关 QS，按下启动按钮 SB1，电动机接通电源作二级启动。

在能耗制动时，按下停止按钮 SB2，接触器 KM1 断电释放，使电动机转子回路断电。由于电动机作惯性运转，切割励磁磁通产生感应电动势，使中间继电器 KA2 获电动作，接触器 KM2 获电动作，制动电阻被接入电枢回路组成闭合回路。这时，电枢中的感应电流的方向与原来的方向相反，转子产生的电磁转矩方向与转速方向相反，从而实现了能耗制动。

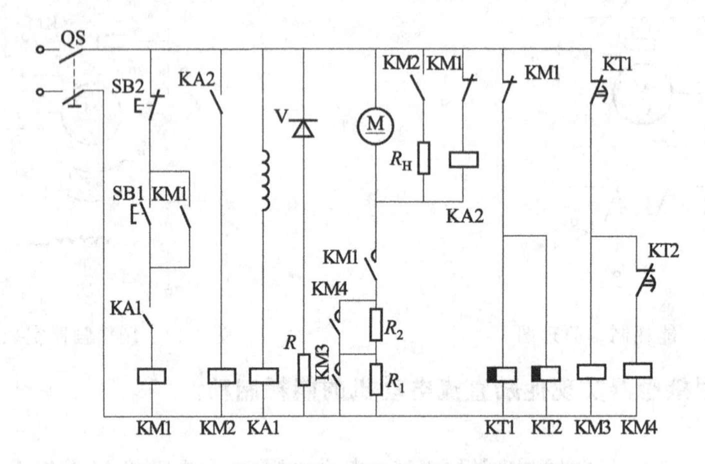

图 2-48　并励直流电动机能耗制动控制电路

当能耗制动将近结束时，电动机的转速很慢，转子绕组产生的感应电动势很小，使中间继电器释放，接触器 KM2 也因此断电释放，使制动回路断开，电动机逐渐停转，制动完毕。

例 2-31　串励直流电动机自励能耗制动。

串励直流电动机的能耗制动，就是使电动机由电动机状态变为发电机状态，产生与转速反向的制动转矩。串励电动机的能耗制动方法有自励式和他励式两种。

串励电动机的自励式能耗制动就是切断电源后，将励磁绕组反接并与转子绕组和附加电阻（制动电阻）串联，构成闭合电路。这时由于惯性运转，使电动机变为发电机状态，并产生转速反向的制动转矩。

(1) 制动电路

如图 2-49 所示，该电路主要由接触器 KM1、KM2，按钮 SB1、SB2，开关 QS，制动电阻 R_H 和电动机 M 等组成。

(2) 制动过程

如图 2-49 所示，合上电源开关 QS，按下启动按钮 SB1，接触器 KM1 获电动作，电动机接通电源启动运行。

当按下按钮 SB2 时，接触器 KM1 断电释放，然后接触器 KM2 获电动作，切断电动机电源。转子绕组、励磁绕组和制动电阻构成闭合通路。由于电动机的惯性运转，而变为发电制动状态，即实现了能耗制动。

串励直流电动机的能耗制动，只适用于要求准确停车或小功率的场合。

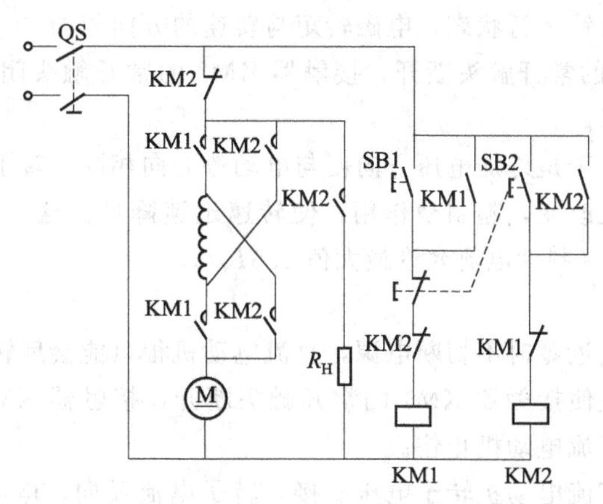

图 2-49　串励直流电动机自励能耗制动控制电路

【自己动手】

设计一个他励直流电动机能耗制动的控制电路，接线、检查，检查无误后在教师指导下通电试验并分析制动过程。

任务 2　反 接 制 动

反接制动是指只改变直流电动机的转子电压极性的情况下，使电动机反转而快速停车。

1. 制动电路

如图 2-50 所示，该电路主要由开关 S1、S2、制动电阻 R_H励磁回路调节电阻 R_f和电动机 M 等组成。

2. 制动过程

如图 2-50 所示，合上开关 QS1、QS2 合到不接电阻 R_H 的电源侧，电动机正常工作，能耗制动时，将开关 QS2 合到有电阻 R_H 的电源侧，直流电动机电源反接，产生制动，使电动机快速停车。

3. 电路特点

优点：制动迅速。

缺点：易反转。

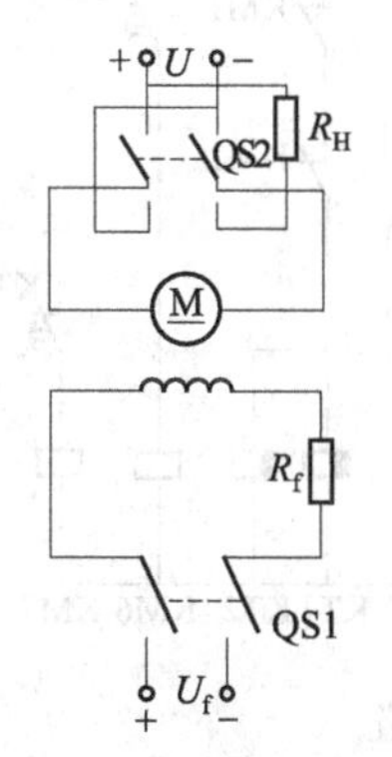

图 2-50　反接制动原理图

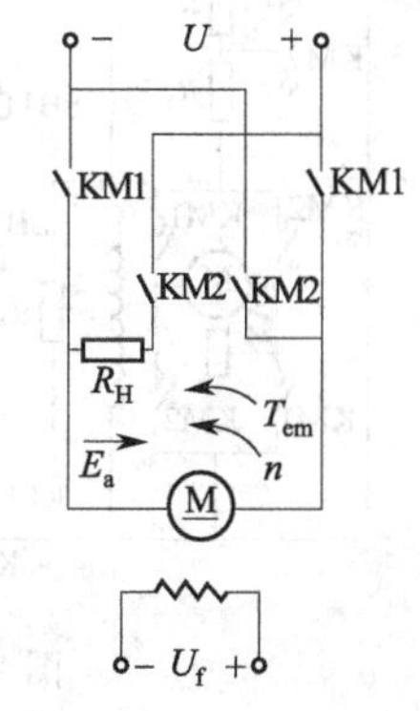

图 2-51　利用接触器实现反接制动

例 2-32　利用接触器改变他励直流电动机电源极性实现制动。

(1) 制动电路

如图 2-51 所示，该电路主要由接触器 KM1、KM2、制动电阻 R_H和电动机 M 等组成。

（2）制动过程

如图 2-51 所示，制动前，接触器 KM1 的常开触头闭合，接触器 KM2 的常开触头断开，假设此时直流电动机正处于逆时针运行状态，电磁转矩与转速的方向相同。

制动时，接触器 KM1 的常开触头断开，接触器 KM2 的常开触头闭合，转子接入反极性电压并串入电阻，进入制动状态。

因为电动势方向不变，于是外加电压方向便与电动势方向相同，转子电流方向与电动状态时相反，电磁转矩方向也就随之改变，起制动作用，使转速迅速降低。这时在转子电路串入制动电阻 R，以限制过大的制动电流（制动电流允许最大值 $2.5I_N$）。

（3）电路特点

如直流电动机在转速接近零时不切断电源，直流电动机很可能会反转。为了防止直流电动机反转，在制动到快停车时，应使接触器 KM1 的常开触头断开，接触器 KM2 的常开触头断开，切除电源，并使用机械制动将直流电动机止住。

在反接制动过程中，直流电动机转子电压反接，转子电流反向，电源输入功率变为电磁功率，机械功率被转换成电功率，从电源输入的电磁功率和机械转换的电功率都消耗在转子回路电阻上。

反接制动适合于要求频繁正、反转的电机控制系统，先用反接制动达到迅速停车，然后接着反向启动并进入稳态运行。

例 2-33　并励直流电动机反接制动。

反接制动对并励直流电动机来说，通常是将正在电动运行的电动机转子绕组反接。但是要注意两点，一点是转子绕组反接时，一定要与转子串联外加电阻，防止因转子电流过大而对电动机的换向不利；另一点是，当转速接近零时，应准确可靠地使转子迅速脱离电源，以防止电动机反转，电动机的反接制动原理与反转基本相同，所不同的是，反接制动过程至转速为零时结束。

（1）制动电路

如图 2-52 所示，该电路主要由开关 QS，接触器 KM1、KM2、KM3、KM4、KM5、KM6、KM7，速度继电器 KV，时间继电器 KT1、KT2，按钮 SB1、SB2、SB3，制动电阻、放流电阻和电动机 M 等组成。

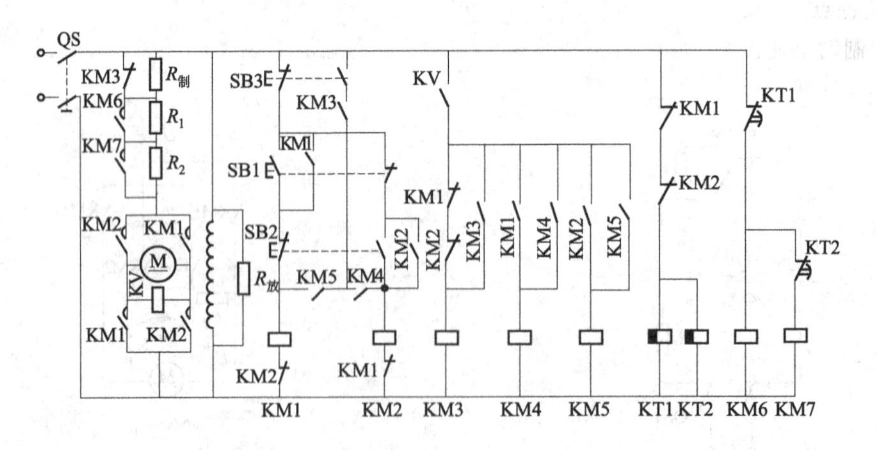

图 2-52　并励直流电动机反接制动电路

（2）制动过程

启动：合上电源开关 QS，励磁绕组获电开始励磁；同时，时间继电器 KT1、KT2 获电动作，接触器 KM6、KM7 处于分断状态。按下启动按钮 SB1（假设为正向启动），接触器 KM1 获电动作，电动机在串入电阻 R_1、R_2 后进行二级启动。同时，由于时间继电器 KT1、KT2 断电，经延时闭合，使接触器 KM6、KM7 逐级获电动作，先后切除启动电阻 R_1 和 R_2。使直流电动机进入正常运行。

反接制动准备过程：电动机刚启动时，转子反电势为零，电压继电器不动作，当随着电动机的转速升高而建立反电势后，电压继电器 KV 获电动作，使接触器 KM 动作，为电动机反接制动作好了准备。

反接制动：按下停止按钮 SB3，接触器 KM1 断电释放，接触器 KM3 因此得电，接触 KM2 也因此获电动作，使电动机转子电流反向，从而实现反接制动而迅速停车。在制动刚开始时，出于电动机的转速很高，转子中的反电势仍很大，所以，电压继电器 KV 通电；保证接触器 KM3、KM4 不失电实现反接制动。但当转速降低近于零时，电压继电器 KV 断电释放，使接触器 KM3、KM4 和 KM2 断电释放，为下次启动作好准备。

例 2-34　串励直流电动机反接制动。

串励直流电动机的反接制动也有转子电压反接和倒拉反接制动两种，制动的原理、物理过程和他励直流电动机相同，反接制动时，转子中也必须串入足够大的电阻以限制电流。

应该说明的是在进行反接制动时，电流与磁通只能有一个改变方向，通常是改变转子电流的方向，即改变转子电压的极性，而励磁电流的方向维持不变。

串励电动机的反接制动状态的获得，在位能负载时，可用转速反向的方法；也可用转子直接反接的方法。

转速反向制动法就是强迫电动机的转速反向，使电动机的转速的方向与电磁转矩的方向相反。如提升机下放重物时，电动机在重物（位能负载）的作用下，转速与转矩反向，即电动机此时为制动状态，如图 2-53 所示。这种转速反向制动法，对于转速的反向来说，犹如电机已被反接，因而也称之为反接制动。

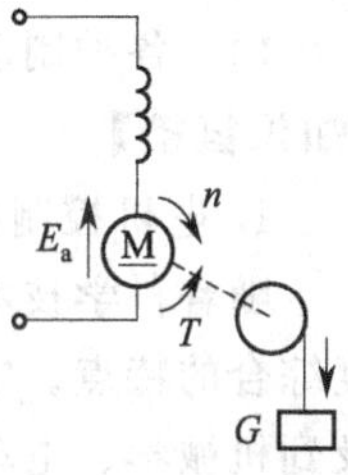

图 2-53　串励直流电动机反接制动原理图

关于串励电动机的转子反接制动的控制电路及原理与并励和他励电动机相似，在此不再赘述。但值得注意的是，在采取转子反接制动时，不能用改变电源极性的方法来实现。因为串励电动机的励磁绕组与转子绕组是串联的，若简单地只改变电源极性，电磁转矩的方向并未改变。

【自己动手】

设计一个他励直流电动机能耗制动的控制电路，接线、检查，检查无误后在教师指导下通电试验并分析制动过程。

任务 3　回 馈 制 动

回馈制动是指电动机在某种条件下会出现运行速度高于理想空载转速的情况，此时电动势大于电源电压，电流反向、电磁转矩也反向，由驱动转矩变成了制动转矩，系统处于制动状态，这种现象称为回馈制动。当电动机控制起重机下放重物时会出现回馈制动。当电动机控制机车下坡时会出现回馈制动。

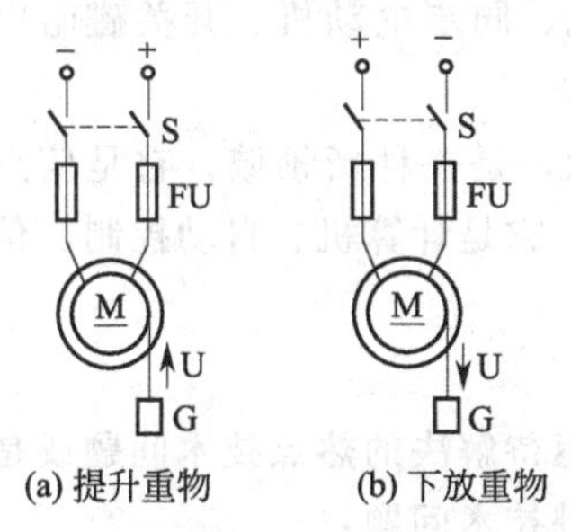

(a) 提升重物　(b) 下放重物

图 2-54　回馈制动

例 2-35　电动机控制起重机下放重物时的回馈制动。

如图 2-54 所示，一他励直流电动机额定电压 440V，额定电流 80A，额定转速 1000r/min，转子电阻 0.5Ω，在额定负载下，工作在回馈状态，均匀下放重物，转子回路不串电阻，求电动机的转速。

解：下放重物处于回馈制动状态，所以

$$C_e\Phi_N=\frac{U_N-R_aI_N}{n_N}=\frac{440-0.5\times80}{1000}=0.4$$

下放稳定运行转速

$$n=-\frac{U_N+R_a I_N}{C_e \Phi_N}=-\frac{440+0.5\times 80}{0.4}=-1200(r/min)$$

【自己动手】

(1) 一台吊车的他励直流电动机额定电压110V，额定电流80A，额定转速1500r/min，转子电阻0.1Ω，在额定负载下，工作在回馈状态，均匀下放重物，转子回路不串电阻，求电动机的转速。

(2) 设计一个他励直流电动机回馈制动的控制电路，接线、检查，检查无误后在教师指导下通电试验并分析制动过程。

【问题与思考】

(1) 直流电动机有哪些制动方法？

(2) 制动电流是否需要控制？

(3) 各种制动方法各有什么特点？

(4) 各种制动方法各适用于什么场合？

【知识链接】

1. 电机控制技术的理解

随着科学技术的发展，出现了许多跨领域、跨学科的综合性学科，电机控制技术就具有这种高度综合的特点。电子技术、微电子技术、计算机技术给予电机系统以新的生命力。电机控制技术涉及到机械学、电动力学、电机学、自动控制、微处理器技术、电力电子学、传感器技术、计算机仿真学、计算机接口技术、软件工程学等群体技术。

电机控制技术包括以下更为具体的内容：

① 执行机械技术。包括电机的原理与设计；电机及传感器一体化；电机及驱动控制一体化；机械机构的动力学分析；一体化电机系统；电机机的新结构、新原理、新材料、新构成等。

② 逆变和电机驱动技术。包括电力变换技术；功率驱动技术；精密驱动技术；电力变换的调节控制；脉宽调制技术；驱动保护技术；电磁兼容与可靠性等。

③ 运动信息及信号检测。包括传感器技术；信号处理技术；接口技术等。

④ 自动控制技术。包括控制理论；控制方法以及控制电路的模拟、仿真和调试技术。

⑤ 电机系统的集成。包括电机系统的一体化设计；电机系统的结构化设计；电机系统的模拟、仿真和实现；电机系统的综合性能分析和评估。

⑥ 以嵌入式DSP芯片为核心的单片电机系统SOC（System On a Chip）技术。将电机系统的主要结构做在一个单芯片中，它以嵌入式DSP芯片为核心，采用面向对象的片中软件实现控制系统的可重构、可扩充和通用性。它可以适用于无刷电动机、感应电动机、同步电动机、开关磁阻电机、步进电动机的反馈控制、矢量控制、智能控制等高层次控制。

⑦ 网络信息家电中的电机控制技术。网络信息家电，是一种概念，是一种新领域，它是信息技术与家用电器智能控制技术的结合，它是信息时代的重要物质基础，它是计算机、自动控制、信息技术、电工等学科交叉融合产生的新兴领域。

2. 电机控制技术的内容

电机控制技术中的关键技术往往就是人们长期关心和研究的那些亟待解决的热点技术问题或是那些人们追求最优化的永恒主题。一般认为电机控制技术包括以下关键技术问题：

① 通过机电一体化设计，如何进一步减小电机系统的体积，提高电机系统的力能指标和动态性能。

② 如何进一步实现无刷化、清洁化（指低噪声、低辐射等），减少用铜、用铁和耗电，扩大直接驱动和直线驱动，减少运动控制的中间环节。

③ 运用现代控制理论和计算机技术解决各类优化设计、优化运行和优化控制问题，使电机系

统成为机电一体化的、智能化的运动模块（或基本运动单元）。

④ 多维运动控制及其多维信息感知。

⑤ 网络信息家电智能化接口。

⑥ 高性能的电机系统的产业化技术。

微电子技术和计算机技术带动着整个高新技术群体飞速发展，同时为电机及其电机控制技术创造了无限发展的前景和机会。“运动”是一切事物存在的基本形式。电机及其电机控制则是产生“运动”的最重要的基础之一，所以它具有永恒的研究价值，具有永恒的发展动力和前景。

3. 电机控制技术的要素

电机控制技术的要素，指对具体的电机控制系统的最基本的描述或最简洁的定性描述。一般认为电机控制系统由三要素组成：

① 被控制的负载。

② 电动机。

③ 控制电路。

三要素的良好结合则构成电机控制系统。

4. 电机控制系统的组成

控制系统是用某种原动机带动生产机械工作，完成一定生产任务的过程。用电动机作为原动机的控制系统称为电机控制系统。

电机控制系统一般是由电动机、生产机械的工作机构、传动机构、控制装置以及电源五部分组成，如图 2-55 所示。

多数生产机械都采用电机控制，其主要原因是：

① 电能的传输。

② 电机的效率高。

③ 电动机的种类和规格很多，它们具有各种各样的特性，能很好地满足大多数生产机械的不同要求。

④ 电力拖动系统的操作和控制都比较简便，可以实现自动控制和远距离操作等。

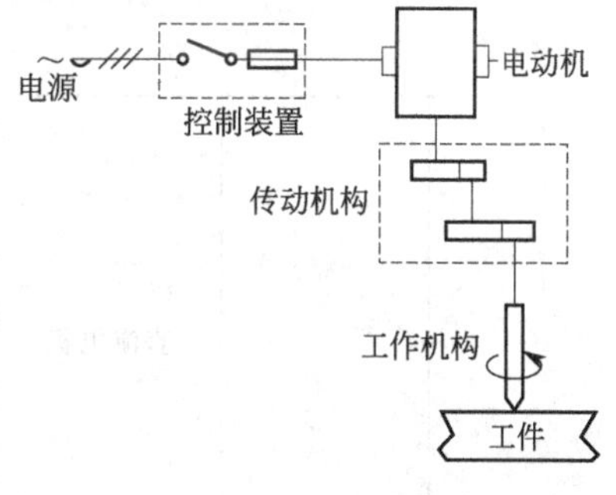

图 2-55 电机控制系统

5. 电机自动控制系统的组成

(1) 大闭环控制系统

图 2-56 是一个典型的大闭环控制系统，也称全闭环控制方式。这种系统不仅对电动机本身，而且能对机械机构端的速度和位置进行控制。大闭环控制系统不仅在电机输出端，而且在机械机构输出端都安装传感器。比如在床体的直线部位安装直线光栅编码器，在床体的旋转部位安装光栅编码器，用来测量位置，进行负反馈控制。所以，大闭环系统的整体精度和动态特性比较好。

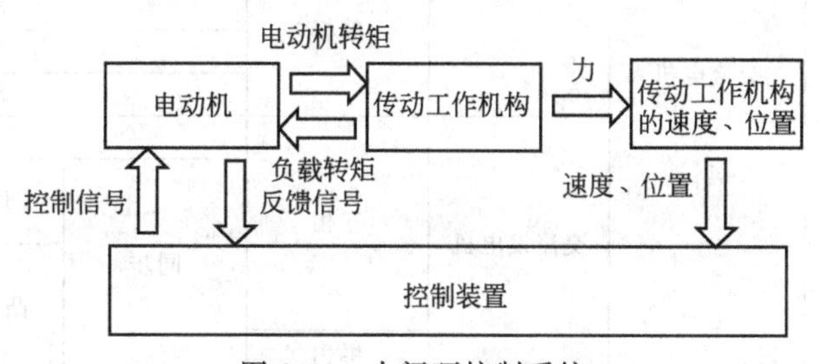

图 2-56 大闭环控制系统

但这种系统实际应用并不广泛，原因是：信号检测困难，特别是机械体振动、摩擦、齿轮间隙等非线性因素直接影响系统性能，不仅使设计困难而且调整也难，系统成本也比较高。因此，实际系统大都采用小闭环控制。

（2）小闭环控制系统

图 2-57 是典型小闭环控制系统原理图。这个系统也可以称为一个抽的闭环控制系统。显然，控制装置只对电动机输出轴的速度和转角位移量进行控制，整个机构系统的精度将受机械装置的精度的影响。当机械系统的精度比系统总精度高或高许多时，应尽可能采用小闭环系统。

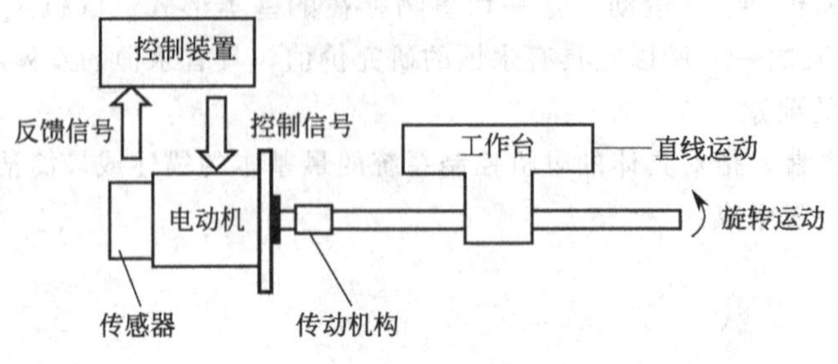

图 2-57　小闭环控制系统

6. 电机的类型

电机是实现电能和其他形式的能相互转换的装置。广泛用于工农业生产、交通运输、国防工业和日常生活等许多方面。电机的类型很多，分类方法也很多。

电机分类时先按一种形式为主进行分类，否则会出现交叉或混乱，甚至分不清到底有多少类电机。可按表 2-1 所示进行分类。

表 2-1　电机分类表

<table>
<tr><td rowspan="26">电机</td><td rowspan="23">运动</td><td rowspan="10">直流电机</td><td rowspan="5">直流电动机</td><td rowspan="2">他励</td><td colspan="3">电励</td></tr>
<tr><td colspan="3">永磁</td></tr>
<tr><td rowspan="3">自励</td><td colspan="3">并励</td></tr>
<tr><td colspan="3">串励</td></tr>
<tr><td colspan="3">复励</td></tr>
<tr><td rowspan="5">直流发电机</td><td rowspan="2">他励</td><td colspan="3">电励</td></tr>
<tr><td colspan="3">永磁</td></tr>
<tr><td rowspan="3">自励</td><td colspan="3">并励</td></tr>
<tr><td colspan="3">串励</td></tr>
<tr><td colspan="3">复励</td></tr>
<tr><td rowspan="13">交流电机</td><td rowspan="8">交流电动机</td><td rowspan="4">三相</td><td rowspan="2">异步</td><td colspan="2">笼型转子</td></tr>
<tr><td colspan="2">绕线转子</td></tr>
<tr><td rowspan="2">同步</td><td>凹极转子</td><td>永磁电励</td></tr>
<tr><td>凸极转子</td><td>永磁电励</td></tr>
<tr><td rowspan="4">单相</td><td colspan="3">电阻启动</td></tr>
<tr><td colspan="3">电容启动</td></tr>
<tr><td colspan="3">电容运转</td></tr>
<tr><td colspan="3">罩极启动</td></tr>
<tr><td rowspan="5">交流发电机</td><td rowspan="4">三相</td><td colspan="3">异步</td></tr>
<tr><td rowspan="4">同步</td><td rowspan="2">凹极转子</td><td>永磁</td></tr>
<tr><td>电励</td></tr>
<tr><td rowspan="2">凸极转子</td><td>永磁</td></tr>
<tr><td>单相</td><td>电励</td></tr>
<tr><td rowspan="3">静止</td><td rowspan="3">变压器</td><td colspan="5">单相</td></tr>
<tr><td colspan="5">三相</td></tr>
<tr><td colspan="5">特殊用途</td></tr>
</table>

7. 直流电动机的工作特性

直流电动机的工作特性是指直流电动机的端电压为额定值（U_N）、励磁电流也为额定值（I_{fN}）、转子回路不串附加电阻时，直流电动机的转速 n、电磁转矩 T 和效率 η 与输出功率 P_2 之间的关系。分别称为转速特性、转矩特性、效率特性。由于转子电流 I_a 较易测量，且随 P_2 的增大而增大，所以常将工作特性表示为 n、T、η 与 $f(I_a)$ 之间的关系。直流电动机的工作特性与励磁方式有关。

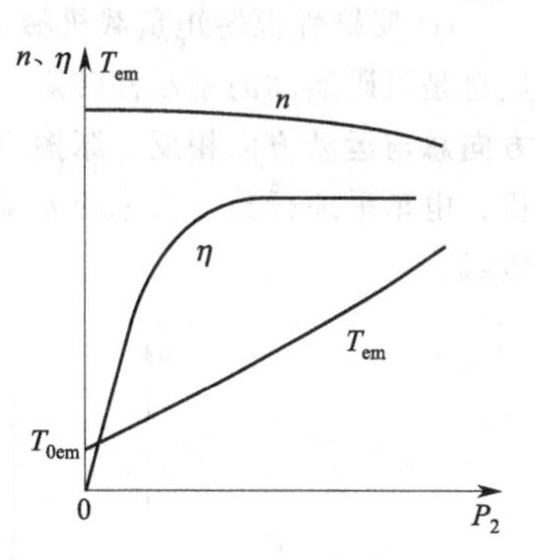

图 2-58 并励直流电动机的工作特性

（1）并励直流电动机的转速特性

转速特性是指电源电压 $U=U_N$，励磁电流 $I_f=I_{fN}$ 时，直流电动机的转速 n 与输出功率 P_2 之间的关系，即

$$n=f(P_2) \tag{2-10}$$

当输出功率增加时，转子电流也将增加。转子电流增加对转速有两方面的影响：转子电流增加引起转子电阻压降增加，转子电压降低，使转速有下降趋势。

由于磁路饱和的影响，转子电流增加引起转子气隙磁场的去磁作用增大，气隙磁通减小，使转速有升高趋势。通常转子电阻压降的影响是主要的，所以转速随转子电流增大而稍有下降，如图 2-58 中曲线，如果忽略转子气隙磁场的去磁作用，则磁通恒定。

（2）并励直流电动机的转矩特性

转矩特性是指电源电压 $U=U_N$，励磁电流 $I_f=I_{fN}$ 时，电磁转矩 T_{em} 与输出功率 P_2 之间的关系，即

$$T_{em}=f(P_2) \tag{2-11}$$

由转矩平衡关系可得 $T_{em}=T_0+T_2$ 转速 n 一定时，T_{em} 与 P_2 成正比，又因转速恒定时空载转矩也是恒定的，所以电磁转矩 T_{em} 与输出功率 P_2 之间具有直线关系。但是由转速特性看出，P_2 增加时 n 略有下降，E_a 变小，气隙磁通变大，所以转矩特性有些向上弯曲，如图 2-58 中曲线 $T_{em}=f(P_2)$ 所示。由于转速变化不大，空载转矩可以看成是恒定的，它由转矩特性与纵坐标轴的交点决定。

（3）并励直流电动机的效率特性

如图 2-58 所示，效率特性是指电源电压 $U=U_N$，励磁电流 $I_f=I_{fN}$ 时，效率与输出功率之间的关系，即

$$\eta=f(P_2) \tag{2-12}$$

直流电动机的效率是指输出功率 P_2 与输入功率 P_1 之比的百分值。并励直流电动机的效率为

$$\eta=\frac{P_2}{P_1}\times 100\%=\frac{P_1-P}{P_1}\times 100\% \tag{2-13}$$

式中，P 为各种损耗的总和，即 $P=P_{Cuf}+P_{Cua}+P_{Fe}+P_m+P_{ad}$。当忽略了附加损耗，电源电压 $U=U_N$，励磁电流 $I_f=I_{fN}$ 时，直流电动机的气隙磁通和转速随负载变化而变化很小，可以认为铁损耗 P_{Fe} 和机械损耗 P_m 都是不变的，称为不变损耗。转子回路的铜损耗和励磁损耗是随负载电流变化的量，称为可变损耗。

对上式求极值，就可以得到并励直流电动机出现最高效率的条件，即当直流电动机的可变损耗等于不变损耗时，直流电动机的效率最高。对于其他直流电动机也同样适用。最高效率一般出现在额定负载左右。在额定负载时，一般小中型直流电动机的效率在 75%～85%之间，大型直流电动机的效率在 85%～95%之间。

8. 负载特性

被控负载种类较多，根据它们的机械特性统计分析，可以归纳为以下三类：恒转矩、泵与风机

类、恒功率。机械特性是指生产机械（工作机构）的负载转矩与转速之间的关系。

(1) 恒转矩负载机械特性

① 反抗性恒转矩负载机械特性　它的特点是工作机构转矩的绝对值是恒定不变的，转矩的性质总是阻碍运动的制动性转矩。其机械特性如图 2-59 所示，位于第一、第三象限。由于摩擦力的方向总与运动方向相反，摩擦力的大小只与正压力和摩擦系数有关，而与运动速度无关。所以轧钢机、电车平地行驶、机床的刀架平移和行走机构等由摩擦力产生转矩的机械，都属于反抗性恒转矩负载。

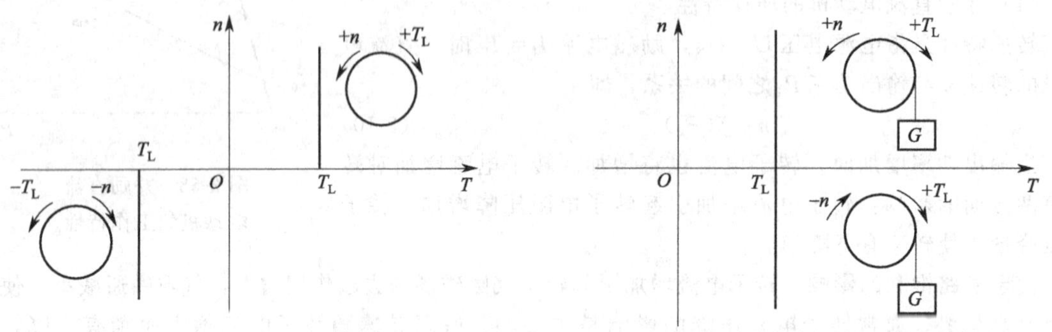

图 2-59　反抗性恒转矩负载特性　　图 2-60　位能性恒转矩负载特性

② 位能性恒转矩负载机械特性　它的特点是工作机构转矩的绝对值是恒定的，而且方向不变（与运动方向无关），总是重力作用方向。当 $n>0$ 时，$T_L>0$，是阻碍运动的制动性转矩；当 $n<0$ 时，$T_L>0$，是帮助运动的拖动性转矩，其机械特性如图 2-60 所示，位于第一、第四象限。起重机提升和下放重物就属于这个类型。

(2) 泵与风机类负载的机械特性

水泵、油泵、通风机（煤气压送机）和螺旋桨等其转矩的大小与转速的平方成正比，即转矩特性如图 2-61 所示。

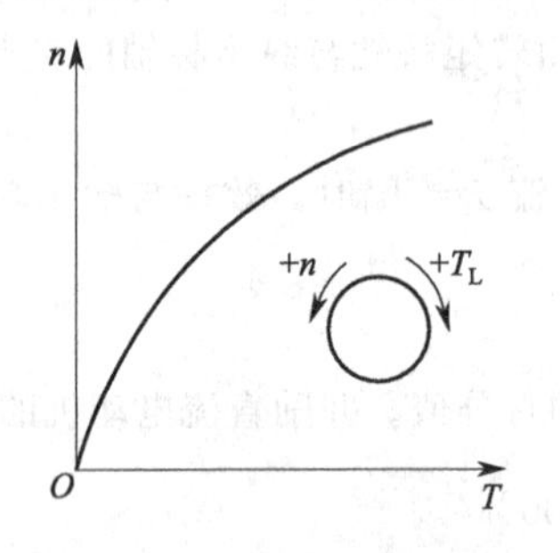

图 2-61　泵与风机类负载特性

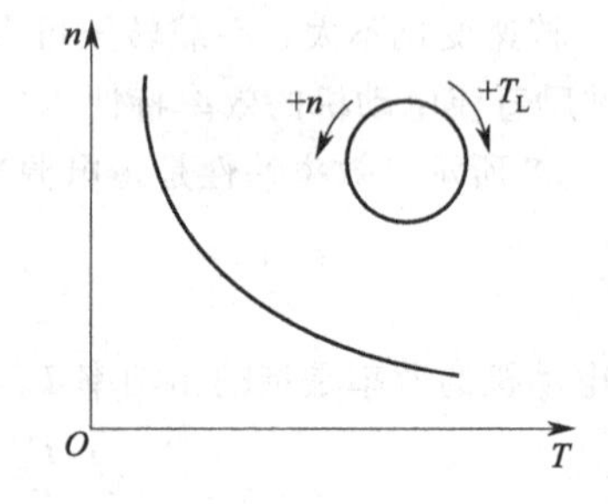

图 2-62　恒功率类负载特性

(3) 恒功率负载的机械特性

某些车床，在粗加工时，切削量大，切削阻力大，这时宜用低速：在精加工时，切削量小，切削阻力小，往往用高速。因此，在不同转速下，负载转矩基本上与转速成反比，而机械功率不变，称为恒功率负载，其负载转矩特性如图 2-62 所示。轧钢机轧制钢板时，工件小时需要高速度低转矩，工件大时需要低速度高转矩，这种工艺要求也是恒功率负载。

以上恒转矩负载、泵类负载及恒功率负载，都是从各种实际负载中概括出来的典型的负载形式，实际上的负载可能是以某种典型为主，或某几种典型的结合。例如水泵，主要是泵类负载特性，但是轴承摩擦又是反抗性的恒转矩负载特性，只是运行时后者数值较小而已。再例如起重机在提升和下放重物时，一般主要是位能性恒转矩负载。

9. 直流电动机的选择

直流电动机的主要优点是启动性能和调速性能好，过载能力大，因此，应用于对启动和调速性能要求较高的生产机械。例如大型机床、电力机车、内燃机车、城市电车、电梯、轧钢机、矿井卷扬机、船舶机械、造纸机和纺织机等都广泛采用直流电动机作为原动机。

直流电动机的主要缺点是存在电流换向问题。由于这个问题的存在，使其结构、生产工艺复杂化，且使用有色金属多，价格昂贵，运行可靠性差。随着近年电力电子学和微电子学的迅速发展，在很多领域内，直流电动机将逐步为交流调速电动机所取代，直流发电机则正在被电力电子器件整流装置所取代。不过在今后一个相当长的时期内，直流电动机仍将在许多场合继续发挥作用。

直流电动机的合理选择是保证直流电动机安全、可靠、经济运行的最重要环节。直流电动机的选择包括：直流电动机的额定功率、直流电动机的种类、直流电动机的结构形式、直流电动机的额定电压、直流电动机的额定转速等。

直流电动机额定功率的选择是直流电动机选择中的主要内容，额定功率选择小了，直流电动机处于过载下运行，发热过大，造成直流电动机损坏或寿命降低，还会造成启动困难。如果额定功率选择过大，不仅增大投资，而且运行的效率和功率因数都会降低，不经济。因此合理选择额定功率具有很现实的意义。

（1）额定功率的选择

额定功率选择的原则是：所选额定功率要能满足生产机械在拖动的各个环节（启动、调速、制动等）对功率和转矩的要求并在此基础上使直流电动机得到充分利用。

额定功率选择的方法是：根据生产机械工作时负载（转矩、功率、电流）大、小变化特点，预选直流电动机的额定功率，再根据所选直流电动机额定功率校验过载能力和启动能力。

直流电动机额定功率大小是根据直流电动机工作发热时其温升不超过绝缘材料的允许温升来确定的，其温升变化规律是与工作特点有关的，同一台直流电动机在不同工作状态时的额定功率大小也是不相同的。

① 直流电动机的发热　直流电动机工作时，其内部主要存在铁损耗、铜损耗及机械损耗，这些损耗是以发热的形式表现出来的，使直流电动机发热。当直流电动机的负载和转速一定时，其内部的发热量在单位时间内是恒定的。直流电动机工作时，其内部产生的热量有两方面的作用，一方面由直流电动机吸收使其本身的温度升高，另一方面向周围环境散热。可以用以下公式表示这一热平衡关系：发热量＝吸热量＋散热量。

直流电动机温度的升高，就产生了与周围环境的温度差。我们将直流电动机本身的温度与标准环境温度（40℃ ）的差值称为温升，用 T 表示。当直流电动机的温度升高到某一数值时，直流电动机内部所增加的发热量全部向周围环境散发，直流电动机本身的温度不再升高，即温度达到了稳定值。直流电动机的温度达到稳定值时的状态称为热稳定状态，对应的温度值称为稳态温度，对应的温升称为稳态温升。

热时间常数 T 只与直流电动机的体积和本身结构有关，它的大小反映了直流电动机达到热稳定状态前的温升变化速度。T 越小，温升变化越快；T 越大，温升变化越慢。

直流电动机的温升是按指数规律变化的。发热过程开始时，初始温升较小，即直流电动机与周围环境的温度差较小，向周围环境散发的热量较少，直流电动机内部产生的热量大部分被直流电动机吸收，使直流电动机的温升增加较快。初始温升越小，温升增加得越快。随着温升的增加，直流电动机与周围环境的温度差逐步增大，向周围环境散发的热量随之逐步增加，使直流电动机的温升增加速度逐步减慢。如此一直到使直流电动机的温升达到稳定值，发热过程结束。

在构成直流电动机的所有材料中，绝缘材料的耐热性能是最差的，而绝缘材料又是直流电动机中最重要的材料之一。直流电动机工作时，如果绝缘材料因温度过高而损坏，那么直流电动机的绕组中将出现匝间或相间短路现象，使直流电动机不能正常运行，甚至被烧毁。各种绝缘材料的耐热性能不尽相同。为使直流电动机能达到正常的使用年限（约为20年），规定了各种绝缘材料的工作温度不能超过某一数值，即不能超过允许的最高工作温度值。通常将各种绝缘材料对应的允许最高工作温度值用绝缘材料等级来表示，直流电动机有A、E、B、F、H、C等，对应的温升如表2-2所示。

表2-2　绝缘等级

绝缘等级	A	E	B	F	H	C
最高允许温升	105℃	120℃	130℃	155℃	180℃	>180℃

直流电动机工作时，如果其内部温度超过绝缘材料允许的最高工作温度值时，绝缘材料的老化速度将加快。超过的温度差值越大，绝缘材料的老化速度越快。当直流电动机的温度太高时，绝缘材料将被烧坏。

② 直流电动机的冷却　当初始温升大于稳态温升时的温升变化过程，就是直流电动机的冷却过程。冷却开始时，初始温升较大，即直流电动机与周围环境的温度差较大，向周围环境散发的热量较多，使直流电动机的温升降低较快。

随着温升的降低，直流电动机与周围环境的温度差逐步减小，向周围环境散发的热量随之逐步减少，使直流电动机的温升下降速度逐步减慢。如此一直到使直流电动机的温升达到稳态值．冷却过程结束。

③ 直流电动机的工作制　为了在不同情况下方便用户选择直流电动机功率并使所选的直流电动机得到充分利用，根据直流电动机工作时的发热特点，把直流电动机分成连续、短时、周期断续三种工作制。

连续工作制。连续工作制是指直流电动机带额定负载运行时，运行时间很长，直流电动机的温升可以达到稳态温升的工作方式。连续工作制直流电动机在铭牌上标注或一般不在铭牌上标明工作制，连续工作制的直流电动机在生产实际中的使用很广泛。

短时工作制。短时工作制是指直流电动机带额定负载运行时，运行时间很短，使直流电动机的温升达不到稳态温升；停机时间很长，使直流电动机的温升可以降到零的工作方式。

短时工作制的直流电动机铭牌上的标注，我国规定的短时工作制直流电动机的运行时间有四种定额。拖动闸门的直流电动机常采用短时工作制。

周期断续工作制。周期断续工作制是指直流电动机带额定负载运行时，运行时间很短，使直流电动机的温升达不到稳态温升；停止时间也很短，使直流电动机的温升降不到零，工作周期小的工作方式。工作时间占工作周期的百分比称为负载持续率，用FC%表示。我国规定的周期断续工作制直流电动机的负载持续率有15%、25%、40%、60%四种定额。周期断续工作制的直流电动机铭牌上的标注。要求频繁启动、制动的直流电动机常采用周期断续工作制，如拖动电梯、起重机的直流电动机等。

④ 直流电动机额定功率的预选　直流电动机吸收电源的功率既要转换为机械功率供给负载，又要消耗在直流电动机内部。直流电动机内部有不变损耗和可变损耗。不变损耗不随负载电流的变化而变化，可变损耗与负载电流有关、与负载电流平方成正比。负载电流增大时，可变损耗要增大，直流电动机的额定功率也要相应地选大些。实际预选直流电动机额定功率时，应先将扩大1.1～1.6倍，再行预选。系数1.1～1.6的取值由实际启动、制动时间占整个工作周期的比重来决定。所占比重大时，系数可适当取得大一些。

各种工作制直流电动机的发热校验的方法基本相同，有以下四种，现以连续工作制直流电动机为例加以说明。

平均损耗法。首先，根据预选直流电动机的效率曲线，计算出直流电动机带各段负载时对应的损耗功率，然后计算平均损耗功率。

只要直流电动机带负载时的实际平均损耗功率小于或等于其额定损耗，则直流电动机运行时实际达到的稳态温升，不会超过其额定温升，直流电动机的发热条件得到充分利用。

等效电流法。假定不变损耗和电阻均为常数，则直流电动机带各段负载时的损耗与其对应的直流电动机电流平方成正比，只要直流电动机的发热校验通过。

等效转矩法。假定不变损耗、电阻、主磁通及异步直流电动机的功率因数为常数时，则直流电动机带各段负载时的直流电动机电流与其对应的电磁转矩成正比只要直流电动机的发热校验通过。

注意：串励直流电动机、复励直流电动机不能用等效转矩法进行发热校验，因为其负载变化时的主磁通不为常数。经常启、制动的异步直流电动机也不能用等效转矩法进行发热校验，因为其启、制动时的功率因数不为常数。

等效功率法。假定不变损耗、电阻、主磁通、异步直流电动机的功率因数、转速为常数时，则直流电动机带各段负载时的转矩与其对应的输出功率成正比，只要等效功率小于等于额定功率，则直流电动机的发热校验通过。

注意：需要频繁启动、制动时，一般不用等效功率法进行发热校验；只有次数很少的启、制动时，应先把启、制动各段对应的功率修正为启、制动时的平均功率，再进行发热校验。

对自冷式连续工作制直流电动机，因启、制动及停车时的速度变化而使散热条件变差，以致直流电动机的发热量增加。启、制动时间乘以启、制动冷却恶化系数，停车时间乘以停车冷却恶化系数，然后再进行发热校验。对直流电动机冷却恶化系数取 $a=0.75$，对交流直流电动机，取 $a=0.5$。

⑤ 直流电动机额定功率的修正　直流电动机的额定功率，是指直流电动机在标准环境温度(40℃)、在规定的工作制和定额下，能够连续输出的最大机械功率，以保证其使用寿命。

如果所有的实际情况与规定条件相同，只要直流电动机的额定功率大于负载的实际功率，就会使直流电动机运行时实际达到的稳态温升约等于额定温升，既能使直流电动机的发热条件得到充分利用，又能使直流电动机达到规定的使用年限。但是，实际情况与规定的条件往往不尽相同。在保证直流电动机能达到规定的使用年限的前提下，如果实际环境温度与标准环境温度不同、实际工作制与规定的工作方式不同、实际的短时定额与规定的短时定额不同、实际的断续定额与规定的断续定额不同，那么在选择直流电动机的额定功率时，可先对直流电动机的额定功率进行修正，使直流电动机的额定功率小于或大于实际负载功率。这样选择直流电动机，不会因额定功率选得过大而使直流电动机的发热条件得不到充分利用，也不会因额定功率选得过小而导致直流电动机过载运行而缩短使用年限、甚至损坏。

连续工作制的直流电动机按连续工作制工作时，实际环境温度不等于40℃时，直流电动机额定功率的修正值。

根据理论计算和实践，在周围环境温度不同时，直流电动机的额定功率可相应增减。不同环境温度下，直流电动机额定功率要进行修正。

另外，短时工作制直流电动机与周期断续工作制直流电动机可以在一定条件下相互替用，短时定额与断续定额的对应关系近似为：30min 相当于是 15%，60min 相当于 25%，90min 相当于 40%。

⑥ 过载能力和启动能力的校验　为适应负载的波动，直流电动机必须要具有一定的过载能力。在承受短时大负载冲击时，由于热惯性，温升增大并不多，能否稳定运行就取决于过载能力。只要预选直流电动机的最大转矩大于负载上的最大负载，则过载能力满足要求。

在选择异步直流电动机时，考虑到电网电压下降时会使转矩成平方的下降，应对异步直流电动机的最大转矩进行修正，即最大转矩乘以 0.852 后再进行过载校验，当所选的直流电动机为笼形异步直流电动机时，还需要校验其启动能力是否满足要求。由机械特性知道异步直流电动机的启动转矩一般不是很大，当生产机械的静负载转矩较大时，造成启动太慢或不能启动，可能损坏直流电动机。一般要求启动转矩应大于1倍静负载转矩。

（2）种类的选择

选择直流电动机种类应在满足生产机械对拖动性能的要求下，优先选用结构简单、运行可靠、维护方便、价格便宜的直流电动机。直流电动机种类选择时应考虑的主要内容有：

① 直流电动机的机械特性应与所拖动生产机械的机械特性相匹配。

② 直流电动机的调速性能（调速范围、调速的平滑性、经济性）应该满足生产机械的要求。对调速性能的要求在很大程度上决定了直流电动机的种类、调速方法以及相应的控制方法。

③ 直流电动机的启动性能应满足生产机械对直流电动机启动性能的要求，直流电动机的启动性能主要是启动转矩的大小，同时还应注意电网容量对直流电动机启动电流的限制。

④ 电源种类：在满足性能的前提下应优先采用交流直流电动机。

⑤ 经济性：一是直流电动机及其相关设备（如启动设备、调速设备等）的经济性；二是直流电动机拖动系统运行的经济性，主要是要效率高，节省电能。

目前，各种形式异步直流电动机在我国应用非常广泛，用电量约占总发电量的60%，因此提高异步直流电动机运行效率所产生的经济效益和社会效益是巨大的。在选用直流电动机时，以上几个方面都应考虑到并进行综合分析以确定出最终方案。

给出了直流电动机的主要种类、性能特点及典型生产机械应用实例。需要指出的是，直流电动机主要性能及相应的典型应用基本上是指直流电动机本身而言的。随着直流电动机的控制技术的发展，交流直流电动机拖动系统的运行性能越来越高，使得直流电动机的一些传统应用领域发生了很大变化，例如原来使用直流电动机调速的一些生产机械，现在则改用可调速的交流直流电动机系统并具有同样的调速性能。

机械特性硬、启动转矩大、调速范围宽、平滑性好、调速方便。

带冲击性负载的机械，如剪床、冲床、锻压机；静止负载或惯性负载较大的机械，如压缩机、粉碎机、小型起重机；要求有一定调速范围、调速性能较好的机械，如桥式起重机、机床、电梯、冷却塔；启动、制动频繁且对启动、制动转矩要求高的机械，如起重机、矿井提升机、压缩机、轧钢机；转速恒定的大功率生产机械，如大中型鼓风及排风机、泵、球磨机。

调速性能要求高的生产机械，如大型机床（车、铣、刨、磨、钻）、高精度车床、正反转轧钢机、造纸机、印刷机等。

（3）结构形式的选择

直流电动机的工作环境是由生产机械的工作环境决定的。直流电动机的安装方式有卧式和立式两种。卧式安装时直流电动机的转轴处于水平位置，立式安装时转轴则为垂直地面的位置。两种安装方式的直流电动机使用的轴承不同，一般情况下采用卧式安装。

在很多情况下，直流电动机工作场所的空气中含有不同量的灰尘和水分，有的还含有腐蚀性气体甚至含有易燃、易爆气体；有的直流电动机则要在水中或其他液体中工作。灰尘会使直流电动机绕组黏结土、污垢而妨碍散热；水分、瓦斯、腐蚀性气体等会使直流电动机的绝缘材料性能退化，甚至会完全丧失绝缘能力；易燃、易爆气体与直流电动机内产生的电火花接触时将有发生燃烧、爆炸的危险。因此，为了保证直流电动机能够在其工作环境中长期安全运行，必须根据实际环境条件合理地选择直流电动机的防护方式。

（4）防护方式的选择

直流电动机的防护方式有开启式、防护式、封闭式和防爆式几种。

① 开启式：开启式直流电动机的定子两侧与端盖上都有很大的通风口，其散热条件好，价格便宜，但灰尘、水滴、铁屑等杂物容易从通风口进入直流电动机内部，因此只适用于清洁、干燥的工作环境。

② 防护式：防护式直流电动机在机座下面有通风口，散热较好，可防止水滴、铁屑等杂物从与垂直方向成小于45°角的方向落入直流电动机内部，但不能防止潮气和灰尘的侵入，因此适用于比较干燥、少尘、无腐蚀性和爆炸性气体的工作环境。

③ 封闭式：封闭式直流电动机的机座和端盖上均无通风孔，是完全封闭的。这种直流电动机仅靠机座表面散热，散热条件不好。封闭式直流电动机又可分为自冷式、自扇冷式、他扇冷式、管道通风式以及密封式等。对前四种，直流电动机外的潮气、灰尘等不易进入其内部，因此多用于灰尘多、潮湿、易受风雨、有腐蚀性气体、易引起火灾等各种较恶劣的工作环境。密封式直流电动机能防止外部的气体或液体进入其内部，因此适用于在液体中工作的生产机械，如潜水泵。

④ 防爆式：防爆式直流电动机是在封闭式结构的基础上制成隔爆形式，机壳有足够的强度，适用于有易燃、易爆气体工作环境，如有瓦斯的煤矿井下、油库、煤气站等。

(5) 额定电压的选择

直流电动机的电压等级、相数，频率都要与供电电源一致。因此，直流电动机的额定电压应根据其运行场所的供电电网的电压等级来确定。

我国的交流供电电源，低压通常为380V，高压通常为3kV、6kV或10kV。中等功率（约200kW）以下的交流-直流电动机，额定电压一般为380V；大功率的交流-直流电动机，额定电压一般为3kV或6kV；额定功率为200kW以上的交流-直流电动机，额定电压可以是10kV。直流电动机的额定电压一般为110V、220V，最常用的电压等级为220V。直流电动机一般由单独的电源供电，选择额定电压时通常只要考虑与供电电源配合即可。

(6) 额定转速的选择

对直流电动机本身来说，额定功率相同的直流电动机，额定转速越高，体积就越小，造价就越低，效率也越高，转速较高的异步直流电动机的功率因数也较高，所以选用额定转速较高的直流电动机，从直流电动机角度看是合理的。但是，如果生产机械要求的转速较低，那么选用较高转速的直流电动机时，就需要增加一套传动比较高、体积较人的减速传动装置。因此，在选择直流电动机的额定转速时，应综合考虑直流电动机和生产机械两方面的因素来确定。

① 对不需要调速的高、中速生产机械（如泵、鼓风机），可选择相应额定转速的直流电动机，从而省去减速传动机构。

② 对不需要调速的低速生产机械（如球磨机、粉碎机），可选用相应的低速直流电动机或者传动比较小的减速机构。

③ 对经常启动、制动和反转的生产机械，选择额定转速时则应主要考虑缩短启、制动时间以提高生产率。启、制动时间的长、短主要取决于直流电动机的飞轮矩GDZ和额定转速。应选择较小的飞轮矩和额定转速。

④ 对调速性能要求不高的生产机械，可选用多速直流电动机或者选择额定转速稍高于生产机械的直流电动机配以减速机构，也可以采用电气调速的直流电动机拖动系统。在可能的情况下，应优先选用电气调速方案。

⑤ 对调速性能要求较高的生产机械，应使直流电动机的最高转速与生产机械的最高转速相适应，直接采用电气调速。

10. 直流电动机的故障分析

在运行中，直流电动机的故障是多种多样的，产生故障的原因较为复杂，并且相互影响。当直流电动机发生故障时，首先要对直流电动机的电源、电路、辅助设备（如磁场变阻器、开关等）和直流电动机所带负载进行仔细检查，看它们是否正常，然后再从直流电动机机械方面加以检查，如检查电刷架是否有松动、电刷接触是否良好、轴承转动是否灵活等。就直流电动机的内部故障来说，多数故障会从换向火花增大和运行性能异常反映出来，所以要分析故障产生的原因，就必须仔细观察换向火花的显现情况和运行时出现的其他异常情况，通过认真分析，根据直流电动机内部的基本规律和积累的经验作出判断，找出原因。

(1) 换向故障

直流电动机的换向情况可以反映出直流电动机运行是否正常，良好的换向，可使直流电动机安全可靠地运行和延长它的寿命。一般直流电动机的内部故障，多数会引起换向出现有害的火花或火花增大，严重时灼伤换向器表面，甚至妨碍直流电动机的正常运行。以下就机械方面引起的电气方面、转子绕组、定子绕组、电源等影响换向恶化的主要原因做一概要的分析，并介绍一些基本维护方法。

① 机械原因。直流电动机的电刷和换向器的连接属于滑动接触。因此保持良好的滑动接触，才可能有良好的换向，但腐蚀性气体、大气压力、相对湿度、直流电动机振动、电刷和换向器装配质量等因素都对电刷和换向器的滑动接触情况有影响，当因直流电动机振动、电刷和换向器的机械原因使电刷和换向器的滑动接触不良时，就会在电刷和换向器之间产生有害的火花或使火花增大。

直流电动机振动。直流电动机振动对换向的影响是由转子振动的振幅和频率高低所决定的。当转子向某方向振动时，就把电刷往径向推，由于电刷具有惯性以及与刷盒边缘的摩擦，不能随转子振动保持和换向器的正常接触，于是电刷就在换向器表面跳动。随着直流电动机转速的增高，振动越大，电刷在换向器表面跳动越大。直流电动机的振动大多是由于转子两端的平衡块脱落或位置移动造成转子的不平衡，或是在转子绕组修理后未进行平衡引起的。一般来说，对低速运行的直流电动机，转子应进行静平衡；对高速运行的直流电动机，转子必须进行动平衡；所加平衡块必须牢靠地固定在转子上。

② 换向器原因。换向器是直流电动机的关键部件，要求表面光洁圆整，没有局部变形。换向良好的情况下，长期运转的换向器表面与电刷接触的部分将形成一层坚硬的褐色薄膜。这层薄膜有利于换向并能减少换向器的磨损。当换向器装配质量不良造成变形或片间云母突出，以及受到碰撞，使个别片凸出或凹下、表面有撞击疤痕或毛刺时，电刷就不能在换向器上平稳滑动，使火花增大。换向器表面沾有油腻污物也会使电刷接触不良，而产生火花。

换向器表面如有污物，应用沾有酒精的抹布擦净。换向器表面出现不规则情况时，可在直流电动机旋转的情况下，用与换向器表面吻合的曲面木块垫上细玻璃砂纸研磨换向器。若仍不能满足换向要求（仍有较大火花），则必须车削换向器外圆，当换向器片间云母突出，应将云母片下刻，下刻深度为 1.5mm 左右，过深的片间堆积炭粉，造成片间短路。下刻片间云母之后，应研磨换向器外圆，方能使换向器表面光滑。

③ 电刷原因。为保证电刷和换向器良好的滑动接触，每个电刷表面至少要有与换向器接触，电刷的压力应保持均匀，电刷间弹簧压力相差不超过 10 ％ ，以避免各电刷通过的电流相差太大，造成个别电刷过热和磨损太快。当电刷弹簧压力不合适、电刷材料不符合要求、电刷型号不一致、电刷与刷盒间配合太紧或太松、刷盒边离换向器表面距离太大时，就易使电刷和换向器滑动接触不良，产生有害的火花。

电刷的弹簧压力应根据不同的电刷确定。一般直流电动机用的 D104 或 D172 电刷，压力可取 14.7～19.6kPa 。同一台直流电动机必须使用同一型号的电刷，因为不同型号的电刷性能不同，通过的电流相差较大，这对换向是不利的。

新更换的电刷需要用较细的玻璃砂纸研磨。经过研磨的电刷，空转半小时后，在负载工作一段时间，使电刷和换向器进一步密合。在换向器表面初步形成氧化膜后，才能投入正常运行。

(2) 由机械引起的电气故障

直流电动机的电刷通过换向器与几何中线上的导体接触，使转子元件在被电刷短路的瞬间不切割主磁场的磁通。由于修理时不注意，磁极、刷盒的装配有偏差，造成各磁极极距相差太大、各磁极下的气隙很不均匀、电刷不对齐中心（径向式）、电刷沿换向器圆周不等分（一般直流电动机电刷沿换向器圆周等分误差不超过 2mm），亦易引起换向时产生有害的火花或火花增大。因此修配时应使各磁极、电刷安装合适、分布均匀，以改善换向情况。电刷架应保持在出厂时规定的位置上，固定牢靠，不要随便移动。电刷架位置变动对直流电动机的性能和换向也均有影响。

① 转子绕组故障。转子绕组的故障与直流电动机换向情况具有密切的联系，以下就一般中小型直流电动机常见的几种主要故障作一概述。

转子元件断线或焊接不良。直流电动机的转子绕组是一种闭合绕组，如转子绕组的个别元件产生断线或与换向器焊接不良，则当该元件转动到电刷下，电流就通过电刷接通，而离开电刷时电流亦通过电刷断开，因而在电刷接触和离开的瞬时呈现较大的点状火花，这会使断路元件两侧的换向片灼黑，根据灼黑的换向片可找出断线元件的位置。若用电流表检查换向器片间电压，断线元件或与换向器焊接不良的元件两侧的换向片片间电流特别高。

由于转子绕组的形式不同，表现在换向片灼黑的位置上亦有差别。如绕组是连续叠绕的转子绕组，被灼黑的二换向器片间的元件在换向器上的跨距接近于一对极距，并串联了与直流电动机极对数相同数量的元件后，再回到相邻的换向片上。所以当有一个元件断线或焊接不良时，灼黑的换向片数等于直流电动机的极对数，如一台直流电动机，若直流电动机有 p 对极，用电压表检查片间电压时，则有 p 处相邻换向片间电压猛增。

转子绕组短路。转子绕组有短路现象时，直流电动机的空载和负载电流增大。短路元件中产生较大的交变环流，使转子局部发热，甚至烧毁绕组。在转子绕组个别地方有短路时，一方面破坏了转子绕组并联支路间的电路平衡，同时短路元件中的交变环流产生的影响使换向产生有害的火花或火花增大。转子绕组有一点以上接“地”，就通过“地”形成短路，用电压表检查时，连接短路元件的二换向片片间电压为“0”或很小。转子绕组短路可能由下列情况引起：换向器片间短路、换向器之间短路、转子元件匝间短路或上下层间短路等。短路元件的位置可用短路侦察器寻找。

② 定子绕组故障。定子绕组中的换向极和补偿绕组是用来改善直流电动机换向的，所以和直流电动机换向的情况有密切的关系，这些故障有：

换向极或补偿绕组极性接反。换向极或补偿绕组能克服或补偿转子反应造成的主磁场波形的畸变，保持电刷物理中心线不因负载变化而产生移动。同时在换向元件中产生足够的换向电动势去抵消电抗电动势。当换向极或补偿绕组极性接反时，则加剧了转子反应造成的主磁场波形畸变，使换向元件中阻碍换向的电动势加大，使换向火花急剧增大，换向片明显灼黑。

换向极或补偿绕组短路。个别换向极或补偿绕组由于匝间或引线之间相碰而短路时，根据上节所述原因同样会火花增大。一般可检查各极的绕组电阻，正常情况下各极绕组电阻间的差别一般不超过 5%。

换向极绕组不合适。换向极除抵消转子反应外，能使转子元件在换向过程中产生一个换向电动势，大小和电抗电动势相等，方向相反；两者若能互相抵消，转子绕组元件在换向过程中不产生附加电流。在直流电动机修理后，若换向情况再三调整还不能满足要求，从直流电动机内部也找不出故障原因，这就可能是由换向极磁场不合适引起的。

③ 电源的影响。近年来晶闸管整流装置发展常迅速，逐步取代直流发电机。它具有维护简单、效率高、重量轻等优点。使用中改进了直流电动机的调节性能，但这种电源带来了谐波电流和快速暂态变化，对直流电动机有一定的危害，这种危害随晶闸管整流装置的形式及使用方法的不同而变化很大。

电源中的交流分量不仅对直流电动机的换向有影响，而且增加了直流电动机的噪声、振动、损耗、发热。为改善这种情况，一般采用串接平波电抗器的方法来减少交流分量。若用单相整流电源供电而不外加平波电抗器时，直流电动机的使用功率仅可达到额定功率的50%左右。一般外加平波电抗器的电感值为直流电动机转子回路电感值的2倍左右。

(3) 直流电动机运行时的性能异常及处理

直流电动机运行中的故障除反映出换向恶化外，一般还会表现在转速异常、电流异常和局部过热等主要方面。

① 转速异常。一般小型直流电动机在额定电压和额定负载时，即使励磁电路中不串电阻，转速也可保持在额定转速的容差范围内。中型直流电动机必须接入磁场变阻器，才能保持额定励磁电流，而达到额定转速。

转速偏高。在电源电压正常情况下，转速与主磁通成反比。当励磁绕组中发生短路现象，或个别磁极极性装反时，磁通量减少，转速就上升。励磁电路中有断线，便没有电流通过，磁极只有剩磁。这时，以对串励直流电动机来说，励磁线圈断线即转子开路，与电源脱开，直流电动机就停止运行。对并励或他励直流电动机，则转速剧升，有飞车的危险，如所带负载很重，那么直流电动机速度也不致升高，这时电流剧增，使开关的保护装置动作后跳闸。

转速偏低。转子电路中连接点接触不良，使转子电路的电阻压降增大（这在低压、大电流的直流电动机中尤其要引起注意），在电源电压情况，这时直流电动机转速就偏低。所以转速偏低时，需要检查转子电路各连接点（包括电刷）的接头焊接是否良好，接触是否可靠。

转速不稳。直流电动机在运行中当负载逐步增大时，转子反应的去磁作用亦随之逐步增大。尤其直流电动机在弱磁提高转速运行时，转子反应的去磁作用所占的比例就较大，在电刷偏离中性线或串励绕组接反时，则去磁作用更强，使主磁通更为减少，直流电动机的转速上升，同时电流随转速上升而增大，而电流增大又使转子反应去磁作用增大，这样恶性循环使直流电动机的转速和电流发生急剧变化，直流电动机不能正常稳定运行。如不及时制止，直流电动机和所接仪表均有损坏的危险。在这种情况下，首先应检查串励绕组极性是否准确，减小励磁电阻并增大励磁回路电流。若电刷没有放在中性线上则应加以调整。

② 电流异常。直流电动机运行时，应注意直流电动机所带负载不要超过铭牌规定的额定电流。但在故障的情况（如机械上有摩擦、轴承太紧、转子回路中引线相碰或有短路现象、转子电压太低等），会使转子电流增大。直流电动机在过负载电流下长时间运行，就易烧毁直流电动机绕组。

③ 局部过热。凡转子绕组中有短路现象时，均会产生局部过热。在小型直流电动机中，有时转子绕组匝间短路所产生的有害火花并不显著，但局部发热较严重。导体各连接点接触不良亦会引起局部过热；换向器的火花太大，会使换向器过热；电刷接触不良会使电刷过热。当绕组部分长时间局部过热时，会烧毁绕组。在运行中，若发现有绝缘烤煳味或局部过热情况，应及时检查修理。

小　结

本情境主要介绍了直流电动机的三种启动方法、两种正反转方法、三种调速方法和三种制动方法以及相关的电路分析和有关的计算。

三种启动方法是：直接启动、转子串电阻启动和降低转子电压启动；两种正反转方法是：改变转子电压极性正反转和改变励磁绕组电压极性正反转；三种调速方法是：改变他励直流电动机转子回路电阻调速、改变他励直流电动机励磁极性调速和改变他励转子供电电压调速；三种制动方法是：能耗制动、反接制动和回馈制动。

情境 3　三相交流异步电动机启动与反转

【教学提示】

教	知识重点	(1)三相交流异步电动机启动方法 (2)三相交流异步电动机反转方法
	知识难点	三相交流异步电动机启动、反转电路分析
	推荐讲授方式	从任务入手,从实际电路出发,讲练结合
	建议学时	10 学时
学	推荐学习方法	自己先预习,不懂的地方作出记录,查资料,听老师讲解;在老师指导下连接电路,但不要盲目通电
	需要掌握的知识	三相交流异步电动机启动、反转方法及电路分析
	需要掌握的技能	(1)正确进行电路的接线 (2)正确处理电路故障

在现代工业生产、农业生产、交通运输、信息传输和日常生活等方面均广泛的运用电能，而三相交流异步电动机则是体现电能应用的一个重要方面。随着电气化和自动化程度的逐步提高，对三相交流异步电动机的整体运行要求也越来越严格，尤其是在对三相交流异步电动机各种性能的选择上更是精细，它可以根据实际现场需要来选择不同种类，不同规格，不同型号的三相交流异步电动机来满足自身的需求。而在众多的三相交流异步电动机产品当中三相交流异步电动机有着广泛的应用空间，它将作为三相交流异步电动机的代表有着越来越重要的地位。三相交流异步电动机的启动与反转，在三相交流异步电动机的控制中具有举足轻重的作用。

【学习目标】

(1) 学习三相交流异步电动机的启动方法、控制电路及应用。

(2) 学习三相交流异步电动机的反转方法、控制电路及应用。

项目 1　三相交流异步电动机的启动

【项目描述】

主要学习三相交流异步电动机的启动方法、控制电路及应用。

【项目内容】

三相交流异步电动机的启动是指三相交流异步电动机的定子绕组与电源接通，使三相交流异步电动机的转子转速从零开始到稳定运行为止的这一过程。

生产中，三相交流异步电动机经常启动，因此它的启动性能对生产有着直接的影响。衡量三相交流异步电动机启动性能的好坏主要从启动电流、启动转矩、启动过程的平滑性、启动时间及经济性等方面来考虑，其中最主要的是：

① 三相交流异步电动机应有足够大的启动转矩。

② 在保证足够大的启动转矩的前提下，启动电流越小越好。

1. 启动电流

三相交流异步电动机启动时的瞬间电流叫启动电流。一般三相交流异步电动机的启动电流可达额定电流值的 4～7 倍。启动电流与额定电流之比 I_Q/I_N 称为启动电流倍数，是表示三相交流异步电动机启动性能的重要指标之一。

2. 启动转矩

三相交流异步电动机的启动电流虽大，但由于启动时定子绕组阻抗压降变大，电源电压为定值，则感应电动势将减小，主磁通将减小；转子电路的功率因数很低，故启动转矩并不大，一般启动系数只有0.8～2。如果启动转矩过小，则带负载启动就很困难，即使可以启动，但势必造成启动过程过长，使三相交流异步电动机发热。

可见，这样大的启动电流，一方面使电源和电路上产生很大的压降，影响其他用电设备的正常运行，使电灯亮度减弱，三相交流异步电动机的转速下降，欠电压继电保护装置动作而将正在运行的电气设备断电等；另一方面电流很大对频繁启动的三相交流异步电动机，引起三相交流异步电动机发热。故常采取一些措施来减小启动电流，增大启动转矩。

从以上分析可以看出，要限制三相交流异步电动机的启动电流，可以采取降低三相交流异步电动机定子电压或增大三相交流异步电动机参数的方法。为了获得适当的启动转矩，可适当加大三相交流异步电动机转子电阻等。

根据启动要求，启动方法主要有直接启动、降低定子电压启动、增加转子电阻启动等。

任务1　直接启动

直接启动是最简单的启动方法，又称全压启动。分为开关直接启动和按钮、接触器直接启动。

1. 开关直接启动

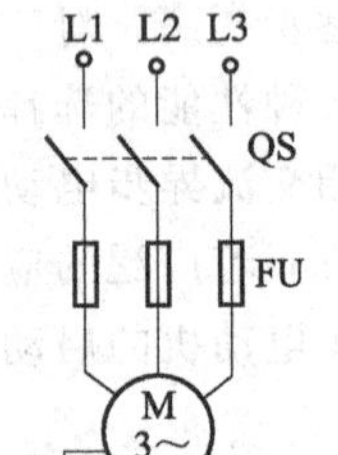

图3-1　开关直接启动

(1) 启动电路

图3-1为三相交流异步电动机采用开关直接启动电路。主要由开关QS、熔断器FU和三相交流异步电动机M组成。

(2) 启动过程

启动时合上开关QS，将额定电压直接接到三相交流异步电动机M的定子绕组上，使三相交流异步电动机M启动。

(3) 启动电流

$$I_{st0}=\frac{U}{R_0} \tag{3-1}$$

(4) 启动转矩

三相交流异步电动机直接启动时，定子绕组因启动电流较大，启动转矩相对较大。

(5) 电路特点

优点：设备简单，操作方便，启动过程短。

缺点：启动电流大。开关负荷大。

所以直接启动一般适用于4kW以下的小功率三相交流异步电动机。

如果电源（变压器）容量足够大时，也可按下列经验公式来确定多大容量的三相交流异步电动机才允许直接启动。经验公式

$$\frac{直接启动的启动电流(A)}{电动机额定电流(A)}\leqslant\frac{3}{4}+\frac{电源变压器总容量(kV\cdot A)}{4\times 电动机功率(kW)}$$

即

$$\frac{I_Q}{I_N}\leqslant\frac{3}{4}+\frac{S_N}{4P_N} \tag{3-2}$$

如果电源允许，应尽量采用直接启动。

直接启动既能用于三相笼型交流三相交流异步电动机的启动，也能用于三相绕线交流三相交流异步电动机的启动。

一台三相交流异步电动机是否允许直接启动，还取决于各地电力部门的规定，表3-1是某地电

力部门的规定。

表 3-1 笼型三相交流异步电动机直接启动参考数据

供电方式	启动情况	供电网允许电压降	直接启动三相交流异步电动机额定功率允许占供电变压器额定容量的比值
动力与照明混合	经常启动	2%	4%
	不经常启动	4%	8%
动力专用		10%	20%

例 3-1 有一台 22kW 笼型三相交流异步电动机，其启动电流是额定电流的 6 倍，问接在容量为 150kV·A 的变压器上能否直接启动？变压器容量多少时可以直接启动？是三相交流异步电动机额定功率的多少倍？

解：根据

$$\frac{3}{4}+\frac{S_N}{4P_N}=\frac{3}{4}+\frac{150}{4\times22}=2.45$$

$$\frac{I_Q}{I_N}=6>2.45$$

所以不能直接启动。

$\frac{3}{4}+\frac{S_N}{4P_N}\geqslant6$ 时，可以直接启动。得变压器容量

$$S_N=4\times22\times\left(6-\frac{3}{4}\right)=462\text{kV}\cdot\text{A}$$

因

$$\frac{462}{22}=21$$

得变压器容量是三相交流异步电动机额定功率的 21 倍。

【自己动手】

有一台 30kW 笼型三相交流异步电动机，其启动电流是额定电流的 6 倍，问接在容量为 200kV·A 的变压器上能否直接启动？

2. 按钮点动

按钮直接启动一般是点动启动三相交流异步电动机。

(1) 启动电路

图 3-2 为三相交流异步电动机点动控制电路原理图。主要由开关 QS，熔断器 FU1、按钮 SB 和三相交流异步电动机 M 组成。

(2) 启动过程

合上电源开关 QS，按下控制按钮 SB，三相交流异步电动机 M 接通三相交流电源启动旋转，松开按钮 SB，三相交流异步电动机 M 停转，再按下控制按钮 SB，三相交流异步电动机 M 接通三相交流电源再启动旋转，再松开按钮 SB，三相交流异步电动机 M 再停转，可反复进行。

(3) 启动电流

同开关直接启动时的电流

$$I_{st0}=\frac{U}{R_0} \tag{3-3}$$

(4) 启动转矩

同开关直接启动时的启动转矩相似，启动转矩相对较大。

(5) 电路特点

优点：安全，控制电路的启动电流较小。

缺点：电路较复杂。

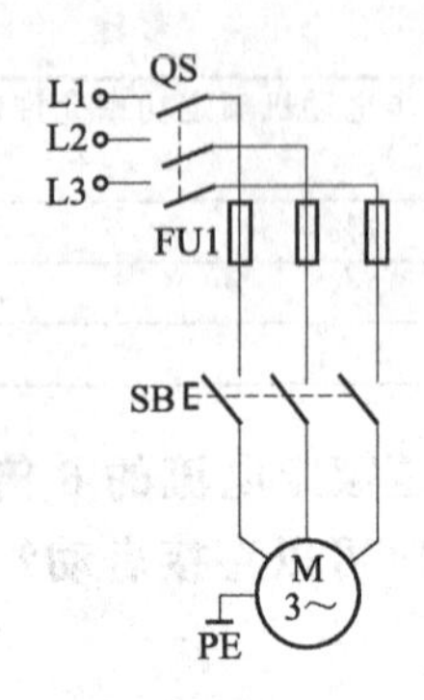

图 3-2 按钮点动控制

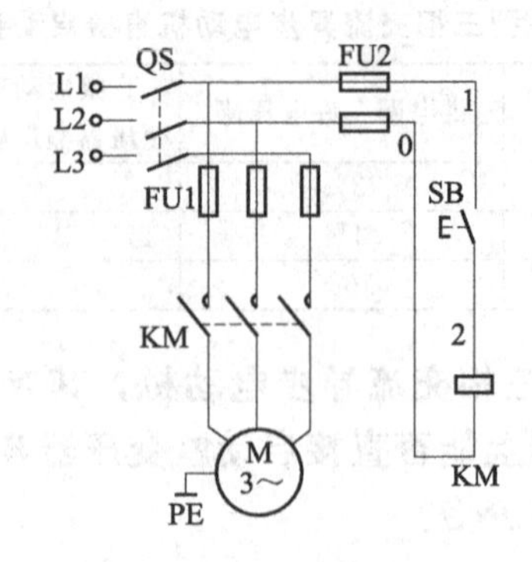

图 3-3 接触器、按钮点动控制

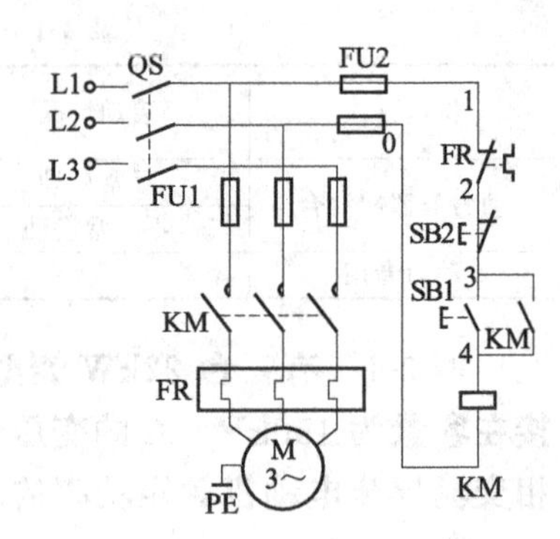

图 3-4 接触器、按钮长动控制

例 3-2 接触器、按钮点动。

(1) 启动电路

图 3-3 为三相交流异步电动机点动控制电路。主要由开关 QS，熔断器 FU1、FU2，接触器 KM，按钮 SB 和三相交流异步电动机 M 组成。

(2) 启动过程

按图接线，合上开关 QS，按下点动控制按钮 SB，接触器 KM 线圈通电吸合，接触器 KM 主触头闭合，三相交流异步电动机 M 接通三相交流电源启动旋转。

(3) 电路特点

停止时松开按钮 SB，接触器 KM 线圈断电释放，接触器 KM 主触头断开三相交流电源，三相交流异步电动机 M 停止旋转。按钮 SB 的按下时间长短直接决定了三相交流异步电动机 M 接通电源的运转时间长短。

熔断器 FU1、FU2 分别为主电路、控制电路的短路保护。

优点：安全，控制电路的启动电流较小。

缺点：控制精度不高。

【自己动手】

设计一个由接触器、按钮实现的点动运行直接启动电路，说明启动过程并接线、调试。

例 3-3 接触器、按钮长动。

有些机械点动控制不能满足要求，需要长动控制。长动控制也称连续运转，是相对点动控制而言的，它是指三相交流异步电动机能够连续运转的工作状态。

(1) 启动电路

图 3-4 为笼型三相交流异步电动机单向全压启动接触器、按钮长动控制电路。

该电路由开关 QS，熔断器 FU1、FU2，接触器 KM，热继电器 FR，按钮 SB1、SB2 和三相交流异步电动机 M 等组成。其中由 QS、FU1、KM 主触头、FR 发热元件与三相交流异步电动机 M 构成主电路。由停止按钮 SB1、启动按钮 SB2、KM 常开辅助触头、KM 线圈、FR 常闭触头及 FU2 构成控制电路。

(2) 启动过程

三相交流异步电动机 M 启动时，合上电源开关 QS，接通整个控制电路电源。按下启动按钮 SB2 后，其常开触头闭合，接触器 KM 线圈通电吸合，KM 常开主触头与并接在启动按钮 SB2 两端的常开辅助触头同时闭合，前者使三相交流异步电动机接入三相交流电源启动旋转；后者使 KM 线圈经 SB2 常开触头与接触器 KM 自身的常开辅助触头两路供电而吸合。松开启动按钮 SB2 时，虽然SB2一路已断开，但KM线圈仍通过自身常开辅助触头这一通路而保持通电，从而确保三相交流异步电动机M继续运转。这种依靠接触器自身辅助触头而使其线圈保持通电，称为接触器自锁，也叫电气自锁。这对起自锁作用的常开辅助触头称为自锁触头，这段电路称为自锁电路。

（3）电路特点

三相交流异步电动机停止运转时，可按下停止按钮SB1，接触器KM线圈断电释放，KM的常开主触头、常开辅助触头均断开，切断三相交流异步电动机主电路和控制电路，三相交流异步电动机停止转动。当手松开停止按钮后，SB1的常闭触头在复位弹簧作用下，虽又恢复到原来的常闭状态，但原来闭合的KM自锁触头早已随着接触器KM线圈断电而断开，接触器已不再依靠自锁触头这条路通电了。

熔断器FU1、FU2分别为主电路、控制电路的短路保护。

热继电器FR作为三相交流异步电动机的长期过载保护。这是由于热继电器的热惯性较大，只有当三相交流异步电动机长期过载时FR才动作，使串接在控制电路中的FR常闭触头断开，切断KM线圈电路，使接触器KM断电释放，主电路KM常开主触头断开，三相交流异步电动机M断电停止转动，实现对三相交流异步电动机M的过载保护。

接触器自身的电磁机构可实现欠电压与失电压保护。当电源电压降低到一定值时或电源断电时，接触器电磁机构反力大于电磁吸力，接触器衔铁释放，常开触头断开，三相交流异步电动机停止转动，而当电源电压恢复正常或重新供电时，接触器线圈均不会自行通电吸合，只有在操作人员再次按下启动按钮之后，三相交流异步电动机才能重新启动。这样，一方面防止三相交流异步电动机在电压严重下降时仍低压运行而烧毁三相交流异步电动机。另一方面防止电源电压恢复时，三相交流异步电动机自行启动旋转，造成设备和人身事故的发生。

连续运行控制与点动控制的根本区别在于三相交流异步电动机控制电路中有无自锁电路。再者，从主电路上看，三相交流异步电动机连续运转电路应装有热继电器以作长期过载保护，面对于点动控制电路则可不接热继电器。

【自己动手】

设计一个由接触器、按钮实现的连续运行直接启动电路，说明启动过程并接线、调试。

例3-4　接触器实现的主电路顺序直接启动。

（1）启动电路

图3-5(a)为常见的通过主电路来实现两台三相交流异步电动机顺序控制的电路。该电路由开关QS，熔断器FU1、FU2，接触器KM，热继电器FR1、FR2，按钮SB1、SB2，接插器X和三相

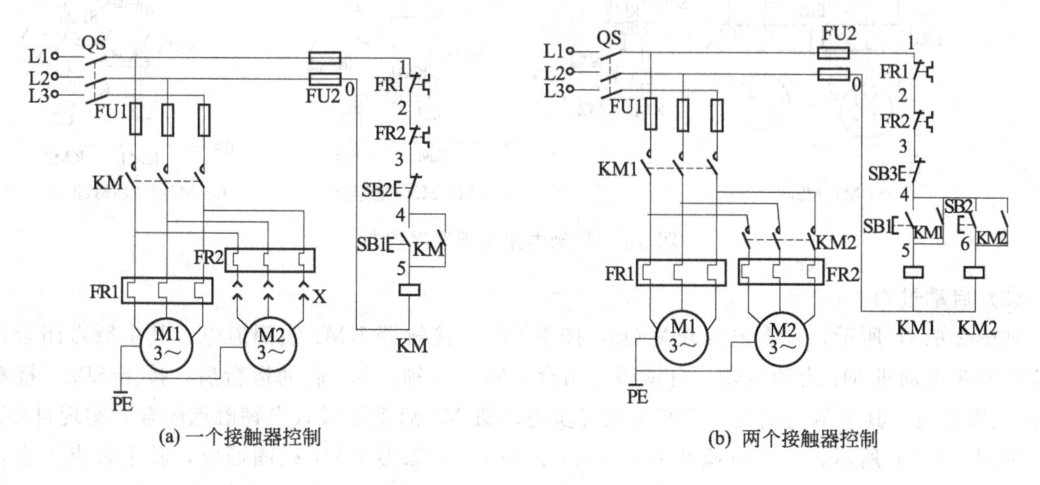

图3-5　主电路实现顺序启动电路

交流异步电动机 M1、M2 等组成。

图 3-5(b) 电路使用两个接触器控制。该电路由开关 QS，熔断器 FU1、FU2，接触器 KM1、KM2，热继电器 FR1、FR2，按钮 SB1、SB2、SB3 和三相交流异步电动机 M1、M2 等组成。

(2) 启动过程

在图 3-5(a) 所示的电路中，合上电源开关 QS，按下启动按钮 SB1，接触器 KM1 线圈通电，其主触点闭合，三相交流异步电动机 M1 启动运转，自锁触点闭合，实现自锁。三相交流异步电动机启动运转后，M2 可随时通过接插器与电源相连或断开，使之启动运转或停止。

对于图 3-5(b) 所示电路，三相交流异步电动机 M1 启动运转后，再按下 SB2，接触器 KM2 线圈通电，其主触点闭合，三相交流异步电动机 M2 启动运转，自锁触点闭合，实现自锁。

(3) 电路特点

对于图 3-5(a)，M2 的主电路接在 M1 的接触器主触点的下方。三相交流异步电动机 M2 通过接插器 X 接在接触器 KM1 主触点下面，当 KM1 主触点闭合，三相交流异步电动机 M1 启动运转后，三相交流异步电动机 M2 才有可能接通电源运转。按下 SB2，三相交流异步电动机 M1、M2 同时断电停止运转。

对于图 3-5(b)，三相交流异步电动机 M1 和 M2 分别通过接触器 KM1 和 KM2 来控制，接触器 KM2 的主触点接在接触器 KM1 主触点的下面，这样也保证了当 KM1 主触点闭合、三相交流异步电动机 M1 启动运转后，M2 才有可能接通电源运转。按下 SB3，接触器 KM1、KM2 线圈均断电，其主触点分断，三相交流异步电动机 M1、M2 同时断电停止运转，自锁触点均断开，解除自锁。

例 3-5　按钮实现的控制电路顺序直接启动。

(1) 启动电路

如图 3-6 所示，为几种常见的通过控制电路来实现两台三相交流异步电动机顺序控制的电路。

该电路由开关 QS，熔断器 FUl、FU2，接触器 KM1、接触器 KM2 热继电器 FR1、FR2，按钮 SB1、SB2、SB3 和三相交流异步电动机 M1、M2 等组成。

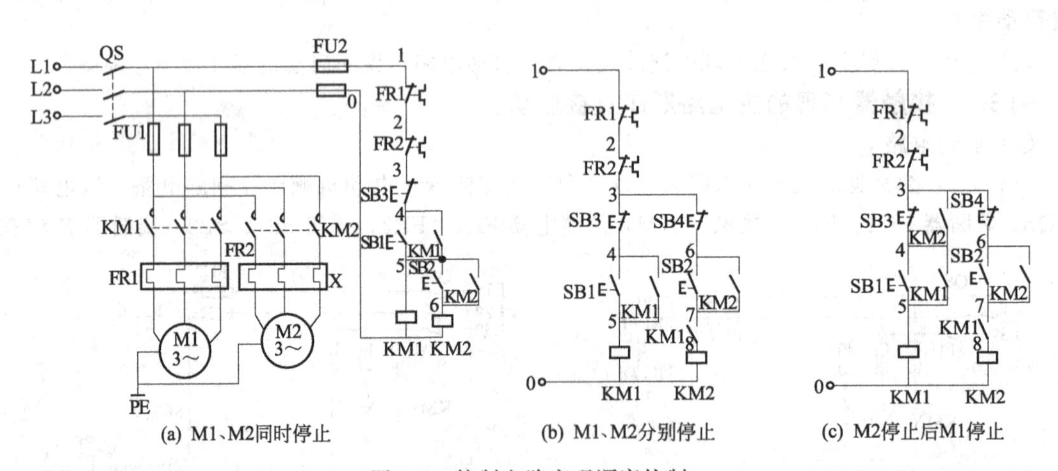

(a) M1、M2同时停止　(b) M1、M2分别停止　(c) M2停止后M1停止

图 3-6　控制电路实现顺序控制

(2) 启动过程

如图 3-6(a) 所示，合上电源开关 QS，按下 SB1，接触器 KM1 线圈通电，其主触点闭合，三相交流异步电动机 M1 启动运转，自锁触点闭合，实现自锁。M1 启动运行后，按下 SB2，接触器 KM2 线圈通电，其主触点闭合，三相交流异步电动机 M2 启动运转，自锁触点闭合，实现自锁。

如图 3-6(b) 所示，合上电源开关 QS，按下 SB1，接触器 KM1 线圈通电，其主触点闭合，三相交流异步电动机 M1 启动运转，自锁触点闭合，实现自锁，串联在 KM2 线圈支路中的 KM1 另一对常开辅助触点闭合，为 KM2 线圈通电做准备。这时，按下 SB2，接触器 KM2 线圈通电，其主触点闭合，三相交流异步电动机 M2 启动运转，自锁触点闭合，实现自锁。

如图 3-6(c) 所示，合上电源开关 QS，按下 SB1，接触器 KM1 线圈通电，其主触点闭合，三相交流异步电动机 M1 启动运转，自锁触点闭合，实现自锁，串联在 KM2 线圈支路中的 KM1 另一对常开辅助触点闭合，为 KM2 线圈通电做准备。这时，按下 SB2，接触器 KM2 线圈通电，其主触点闭合，三相交流异步电动机 M2 启动运转，自锁触点闭合，实现自锁，同时与停止按钮 SB3 并联的 KM2 另一对常开辅助触点闭合，将 SB3 短接，此时停止按钮 SB3 失效。

(3) 电路特点

主电路中，KM1、KM2 主触点是并列的，均接在熔断器 FU1 下方。

图 3-6(a) 的特点是：三相交流异步电动机 M2 的控制电路接在 KM1 自锁触点的下方，这样就保证了 M1 启动后，M2 才能启动的顺序控制要求。

停止时，按下 SB3，接触器 KM1、KM2 线圈均断电，其主触点分断，三相交流异步电动机 M1、M2 同时断电停止运转，自锁触点均断开，解除自锁。可见，此电路特点是：实现两台三相交流异步电动机顺序启动，同时停止的控制要求。

图 3-6(b) 的特点是：两台三相交流异步电动机 M1、M2 顺序启动，SB4 控制 M2 的单独停止，SB3 控制两台三相交流异步电动机同时停止。

在三相交流异步电动机 M2 的控制电路中串接了接触器 KM1 的常开辅助触点，显然，只要 M1 不启动，即使按下 M2 的启动按钮 SB2，由于 KM1 的常开辅助触点没闭合，KM2 线圈也不能得电，从而保证了 M1 启动后，M2 才能启动的控制要求。

停止时，若按下 SB4，接触器 KM2 线圈断电，其主触点分断，三相交流异步电动机 M2 断电停止运转，自锁触点断开，解除自锁；若按下 SB3，接触器 KM1 线圈断电，其主触点分断，三相交流异步电动机 M1 断电停止运转，自锁触点断开，解除自锁，串联在 KM2 线圈支路中的 KM1 另一对常开辅助触点也断开，使接触器 KM2 线圈断电，其主触点分断，三相交流异步电动机 M2 断电停止运转，自锁触点断开，解除自锁。

图 3-6(c) 的特点是：两台三相交流异步电动机 M1、M2 顺序启动，逆序停止。

停止时，若按下 SB3，无任何反应。若按下 SB4，接触器 KM2 线圈断电，其主触点分断，三相交流异步电动机 M2 断电停止运转，自锁触点断开，解除自锁，同时与停止按钮 SB3 并联的 KM2 另一对常开辅助触点也恢复断开，使停止按钮 SB3 有效。此时再按下停止按钮 SB3，接触器 KM1 线圈断电，其主触点断开，三相交流异步电动机 M1 断电，停止运转，自锁触点断开，解除自锁。

【自己动手】

设计一个由按钮实现的控制电路顺序启动直接启动电路，说明启动过程并接线、调试。

例 3-6　时间继电器实现的顺序直接启动。

(1) 启动电路

在许多顺序控制中，往往要求有一定的时间间隔，这就可以采用时间继电器来控制。图 3-7 所示为由时间继电器控制三相交流异步电动机顺序启动的电路。图中采用的继电器为通电延时型时间继电器，所接触点是延时闭合的常开触点。该电路由开关 QS，熔断器 FU1、FU2，接触器 KM1、KM2，热继电器 FR1、FR2，时间继电器 KT，按钮 SB1、SB2 和三相交流异步电动机 M1、M2 等组成。

(2) 启动过程

如图 3-7，接线，合上电源开关 QS，当按下启动按钮后 SB2 后，KM1、KT 线圈同时通电。同前面所述，KM1 线圈通电，M1 启动运转；KT 线圈通电，时间继电器开始计时工作，当延时时间到，延时闭合的常开触点闭合，接通 KM2 线圈支路，KM2 主触点闭合，M2 启动运行，其自锁触点闭合，实现自锁，同时串联在 KT 线圈中的 KM2 常闭触点断开，切断 KT 线圈支路。

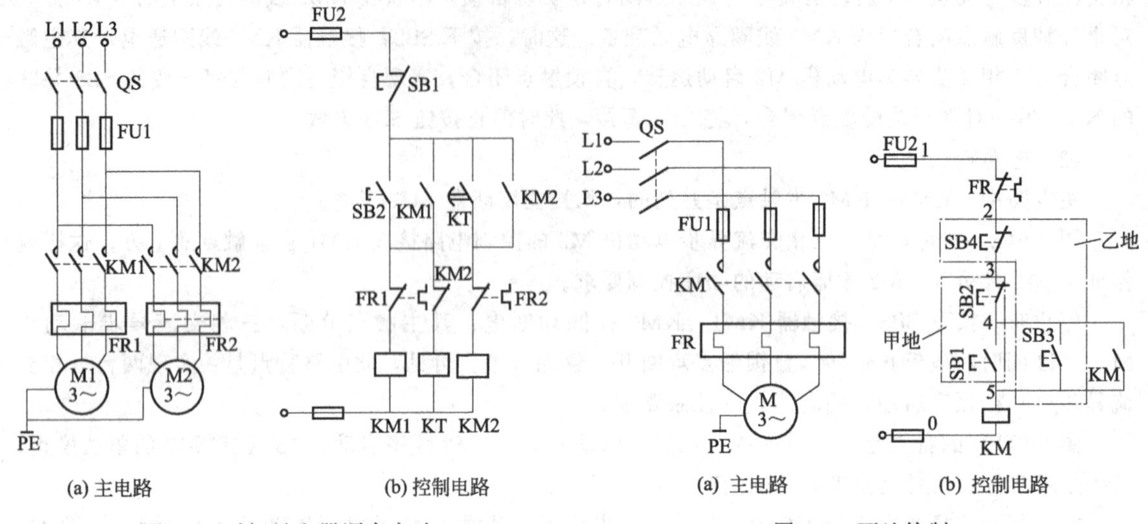

图 3-7　时间继电器顺序启动　　　　图 3-8　两地控制

（3）电路特点

采用了时间继电器实现自动顺序控制。

在第二台三相交流异步电动机启动后，KT 就可以退出。此时，为了减少电路中运行电器的数量，提高控制电路可靠性及电器的使用寿命，应将 KT 及时切除。图中与 KT 线圈串联的 KM2 常闭触点的作用就在于此。

【自己动手】

设计一个由时间继电器实现的顺序启动直接启动电路，说明启动过程并接线、调试。

例 3-7　按钮实现的两地控制。

（1）启动电路

图 3-8 为常见的两地控制具有过载保护的接触器自锁三相交流异步电动机正转控制电路。该电路由开关 QS，熔断器 FU1、FU2，接触器 KM，热继电器 FR，按钮 SB1、SB2、SB3、SB4 和三相交流异步电动机 M 等组成。图中，SB1、SB2 为安装在甲地点的启动按钮和停止按钮；SB3、SB4 为安装在乙地点的启动按钮和停止按钮。

（2）启动过程

如图 3-8 所示，启动时，合上电源开关 QS，按下启动按钮 SB1 或 SB3，接触器 KM 线圈通电，主电路中 KM 常开主触点闭合，三相交流异步电动机 M 通电运转，控制电路中 KM 自锁触点闭合，实现自锁，保证三相交流异步电动机连续运转。

（3）电路特点

可在两地启动和停止。停止时，按下停止按钮 SB2 或 SB4，接触器 KM 线圈断电，主电路中 KM 常开主触点恢复断开，三相交流异步电动机 M 断电停止运转，控制电路中 KM 自锁触点恢复断开，解除自锁。

【自己动手】

设计一个由按钮实现的两地直接启动电路，说明启动过程并接线、调试。

任务2　降低定子电压启动

三相笼型三相交流异步电动机当容量超过 10kW 时，直接启动的启动电流较大，严重时会烧坏绕组，故一般采用降压启动。

所谓降压启动，是指启动时降低加在三相交流异步电动机定子绕组上的电压，待三相交流异步电动机转速上升后，再将电压恢复至额定值，使其在额定电压下正常运行。

降压启动可以减小启动电流，其启动电流一般为额定电流的 2～3 倍。但三相交流异步电动机的电磁转矩与定子端电压平方成正比，所以三相交流异步电动机的启动转矩相应减小，故降压启动适用于空载或轻载下启动。

三相鼠笼型三相交流异步电动机常用的降压启动方法有定子串电阻启动、星形-三角形降压启动、自耦变压器降压启动和软启动等。

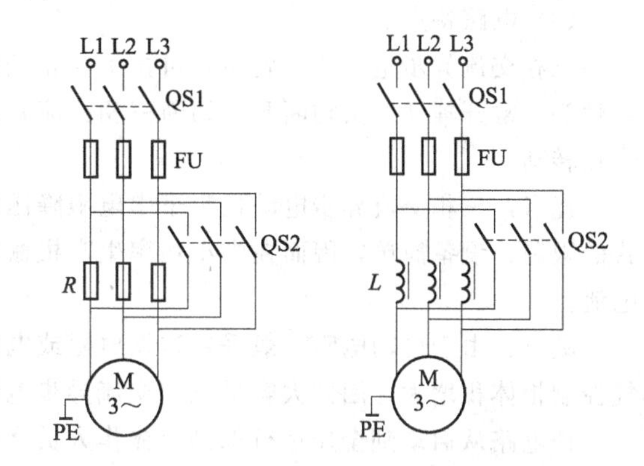

(a) 定子串电阻降压启动　　(b) 定子串电抗器降压启动

图 3-9　定子串电阻或电抗器降压启动

1. 定子串电阻或电抗器降压启动

(1) 启动电路

如图 3-9 所示，该电路由开关 QS1、QS2，熔断器 FU，启动电阻 R 或启动电抗 L 和三相交流异步电动机 M 等组成。

(2) 启动过程

如图 3-9(a) 所示，启动时，合上 QS1，将电阻或电抗接入定子电路；启动后，合上 QS2，切除电阻或电抗，进入正常运行。

(3) 启动电流

三相交流异步电动机定子串入电阻或电抗启动时，定子绕组实际所加电压降低，从而减小启动电流。

(4) 启动转矩

三相交流异步电动机定子串入电阻或电抗启动时，定子绕组因启动电流减小，启动转矩也减小。

(5) 电路特点

优点：电路结构较简单。

缺点：串电阻时有损耗，启动转矩小；串电抗器启动，如图 3-9(b) 所示，启动过程、启动电流及启动转矩与串电阻启动类似。优点是损耗小，缺点是成本稍高。

例 3-8　按钮和接触器实现的定子串电阻降压启动。

(1) 启动电路

图 3-10 为按钮控制的定子串电阻降压启动电路。该电路由开关 QS，熔断器 FU1、FU2，接触器 KM1、KM2，启动电阻 R，热继电器 FR、停止按钮 SB1、串电阻启动按钮 SB2、全压运行切换按钮 SB3，三相交流异步电动机 M 等组成。其中由 QS、FU1、KM1 主触头、KM2 主触点、启动电阻 R、FR 发热元件与三相交流异步电动机 M 构成主电路。由停止按钮 SB1、串电阻启动按钮 SB2、全压运行切换按钮 SB3、KM1 常开辅助触头、KM1 线圈、KM2 常开辅助触头、KM2 线圈、FR 常闭触头及 FU2 构成控制电路。

(2) 启动过程

如图 3-10 所示，接线，合上开关 QS，接通整个控制电路电源。按下串电阻启动按钮 SB2，接触器 KM1 线圈通电吸合，接触器 KM1 常开主触头与并接在启动按钮 SB2 两端的自锁触头同时闭合，三相交流异步电动机串接三相电阻 R 接通三相交流电源进行启动。当转速升至接近额定转速时，操作人员按下全压运行切换按钮 SB3，接触器 KM2 线圈通电吸合，KM2 常闭联锁触点断开，KM1 线圈断电释放，KM1 触头复位；KM2 常开主触点及常开辅助触点同时闭合，三相电阻及 KM1 主触点被短接，三相交流异步电动机加额定电压正常运行。

（3）电路特点

三相交流异步电动机停转时，可按下停止按钮 SB1，接触器 KM2 线圈断电释放，KM2 的常开主触头、常开辅助触头均断开，切断三相交流异步电动机主电路和控制电路，三相交流异步电动机停止转动。

优点：三相交流异步电动机定子串电阻降压启动由于不受三相交流异步电动机定子绕组接线方式的限制，设备简单，因而在中小功率生产机械中应用广泛。机床上也用来限制点动调整时的启动电流。

缺点：由于启动电阻一般采用铸铁电阻或电阻丝绕制的板式电阻，电能损耗大，且使制作的电气控制柜体积增大，因此大容量三相交流异步电动机往往采用串接电抗器启动。

该电路从启动到全压运行都是由操作人员掌握，很不方便。且若由于某种原因导致 KM2 不能动作时，电阻不能被短接，三相交流异步电动机将长期在低电压下运行，严重时将烧毁三相交流异步电动机。因此，应对此电路进一步进行改进，如增加信号提示电路等。

【自己动手】

设计一个由按钮和接触器实现的定子串电阻降压启动电路，说明启动过程并接线、调试。

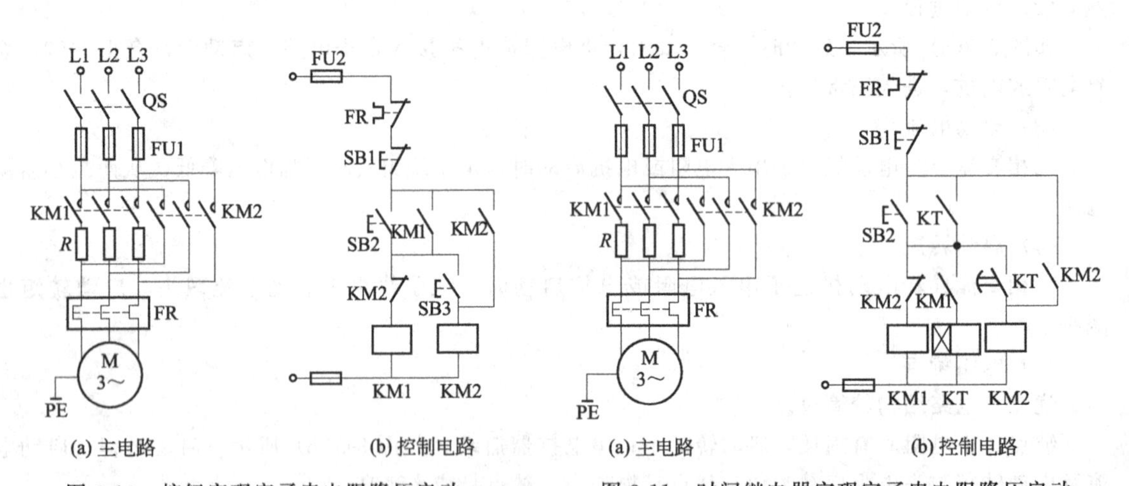

(a) 主电路　(b) 控制电路

图 3-10　按钮实现定子串电阻降压启动

(a) 主电路　(b) 控制电路

图 3-11　时间继电器实现定子串电阻降压启动

例 3-9　由时间继电器和接触器实现的定子串电阻降压启动。

（1）启动电路

图 3-11 为时间继电器控制的定子串电阻降压启动控制电路。该电路由开关 QS，熔断器 FU1、FU2，接触器 KM1、KM2，启动电阻 R，热继电器 FR 和停止按钮 SB1、串电阻启动按钮 SB2、时间继电器 KT 等组成。其中由 QS、FU1、KM1 主触头、KM2 主触点、启动电阻 R、FR 发热元件与三相交流异步电动机 M 构成主电路。由停止按钮 SB1、串电阻启动按钮 SB2、时间继电器 KT 线圈、时间继电器 KT 瞬动触点、时间继电器 KT 延时闭合瞬时恢复断开常开触点、KM1 常开辅助触头、KM1 线圈、KM2 常开辅助触头、KM2 线圈、FR 常闭触头及 FU2 构成控制电路。

（2）启动过程

如图 3-11 所示，接线，合上开关 QS，接通整个控制电路电源。按下串电阻启动按钮 SB2，接触器 KM1 线圈通电吸合，接触器 KM1 常开主触头闭合，三相交流异步电动机串接三相电阻 R 接通三相交流电源进行启动。接触器 KM1 常开辅助触头同时闭合，时间继电器 KT 线圈通电，KT 瞬动常开触点闭合，对 KM1 线圈和 KT 线圈进行自锁。时间继电器按设定的延时时间开始工作，当转速升至接近额定转速时，时间继电器的延时结束，时间继电器 KT 延时闭合瞬时恢复断开常开触点闭合，接触器 KM2 线圈通电吸合，KM2 常闭联锁触点断开，KM1 线圈断电释放，KM1 触头复位，KT 线圈断电释放，KT 触点复位；KM2 常开主触点及常开辅助触点（自锁触点）同时闭合，三相电阻及 KM1 主触点被短接，三相交流异步电动机加额定电压正常运行。

（3）电路特点

三相交流异步电动机停转时，可按下停止按钮 SB1，接触器 KM2 线圈断电释放，KM2 的常开主触头、常开辅助触头（自锁触点）均断开，切断三相交流异步电动机主电路和控制电路，三相交流异步电动机停止转动。

优点：该电路在正常运行时只保留 KM2 通电，使电路的可靠性增加，能量损耗减少。

该电路从串电阻降压启动到全压运行由时间继电器自动切换，且延时时间可调，延时时间根据三相交流异步电动机启动时间的长短进行调整，这是该电路的优点。

缺点：由于启动时间的长短与负载大小有关，负载越大，启动时间越长。对负载经常变化的三相交流异步电动机，若对启动时间控制要求较高时，需要经常调整时间继电器的整定值，就显得很不方便。能耗较大，实际应用不多。

【自己动手】

设计一个由时间继电器和接触器实现的定子串电阻降压启动电路，说明启动过程并接线、调试。

2. 星形-三角形降压启动

星形-三角形降压启动是指启动时，定子绕组先接成星形，当转速接近一定值（接近额定转速）时，三相交流异步电动机定子绕组改接成三角形运行。

（1）启动电路

星形-三角形降压启动电路见图 3-12 所示。星形-三角形降压启动是指启动时，定子绕组先接成星形，运行时三相交流异步电动机定子绕组改接成三角形。该电路由开关 QS1、QS2，熔断器 FU 和三相交流异步电动机 M 等组成。

（2）启动过程

如图 3-12 所示，合上开关 QS1，开关 QS2 合到星形状态，定子绕组接成星形启动，启动后，当转速接近额定转速时，开关 QS2 合到三角形状态，定子绕组接成三角形运行。

（3）启动电流

星形-三角形降压启动时，启动电流是直接启动时的 1/3。

（4）启动转矩

由于电磁转矩与定子绕组相电压的平方成正比，所以星形-三角形降压启动启动时的启动转矩也减小为直接启动时启动转矩的 1/3。

（5）电路特点

优点：启动方法简单，经济性好，工作可靠，因此在空载或轻载启动条件下，应优先采用。对于运行时定子绕组为星形连接的三相交流异步电动机则不能用星形-三角形降压启动方法。所以生产厂家为了方便用户便于采用星形-三角形降压启动启动，10kW 以上的三相交流异步电动机一般采用三角形接法。

缺点：由于启动转矩与启动电压的平方成正比，其启动转矩只有全压启动时的 1/3。故只适用于空载或轻载状态下启动，且只适用于正常运行时定子绕组接成三角形的笼型三相交流异步电动机。

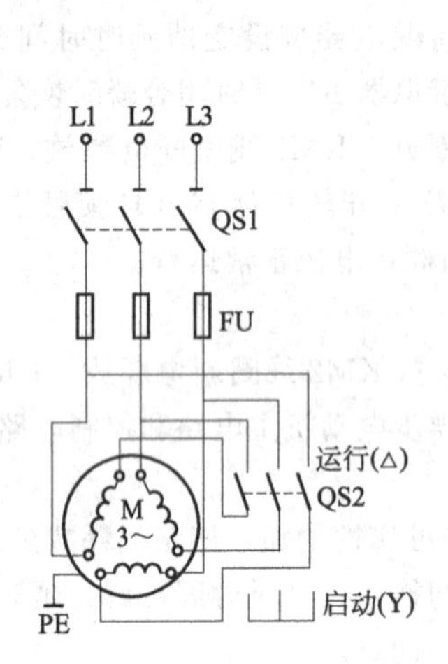

图 3-12 星形-三角形降压启动原理图

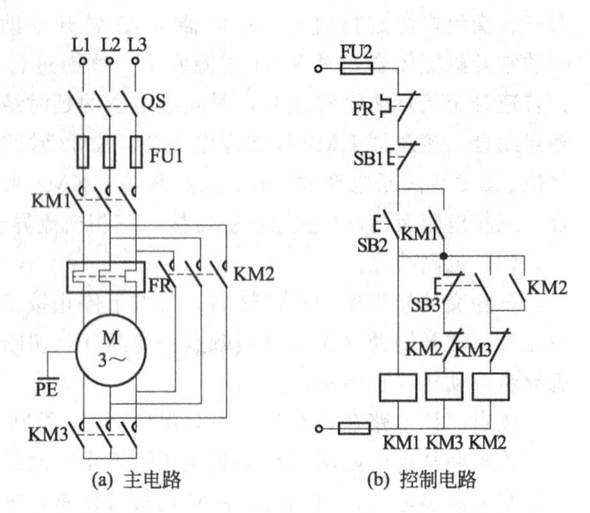

图 3-13 按钮实现星形-三角形降压启动

例 3-10 按钮和三个接触器实现的星形-三角形降压启动。

(1) 启动电路

图 3-13 为按钮控制的星形-三角形降压启动控制电路。该电路由开关 QS，熔断器 FU1、FU2，接触器 KM1、KM2、KM3，热继电器 FR，停止按钮 SB1、星形降压启动按钮 SB2、三角形全压运行切换按钮 SB3 和三相交流异步电动机 M 等组成。其中由 QS、FU1、KM1 主触头、KM2 主触点、KM3 主触点、FR 发热元件与三相交流异步电动机 M 构成主电路。由停止按钮 SB1、星形降压启动按钮 SB2、三角形全压运行切换按钮 SB3、KM1 常开辅助触头、KM1 线圈、KM2 常开辅助触头、KM2 常闭辅助触头、KM2 线圈、KM3 常闭辅助触头、KM3 线圈、FR 常闭触头及 FU2 构成控制电路。

(2) 启动过程

在图 3-13 按钮控制的星形-三角形降压启动控制电路中，KM1 为电源接触器，KM2 为定子绕组三角形连接接触器，KM3 为定子绕组星形连接接触器。

按图 3-13 接线，合上开关 QS，接通整个控制电路电源。按下星形降压启动按钮 SB2→KM1、KM3 线圈同时通电→KM1 辅助触点吸合自锁，KM1 主触点吸合接通三相交流电源；KM3 主触点吸合将三相交流异步电动机三相定子绕组尾端短接，三相交流异步电动机星形启动；KM3 的常闭辅助触点（联锁触点）断开对 KM2 线圈联锁，使 KM2 线圈不能通电，三相交流异步电动机转速上升至一定值时，按下三角形全压运行切换按钮 SB3，SB3 常闭触点先断开，KM3 线圈断电，KM3 主触点断开解除定子绕组的星形连接；KM3 常闭辅助触点（联锁触点）恢复闭合，为 KM2 线圈通电作好准备，SB3 按钮常开辅助触点闭合后，KM2 线圈通电并自锁，KM2 主触点闭合，三相交流异步电动机定子绕组首尾顺次连接成“三角形”运行；KM2 常闭辅助触点（联锁触点）断开，使 KM3 线圈不能通电。

(3) 电路特点

三相交流异步电动机停转时，可按下停止按钮 SB1，接触器 KM1 线圈断电释放，KM1 的常开主触头、常开辅助触头（自锁触点）均断开，切断三相交流异步电动机主电路和控制电路，三相交流异步电动机停止转动。接触器 KM2 的常开主触头、常开辅助触头（自锁触点）均断开，解除三相交流异步电动机定子绕组的三角形接法，为下次星形降压启动做准备。

优点：接线简单。

缺点：采用按钮手动控制星形-三角形的切换，操作不方便，切换时间不易掌握。

【自己动手】

设计一个由按钮和三个接触器实现的星形-三角形降压启动电路，说明启动过程并接线、调试。

例 3-11 时间继电器和三个接触器实现的星形-三角形降压启动。

(1) 启动电路

图 3-14 为使用三个接触器和一个时间继电器按时间控制的三相交流异步电动机星形-三角形降压启动控制电路。

该电路由开关 QS，熔断器 FU1、FU2，接触器 KM1、KM2、KM3，热继电器 FR，停止按钮 SB1、星形降压启动按钮 SB2，时间继电器 KT 和三相交流异步电动机 M 等组成。KM1 为电源接触器，KM2 为定子绕组三角形连接接触器，KM3 为定子绕组星形连接接触器。其中由 S、FU1、KM1 主触头、KM2 主触点、KM3 主触点、FR 发热元件与三相交流异步电动机 M 构成主电路。由停止按钮 SB1、星形降压启动按钮 SB2、KM1 常开辅助触头、KM1 线圈、KM2 常开辅助触头、KM2 常闭辅助触头、KM2 线圈、KM3 常闭辅助触头、KM3 线圈、KT 延时断开瞬时恢复闭合常闭触点、KT 延时闭合瞬时恢复断开常开触点、FR 常闭触头及 FU2 构成控制电路。

(2) 启动过程

按图 3-14 接线，合上开关 QS，接通整个控制电路电源。其控制过程为：按下星形降压启动按钮 SB2，KM1、KM3、KT 线圈同时通电，KM1 辅助触点吸合自锁，KM1 主触点吸合接通三相交流电源；KM3 主触点吸合将三相交流异步电动机三相定子绕组尾端短接，三相交流异步电动机星形启动；KM3 的常闭辅助触点（联锁触点）断开对 KM2 线圈联锁，使 KM2 线圈不能通电；KT 按设定的Y形降压启动时间工作，三相交流异步电动机转速上升至一定值（接近额定转速）时，时间继电器 KT 的延时时间结束→KT 延时断开瞬时恢复闭合常闭触点断开，KM3 断电，KM3 主触点恢复断开，三相交流异步电动机断开星形接法；KM3 常闭辅助触点（联锁触点）恢复闭合，为 KM2 通电作好准备，KT 延时闭合瞬时恢复断开常开触点闭合，KM2 线圈通电自锁，KM2 主触点将三相交流异步电动机三相定子绕组首尾顺次连接成三角形，三相交流异步电动机接成三角形全压运行。同时 KM2 的常闭辅助触点（联锁触点）断开，使 KM3 和 KT 线圈都断电。

(3) 电路特点

停车时按下停止按钮 SB1，KM1、KM2 线圈断电，KM1 主触点断开切断三相交流异步电动机的三相交流电源，KM1 自锁触点恢复断开解除自锁，三相交流异步电动机断电停转；KM2 常开主触点恢复断开，解除三相交流异步电动机三相定子绕组的三角形接法，为三相交流异步电动机下次星形启动做准备，KM2 自锁触点恢复断开解除自锁，KM2 常闭辅助触点（联锁触点）恢复闭合，为下次星形启动 KM3、KT 线圈通电做准备。

优点：此电路中时间继电器的延时时间可根据三相交流异步电动机启动时间的长短进行调整，解决了切换时间不易把握的问题，且此降压启动控制电路投资少、接线简单。适合控制功率为 13kW 以上的大容量三相交流异步电动机。

缺点：但由于启动时间的长短与负载大小有关，负载越大，启动时间越长。对负载经常变化的三相交流异步电动机，若对启动时间控制要求较高时，需要经常调整时间继电器的整定值，就显得很不方便。

【自己动手】

设计一个由时间继电器和三个接触器实现的星形-三角形降压启动电路，说明启动过程并接线、调试。

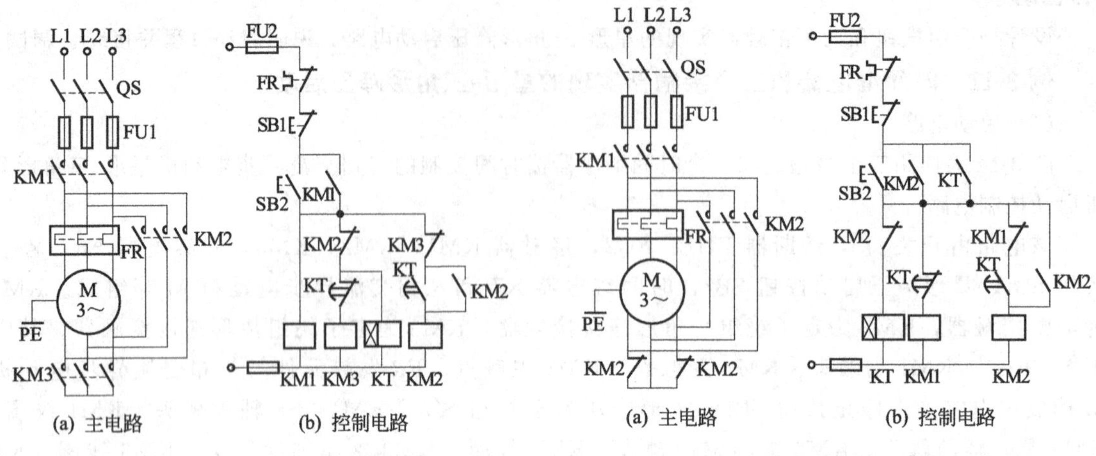

图 3-14　三个接触器实现的降压启动　　　图 3-15　两个接触器实现的降压启动

例 3-12　时间继电器和两个接触器实现的星形-三角形降压启动。

（1）启动电路

图 3-15 主电路是将图 3-14 主电路中 KM3 主触点其中一对直接用导线接通，另外两对用 KM2 的动断辅助触点代替。该电路由开关 QS，熔断器 FU1、FU2，接触器 KM1、KM2，热继电器 FR，停止按钮 SB1、星形降压启动按钮 SB2，时间继电器 KT 和三相交流异步电动机 M 等组成。在实现控制时，由于辅助触点允许断开的电流较小，从星形切换至三角形时，必须让 KM1 主触点断开，使三相交流异步电动机断开电源后，才能使 KM2 通电，主触点闭合，三相交流异步电动机接成三角形。最后再由 KM1 通电，使三相交流异步电动机再次接通电源。

（2）启动过程

按图 3-15 接线，合上开关 QS，接通整个控制电路电源，按下星形降压启动按钮 SB2，KM1、KT 线圈同时通电，KM1 常闭触点（联锁触点）分断，对 KM2 线圈联锁；KM1 主触点吸合，M 星形连接降压启动；KT 瞬动常开触点闭合自保，KT 通电延时工作，转速上升到一定值（接近额定转速）时间继电器延时结束，KT 延时断开瞬时恢复闭合常闭触点断开，KM1 线圈断电，KM1 触点主触点恢复断开，瞬时断开三相电源；KM1 常闭触点恢复闭合，为 KM2 线圈通电做准备，KT 延时闭合瞬时恢复断开常开触点闭合，KM2 线圈通电吸合，KM2 主电路中两个常开辅助触点断开，解除星形连接；KM2 主触点吸合，三相交流异步电动机定子绕组接成三角形；KM2 两个常开辅助触点接通自保；KM2 常闭触点（联锁触点）断开，KT 线圈断电，KT 延时断开瞬时恢复闭合常闭触点恢复闭合，KM1 线圈再次通电，KM1 主触点再次吸合通电三角形全压运行。

（3）电路特点

停止时，按下 SB1，SB1 触点断开，KM1、KM2 线圈断电，KM1、KM2 所有触点复位，三相交流异步电动机 M 断电停转。

优点：切换时间较准确，降压启动控制电路投资少、接线简单。适合功率在 4～13kW 的鼠笼式三相交流异步电动机的星形-三角形降压启动。

缺点：对负载经常变化的三相交流异步电动机，若对启动时间控制要求较高时，需要经常调整时间继电器的整定值，就显得很不方便。

【自己动手】

设计一个由时间继电器和两个接触器实现的星形-三角形降压启动电路，说明启动过程并接线、调试。

总之，星形-三角形降压启动具有投资少，接线简单等优点，因而在许多工业场合广泛应用。

3. 自耦变压器降压启动

自耦变压器启动也称启动补偿器启动。是指三相交流异步电动机启动时，利用自耦变压器来降低加在三相交流异步电动机定子绕组上的电压启动。

（1）启动电路

自耦变压器启动电路如图3-16所示。该电路由开关QS，熔断器FU，开关QS1、QS2，自耦变压器T和三相交流异步电动机M等组成。

电源接自耦变压器一次侧，二次侧通过开关QS2接三相交流异步电动机。

（2）启动过程

启动时合上电源开关QS1，启动时将开关QS2合到启动侧启动，启动结束后将开关QS2合到运行侧，使电源电压直接加到三相交流异步电动机上，这时自耦变压器与电路脱开运行。

（3）启动电流

设自耦变压器变比为 $K=\frac{N_2}{N_1}<1$，降压启动电流 I_S' 与直接启动电流 I_S关系为

$$I_S'=K^2 I_S(K<1) \tag{3-4}$$

（4）启动转矩

自耦变压器启动时转矩 T_S' 与直接启动时转矩 T_S的关系为

$$T_S'=K^2 I_S \tag{3-5}$$

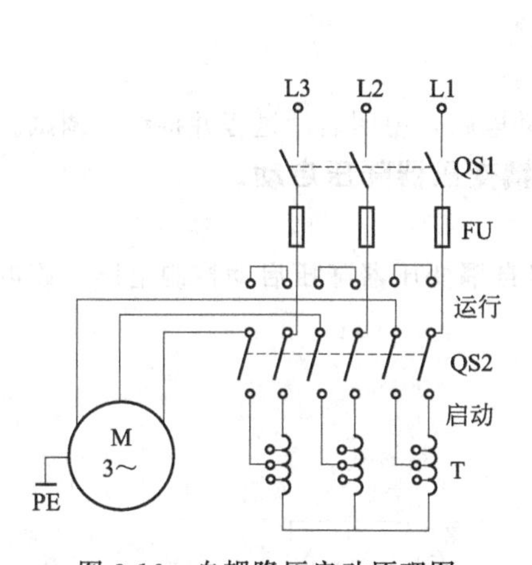

图3-16 自耦降压启动原理图

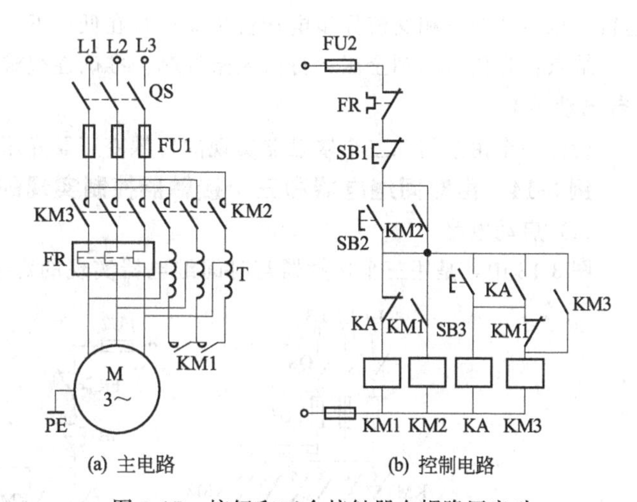

图3-17 按钮和三个接触器自耦降压启动

（5）电路特点

优点：启动电流和启动转矩都降为原来的 K^2 倍。它比串电阻降压启动效果要好，比星形-三角形降压启动获得启动转矩要大得多。

启动用自耦变压器有不同的抽头。如QJ2型的3组抽头比分别为55%、64%和73%；QJ3型的3组抽头比分别为40%、60%和80%。使用不同的中间抽头，可以获得不同的限流效果和启动转矩等级，因此，有较大的选择余地。

采用自耦变压器启动对定子绕组采用星形或三角形接法的三相交流笼型或绕线型三相交流异步

电动机都可以使用。

缺点：价格较贵，体积大，重量重，而且不允许频繁启动。

常用于大容量的三相交流异步电动机。

例 3-13　由按钮和三个接触器实现的自耦变压器降压启动。

（1）启动电路

图 3-17 是用按钮控制三相交流异步电动机从利用自耦变压器降压启动切换至全压运行的电路。该电路由开关 QS，熔断器 FU1、FU2，接触器 KM1、KM2、KM3，热继电器 FR，停止按钮 SB1、启动按钮 SB2，中间继电器 KA 和三相交流异步电动机 M 等组成。

（2）启动过程

按图 3-17 接线，合上开关 QS，按下启动按钮 SB2，KM1、KM2 线圈通电，KM2 自锁触点闭合自锁。主回路中 KM1、KM2 主触点闭合，三相交流异步电动机接入自耦变压器降压启动，转速上升至一定值时，按下按钮 SB3，KA 得电，常闭辅助触点断开，KM1 断电，解除自耦变压器三相绕组的星形连接；KM1 常开辅助触点恢复断开，使 KM2 断电，切除自耦变压器。KM1 常闭辅助触点恢复闭合，与已经闭合的 KA 常开辅助触点一起使 KM3 通电且自锁，KM3 主触点吸合，三相交流异步电动机全压正常运行。

（3）电路特点

停转时，按下停止按钮 SB1，中间继电器 KA 线圈失电，KA 自锁触点恢复断开解除自锁；KM3 线圈失电，主电路中 KM3 常开主触点恢复断开，三相交流异步电动机断电停转；同时 KA 常闭触点恢复闭合，为 KM1 线圈通电做准备。

优点：启动时若误按 SB3，KM3 线圈不会通电，避免了由于误操作造成直接启动的情况。启动完毕后，接触器 KM1、KM2 线圈均断电，即使 KM3 出现故障无法使三相交流异步电动机全压运行，也不会使三相交流异步电动机长期运行在低压下。

缺点：降压启动到全压运行由人来控制，准确性很难把握。

【自己动手】

设计一个由按钮和三个接触器实现的自耦变压器降压启动电路，说明启动过程并接线、调试。

例 3-14　由时间继电器和三个接触器控制实现的自耦变压器降压启动。

（1）启动电路

图 3-18 中，是用三个接触器与时间继电器实现的定子串自耦变压器降压启动控制电路。该电

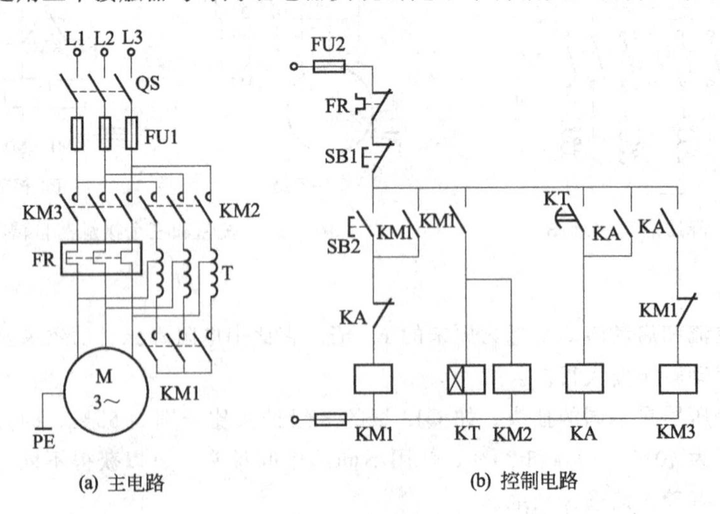

图 3-18　时间继电器和三个接触器自耦降压启动

路由开关 QS，熔断器 FU1、FU2，接触器 KM1、KM2、KM3，自耦变压器 T，热继电器 FR，停止按钮 SB1、启动按钮 SB2，中间继电器 KA，时间继电器 KT 和三相交流异步电动机 M 等组成。

三个接触器的作用分别为：KM1 是负责将三相自耦变压器的绕组接成星形连接方式；KM2 是串自耦变压器降压启动控制接触器；KM3 是三相交流异步电动机全压运行控制接触器。

(2) 启动过程

按图 3-18 接线，按下启动按钮 SB2，KM1 线圈通电自锁，KM1 主触点吸合将三相自耦变压器三相绕组接成星形；KM1 常开辅助触点吸合，KT、KM2 线圈同时通电，KM2 主触点吸合将电源电压加到自耦变压器的初级绕组，三相交流异步电动机串自耦变压器降压启动；KT 开始延时。经过一段时间，转速上升到一定值（接近额定转速），时间继电器延时时间到，KT 延时闭合瞬时恢复断开常开触点闭合，KA 线圈通电自锁，KA 常闭触点断开，KM1 线圈失电，KM1 主触点恢复断开，解除自耦变压器的星形连接；KM1 常开辅助触点恢复断开，KM2、KT 同时失电；KA 常开触点闭合后，KM3 线圈通电，KM3 主触点吸合，三相交流异步电动机全压正常运行。

(3) 电路特点

停转时，按下停止按钮 SB1，中间继电器 KA 线圈失电，KA 自锁触点恢复断开解除自锁；KA 的常开触点恢复断开，KM3 线圈失电，主电路中 KM3 常开主触点恢复断开，三相交流异步电动机断电停转；同时 KA 常闭触点恢复闭合，为 KM1 线圈通电做准备。

优点：降压启动到全压运行由时间继电器控制，准确性较好。

缺点：需要三个接触器。

【自己动手】

设计一个由时间继电器和三个接触器控制实现的自耦变压器降压启动电路，说明启动过程并接线、调试。

例 3-15　时间继电器和两个接触器实现的自耦变压器降压启动。

(1) 启动电路

图 3-19 为时间继电器控制的自耦变压器降压启动电路。该电路由开关 QS，熔断器 FU1、FU2，接触器 KM1、KM2，自耦变压器 T，热继电器 FR 和停止按钮 SB1、启动按钮 SB2、时间继电器 KT、中间继电器 KA 和三相交流异步电动机 M 等组成。其中由 S、FU1、KM1 主触头、KM2 主触点、KM2 常闭辅助触点、自耦变压器、FR 发热元件与三相交流异步电动机 M 构成主电路。由停止按钮 SB1、串自耦变压器启动按钮 SB2、时间继电器 KT 线圈、时间继电器 KT 延时闭合瞬时恢

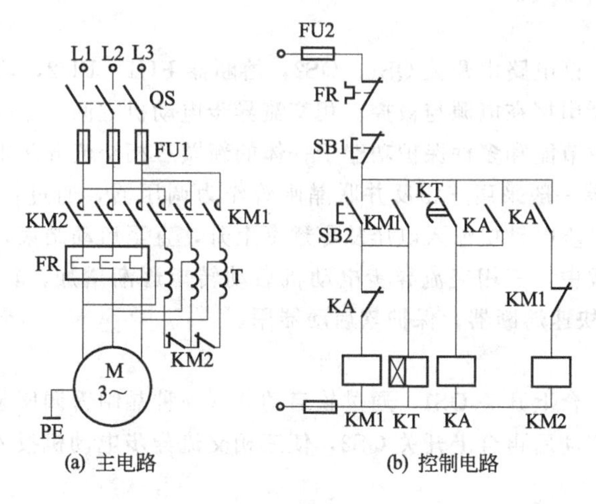

(a) 主电路　　(b) 控制电路

图 3-19　时间继电器和两个接触器自耦降压启动

复断开常开触点、KM1 常开辅助触头、KM1 常闭辅助触头、KM1 线圈、KM2 线圈、中间继电器 KA 线圈、KA 常闭触点、KA 常开触点、FR 常闭触头及 FU2 构成控制电路。

(2) 启动过程

按图 3-19 接线，合上开关 QS，按下串自耦变压器启动按钮 SB2，KM1、KT 线圈通电，KM1 自锁触点闭合自锁；主回路中 KM1 主触点闭合，三相交流异步电动机接入作星形连接的自耦变压器降压启动，三相交流异步电动机转速上升到一定值（接近稳态转速）后，此时时间继电器 KT 结束延时，KT 延时闭合瞬时恢复断开常开触点闭合，KA 线圈通电并靠 KA 自锁触点闭合自锁，KA 常闭辅助触点断开，KM1 线圈断电，KM1 主触点恢复断开，三相交流异步电动机 M 失电，KA 常开辅助触点闭合，经已经复位的 KM1 常闭辅助触点使 KM2 线圈通电。主回路中 KM2 常闭辅助触点首先断开，解除自耦变压器的星形连接，然后 KM2 常开主触点闭合，三相交流异步电动机定子绕组加额定电压进入全压运行。

(3) 电路特点

停转时，按下停止按钮 SB1，中间继电器 KA 线圈失电，KA 自锁触点恢复断开解除自锁；KA 的常开触点恢复断开，KM2 线圈失电，主电路中 KM2 常开主触点恢复断开，三相交流异步电动机断电停转；KM2 常闭辅助触点恢复闭合，将自耦变压器三相绕组接成星形，为下次串自耦变压器降压启动做准备。KA 常闭触点恢复闭合，为 KM1 线圈通电做准备。

优点：降压启动到全压运行由时间继电器控制，准确性较好。

缺点：KM2 的两个常闭辅助触点电流较大，电路的工作可靠性低。

【自己动手】

设计一个由时间继电器和两个接触器实现的自耦变压器降压启动电路，说明启动过程并接线、调试。

4. 软启动

软启动是近几年来随着电子技术的发展而出现的新技术。通过采用可控硅为主要器件、单片机为控制核心的智能型三相交流异步电动机启动设备——软启动器，如图 3-20(a) 所示，已在各行各业得到越来越多的应用。软启动器是一种集三相交流异步电动机软启动、软停车、轻载节能和多种保护功能于一体的新颖三相交流异步电动机控制装置，国外称为 Soft Starter。由于软启动器性能优良、体积小、重量轻，并且具有智能控制及多种保护功能，而且各项启动参数可根据不同负载进行调整，其负载适应性很强。因此电子式软启动器将逐步取代落后的Y/△降压启动、自耦变压器降压启动等传统的降压启动设备。

(1) 启动电路

如图 3-20(a) 所示，该电路由开关 QS1、QS2，熔断器 FU1、FU2，软启动器和三相交流异步电动机等组成。软启动器串接在电源与被控三相交流异步电动机之间，是一种集三相交流异步电动机软启动、软停车、轻载节能和多种保护功能于一体的新颖三相交流异步电动机控制装置，国外称为 Soft Starter。软启动器一般采用三相反并联晶闸管作为调压器，通过控制软启动器内部晶闸管的导通角，使三相交流异步电动机输入电压从零逐渐上升，直至启动结束，赋予三相交流异步电动机全电压，在软启动过程中，三相交流异步电动机启动转矩逐渐增加，转速也逐渐增加。FU1 是普通熔断器，而 FU2 是快速熔断器，保护软启动器用。

(2) 启动过程

按图 3-20(a) 接线，合上开关 QS1，通过软启动器（一种晶闸管调压装置）使电压从某一较低值逐渐上升至额定值，启动后再合上开关 QS2，使三相交流异步电动机投入正常运行。

(3) 启动电流

图 3-20(b) 是直接启动、星形-三角形启动和软启动三种启动方法的启动电压和启动转矩变化情况。

其中软启动从额定电压的10%至60%开始沿斜坡逐渐上升至全压，斜坡曲线除起点可调外，上升的时间也是可调的（如从0.5s至60s之间）。这样可以根据应用场合选择最合适的斜坡曲线，即合适的启动电流。

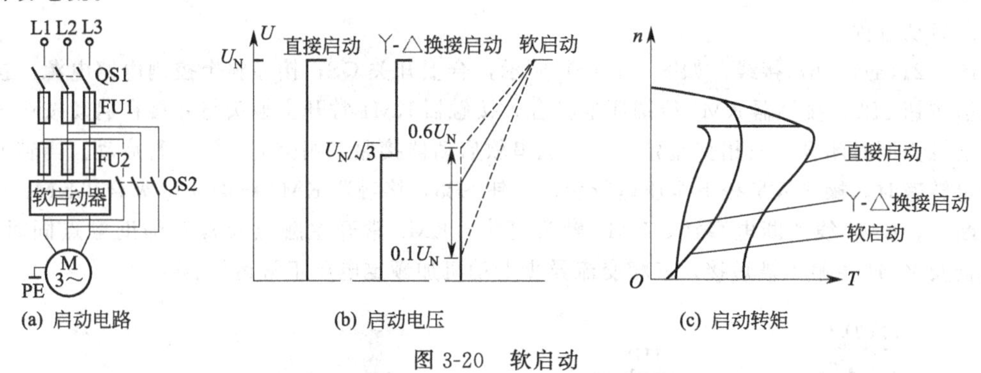

(a) 启动电路　(b) 启动电压　(c) 启动转矩

图3-20　软启动

（4）启动转矩

如图3-20(c)所示，因启动转矩与启动电流接近正比例，所以有合适的启动电流就有了合适的启动转矩。

（5）电路特点

优点：在软启动启动过程中，启动转矩的变化比较平稳，因而这种启动方式不仅降低了电网的负担，同时也减小了对机械设备的冲击，可延长机械设备的使用寿命。

此外，软启动还具有改善功率因数和效率的节能、保护等特点。

① 节能　三相交流异步电动机属感性负载，电流滞后电压，大多数用电器都属此类。为了提高功率因数须用容性负载来补偿，并电容或用同步三相交流异步电动机补偿，降低三相交流异步电动机的激磁电流也可提高功率因数，实现节能功能，在轻载时降低电压，使激磁电流降低，提高功率因数，实现节能功能。

当三相交流异步电动机负载轻时，软启动在选择节能功能的状态下，自动降低三相交流异步电动机电压，减少三相交流异步电动机电流的励磁分量，提高三相交流异步电动机的功率因数，达到节能的目的。

② 保护　软启动的电子保护能防止三相交流异步电动机因过载而发热。

a. 过载保护功能。软启动器引进了电流控制环，因而随时跟踪检测三相交流异步电动机电流的变化状况。通过增加过载电流的设定和反时限控制模式，实现过载保护功能，使三相交流异步电动机过载时，关断晶闸管并发出报警信号。

b. 相保护功能。工作时，软启动器随时检测三相线电流的变化，一旦发生断流，即可作出缺相保护反应。

c. 过热保护功能。通过软启动器内部热继电器检测晶闸管散热器的温度，一旦散热器温度超过允许值后自动关断晶闸管，并发出报警信号。

d. 其他保护功能。通过电子电路的组合，还可在系统中实现其他种种联锁保护。

由于软启动具有这些优点，所以它虽然出现的时间不长，却已在水泵、鼓风机、压缩机、传送带等设备中得到大量应用，并有取代其他降压启动的趋势。

缺点：软启动较其他启动方法成本高，随着科学技术的发展，成本的降低，会得到广泛应用。

例3-16　由按钮和接触器实现的软启动。

（1）启动电路

图3-21(a)、(b)为按钮控制的定子串电阻降压启动电路。该电路由开关QS，熔断器FU1、

FU2 、FU3，接触器 KM1、KM2，软启动器，停止按钮 SB1、串软启动器按钮 SB2、全压运行切换按钮 SB3，三相交流异步电动机 M 等组成。其中 FU1 是普通熔断器，而 FU2 是快速熔断器，保护软启动器用。

(2) 启动过程

按图 3-21(a)、(b) 接线，如图 3-21(c) 所示，合上开关 QS，接通整个控制电路电源。按下串软启动器按钮 SB2，接触器 KM1 线圈通电吸合，接触器 KM1 常开主触头与并接在启动按钮 SB2 两端的自锁触头同时闭合，三相交流异步电动机串软启动器接通三相交流电源进行启动。当转速升至接近额定转速时，操作人员按下全压运行切换按钮 SB3，接触器 KM2 线圈通电吸合，KM2 常闭联锁触点断开，KM1 线圈断电释放，KM1 触头复位；KM2 常开主触点及常开辅助触点同时闭合，软启动器及 KM1 主触点被短接，三相交流异步电动机加额定电压正常运行。

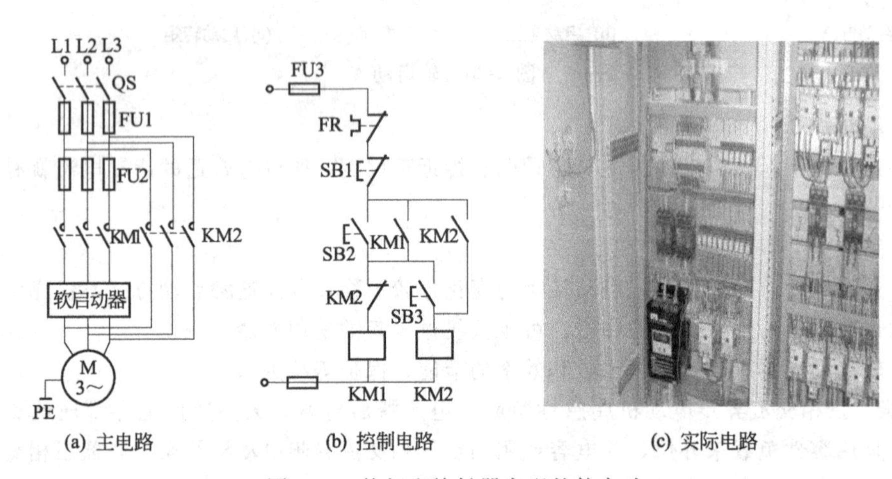

(a) 主电路　　(b) 控制电路　　(c) 实际电路

图 3-21　按钮和接触器实现的软启动

(3) 电路特点

使用软启动器启动三相交流异步电动机时，晶闸管的输出电压逐渐增加，三相交流异步电动机逐渐加速，直到晶闸管全导通，实现平滑启动，降低启动电流，避免启动过流跳闸。待三相交流异步电动机达到额定转数时，启动过程结束，软启动器自动用旁路接触器取代已完成任务的晶闸管，为三相交流异步电动机正常运转提供额定电压，以降低晶闸管的热损耗，延长软启动器的使用寿命，提高其工作效率，又使电网避免了谐波污染。

优点：在软启动启动过程中，启动转矩的变化比较平稳，因而这种启动方式不仅降低了电网的负担，同时也减小了对机械设备的冲击，可延长机械设备的使用寿命。

缺点：启动设备成本高。

【自己动手】

设计一个由按钮和接触器实现的软启动电路，说明启动过程并接线、调试。

任务 3　增大转子电阻启动

增大转子电阻启动主要是在绕线型三相交流异步电动机转子中串入电阻器或频敏变阻器来改善启动性能，提高启动转矩。

1. 转子串电阻启动

转子串电阻启动主要用于绕线型三相交流异步电动机的启动。

(1) 启动电路

如图 3-22 所示，该电路由开关 QS，熔断器 FU，电阻 R 和绕线型三相交流异步电动机 M 等组成。

(2) 启动过程

如图3-22所示，在转子电路串接启动电阻 R，合上开关QS，绕线型三相交流异步电动机M开始启动。随着转速的升高，逐渐减小电阻 R，待转速接近额定值时，切除转子所串电阻 R，使绕线型三相交流异步电动机M进入正常运行。

(3) 启动电流

因转子电阻增大，转子电流减小，定子电流减小，即启动电流减小。

(4) 启动转矩

启动电阻分几级切除时，在整个启动过程中可得到比较大的启动转矩。

(5) 电路特点

优点：在启动过程中，一般取最大加速转矩 $T_1=(0.8\sim0.85)T_m$，切换转矩 $T_2=(1.1\sim1.2)T_N$，整个启动过程具有较大的启动转矩，适合于重载启动。

缺点：所需启动设备体积较大，启动时有一部分能量消耗在启动电阻上，启动级数也较少，启动不平滑，启动过程较复杂。

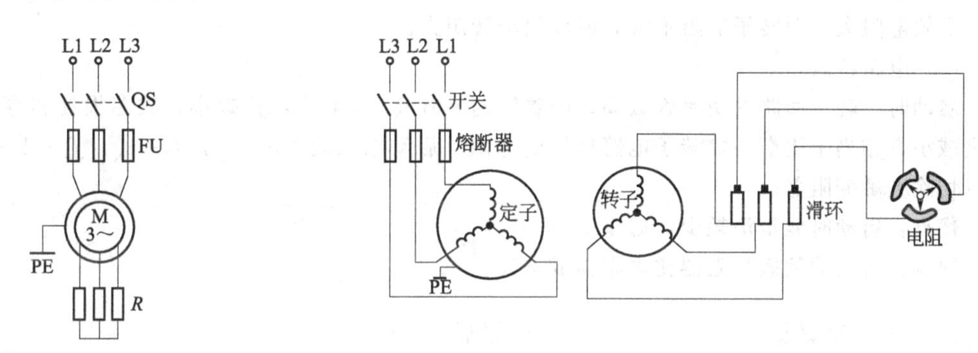

图3-22　转子串电阻启动原理图　　　图3-23　转子串电阻启动

例3-17　转子串电阻启动。

(1) 启动电路

如图3-23所示，该电路由开关，熔断器，滑环，电阻和绕线型三相交流异步电动机定子及转子等组成。

(2) 启动过程

按图3-23接线，在转子电路串接启动电阻，合上开关，开始启动。转子开始旋转后，随着转速的升高，逐渐减小电阻，待转速接近额定值时，切除转子所串电阻，使绕线型三相交流异步电动机进入正常运行。

一般启动过程中，电阻分三级切除，故称为三级启动。

(3) 电路特点

优点：在启动过程中，一般取最大加速转矩 $T_1=(0.8\sim0.85)T_m$，切换转矩 $T_2=(1.1\sim1.2)T_N$，整个启动过程具有较大的启动转矩，适合于重载启动。

缺点：所需启动设备体积较大，启动时有一部分能量消耗在启动电阻上，启动不平滑，启动过程较复杂，手动操作，过渡时间难掌握。

【自己动手】

设计一个转子串电阻启动电路，说明启动过程并接线、调试。

2. 转子串频敏电阻启动

转子串频敏变阻启动也是用于绕线型三相交流异步电动机的启动。

(1) 启动电路

如图 3-24 所示，该电路由开关 QS，熔断器 FU，频敏变阻 L 和绕线型三相交流异步电动机 M 等组成。

频敏变阻是用厚钢板做铁芯的三相电抗器。它是一个三相铁芯线圈，通常接成星形。其铁芯不用硅钢片而用厚钢板叠成。铁芯中产生涡流损耗和一部分磁滞损耗，铁芯损耗相当于一个等值电阻，其线圈又是一个电抗，故电阻和电抗都随频率变化而变化，故称频敏变阻，它与绕线型三相交流异步电动机的转子绕组相接。

(2) 启动过程

如图 3-24 所示，启动前，接好频敏电阻 L，合上开关 QS，启动绕线型三相交流异步电动机 M，启动结束时，切除频敏变阻 L。

(3) 启动电流

启动时，$s=1$，$f_2=f_1=50\text{Hz}$，这时频敏变阻器的铁芯损耗大，等效电阻大，即限制了启动电流。

(4) 启动转矩

等效电阻大，但转子电阻不大，所以启动转矩大。

(5) 电路特点

启动时，转子回路的功率因数高。随着转速 n 升高，s 下降，f_2减小，铁芯损耗和等效电阻也随之减小，相当于逐渐切除转子电路所串的电阻。启动结束时，$n=n_N$，$f_2=s_N$，$f_1\approx 1\sim 3\text{Hz}$，就可以切除频敏变阻器。

优点：启动时能量消耗少，启动平滑。

缺点：所需的频敏变阻器比电阻器成本高。

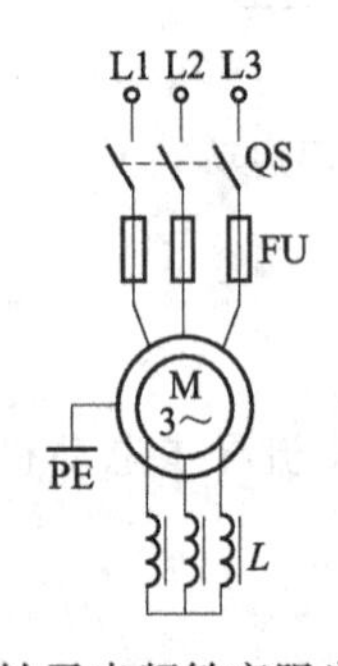

图 3-24 转子串频敏变阻启动原理图

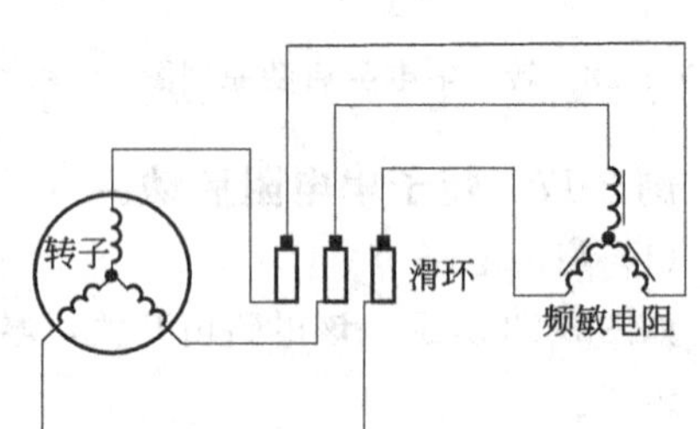

图 3-25 转子串频敏变阻启动

例 3-18 转子串频敏电阻启动。

(1) 启动电路

如图 3-25 所示，该电路由开关，熔断器，滑环，频敏电阻和绕线型三相交流异步电动机定子及转子等组成。

(2) 启动过程

按图 3-25 接线，启动前，在转子电路串接频敏电阻，合上开关，开始启动。转子开始旋转后，随着转速的升高，频敏电阻自动减小，待转速接近额定值时，切除转子所串频敏电阻，使绕线型三相交流异步电动机进入正常运行。

(3) 电路特点

优点：整个启动过程具有较大的启动转矩，较小的启动电流，启动平滑，启动过程简单，且自动实现，适合于重载启动。

缺点：所需启动设备成本较高。

【自己动手】

设计一个转子串频敏电阻启动电路，说明启动过程并接线、调试。

总之，增大转子电阻启动，一般适用于绕线型三相交流异步电动机重载启动。

三相交流异步电动机除了直接启动、降低定子电压启动、增大转子电阻启动外，还可以通过改进三相交流异步电动机转子的结构来改善启动性能，如鼠笼型三相交流异步电动机的转子可采用深槽式和双笼型，它们具有较大的启动转矩。

任务4　启 动 应 用

例 3-19　C650-2 型卧式车床主轴三相交流异步电动机点动控制。

(1) 控制电路

调整车床时，要求主三相交流异步电动机点动控制。在进行点动调整时，为防止连续的启动电流造成三相交流异步电动机过载，串入限流电阻 R，保证电路设备正常工作。

如图 3-26 所示，电路中 KM1 为 M1 三相交流异步电动机的正转接触器；KM2 为反转接触器；KA 为中间继电器；SB2 为点动控制按钮。

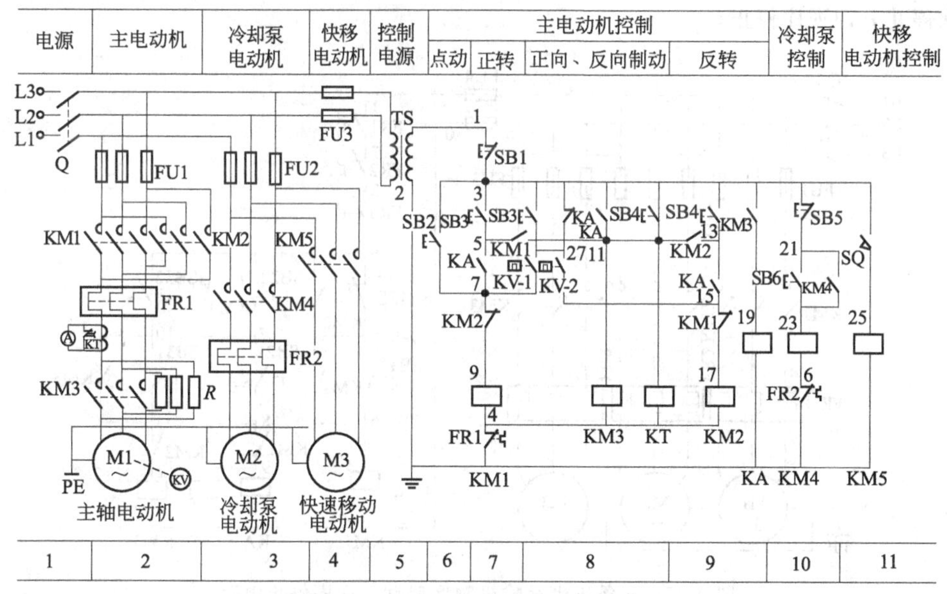

图 3-26　C650-2 型卧式车床电气原理图

(2) 工作过程

按图 3-26 接线，按下点动控制按钮 SB2，KM1 线圈通电，KM1 主触点闭合，三相交流异步电动机经限流电阻接通电源，使三相交流异步电动机定子串电阻在低速下降压启动。

松开点动控制按钮 SB2，KM1 线圈断电，KM1 常开主触点恢复断开，三相交流异步电动机 M1 断开电源，停车。

上述应用是机床上利用按钮控制定子串电阻降压启动控制电路来限制机床三相交流异步电动机点动调整时的启动电流。

该电路中主轴三相交流异步电动机 M1 的其他控制、冷却泵三相交流异步电动机 M2 的控制、刀架快速移动三相交流异步电动机 M3 的控制请读者自性分析。

例 3-20　传送带运输货物顺序控制。

有三条传送带 1 号、2 号和 3 号，三条传送带分别有三台三相交流异步电动机 M1、M2 和 M3 控制。对于这三条传送带运输机的电气要求是：

① 启动顺序为 1 号、2 号、3 号，即顺序启动，以防货物在传送带上堆积。

② 停车顺序为 3 号、2 号、1 号，即逆序停止，以保证停车后传送带上不残存货物。

③ 当 1 号或 2 号出现故障停车时，3 号能随即自动停车，以免继续进料。

(1) 控制电路

如图 3-27 所示，是能满足三条传送带运输机电气控制要求的电路图。该电路由开关 QS，熔断器 FU1、FU2、FU3、FU4，接触器 KM1、KM2、KM3，热继电器 FR1、FR2、FR3，按钮 SB1、SB2、SB3、SB4、SB5、SB6，中间继电器 KA 和三相交流异步电动机 M1、M2、M3 等组成。图中 SB1、SB2、SB3 分别为控制三相交流异步电动机 M1（1 号）、M2（2 号）、M3（3 号）的启动按钮，接触器 KM1、KM2、KM3 分别控制三相交流异步电动机 M1（1 号）、M2（2 号）、M3（3 号）。KM2、KM3 线圈分别接至接触器 KM1、KM2 常开辅助触点的下方，这样就保证了 KM1、KM2、KM3 线圈顺序通电，从而使三相交流异步电动机 M1（1 号）、M2（2 号）、M3（3 号）顺序启动；SB4、SB5、SB6 分别是控制三相交流异步电动机 M1（1 号）、M2（2 号）、M3（3 号）的停止按钮，分别用 KM2、KM3 的常开辅助触点与 SB12、SB22 并联，使得在 M2（2 号）、M3（3 号）通电运转时，SB22、SB32 失效，这样就保证了三相交流异步电动机 M3（3 号）、M2（2 号）、M1（1 号）依次停止，即逆序停止。

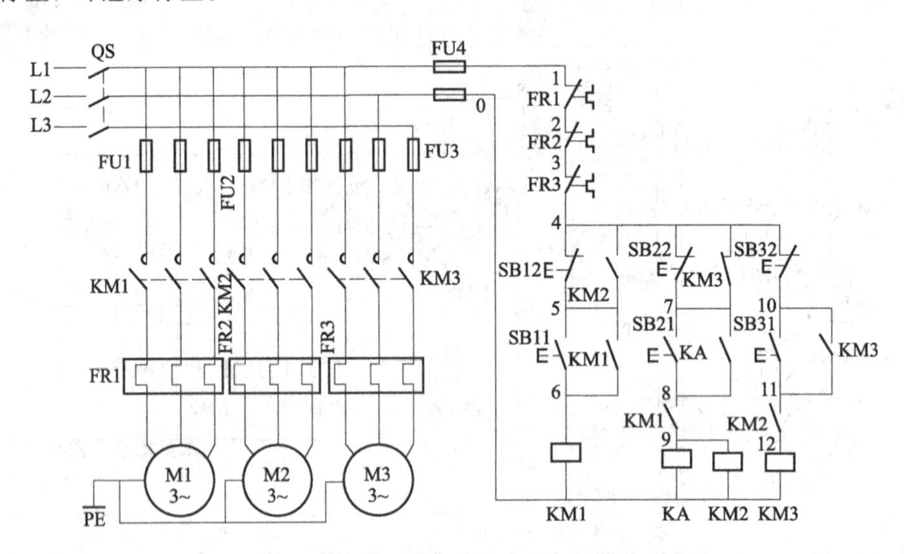

图 3-27　三条皮带运输机顺序启动、逆序停止电路

(2) 工作过程

按图 3-27 接线，合上电源开关 QS，按下 SB11，接触器 KM1 线圈通电，KM1 主触点闭合，M1 通电运转，KM1 自锁触点闭合，实现自锁，KM1 另一对常开辅助触点闭合，为中间继电器 KA 线圈通电做准备，第一台三相交流异步电动机 M1 连续运转。此时，按下 SB21，KM2 线圈通电，KM2 主触点闭合，M2 通电运转，KA 自锁触点闭合，实现自锁，KM2 另两对常开辅助触点闭合，其一将 SB12 短接，使之失效，另一个为 KM3 线圈通电做准备，第二台三相交流异步电动机 M2 连续运转。此时，按下 SB31，KM3 线圈通电，KM3 主触点闭合，M3 通电运转，KM3 自锁触点闭合，实现自锁，KM3 另一对常开辅助触点闭合，将 SB22 短接，使之失效，第三台三相交流异步电动机 M3 连续运转。可见，满足了 1 号、2 号、3 号三相交流异步电动机顺序启动的要求。

停止时，按下 SB32，KM3 线圈断电，KM3 主触点断开，M3 断电停转，KM3 自锁触点断开，解除自锁，KM3 另一对常开辅助触点断开，使得 SB22 恢复有效作用，第三台三相交流异步电动机

M3 处于停止运转状态。此时，按下 SB22，KA、KM2 线圈同时断电，KM2 主触点断开，M2 断电停止运转，KA 自锁触点断开，解除自锁，KM2 另两对常开辅助触点也恢复断开，其一使 SB12 恢复有效作用，另一个使 KM3 线圈无法通电，即此时不能启动第三台三相交流异步电动机 M3，这是 M3、M2 均处于停止状态。再按下 SB12，KM1 主触点断开，M1 断电停转，KM1 自锁触点断开，解除自锁，KM1 另一对常开辅助触点断开，使 KM2 线圈无法通电，即此时不能启动第二台三相交流异步电动机 M2，这是 M3、M2、M1 三台三相交流异步电动机均处于停止状态。可见，满足了 3 号、2 号、1 号三相交流异步电动机逆序停止的要求。

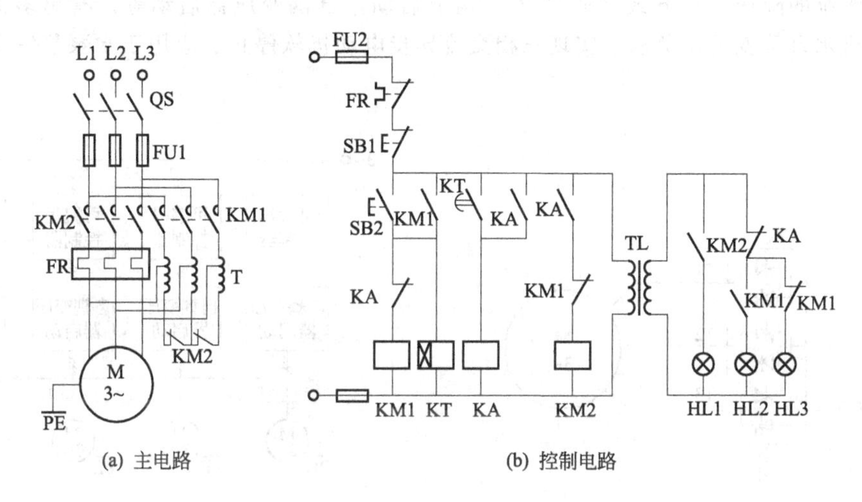

(a) 主电路　　(b) 控制电路

图 3-28　XJ01 型自耦变压器降压启动控制电路

例 3-21　XJ01 型自耦变压器降压启动控制。

(1) 控制电路

如图 3-28 所示，电路基本组成与图 3-19 相同，主要增加了实际应用中三盏指示灯 HL1、HL2、HL3，其中 HL1 为三相交流异步电动机全压运行指示灯，由接触器 KM2 的常开辅助触点控制；HL2 为三相交流异步电动机串自耦变压器降压启动指示灯，由 KM1 常开辅助触点和 KA 常闭触点共同控制；HL3 为控制电路电源接通指示灯，启动开始一直到正常运行该灯均熄灭，由 KM1 的常闭辅助触点和 KA 的常闭触点共同控制。

(2) 工作过程

工作过程与图 3-19 相同，为适合实际应用的需要，增加了工作工程的指示。电源隔离开关 S 合上后，电源指示灯 HL3 点亮（因为控制 HL3 的 KA、KM1 均为常闭触点）。

按图 3-28 接线，按下 SB2，自耦变压器启动，KM1 线圈通电，KM1 的常开辅助触点闭合，指示灯 HL2 通电点亮；当降压启动结束时，中间继电器 KA 线圈通电，KA 常闭触点断开，HL2 灯熄灭，表示降压启动结束。

三相交流异步电动机自动切换到全压正常运行时，接触器 KM2 线圈通电，KM2 的常开辅助触点闭合，HL1 通电点亮，代表三相交流异步电动机全压正常运行。

例 3-22　水泵采用软启动控制。

城市供水系统的水库泵站一般都配备大功率水库泵及增压泵若干台，其良好稳定运行为城市居民的生活用水和社会主义工农业生产带来可靠的保证。目前，很多现有设备已经趋于老化，日常维修工作量大，控制原理也较为落后。如何在不增加大量投资的前提下对现有设备进行合理改造，以发挥最高的工作效能，是当前需要重点解决的问题。

某自来水公司下属的某泵站共有三台 280kW 增压泵和三台 280kW 水库泵。均采用自耦变压器降压启动，启动电流大，并且随着设备的长期使用，开关元件及出水阀门的损耗比较严重。为了降低运行成本，减少设备损耗，提高管理水平，决定采用 PLC 自动控制系统和三相交流异步电动机软启动器对原设备进行改造。

(1) 启动电路原理图

软启动的基本原理如图 3-29 所示，通过控制可控硅的导通角来控制输出电压。因此，软启动器从本质上是一种能够自动控制的降压启动器，由于能够任意调节输出电压，作电流闭环控制，因而比传统的降压启动方式（如星形-三角形启动，自耦变压器启动等）有更多优点。例如满载启动风机水泵等变转矩负载、实现三相交流异步电动机软停止、应用于水泵能完全消除水锤效应等。

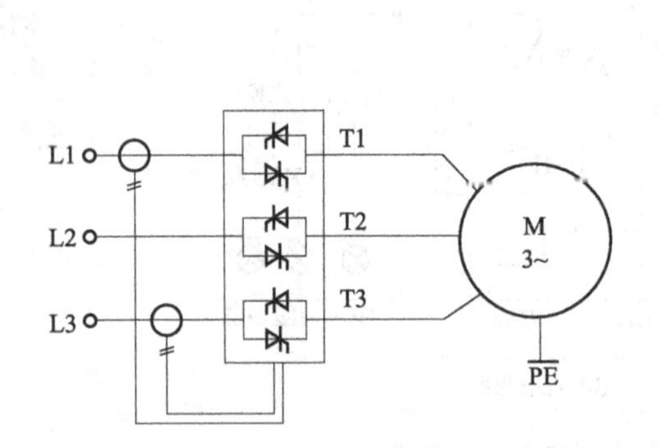

图 3-29　软启动电路原理图

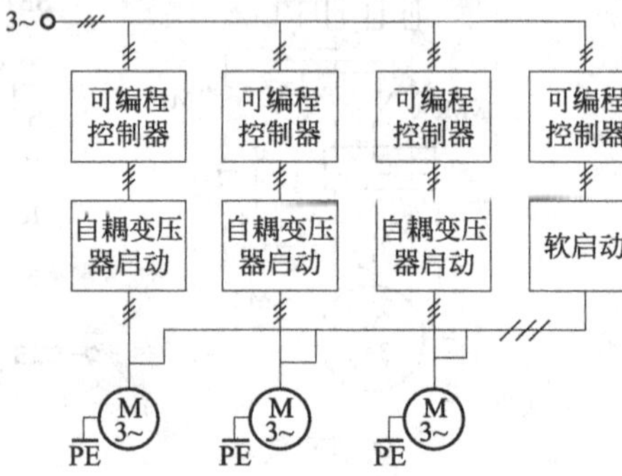

图 3-30　单路进线主电路

目前，国内外的三相交流异步电动机软启动器控制系统一般都采用 1 台软启动器配 1 台三相交流异步电动机的控制方案，为了节省投资，经过多方论证，并且进行了模拟试验，最终决定采用 1 台软启动器带多台三相交流异步电动机的方案。同时，也为了最大限度地保障设备无故障连续运行，对原自耦启动柜进行了改造，保留原来自耦启动的全部功能，并且利用原自耦柜中的运行接触器，作为软启动器的旁路接触器，在软启动器启动完毕后将其旁路，以便软启动器可以继续控制其他的三相交流异步电动机。软停止控制策略则正好相反，首先要将原自耦柜中的运行接触器断开，三相交流异步电动机切换到由软启动器控制，然后启动软启动器的软停止功能，逐渐减小输出电压，将三相交流异步电动机慢慢停下来，最后软启动器退出，等待接受下一个启动或停止操作。

(2) 系统框图

图 3-30 为单路进线的主电路接线图。

(3) 主要设备选型

供水系统关系到千家万户，系统的设计和设备的选型要考虑其可靠性以及产品制造商的资信，使系统在正常工作条件下，尽可能做到万无一失。但同时又要兼顾系统的经济性，因此在设备的配备上对主要关键性设备尽可能选用国内外优质产品，对一些不影响系统性能及可靠性的辅助设备，可选用价廉物美的产品，以提高整个系统的性价比。

① 可编程序控制器（PLC）选型　PLC 是控制系统的关键部件之一，选型的时候除了要满足以上要求之外，还要考虑到今后的维护和扩展以及与其他泵站保持统一的通信接口，为今后连接上位机监控做好准备等。

综合考虑之后，决定采用 ROCKWELL 的 SLC500 系列 PLC。

② 软启动器选型 选用MCD3000型工业软启动器，该产品具有以下几个优点：

a. 有专用的旁路接线端子，在旁路时还有电流监控，能作过载保护。

b. 丹佛斯软启动器有1带多的专有功能。

c. 丹佛斯软启动器有内置的软停止功能。

d. 丹佛斯软启动器是恒电流闭环控制，能以设定的启动电流值作最快速的启动，启动完成的逻辑判别也更合理。

水泵三相交流异步电动机型号为JS137-6，280kW，493A，983r/min。泵站由两路高压进线供电，每路带3台三相交流异步电动机。因此决定采用2台300 kW软启动器（型号为MCD3300），每路电源接1台软启动器，每台软启动器负责3台三相交流异步电动机的软启动和软停止。其启动控制原理如图3-30所示，启动时完全为电流闭环控制，等到三相交流异步电动机加速至额定转速时，电流也降至额定电流，可控硅完全开足，最后软启动器发出运行信号。

（4）电路特点

软启动与星形-三角形启动、自耦减压启动、电抗器启动等相比具有许多优点：

① 无冲击电流 软启动器在启动三相交流异步电动机时，通过逐渐增大晶闸管导通角，使三相交流异步电动机启动电流从零线性上升至设定值。

② 恒流启动 软启动器可以引入电流闭环控制，使三相交流异步电动机在启动过程中保持恒流，确保三相交流异步电动机平稳启动。

③ 重载启动 根据负载情况及电网继电保护特性选择，可自由地无级调整至最佳的启动电流。适用于重载并需克服较大静摩擦的启动场合。

总之，降低三相交流异步电动机定子电压启动主要用于三相交流笼型三相交流异步电动机的启动，也可用于三相交流绕线三相交流异步电动机启动。

降低定子电压启动虽然能降低三相交流异步电动机启动电流，但由于三相交流异步电动机的转矩与电压的平方成正比，因此降低定子电压启动时三相交流异步电动机的转矩减小较多，故此法一般适用于三相交流异步电动机空载或轻载启动。

【问题与思考】

（1）三相交流异步电动机的启动电流为什么很大？启动电流大有什么危害？

（2）对三相交流异步电动机的启动性能有哪些基本要求？

（3）笼型三相交流异步电动机有哪些启动方法？各有什么优缺点？

（4）绕线型三相交流异步电动机有哪些启动方法？各有什么优缺点？

【知识链接】

1. 三相交流异步电动机的结构

实现机械能与电能相互转换的旋转机械称为电机。把机械能转化为电能的电机称为发电机；把电能转化为机械能的电机称为电动机。

使用三相交流电源的电动机称为三相交流电动机，三相交流电动机分为三相交流异步电动机和三相交流同步电动机。三相交流异步电动机又分为笼型三相交流异步电动机和绕线型三相交流异步电动机，三相交流异步电动机应用广泛。其中笼型三相交流异步电动机由于结构简单、运行可靠、维护方便、价格便宜，是所有三相交流异步电动机中应用最广泛的一种。例如一般的机床、起重机、传送带、鼓风机、水泵以及各种农副产品加工等都普遍使用笼型三相交流异步电动机。

笼型三相交流异步电动机外形结构如图3-31所示；绕线型三相交流异步电动机外形结构图如图3-32所示。三相交流异步电动机的结构主要由定子和转子两大部分组成。固定不动的部分叫定子；旋转部分叫转子。转子装在定子腔内，定、转子之间有一空气间隙，称为气隙。

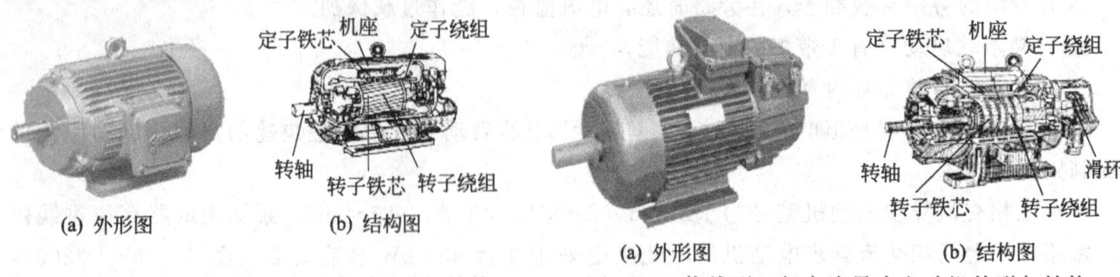

图 3-31　笼型三相交流异步电动机外形与结构　　图 3-32　绕线型三相交流异步电动机外形与结构

2. 三相交流异步电动机铭牌

每台三相交流异步电动机的外壳上都附有一块铭牌，铭牌上面打印着这台三相交流异步电动机的一些基本数据，如图 3-33 所示。

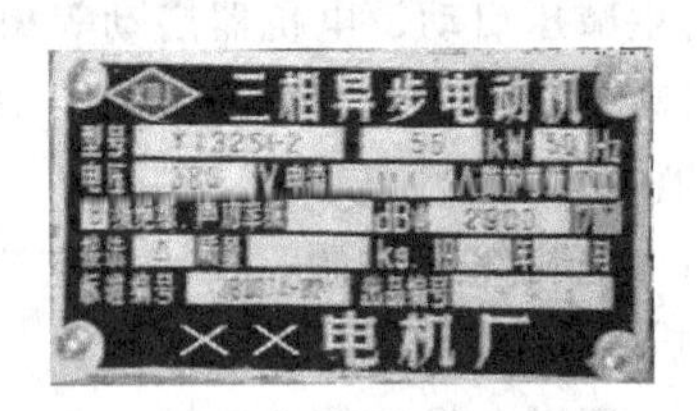

图 3-33　三相交流异步电动机铭牌

表 3-2 所列为一台三相交流异步电动机的铭牌数据。

表 3-2　三相交流异步电动机的铭牌

三相交流异步电动机			
型　号　Y160L-4	电　流　30.3A	接　法　△	温　升　75℃
功　率　15kW	转　速　1460r/min	工作方式　S1	质　量　150kg
电　压　380V	频　率　50Hz	绝缘等级　B 级	编　号
××电机股份有限公司		出厂日期××××年××月	

铭牌数据的含义如下。

（1）型号

如：Y160L-4

Y——表示（笼型）三相交流异步电动机（YR 表示绕线型三相交流异步电动机）。

160——表示机座中心高度为 160mm。

L——表示长机座（S 表示短机座，M 表示中机座）。

4——表示 4 极三相交流异步电动机。

（2）电压

是指三相交流异步电动机定子绕组应加的线电压的有效值，即三相交流异步电动机的额定电压。Y 系列三相交流异步电动机的额定电压统一为 380V。

有的三相交流异步电动机铭牌上标有两种电压值，如 380V/220V，是对应定子绕组采用Y/△两种接法时应加的线电压的有效值。

（3）频率

是指三相交流异步电动机所用交流电源的频率，我国电力系统规定为 50Hz。

（4）功率

是指在额定电压、额定频率下满载运行时三相交流异步电动机转轴上输出的机械功率，即额定功率，又称额定容量。

（5）电流

是指三相交流异步电动机在额定运行（即在额定电压、额定频率下输出额定功）时定子绕组的线电流的有效值，即额定电流。

（6）接法

是指三相交流异步电动机在额定电压下，三相定子绕组应采用的连接方法。Y系列三相交流异步电动机规定额定功率在3kW及以下的为Y连接法，4kW及以上的为△连接法。

铭牌上标有两种电压、两种电流的三相交流异步电动机，应同时标明Y/△两种连接法。

三相交流异步电动机的接线如图3-34所示。

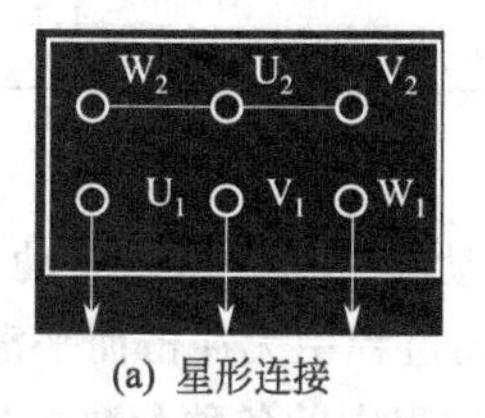

(a) 星形连接

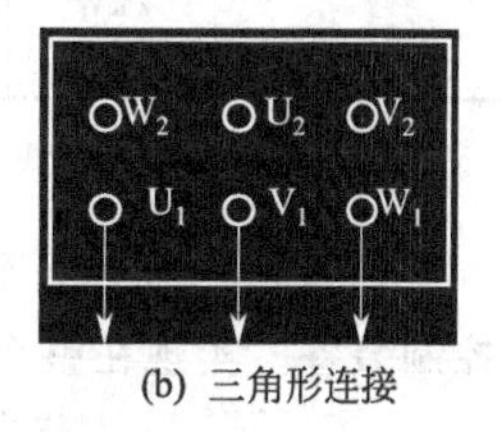

(b) 三角形连接

图3-34　三相交流异步电动机的接线图

（7）工作方式

S_1表示连续工作，允许在额定情况下连续长期运行，如水泵、通风机、机床等设备所用的三相交流异步电动机。

S_2表示短时工作，是指三相交流异步电动机工作时间短（在运转期间，三相交流异步电动机未达到允许温升）、而停车时间长（足以使三相交流异步电动机冷却到接近周围环境的温度）的工作方式，如水坝闸门的启闭，机床中尾架、横梁的移动和夹紧等。

S_3表示断续工作，又叫重复短时工作，是指三相交流异步电动机运行与停车交替的工作方式，如吊车、起重机等。

工作方式为短时和断续的三相交流异步电动机若以连续方式工作时，必须相应减轻其负载，否则三相交流异步电动机将因过热而损坏。

（8）绝缘等级

是按三相交流异步电动机所用绝缘材料允许的最高温度来分级的，有A、E、B、F、H、C等几个等级，如表3-3所示。目前一般三相交流异步电动机采用较多的是E级绝缘和B级绝缘。

在规定的温度以内，绝缘材料能保证三相交流异步电动机在一定期限内（一般为15～20年）可靠地运行，如果超过上述温度，绝缘材料的寿命将大大缩短。

表3-3　绝缘等级

绝缘等级	A	E	B	F	H	C
最高允许温升	105℃	120℃	130℃	155℃	180℃	>180℃

（9）温升

三相交流异步电动机在工作时的损耗都变成热能而使其温度升高，当三相交流异步电动机的温度与周围介质的温差越大时，它的散热也越快，当三相交流异步电动机在单位时间内向周围散发的热量等于其损耗所产生的热量时，三相交流异步电动机的温度就不再上升，达到了稳定状态。三相交流异步电动机的温升是指允许三相交流异步电动机绕组温度高出周围环境温度的最大温差。例如我国规定环境温度以40℃为标准，三相交流异步电动机铭牌上温升为75℃，则允许三相交流异步电动机绕组的最高温度为40℃+75℃=115℃。由于实际测得的三相交流异步电动机最高温度不是三相交流异步电动机绕组真正的温度，因此规定的三相交流异步电动机允许最高温度比其所用绝缘材料的最高允许温度要低。

三相交流异步电动机在额定负载范围内正常运行时，温升是不会超出允许值的，只有在超载运行或故障运行（例如电压过低或缺一相）时，由于电流超出额定值而使温升高出允许值，这将影响三相交流异步电动机的寿命。

在使用和选择三相交流异步电动机时，除了要了解其铭牌数据外，有时还要了解它的其他一些数据，一般可从产品资料和电工手册中查到。表 3-4 为一例 Y 系列三相交流异步电动机的技术数据。

表 3-4　Y 系列三相交流异步电动机技术数据举例

三相交流异步电动机型号	额定功率/kW	满载时				启动转矩/N·m	启动电流/A	最大转矩/N·m
		电流/A	转速/(r/min)	效率/%	功率因数			
Y160L-4	15	30.3	1460	88.5	0.85	2.0	7.0	2.2

3. 软启动器

如图 3-35 所示，软启动器是一种集软启动、软停车、轻载节能和多功能保护于一体的电动机控制装备。实现在整个启动过程中无冲击而平滑的启动电动机，而且可根据电动机负载的特性来调节启动过程中的各种参数，如限流值、启动时间等。

图 3-35　软启动器

软启动器于 20 世纪 70 年代末和 80 年代初投入市场。90 年代，以单片机为核心、半导体可控硅为执行元件的智能化三相交流异步电动机软启动器进入中国市场，并在 2000 年以后开始加速发展。软启动器主要解决三相交流异步电动机启动时对电网的冲击和启动后旁路接触器工作的问题，对三相交流异步电动机有较好的保护作用，在轻载情况下可以实现一定程度的节能（约 5%）采用软启动器，可以控制三相交流异步电动机电压，使其在启动过程中逐渐升高，很自然地控制启动电流，这就意味着三相交流异步电动机可以平稳启动，机械和电应力降至最小。因此软启动器在市场上得到广泛应用，并且软启动器所附带的软停车功能有效地避免水泵停止时所产生的“水锤效应”。

软启动器是一种集三相交流异步电动机软启动、软停车、轻载节能和多种保护功能于一体的新颖三相交流异步电动机控制装置，国外称为 Soft Starter。它的主要构成是串接于电源与被控三相交流异步电动机之间的三相反并联闸管及其电子控制电路。运用不同的方法，控制三相反并联闸管的导通角，使被控三相交流异步电动机的输入电压按不同的要求而变化，完成启动过程。是通过改变电源电压，达到降压启动的目的，相当于降压启动器，具有较强的功能。

① 过载保护功能。软启动器引进了电流控制环，因而随时跟踪检测三相交流异步电动机电流的变化状况。通过增加过载电流的设定和反时限控制模式，实现了过载保护功能，使三相交流异步电动机过载时，关断晶闸管并发出报警信号。

② 缺相保护功能。工作时，软启动器随时检测三相线电流的变化，一旦发生断流，即可作出缺相保护反应。

③ 过热保护功能。通过软启动器内部热继电器检测晶闸管散热器的温度，一旦散热器温度超过允许值后自动关断晶闸管，并发出报警信号。

④ 测量回路参数功能。三相交流异步电动机工作时，软启动器内的检测器一直监视着三相交流异步电动机运行状态，并将监测到的参数送给 CPU 进行处理，CPU 将监测参数进行分析、存储、显示。

⑤ 其他功能。通过电子电路的组合，还可在系统中实现其他种种联锁保护。

软启动器安装调节方便，所有控制连接及参数调节均在正面上完成。该软启动器在安装后用户仍可方便就地改造。如附加限流功能和内接/外接转换选择。该软启动器可不带旁路持续在线运行。软启动器为旁路和故障单独设置了控制继电器。该软启动器所有参数均通过面板上的三只旋钮电位计和一只拔码开关设定，直观准确。它甚至可以工作在有振动和环境温度较高的应用场合。当该软启动器用于内接时因可控硅模块上承受的是三角形接法时的相电流，所以相同电流的软启动器在内接时可以负载比外接时大 1.73 倍的三相交流异步电动机。如一台 58A 的 S 型软启动器内接应用时可以负载 100A 的三相交流异步电动机。

原则上，笼型三相交流异步电动机凡不需要调速的各种应用场合都可适用。应用范围是交流电压 380V（也可 660V），三相交流异步电动机功率从几千瓦到 800kW。

软启动器特别适用于各种泵类负载或风机类负载，需要软启动与软停车的场合。同样对于变负载工况、三相交流异步电动机长期处于轻载运行，只有短时或瞬间处于重载场合，应用软启动器（不带旁路接触器）则具有轻载节能的效果。可广泛用于纺织，冶金、石油化工、水处理、船舶、运输、医药、食品加工，采矿和机械设备等行业。

项目 2　三相交流异步电动机的反转

【项目描述】

学习三相交流异步电动机的反转方法及常见反转电路分析与应用。

【项目内容】

生产机械的运动部件往往要求实现正反两个方向的运动，如机床主轴正转和反转，起重机吊钩的上升与下降，机床工作台的前进与后退，机械装置的夹紧与放松等。这就要求三相交流异步电动机控制系统实现正反转。

实现三相交流异步电动机反转的方法有多种，但无论采用哪一种方法，其原理都是调换两根三相交流异步电动机与电源的连接线，使三相交流异步电动机定子绕组产生反转磁场，从而使转子产生反转力矩，实现三相交流异步电动机的反转。

常见的反转控制主要有两种：一种是直接改变电源的两根接线，使其产生反转磁场，实现三相交流异步电动机的反转；另一种方法是通过电气控制器件，根据实际需要实现三相交流异步电动机的反转。

任务 1　三相交流异步电动机的反转电路及特点

1. 反转电路

如图 3-36 所示，该电路由开关 QS，熔断器 FU 和三相交流异步电动机 M 等组成。

2. 反转过程

如图 3-37 所示，合上开关 QS，三相交流异步电动机反转。

3. 电路特点

优点：结构简单。

缺点：单方向运转。

例 3-23　接触器控制的反转。

(1) 反转电路

接触器控制三相交流异步电动机正反转电路如图 3-37 所示。该电路由开关 QS，熔断器 FU1、FU2，接触器 KM，热继电器 FR、停止按钮 SB1、启动按钮 SB2 和三相交流异步电动机 M 等组成。

(2) 反转过程

按图 3-37 接线，合上开关 QS，按下按钮 SB2，交流接触器 KM 线圈得电，交流接触器 KM 常开出触点闭合，三相交流异步电动机 M 反转。

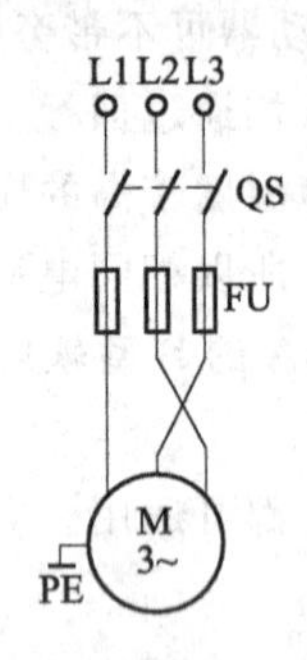

图 3-36 反转电路原理图

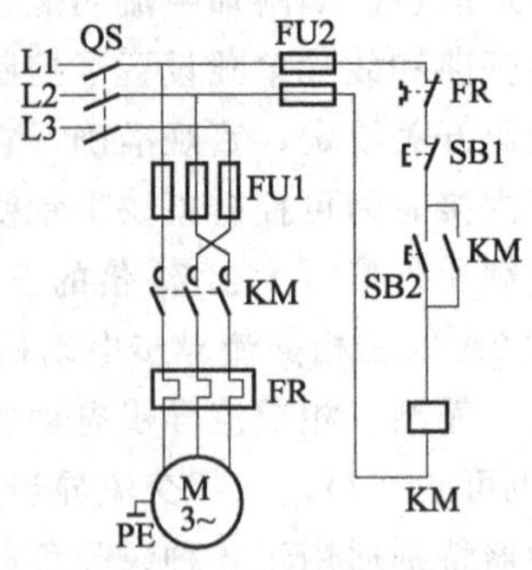

图 3-37 接触器控制反转

(3) 电路特点

该电路只能单方向运转。

【自己动手】

设计一个接触器控制的反转电路，说明反转过程并接线、调试。

任务 2 三相交流异步电动机的正反转

1. 正反转电路

如图 3-38 所示，该电路由开关 S1、S2、S3，熔断器 FU 和三相交流异步电动机 M 等组成。

2. 正反转过程

如图 3-38 所示，合上开关 QS1，再合上开关 QS2 三相交流异步电动机正转，断开开关 S2，三相交流异步电动机停转，合上开关 QS3 三相交流异步电动机反转。

3. 电路特点

优点：能实现两个方向的运转。

缺点：手动操作较麻烦。

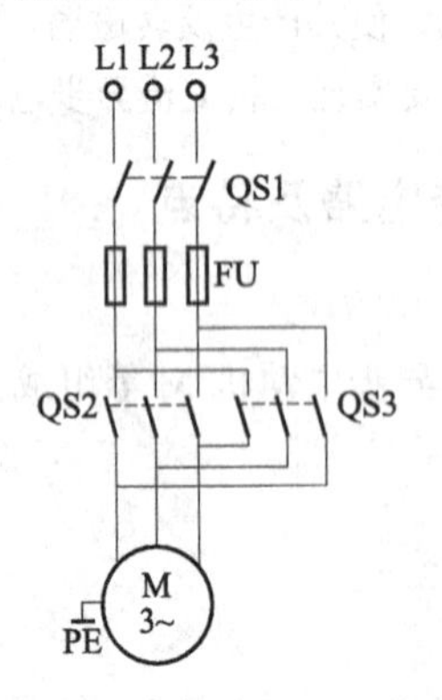

图 3-38 正反转电路原理图

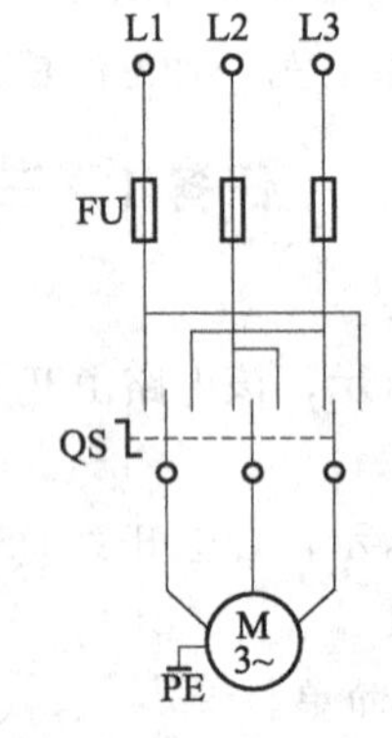

图 3-39 倒顺开关控制正反转

例 3-24 倒顺开关控制的正反转。

(1) 正反转电路

倒顺开关正反转控制电路如图 3-39 所示。该电路由开关 QS，熔断器 FU 和三相交流异步电动机 M 等组成。

(2) 正反转过程

在图 3-39 所示倒顺开关控制正、反转电路，操作倒顺开关 QS，当手柄处于“停”位置时，QS 的动、静触头不接触，电路不通，三相交流异步电动机不转；当手柄扳至“顺”位置时，QS 的动触头和左边的静触头相接触，电路按 L1-U、L2-V、L3-W 接通，输入三相交流异步电动机定子绕组的电源电压相序为 L1-L2-L3，三相交流异步电动机正转；当手柄扳至“倒”位置时，QS 的动触头和右边的静触头相接触，电路按 L1-W、L2-V、L3-U 接通，输入三相交流异步电动机定子绕组的电源相序变为 L3-L2-L1，三相交流异步电动机反转。

(3) 电路特点

当三相交流异步电动机处于正转状态时，要使它反转，应先把手柄扳至“停”的位置，使三相交流异步电动机先停转，然后再把手柄扳至“倒”的位置，使它反转。若直接把手柄由“顺”扳至“倒”的位置，三相交流异步电动机的定子绕组会因为电源突然反接而产生很大的反接电流，易使三相交流异步电动机定子绕组因过热而损坏。

优点：结构简单，成本低，但三相交流异步电动机冲击较大。

缺点：仍需手动操作较麻烦。

该电路在建筑工地的升降机、食堂的和面机中应用较多。

【自己动手】

设计一个倒顺开关控制的正反转电路，说明正反转过程并接线、调试。

例 3-25　接触器控制的无互锁正反转。

(1) 正反转电路

接触器控制的无互锁三相交流异步电动机正反转电路如图 3-40 所示。该电路由开关 QS，熔断器 FU1、FU2，接触器 KM1、KM2，热继电器 FR，停止按钮 SB1、启动按钮 SB2、SB3 和三相交流异步电动机 M 等组成。

(2) 正反转过程

在图 3-40 中 KM1 为正转接触器、KM2 为反转接触器。按钮 SB2 和 SB3 分别为正转启动按钮和反转启动按钮。工作时，合上开关 S，按下正转启动按钮 SB2，正转接触器 KM1 线圈通电，主电路中 KM1 三对常开主触点闭合，三相交流异步电动机通电正转，同时正转接触器 KM1 自锁触点闭合，实现正转自锁。此时，按下停止按钮 SB1，正转接触器 KM1 线圈断电，主电路 KM1 三对常开主触点复位，三相交流异步电动机断电停止，同时正转接触器 KM1 自锁触点也恢复断开，解除正转自锁。再按下反转启动按钮 SB3，反转接触器 KM2 线圈通电，主电路中 KM2 三对常开主触点闭合，三相交流异步电动机改变相序实现反转，同时反转接触器 KM2 自锁触点闭合，实现反转自锁。

(3) 电路特点

该电路是将两个单向旋转控制电路组合而成，主电路由正、反转接触器 KM1、KM2 的主触头来实现三相交流异步电动机两相电源的对调，即改变相序，进而实现三相交流异步电动机的正反转。但若发生在按下正转启动按钮时，三相交流异步电动机已进行正向旋转后，又按下反向启动按钮 SB3 的误操作时，由于正反转接触器 KM1、KM2 线圈均通电吸合，它们的主触头均闭合，将发生电源两相短路，致使熔断器 FU1 熔体烧断，实现短路保护，三相交流异步电动机无法工作。

优点：实现了自动控制。

缺点：安全性较差。

在实际工作中禁止使用。

【自己动手】

设计一个接触器控制的无互锁正反转电路，说明正反转过程并接线、调试。

例 3-26　接触器互锁正反转。

(1) 正反转电路

通过分析，我们知道图 3-41 所示电路是不能直接进行正、反转切换的，无论哪个转向要过渡到另一个转向，必须先停止，否则会导致两个接触器同时通电引起主电路电源短路。为防止出现上述情况，只要在主电路中 KM1、KM2 任意一个接触器主触点闭合，另一个接触器的主触点就应该不可闭合。即任何时候在控制电路中，KM1、KM2 只能有其中一个接触器的线圈通电。

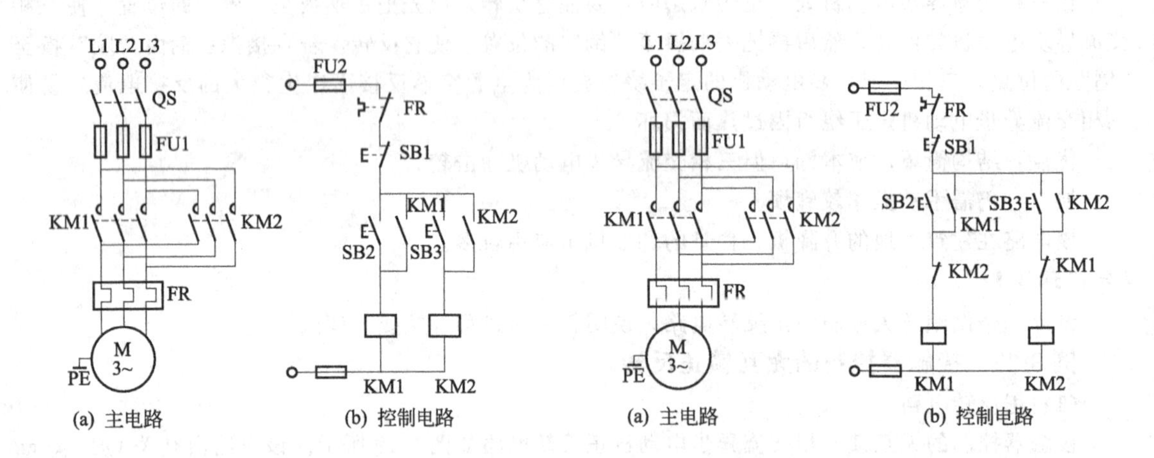

图 3-40　接触器无互锁控制正反转　　　　图 3-41　接触器互锁控制正反转

如图 3-41 所示，将 KM1、KM2 正反转接触器的常闭辅助触头分别串接到对方线圈电路中，形成相互制约的控制，这种相互制约的控制关系称为互锁，也叫联锁。这两对起互锁作用的常闭触头称为互锁触头。由接触器或继电器常闭触头构成的互锁还称为电气互锁。

图 3-41 电路由开关 QS，熔断器 FU1、FU2，接触器 KM1、KM2，热继电器 FR，停止按钮 SB1、启动按钮 SB2、SB3 和三相交流异步电动机 M 等组成。

(2) 正反转过程

在图 3-41 所示接触器互锁正、反转控制电路中，合上开关 QS，按下正转启动按钮 SB2，正转接触器 KM1 线圈通电，一方面 KM1 主电路中的主触点和控制电路中的自锁触点闭合，使三相交流异步电动机连续正转。另一方面，动断互锁触点 KM1 断开，切断反转接触器 KM2 线圈支路，使得它无法通电，实现互锁。此时，即使按下反转启动按钮 SB3，反转接触器 KM2 线圈因 KM1 互锁触点断开也不会通电。要实现反转控制，必须先按下停止按钮 SB1，切断正转接触器 KM1 线圈支路，KM1 主电路中的主触点和控制电路中的自锁触点恢复断开，互锁触点恢复闭合，解除对 KM2 的互锁，然后按下反转启动按钮 SB3，才能使三相交流异步电动机反向启动运转。

同理可知，反转启动按钮 SB3 按下时，反转接触器 KM2 线圈通电。一方面主电路中 KM2 三对常开主触点闭合，控制电路中自锁触点闭合，实现反转，另一方面正转互锁触点断开，使正转接触器 KM1 线圈支路无法接通，进行互锁。

(3) 电路特点

优点：可以避免由于误操作以及因接触器故障引起电源短路的事故发生。

缺点：从一个转向过渡到另一个转向时要先按停止按钮 SB1，不能直接过渡，不方便。控制方式是“正转—停止—反转”。

【自己动手】

设计一个接触器互锁正反转电路，说明正反转过程并接线、调试。

例 3-27　按钮互锁正反转。

(1) 正反转电路

图 3-41 接触器互锁正、反转控制电路使三相交流异步电动机实现“正转—停止—反转”的控制。在生产实际中为提高劳动生产率，减少辅助工时，要求直接进行三相交流异步电动机正转到反转或反转到正转的换向控制。应采取图 3-42 所示的电路，即在图 3-41 所示的控制电路中使用复合按钮 SB2、SB3，代替接触器的互锁。当按下按钮时，常闭触点先断开，常开触点后闭合。分别将常闭触点接入对方接触器线圈支路中。只要按下按钮，就自然先切断了对方线圈支路，从而实现对对方接触器的互锁。这种互锁是利用按钮的另一对触点来实现的，为了区别与接触器触点的互锁(电气互锁)，所以称它为按钮互锁，属于机械互锁。

图 3-42 电路由开关 QS，熔断器 FU1、FU2，接触器 KM1、KM2，热继电器 FR，停止按钮 SB1、启动按钮 SB2、SB3 和三相交流异步电动机 M 等组成。

(2) 正反转过程

如图 3-42 所示按钮互锁正、反转控制电路，合上开关 QS，按下正转启动按钮，即复合按钮 SB2 动断触点先打开，实现对接触器 KM2 线圈的互锁，动合触点后闭合，正转接触器 KM1 线圈通电，其自锁触点和主触点都闭合，分别实现自锁和接通三相交流异步电动机正转电源，三相交流异步电动机通电正转。按下反转按钮，即复合按钮 SB3 动断触点先打开，使正转接触器 KM1 线圈断电。正转电源切断，正转自锁和正转对反转的互锁也都解除，SB3 动合触点后闭合，接通反转接触器 KM2 线圈，三相交流异步电动机实现反转。

(3) 电路特点

控制方式是“正转—反转—停止”。

优点：三相交流异步电动机可以直接从一个转向过渡到另一个转向，不需要按停止按钮 SB1。

缺点：容易产生短路事故。例如，三相交流异步电动机正转接触器 KM1 主触点因弹簧老化或剩磁的原因而延迟释放时、因触点熔焊或者被卡住而不能释放时，如按下 SB3 反转按钮，会造成 KM1 因故不释放或释放缓慢而没有完全将触点断开，KM2 接触器又通电使其主触点闭合，电源会在主电路短路。

【自己动手】

设计一个按钮互锁正反转电路，说明正反转过程并接线、调试。

例 3-28　按钮、接触器双重互锁正反转。

(1) 正反转电路

图 3-43 所示双重互锁正、反转控制电路。该电路由开关 QS，熔断器 FU1、FU2，接触器 KM1、KM2，热继电器 FR，停止按钮 SB1、启动按钮 SB2、SB3 和三相交流异步电动机 M 等组成。

(2) 正反转过程

如图 3-43 所示，合上开关 QS，按下正转启动按钮，即复合按钮 SB2 动断触点先打开，实现对接触器 KM2 线圈的互锁，动合触点后闭合，正转接触器 KM1 线圈通电，其自锁触点和主触点都闭合，分别实现自锁和接通三相交流异步电动机正转电源，三相交流异步电动机通电正转，同时 KM1 的辅助动断互锁触点断开，实现互锁。按下反转按钮，即复合按钮 SB3 动断触点先打开，使正转接触器 KM1 线圈断电，正转电源切断，正转自锁和正转对反转的互锁也都解除，SB3 动合触点后闭合，接通反转接触器 KM2 线圈，三相交流异步电动机实现反转，同时 KM2 的辅助动断互锁触点断开，实现互锁。

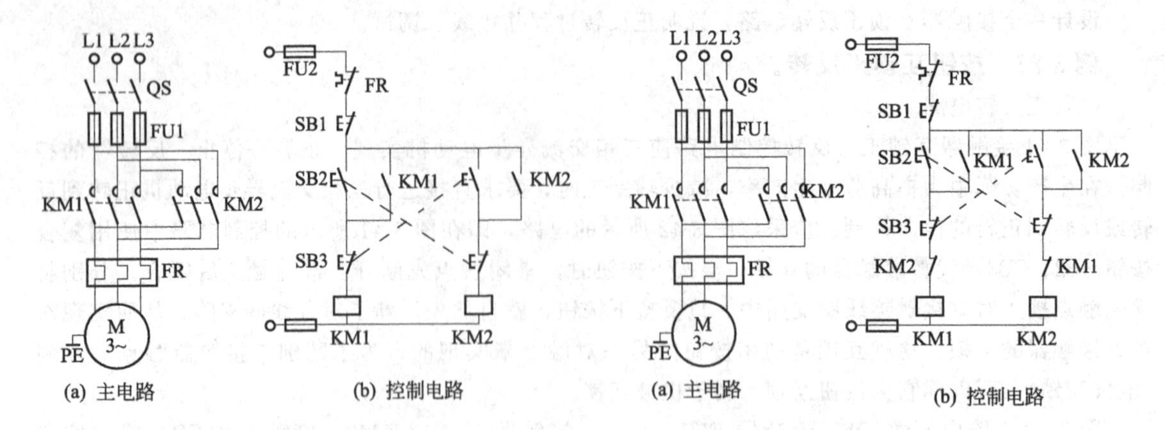

图 3-42 按钮互锁控制正反转

图 3-43 按钮和接触器双重互锁控制正反转

（3）电路特点

优点：能实现正、反转直接过渡，也可有效防止相间短路事故的发生。

在实际工作中广泛应用。

缺点：电路相对复杂些。

【自己动手】

设计一个按钮、接触器双重互锁正反转电路，说明正反转过程并接线、调试。

例 3-29 自动正反转。

（1）正反转电路

有些生产设备的驱动三相交流异步电动机一旦启动后就要求正反转能自动进行切换。实现三相交流异步电动机正反转自动换接的方法很多。其中，用行程开关发出换接信号的最为常见。利用行程开关发出工作状态改变信号的控制方法称为按行程原则控制。图 3-44 所示为按行程原则设计的自动往复循环控制电路。该电路由开关 QS，熔断器 FU1、FU2，接触器 KM1、KM2，热继电器 FR，停止按钮 SB1、启动按钮 SB2、SB3，行程开关 SQ1、SQ2、SQ3、SQ4 和三相交流异步电动机 M 等组成。图中 SQ3、SQ4 为超限位保护行程开关，用以防止因行程开关 SQ1 和 SQ2 失灵，使工作台超出极限位置而发生事故。

（2）正反转过程

在图 3-44 所示电路中，合上开关 QS，按下 SB2，接触器 KM1 线圈通电，其自锁触点闭合，实现自锁，互锁触点断开，实现对接触器 KM2 线圈的互锁，主电路中的 KM1 主触点闭合，三相交流异步电动机通电正转，拖动工作台向右运动。到达右边终点位置后，安装在工作台上的限定位置撞块碰撞行程开关 SQ1。撞块压下 SQ1，其动断触点先断开，切断接触器 KM1 线圈支路，KM1 线圈断电。主电路中 KM1 主触点分断，三相交流异步电动机断电正转停止，工作台停止向右运动，控制电路中，KM1 自锁触点分断解除自锁，KM1 的动断触点恢复闭合解除对接触器 KM2 线圈的互锁。SQ1 的动合触点后闭合，接通 KM2 线圈支路，KM2 线圈得电。KM2 自锁触点闭合实现自锁，KM2 的动断触点断开，实现对接触器 KM1 线圈的互锁，主电路中的 KM2 主触点闭合，三相交流异步电动机通电改变相序反转，拖动工作台向左运动。到达左边终点位置后，安装在工作台上的限定位置的撞块碰撞行程开关 SQ2，其动断和动合触点按先后动作。此过程自动往复进行。

（3）电路特点

行程开关在电路中，起行程限位控制作用时，其常闭触点串接于被控制的接触器线圈的电路中；若起自动往返控制作用时，以复合触点形式接于电路中，其常闭触点串接于将被切除的电路中，其常开触点并接于将待启动的换向按钮两端。

优点：自动实现正反转。即工作台在 SQ1 和 SQ2 之间周而复始地做往复循环运动，直到按下停止按钮 SB1 为止。整个控制电路失电，接触器 KM1（或 KM2）主触点分断，三相交流异步电动机断电停转，工作台停止运动。

缺点：电路较复杂。

【自己动手】

设计一个自动正反转电路，说明正反转过程并接线、调试。

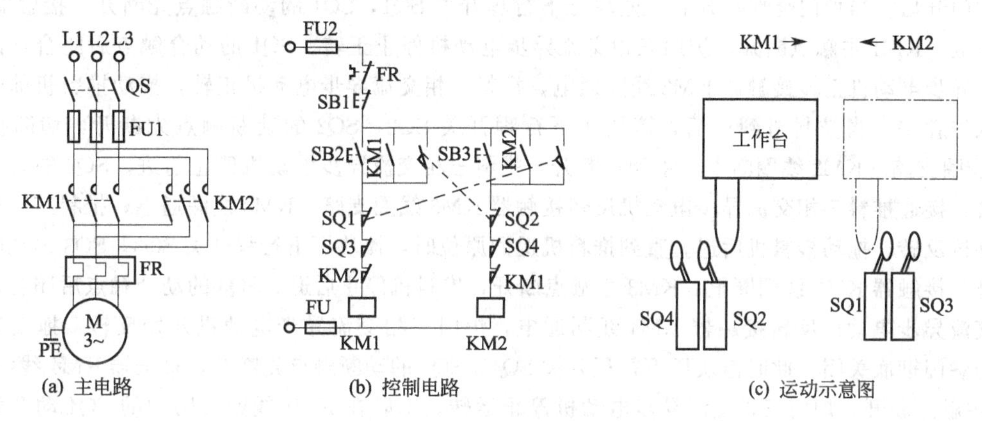

(a) 主电路　(b) 控制电路　(c) 运动示意图

图 3-44　自动往复循环控制电路

任务3　正反转应用

例 3-30　自动往复循环控制电路。

图 3-45 为加料炉自动上料控制电路图及工作流程图。加料炉工作情况按图示工艺流程的程序完成操作。即按下启动按钮后，炉门打开，推料机将燃料推入炉中，然后自动退回到指定位置，准备下次再推料入炉，同时炉门关闭进行加热。

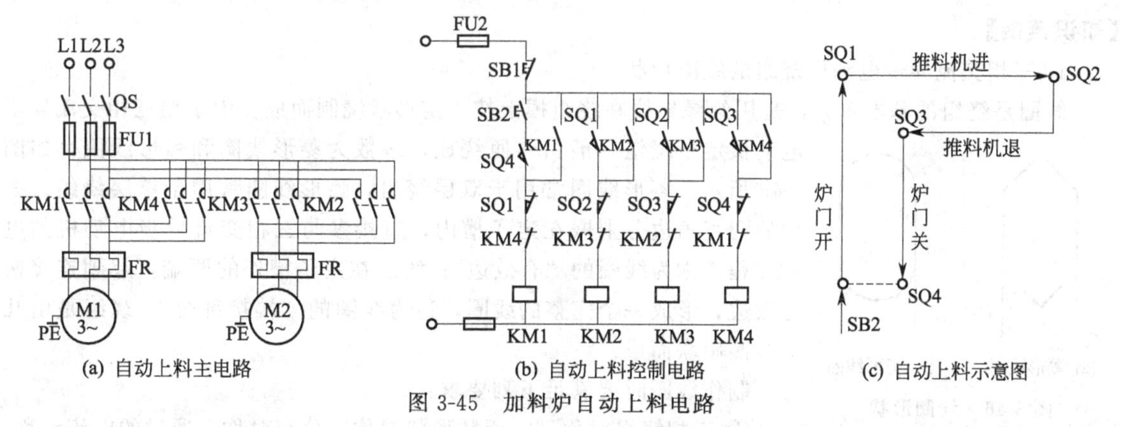

(a) 自动上料主电路　(b) 自动上料控制电路　(c) 自动上料示意图

图 3-45　加料炉自动上料电路

（1）控制电路

图 3-45 电路由开关 QS，熔断器 FU1、FU2，接触器 KM1、KM2、KM3、KM4，热继电器 FR，停止按钮 SB1、启动按钮 SB2，行程开关 SQ1、SQ2、SQ3、SQ4 和三相交流异步电动机 M1、M2 等组成。炉门三相交流异步电动机为 M1，推料三相交流异步电动机为 M2。电路中各元件的作用如下：KM1 为炉门三相交流异步电动机正转接触器，控制炉门开启。KM4 为炉门三相交流异步

电动机反转接触器，控制炉门关闭。KM2 为推料三相交流异步电动机正转接触器，控制推料机前进。KM3 为推料三相交流异步电动机反转接触器，控制推料机后退。SB1 为停止按钮，SB2 为启动按钮。行程开关 SQ1 动作为炉门开启停止，推料机前进。SQ2 动作为推料机前进停止，开始后退。SQ3 动作为推料机后退停止，炉门开始关闭。SQ4 动作为炉门关闭停止，同时为下一循环炉门开启做准备，等待下一次工作人员的操作。

（2）工作过程

如图 3-45(c) 所示，在炉门关闭时，行程开关 SQ4 受压，它的动合触点闭合。此时，按下启动按钮 SB2，炉门三相交流异步电动机正转接触器 KM1 线圈通电，炉门三相交流异步电动机连续正转，拖动炉门开启。当炉门全部打开后，撞块压下行程开关 SQ1，SQ1 的动断触点先断开，接触器 KM1 线圈断电，KM1 主触点断开，炉门三相交流异步电动机停止正转。SQ1 的动合触点后闭合，推料三相交流异步电动机正转接触器 KM2 线圈通电，推料三相交流异步电动机正转，拖动推料机前进，将料推入炉膛中。当推料机到位后，撞块压下行程开关 SQ2，SQ2 的动断触点先断开，切断接触器 KM2 线圈支路，KM2 线圈断电，主触点断开，推料三相交流异步电动机停止前进。SQ2 的动合触点后闭合，接通推料三相交流异步电动机反转接触器 KM3 线圈支路，KM3 线圈通电，推料三相交流异步电动机反转，拖动推料机后退，直到推料机退回原位时，撞块压下行程开关 SQ3，SQ3 的动断触点先断开，接触器 KM3 线圈断电，KM3 主触点断开，推料机停止后退。SQ3 的动合触点后闭合，炉门三相交流异步电动机反转接触器 KM4 线圈通电，炉门三相交流异步电动机开始反转，拖动炉门关闭。当炉门彻底关闭，此时撞块压下行程开关 SQ4，SQ4 的动断触点先断开，接触器 KM4 线圈断电，KM4 主触点断开，炉门三相交流异步电动机停止运转。串联在 KM1 线圈支路中的 SQ4 动合触点后闭合，为下次循环做好准备，操作人员只要再按下 SB2，又会重复以上工作。

（3）电路特点

优点：实现自动开关炉门和自动进出加热炉。减轻了劳动强度和操作安全性。

缺点：电路较复杂。

【问题与思考】

（1）怎样才能使三相交流异步电动机反转？

（2）频繁正、反转对三相交流异步电动机有何影响？为什么？

【知识链接】

1. 三相交流异步电动机绕组的线圈形状

线圈是绕组的基本单元，是用绝缘导线在绕组模上按一定形状绕制而成。中小型三相交流异步电动机定子绕组一般由多匝绕成，多数为菱形线圈和弧形线圈，如图 3-46 所示。菱形线圈常用于双层绕组，弧形线圈常用于单层绕组。线圈的两直角边分别嵌在定子槽内，直接参与三相交流异步电动机的电磁过程，称为线圈的“有效边”；线圈在定子槽外的两端，起到连接两有效边，形成一个完整的线圈，称为线圈的“端接部分”。绕组是由几个线圈串联而成。

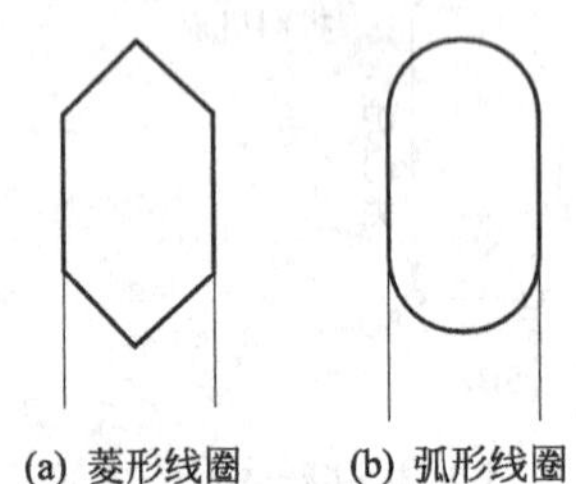

(a) 菱形线圈　(b) 弧形线圈

图 3-46　线圈形状

制作线圈时要满足下列要求：

① 三相绕组对称——匝数形状对称、分布对称、通过的电流对称。

② 力求获得最大的电动势和磁动势。

③ 绕组的电动势和磁动势的波形力求接近正弦。

④ 节省用铜量。

⑤ 绕组的绝缘和机械强度可靠，散热条件好。

⑥ 工艺简单、便于制造、安装和检修。

2. 三相交流异步电动机常用的绕组

常用的绕组有单层绕组和双层绕组。

单层绕组是指在每槽中只放一个有效边，三相交流异步电动机的线圈总数等于定子槽数的一半，单层绕组分为链式、交叉式和同心式绕组。单层绕组的优点是元件少，结构简单，嵌线方便，槽内无层间绝缘，单层绕组为整距绕组，所以广泛应用于10kW以下的三相交流异步电动机定子绕组；但该绕组的缺点是电动势和磁动势波形较差，启动性能较差，铁损和噪声较大，所以不适宜于大中型三相交流异步电动机。

双层绕组是在每槽中用绝缘隔为上、下两层，嵌放不同线圈的各一个有效边。每个线圈的一个有效边位于某槽上层，它的另一个有效边则位于相距一个节距的另一槽下层。这时，线圈的每个有效边都占1/2槽，线圈的个数与槽数相等。

图3-47为24槽4极单层链式绕组的平面展开图。单层链式绕组由形状、几何尺寸和节距相同的线圈连接而成，整个外形如长链。

链式绕组的每个线圈节距相等并且制造方便；线圈端部连线较短并且省铜。主要用于 $q=2$ 的4、6、8极的小型三相交流异步电动机。

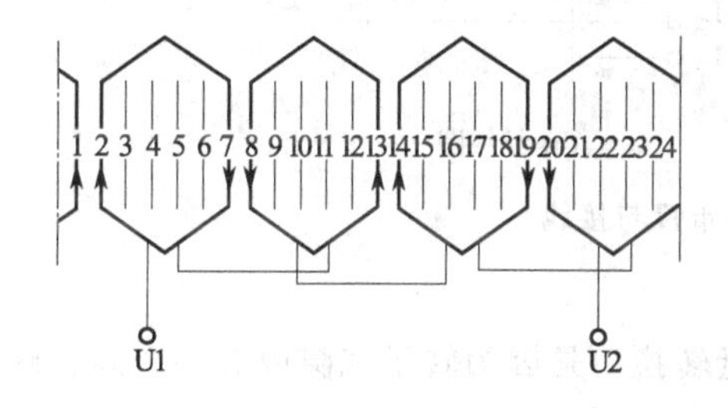

图3-47　24槽4极单层链式绕组平面展开图

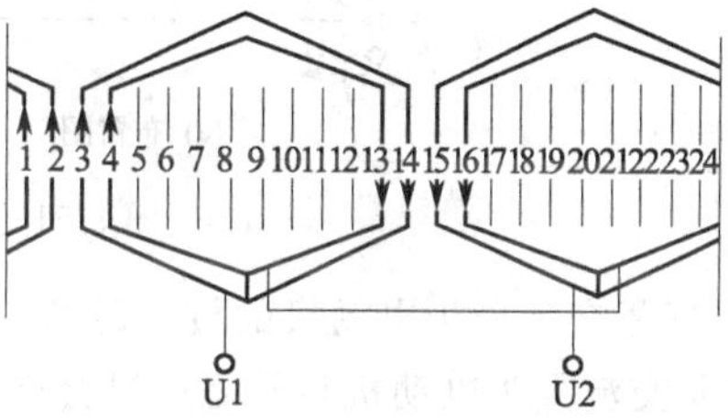

图3-48　24槽2极单层同心式绕组平面展开图

图3-48为24槽2极单层同心式绕组的平面展开图。同心式绕组由几个几何尺寸和节距不等的线圈连成同心形状的线圈组构成。

同心式绕组端部连线较长，多适用于 $q=4$ 的2极小型三相交流异步电动机，该三相交流异步电动机的转速较高。$q=4$ 的2极同心式绕组比较费铜，端部整形也困难，使用较少。

图3-49为36槽4极单层交叉式绕组的平面展开图。单层交叉式绕组由线圈数和节距不相同的两种线圈组构成，同一组线圈的形状、几何尺寸和节距均相同，各线圈组的端部互相交叉。

交叉式绕组由两大一小线圈交叉布置。线圈端部连线较短，有利于节省材料，并且省铜。广泛用于 $q>1$ 的且为奇数的小型三相交流异步电动机。

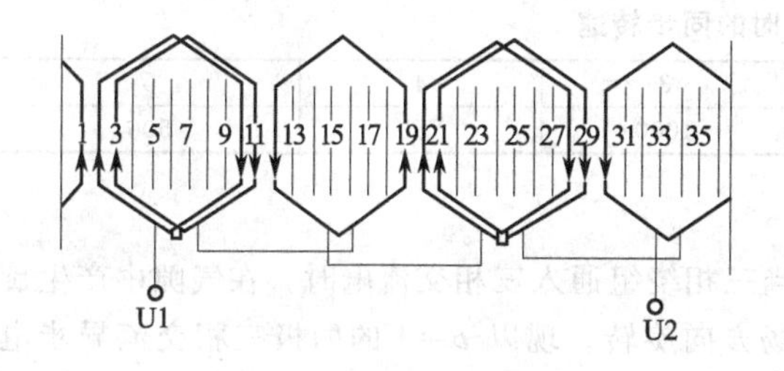

图3-49　36槽4极单层交叉式绕组平面展开图

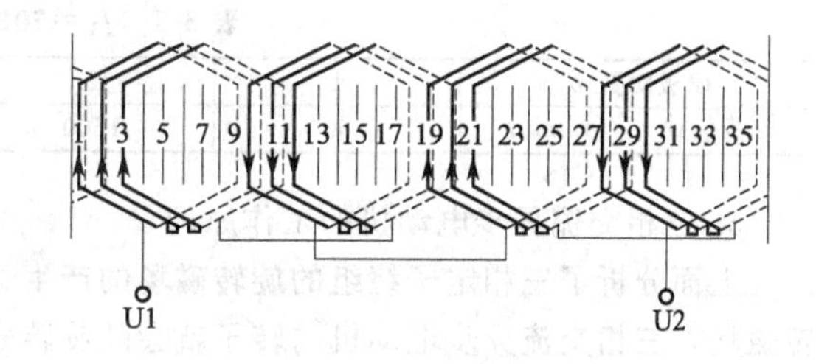

图3-50　36槽4极双层叠绕组平面展开图

图3-50为36槽4极双层叠绕组的平面展开图。双层绕组是在每个槽内放上、下两层线圈的有效边。即线圈的一个有效边放在某一槽的上层，另一个有效边则放置在相隔为 y 的另一槽的下层。

双层绕组的优点是线圈数等于槽数；线圈数组数等于极数，也等于最大并联支路数；每相绕组的电动势等于每条支路的电动势；可组成较多的并联支路；所有线圈的形状和尺寸相同，便于实现机械化；可以选择最有利的节距，使电动势和磁动势波形更接近正弦波；端部排列整齐机械强度高。

双层绕组的缺点是嵌线困难，用铜量大。

3. 三相交流异步电动机三相定子绕组的接线

三相定子绕组根据设计要求不同和实际使用的不同，其接线方式有星形（Y）连接和三角形（△）连接。无论哪种连接，三相绕组 U_1-U_2，V_1-V_2，W_1-W_2在空间上都互差 120°。星形（Y）连接是将三个绕组的尾端接在一起，三个始端分别接三相电源；三角形（△）连接是 U_2接 V_1、V_2接 W_1、W_2接 U_1，三个连接端分别接三相电源。如图 3-51 所示是三相定子绕组的星形连接。

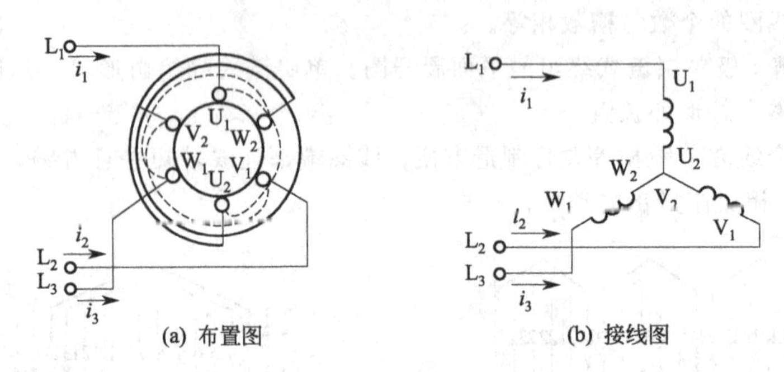

图 3-51　三相定子绕组布置与接线

4. 三相交流异步电动机的旋转磁场

三相交流异步电动机转子之所以会旋转、实现能量转换，是因为转子气隙内有一个旋转磁场。它是三相定子绕组随三相交流电流的变化产生的。

所谓旋转磁场，就是一种极性和大小不变且以一定转速旋转的磁场。根据理论分析证明，三相交流异步电动机旋转磁场产生的条件是：三相绕组完全相同并且在空间上对称分布，互差 120°电角度布置；在对称三相绕组中通入对称三相电流。

旋转磁场的转速 n_1（r/min）为：

$$n_1=\frac{60f_1}{p} \tag{3-6}$$

三相交流异步电动机的同步转速与旋转磁场的转速相同。同步转速决定于定子电流频率 f_1（即电源频率）和旋转磁场的磁极对数 p。当电源频率 $f_1=50\text{Hz}$ 时，同步转速 n_1与磁极对数 p 的关系如表 3-5 所示。

表 3-5　$f_1=50\text{Hz}$ 时的同步转速

磁极对数 p	1	2	3	4	5
同步转速 n_1/(r/min)	3000	1500	1000	750	500

5. 三相交流异步电动机的工作原理

上面分析了三相定子绕组的旋转磁场的产生，当三相绕组通入三相交流电时，在气隙中产生旋转磁场，三相交流异步电动机的转子就会随旋转磁场方向旋转。现以 $p=1$ 的两极三相交流异步电动机为例，说明三相交流异步电动机的工作原理，如图 3-52 所示。当定子三相对称绕组中通入三相对称电流时，三相交流异步电动机内就产生一个以同步转速 n_1、在空间作逆时针方向旋转的旋转磁场。若转子绕组不动，转子绕组导体与旋转磁场之间有相对运动，导体中便有感应电动势，其方向由右手定则确定。由于转子绕组是一个闭合回路，于是转子导体中就有电流，该通电导体在磁场中受到电磁力的作用，不考虑电动势与电流的相位差，其方向可用左手定则确定。由此电磁力产生电磁转矩 T_{em}，由图 3-52 可看出，电磁转矩的方向与旋转磁场的方向一致，于是在电磁转矩 T_{em} 的作用下，三相交流异步电动机的转子便沿着旋转磁场的方向以转速 n 旋转起来；如果此时三相交流异步电动机转子带动生产机械，则转子上受到的电磁转矩将克服负载转矩而做功，从而实现了电能与机械能之间的能量转换。

只有当转子转速 n 低于旋转磁场转速 n_1，即 $n<n_1$ 时，转子导体与旋转磁场之间才有相对运动，转子导体才会感应出电动势和电流，产生电磁力和电磁转矩，使三相交流异步电动机转子继续旋转。若 $n=n_1$，转子转速与旋转磁场同步运行，转子导体与磁场间就不会有切割磁力线的作用，就不会产生感应电动势，也没有磁场力产生，所以三相交流异步电动机就不会旋转。因为转子转速略小于同步转速，即转子转速与同步转速不同步，所以叫做三相交流异步电动机。又因为三相交流异步电动机是利用电磁感应的原理工作，所以又称为感应三相交流异步电动机。

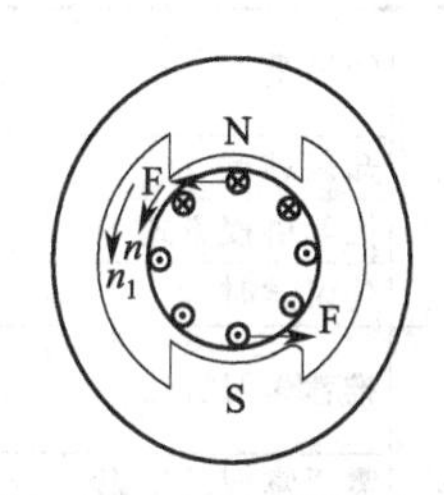

图 3-52　三相交流异步电动机转动原理示意图

由以上分析可见，三相交流异步电动机的旋转方向与磁场旋转方向是一致的。所以要使三相交流异步电动机反转，就应使磁场反转。也就是让三相交流异步电动机任意两相电源接线对调，就可以使三相交流异步电动机反转。

小　　结

本情境主要介绍了三相交流异步电动机的三种启动方法、两种反转方法以及相关的电路分析和应用。

三种启动方法是：直接启动、降低定子电压启动和增大转子电阻启动。

两种反转方法是：改变定子电源相序反转和改变定子电源相序正反转。

情境4 三相交流异步电动机调速与制动

【教学提示】

教	知识重点	(1)三相交流异步电动机调速方法 (2)三相交流异步电动机制动方法
	知识难点	三相交流异步电动机调速、制动电路分析
	推荐讲授方式	从任务入手,从实际电路出发,讲练结合
	建议学时	10学时
学	推荐学习方法	自己先预习,不懂的地方作出记录,查资料,听老师讲解;在老师指导下连接电路,但不要盲目通电
	需要掌握的知识	三相交流异步电动机调速、制动方法及电路分析
	需要掌握的技能	(1)正确进行电路的接线 (2)正确处理电路故障

除了第3章讲的三相交流异步电动机的启动与反转在三相交流异步电动机的控制中具有举足轻重的作用外，三相交流异步电动机的调速与制动也是三相交流异步电动机控制中不可忽视的两个重要环节。

【学习目标】

(1) 学习三相交流异步电动机的调速方法、控制电路及应用。

(2) 学习三相交流异步电动机的制动方法、控制电路及应用。

项目1 三相交流异步电动机的调速

【项目描述】

学习三相交流异步电动机的调速方法、调速电路及应用，明确调速目的。

【项目内容】

调速是指在负载不变的情况下，通过改变三相交流异步电动机的参数来改变三相交流异步电动机的转速。从三相交流异步电动机的转速关系式 $n=n_1(1-s)=\frac{60f_1}{p}(1-s)$ 可以看出，三相交流异步电动机的转速与转差率 s、电源频率 f_1、磁极对数 p 有关，所以三相交流异步电动机调速可分为以下三大类：变极调速、变频调速、变转差率调速。

任务1 变极调速

变极调速就是通过改变定子绕组的磁极对数 p 达到调速的目的。

由于三相交流异步电动机的定子线圈可以采用不同的连接方式，所以通过改变绕组的连接方式，改变磁极对数，从而改变三相交流异步电动机的转速。为了得到更多的转速，可在定子上安装两套三相绕组，每套都可以改变磁极对数，采用适当的连接方式，就有三种或四种不同的转速。这种可以改变磁极对数的三相交流异步电动机称为多速度三相交流异步电动机。

变极调速经常采用的方法有三角形-双星形接法和星形-双星形接法两种。三角形-双星形接法可获得双速电路，星形-双星形接法可获得三速电路。

1. 双速电路

(1) 调速电路

① 三相定子绕组的结构。如图4-1所示，双速三相交流异步电动机定子绕组结构比较特殊。三

相定子绕组共有 6 个出线端，U1、V1、W1 和 U2、V2、W2。

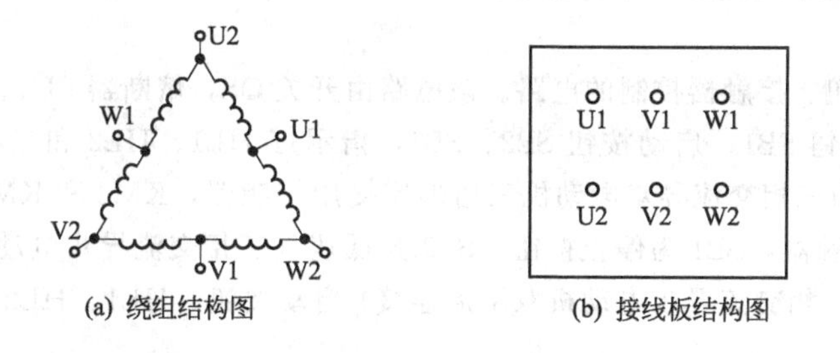

图 4-1　双速定子绕组接线图

② 低速（三角形连接）。可接成三角形，由三个连接点引出三个接线端也可从每相绕组的中点各接出一个出线端这样定子绕组。当把三相交流电源分别接到定子绕组的出线端 U1、V1、W1 上，另外三个出现端 U2、V2、W2 空着不接，如图 4-2 所示，此时三相交流异步电动机定子绕组接成三角形，磁极为 4 极，同步转速为 1500r/min，电动机运行于低速。

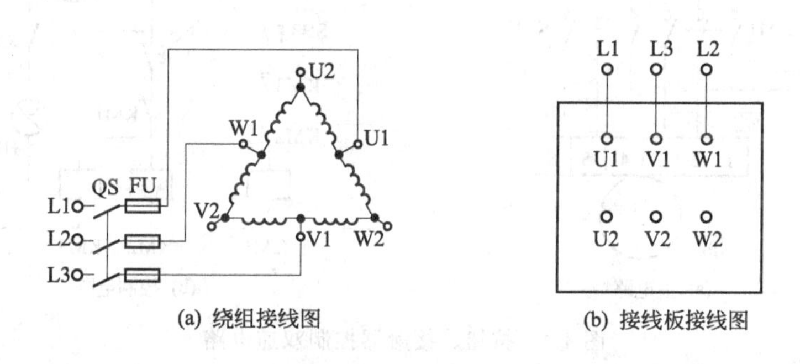

图 4-2　4 极（转速 1500r/min）接线图

③ 高速（双星形连接）。当把三个出线端 U1、V1、W1 接在一起，另外三个出现端 U2、V2、W2 分别接到三相交流电源上，如图 4-3 所示，此时三相交流异步电动机定子绕组接成双星形，磁极为 2 极，同步转速为 3000r/min，三相交流异步电动机运行于高速。

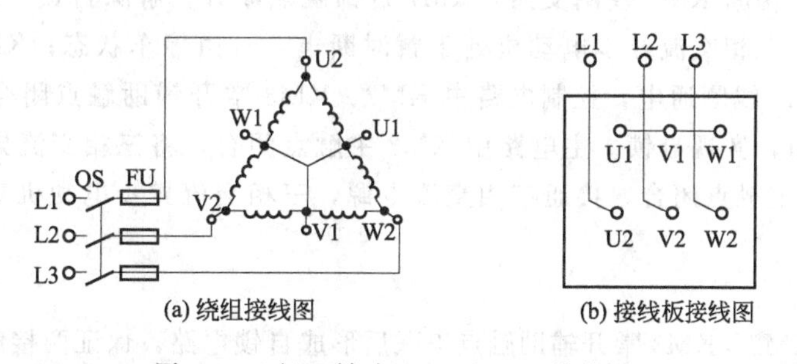

图 4-3　2 极（转速 3000r/min）接线图

（2）调速过程

断开开关 QS，按图 4-3 接线，合上开关 QS，三相交流异步电动机低速运行。

断开开关 QS，按图 4-3 接线，合上开关 QS，三相交流异步电动机高速运行。

（3）电路特点

优点：调速简单、经济实惠，在金属切削机床上常被用来扩大齿轮箱调速的范围。

缺点：手动接线，只能实现两级调速，不能无级调速。

例 4-1　按钮、接触器控制的双速电路。

（1）调速电路

图 4-4 所示为按钮、接触器控制的电路。该电路由开关 QS，熔断器 FU1、FU2，接触器 KM1、KM2、KM3，停止按钮 SB1、启动按钮 SB2、SB3，指示灯 HL1、HL2 和三相交流异步电动机 M 等组成。图中 KM1 为三相交流异步电动机三角形连接用接触器，KM2 和 KM3 为三相交流异步电动机双星形连接用接触器，SB1 为停止按钮，SB2 为低速（三相交流异步电动机三角形连接）启动按钮，SB3 为高速（三相交流异步电动机双星形连接）启动按钮，HL1、HL2 分别为低速、高速信号指示灯。

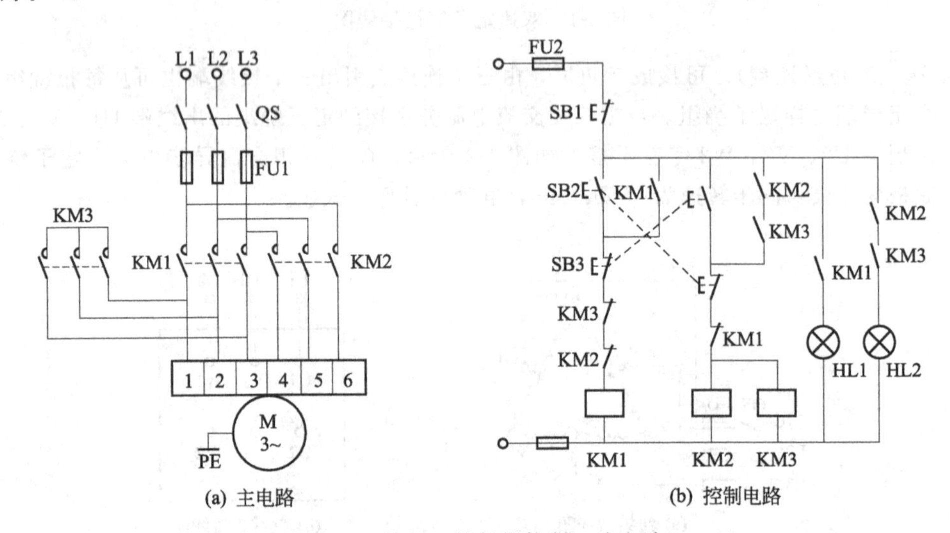

(a) 主电路　　(b) 控制电路

图 4-4　按钮、接触器控制双速电路

（2）调速过程

如图 4-4 所示，合上开关 QS，按下低速启动按钮 SB2，接触器 KM1 线圈通电，自锁触点闭合，实现自锁，主电路中 KM1 主触点闭合，接通三相交流电源，三相交流异步电动机定子绕组以三角形连接低速运行。控制电路中低速信号指示灯 HL1 亮。当按下高速启动按钮 SB3 时，它的常闭触点先断开，切断 KM1 线圈支路，KM1 自锁触点断开，解除自锁，主电路中 KM1 主触点断开，切断电源，三相交流异步电动机处于暂时断电，自由停车状态；KM1 的常闭触点后闭合，使得 KM2、KM3 线圈通电，控制电路中 KM2、KM3 常开辅助触点闭合，使得由二者串联组成的自锁支路接通，实现自锁。主电路中 KM3 主触点闭合，将三相交流异步电动机定子接成双星形，同时 KM2 主触点闭合，接通三相交流电源，三相交流异步电动机高速运行，高速信号指示灯 HL2 亮。

（3）电路特点

① 图 4-4 中，KM2、KM3 常开辅助触点串联后形成自锁电路，保证两接触器只有在可靠工作的情况下才能进行高速运行，电路中还采用了按钮互锁，使高、低速换接时可以直接操作而无需按停车按钮，提高生产效率。

② 高速直接启动时的启动电流比低速直接启动时的启动电流要大很多，因此，高速直接启动对电网的冲击太大。

③ 双速三相交流异步电动机定子绕组从一种接法改变为另一种接法时，要保证三相交流异步电动机的旋转方向不变，需要改变电源相序。

④ 变极调速时三相交流异步电动机的定子绕组必须特制。

⑤ 这种调速方法只能使三相交流异步电动机获得两个转速。

通常这种控制电路只适用于小容量的三相交流异步电动机。

【自己动手】

设计一个按钮、接触器控制的双速电路，说明调速过程并接线、调试。

例 4-2　时间继电器控制的双速电路。

(1) 调速电路

如图 4-5 所示，该电路由开关 QS1、QS2，熔断器 FU1、FU2，接触器 KM1、KM2、KM3，时间继电器 KT，停止按钮 SB1、启动按钮 SB2 和三相交流异步电动机 M 等组成。开关 QS2 选择三相交流异步电动机高、低速的双速控制电路。开关 QS2 断开时选择低速，QS2 闭合时选择高速。

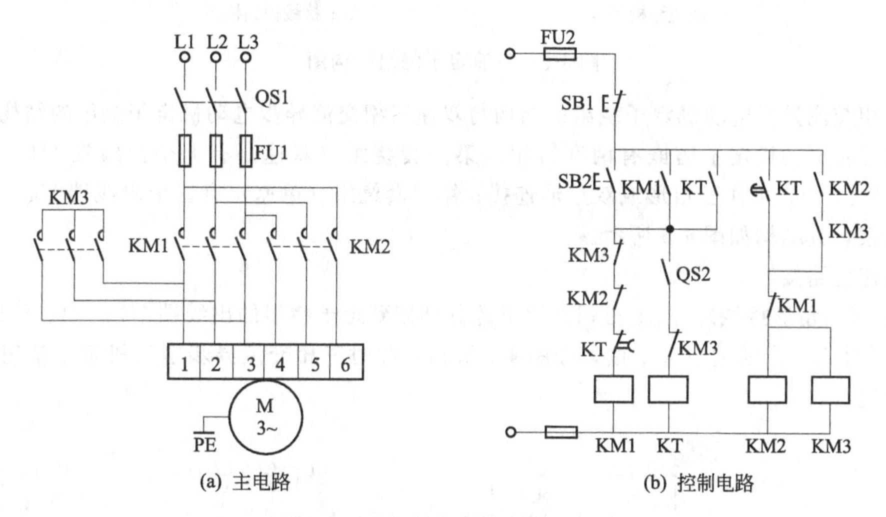

图 4-5　时间继电器控制双速电路

(2) 调速过程

按图 4-5 接线，低速运行时，合上开关 QS1，开关 QS2 置断开位置。此时时间继电器 KT 未接入电路，接触器 KM2、KM3 无法接通。按下启动按钮 SB2，接触器 KM1 线圈通电，自锁触点闭合，实现自锁。KM1 主触点接通三相交流电源，三相交流异步电动机低速运行。

低速启动、高速运行时，合上开关 QS1，开关 QS2 置闭合位置。按下启动按钮 SB2，接触器 KM1 线圈、时间继电器 KT 线圈同时通电。KM1 线圈通电，三相交流异步电动机低速启动运行。由于图中时间继电器为通电延时型，因此当 KT 线圈通电，时间继电器开始计时。当时间继电器延时结束时，其延时断开的常闭触点先断开，切断 KM1 线圈支路，三相交流异步电动机处于暂时断电，自由停车状态；其延时闭合的常开触点后闭合，同时接通 KM2、KM3 线圈支路，三相交流异步电动机由三角形运行转入双星形运行，即实现高速运行。

(3) 电路特点

优点：三相交流异步电动机在低速运行时可用开关 QS2 直接切换到高速运行。

缺点：不能从高速运行直接用开关 QS2 切换到低速运行，必须先按停止按钮后，再进行低速运行。

【自己动手】

设计一个时间继电器控制的双速电路，说明调速过程并接线、调试。

2. 三速电路

(1) 三速定子绕组结构

变极调速的三速三相交流异步电动机同变极调速的双速三相交流异步电动机一样，也是通过改变三相交流异步电动机定子绕组的连接方式，来获得不同的磁极数，使三相交流异步电动机转速发生变化，从而达到三相交流异步电动机调速的目的。经常采用的方法是三角形-星形-双星形。

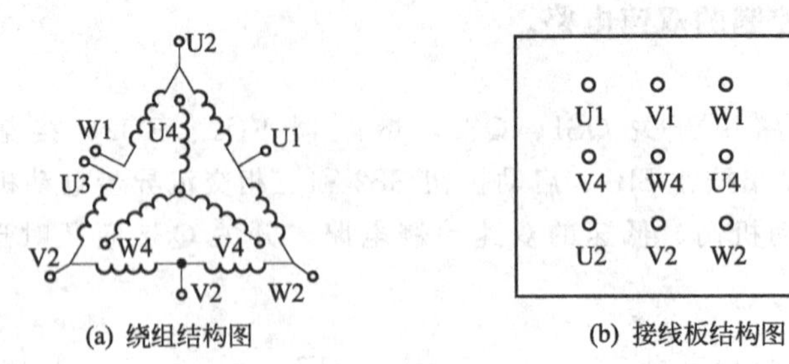

(a) 绕组结构图　　(b) 接线板结构图

图 4-6　三速定子绕组结构图

三速三相交流异步电动机定子绕组的结构与双速三相交流异步电动机定子绕组的结构不同，三速三相交流异步电动机定子槽嵌有两套绕组。第一套绕组（双速）有七个出线端 U1、V1、W1、U3、U2、V2、W2，可作三角形或双星形连接；第二套绕组（单速）有三个出线端 U4、V4、W4，只作星形连接，其结构如图 4-6 所示。

(2) 调速电路接线

① 低速（三角形接线）。当把三相交流电源分别接到定子绕组的出线端 U1、V1、W1 上，U3、W1 并头，另外六个出线端空着不接，如图 4-7 所示，此时三相交流异步电动机定子绕组接成三角形，实现低速。

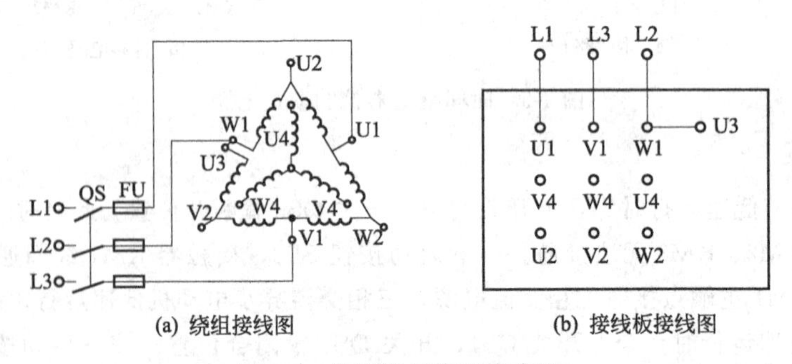

(a) 绕组接线图　　(b) 接线板接线图

图 4-7　低速定子绕组接线图

② 中速（星形接线）。当只把三个出线端 U4、V4、W4 分别接到三相交流电源上，另外七个出线端空着不接，如图 4-8 所示，此时三相交流异步电动机定子绕组接成星形，实现中速。

③ 高速（双星形接线）。当把三相交流电源分别接到定子绕组的出线端 U2、V2、W2 上，U1、V1、W1、U3 并头，另外三个出线端空着不接，如图 4-9 所示，此时三相交流异步电动机定子绕组接成双星形，实现高速。

(3) 调速过程

低速时，断开开关 QS，按图 4-9 接线，合上开关 QS，三相交流异步电动机低速运行。

中速时，断开开关 QS，按图 4-9 接线，合上开关 QS，三相交流异步电动机中速运行。

高速时，断开开关 QS，按图 4-9 接线，合上开关 QS，三相交流异步电动机高速运行。

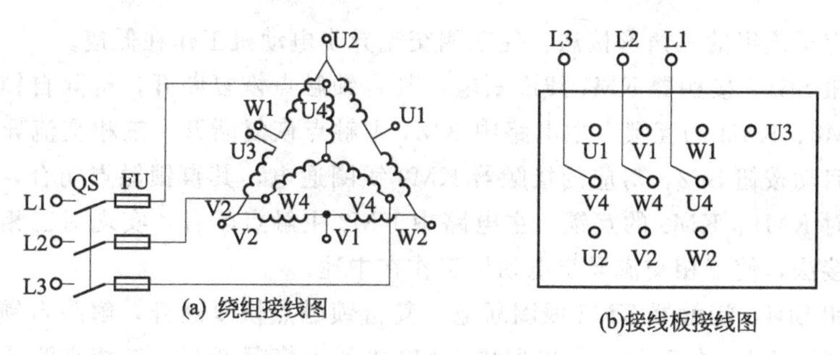

(a) 绕组接线图　(b)接线板接线图

图 4-8　中速定子绕组接线图

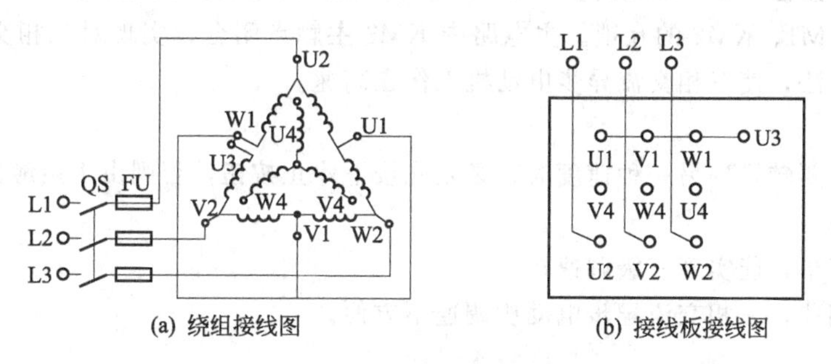

(a) 绕组接线图　(b) 接线板接线图

图 4-9　高速定子绕组接线图

(4) 电路特点

优点：调速简单、经济实惠，在金属切削机床上常被用来扩大齿轮箱调速的范围。

缺点：手动接线，只能实现三级调速，不能无级调速。

例 4-3　按钮、接触器控制三速电路。

(1) 调速电路

图 4-10 所示，为按钮、接触器控制的电路。该电路由开关 QS，熔断器 FU1、FU2，接触器 KM1、KM2、KM3，按钮 SB1、SB2 、SB3、SB4 和三相交流异步电动机 M 等组成。图中 SB1、KM1 控制三相交流异步电动机低速运行；SB2、KM2 控制三相交流异步电动机中速运行；SB3、KM3 控制三相交流异步电动机高速运行。SB4 为停止控制按钮。

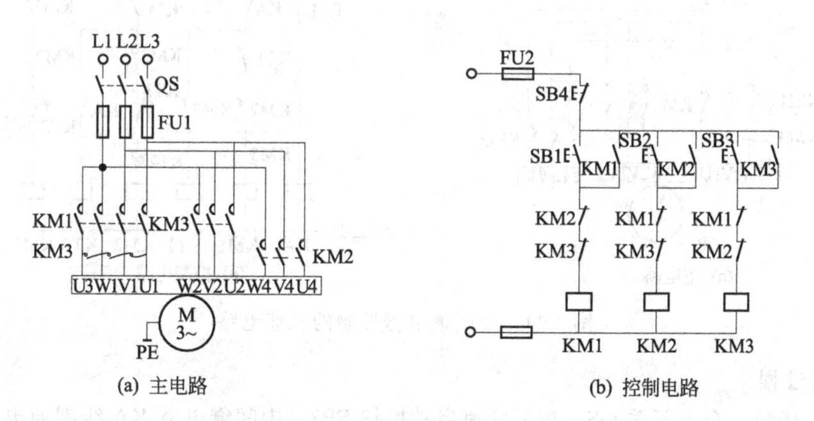

(a) 主电路　(b) 控制电路

图 4-10　按钮、接触器控制的三速电路

(2) 调速过程

按图 4-10 接线，合上 QS，按下低速启动按钮 SB1，接触器 KM1 线圈通电。其自锁触点闭合，实现自锁，互锁触点闭合，实现对 KM2、KM3 的互锁。主电路中 KM1 主触点闭合，实现对三相

交流异步电动机定子绕组的三角形接法，使三相交流异步电动机工作在低速。

按下停止按钮 SB4，接触器 KM1 线圈断电，其自锁触点恢复断开，解除自锁，互锁触点恢复闭合，解除对 KM2、KM3 的互锁。主电路中 KM1 主触点恢复断开，三相交流异步电动机断电停止。再按下中速启动按钮 SB2，对应的接触器 KM2 线圈通电，其自锁触点闭合，实现自锁，互锁触点闭合，实现对 KM1、KM3 的互锁。主电路中 KM2 主触点闭合，实现对三相交流异步电动机定子绕组的星形接法，使三相交流异步电动机工作在中速。

按下停止按钮 SB4，接触器 KM2 线圈断电，其自锁触点恢复断开，解除自锁，互锁触点恢复闭合，解除对 KM1、KM3 的互锁。主电路中 KM2 主触点恢复断开，三相交流异步电动机断电停止。按下高速启动按钮 SB3，对应的接触器 KM3 线圈通电，其自锁触点闭合，实现自锁，互锁触点闭合，实现对 KM1、KM2 的互锁。主电路中 KM3 主触点闭合，实现对三相交流异步电动机定子绕组的双星形接法，使三相交流异步电动机工作在高速。

（3）电路特点

任何一种速度要转换到另一种速度时，必须先按下停止按钮，否则由于接触器互锁的作用将没有反应。

优点：操作简单，能实现三级调速。

缺点：有级调速，三相交流异步电动机调速不方便。

【自己动手】

设计一个按钮、接触器控制三速电路，说明调速过程并接线、调试。

例 4-4　时间继电器控制的三速电路。

（1）调速电路

图 4-11 所示，为时间继电器控制三速三相交流异步电动机的控制电路。该电路由开关 QS，熔断器 FU1、FU2，接触器 KM1、KM2、KM3，时间继电器 KT1、KT2，中间继电器 KA，按钮 SB1、SB2 和三相交流异步电动机 M 等组成。

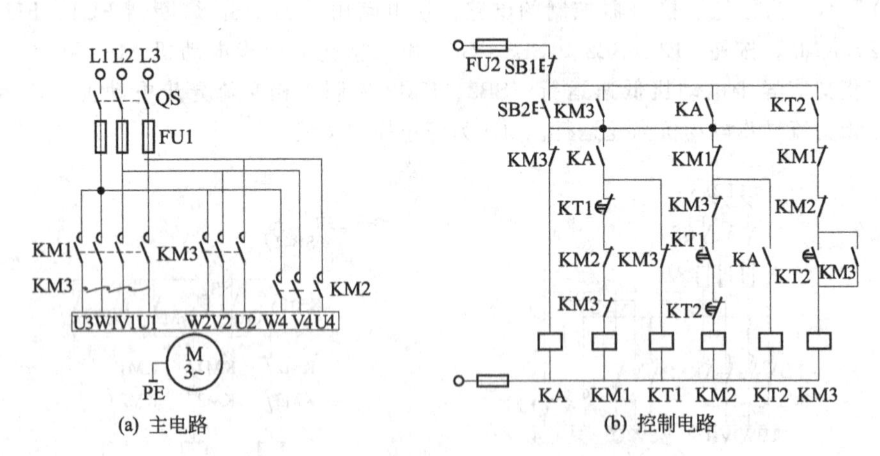

(a) 主电路　(b) 控制电路

图 4-11　时间继电器控制的三速电路

（2）调速过程

按图 4-11 接线，合上开关 QS，按下低速启动按钮 SB2，中间继电器 KA 线圈通电，其自锁触点闭合，实现自锁。KA 串接在时间继电器 KT1 线圈和接触器 KM1 线圈支路中的常闭触点闭合，使得时间继电器 KT1 线圈和接触器 KM1 线圈同时通电。接触器 KM1 线圈通电后，其互锁触点断开，实现对 KM2、KT2、KM3 的互锁，从而使 KM2、KT2、KM3 线圈均无法得电。主电路中的 KM1 主触点闭合，三相交流异步电动机定子绕组为三角形连接，三相交流异步电动机运行在低速状态。

时间继电器KT1线圈通电，时间继电器开始计时。当延时时间到，它的延时断开的常闭触点先断开，使KM1线圈断电，其互锁触点恢复闭合，解除对KM2、KT2、KM3的互锁，使得时间继电器KT2线圈通电，KT2开始计时。主电路中KM1主触点断开，三相交流异步电动机定子绕组暂时脱离电源。KT1的延时闭合的常开触点后闭合，此时接通KM2线圈支路，其互锁触点断开，实现对KM1、KM3的互锁。主电路中KM2主触点闭合，三相交流异步电动机定子绕组为星形连接，三相交流异步电动机运行在中速状态。

当时间继电器KT2延时时间到，它的延时断开的常闭触点先断开，使接触器KM2线圈断电，其互锁触点恢复闭合，解除对KM3的互锁，另外主电路中的KM2主触点断开，三相交流异步电动机定子绕组暂时脱离电源。KT2的延时闭合的常开触点后闭合，接通接触器KM3线圈支路，它的互锁触点断开，实现对KM1、KM2以及中间继电器KA的互锁。主电路中KM3主触点闭合，三相交流异步电动机定子绕组为双星形连接，三相交流异步电动机运行在高速状态。

(3) 调速特点

优点：在自动加速过程中，KM1、KM2、KM3逐级通电动作，使得三相交流异步电动机定子绕组依次为三角形、星形、双星形连接，实现三相交流异步电动机低速-中速-高速的自动过渡，操作方便。

三相交流异步电动机进入高速运行状态后，控制电路将中间继电器KA、接触器KM1、KM2和时间继电器KT1、KT2的线圈支路全部切断，使它们处于断电状态，延长电器使用寿命，保证电路的可靠性。

缺点：低速和中速只是一个过渡过程。

【自己动手】

设计一个时间继电器控制的三速电路，说明调速过程并接线、调试。

总之，变极调速的优点是稳定性良好、无转差损耗、效率高、接线简单、控制方便、价格低的优点，可以与调压调速、电磁转差离合器配合使用，获得较高效率的平滑调速特性。

缺点是有级调速，不能获得平滑调速。且由于受到三相交流异步电动机结构和制造工艺的限制，通常只能实现2～3种极对数的有级调速，级差较大，调速范围相当有限。

本方法适用于不需要无级调速的生产机械，如金属切削机床、升降机、起重设备、风机、水泵等。

任务2　变频调速

变频调速是改变三相交流异步电动机定子电源的频率，从而改变其同步转速的调速方法。变频调速分为基频以下调速和基频以上调速，基频以下调速属于恒转矩调速，基频以上调速属于恒功率调速。变频调速系统主要设备是提供变频电源的变频器，如图4-12所示。

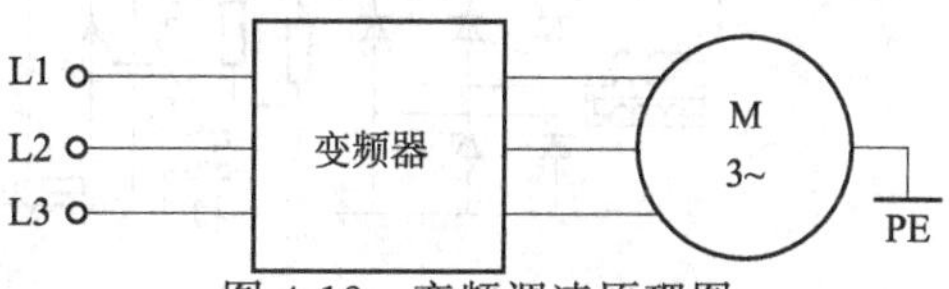

图4-12　变频调速原理图

如图4-12所示，变频器是把工频电源（50Hz或60Hz）变换成各种频率的交流电源，以实现三相交流异步电动机的变速运行的设备。变频器主要由控制电路、整流电路、中间电路和逆变电路组成。其中控制电路完成对主电路的控制，整流电路将交流电变换成直流电，中间电路对整流电路的输出进行平滑滤波，逆变电路将直流电再逆变成交流电。

① 整流电路（整流器），它与单相或三相交流电源相连接，产生脉动的直流电压。

② 中间电路，有以下作用：

a. 使脉动的直流电压变得稳定或平滑，供逆变器使用。

b. 通过开关电源为各个控制电路供电。

c. 可以配置滤波或制动装置以提高变频器性能。

d. 逆变电路（逆变器），将固定的直流电压变换成可变电压和频率的交流电压。

③ 控制电路，它将信号传送给整流器、中间电路和逆变器，同时它也接收来自这些部分的信号。其主要组成部分是：输出驱动电路、操作控制电路。主要功能是：

a. 利用信号来开关逆变器的半导体器件。

b. 提供操作变频器的各种控制信号。

c. 监视变频器的工作状态，提供保护功能。

对于如矢量控制变频器，这种需要大量运算的变频器来说，有时还需要一个进行转矩计算的CPU以及一些相应的电路。

变频器可分成交流-直流-交流（即交-直-交）变频器和交流-交流（即交-交）变频器两大类，目前国内大都使用交-直-交变频器。

1. 交-直-交变频调速

(1) 调速电路

如图 4-13 所示，变频调速需要一套专用变频设备，该电路由开关 QS，熔断器控制电路，整流器，中间电路，逆变器和三相交流异步电动机等组成。

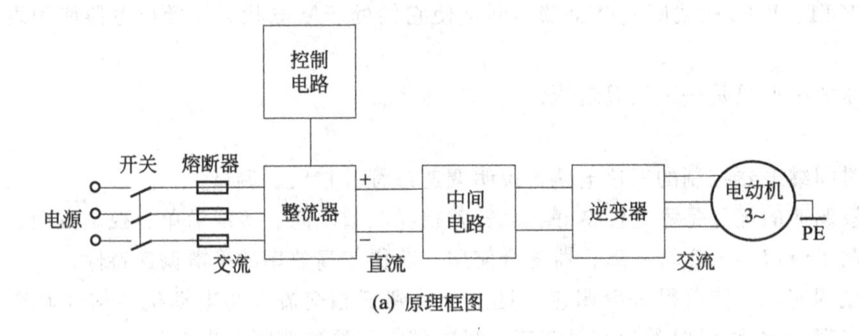

(a) 原理框图

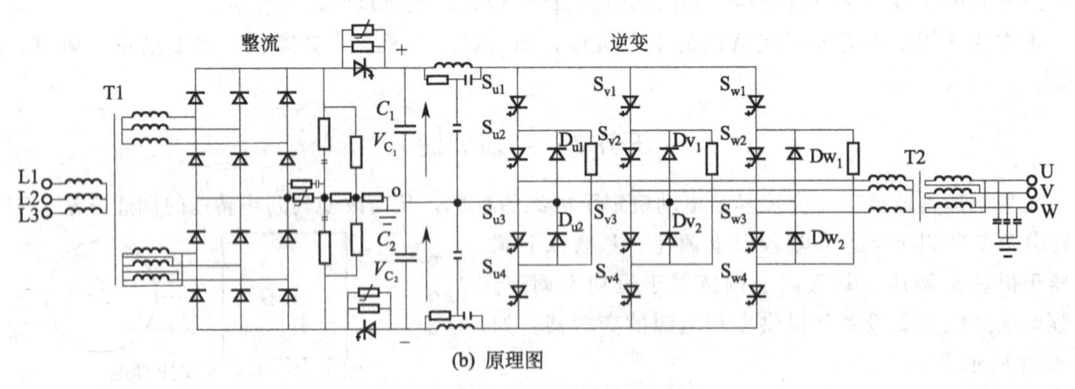

(b) 原理图

图 4-13 交流-直流-交流变频调速

(2) 调速过程

如图 4-13(a) 所示，合上开关，调整变频器的参数，实现三相交流异步电动机的调速。

(3) 电路特点

调速时，整流器先将 50Hz 的交流电变换为直流电，为了保证三相交流异步电动机的电磁转矩不变，就要保证三相交流异步电动机内旋转磁场的磁通量不变。由 $U \approx 4.44 fN\Phi_m$ 可得磁通 $\Phi_m \approx$

$U/4.44fN$。可见，为了改变频率 f 而保持磁通 Φ_m 不变，必须同时由逆变器变换为频率可调且比值 U/f 保持不变的三相交流电，供给笼型三相交流异步电动机。

优点：效率高，调速过程中没有附加损耗；应用范围广，可用于笼型三相交流异步电动机；调速范围大，精度高；对于低负载运行时间较长，或启、停较频繁的场合，可以达到节电和保护三相交流异步电动机的目的。是一种比较理想的调速方法，近年来发展很快，正得到越来越多的应用。

缺点：技术复杂，造价高，维护检修困难。

2. 交-交变频调速

(1) 调速电路

如图 4-14 所示，该电路由开关，熔断器，控制电路，变频电路和三相交流异步电动机等组成。

(2) 调速过程

如图 4-14 所示，合上开关，调整变频器的参数，实现三相交流异步电动机调速。

(3) 电路特点

调速时，变频电路将 50Hz 的交流电变换为频率可调的交流电，为了保证三相交流异步电动机的电磁转矩不变，就要保证三相交流异步电动机内旋转磁场的磁通量不变。与交流-直流-交流变频器调速原理一样，必须保持比值 U/f 不变。

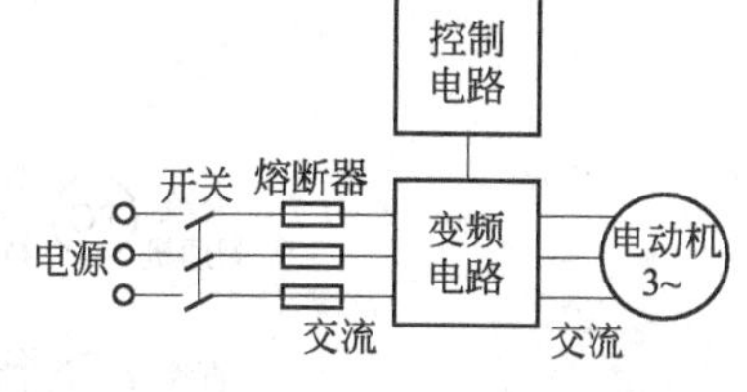

图 4-14　交流-交流变频器调速原理框图

优点：效率高，调速过程中没有附加损耗；应用范围广，可用于笼型三相交流异步电动机；调速范围大，精度高；对于低负载运行时间较长，或启、停较频繁的场合，可以达到节电和保护三相交流异步电动机的目的。

缺点：技术复杂，造价高，维护检修困难。

例 4-5　带前置放大箱的变频调速电路。

(1) 控制电路

如图 4-15 所示，该电路主要由联动设定操作箱、前置放大器、调节计、变频器和电动机等组成。

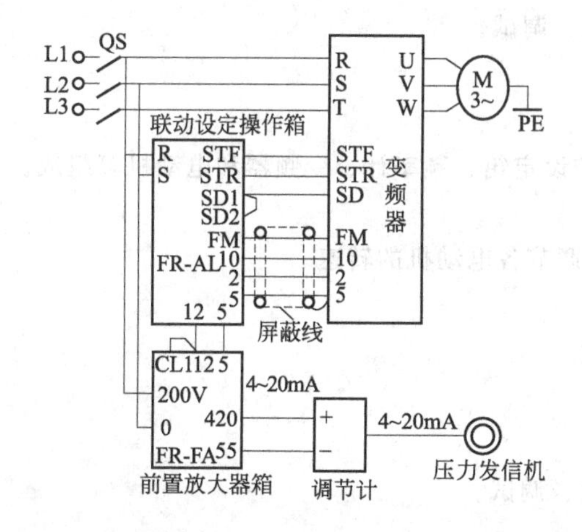

图 4-15　带前置放大箱的变频调速

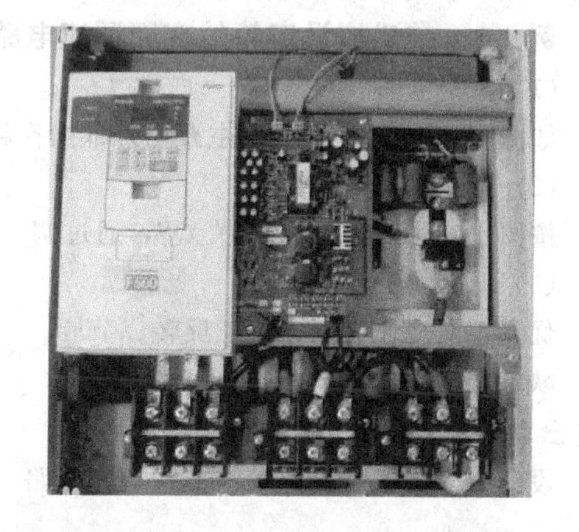

图 4-16　带前置放大箱的变频调速实际电路

(2) 调速过程

按图 4-15 接线，如图 4-16 所示，合上开关 QS，通过调节变频器调节各电动机的转速。

(3) 电路特点

优点：实现无级调速，节能。

缺点：电路成本高。

【自己动手】

设计一个带前置放大箱的变频调速电路，并接线、调试。

例 4-6　带跟踪设定箱的变频调速电路。

(1) 控制电路

如图 4-17 所示，该电路主要由交流测速机、直流测速机、跟踪设定箱、变频器和电动机等组成。

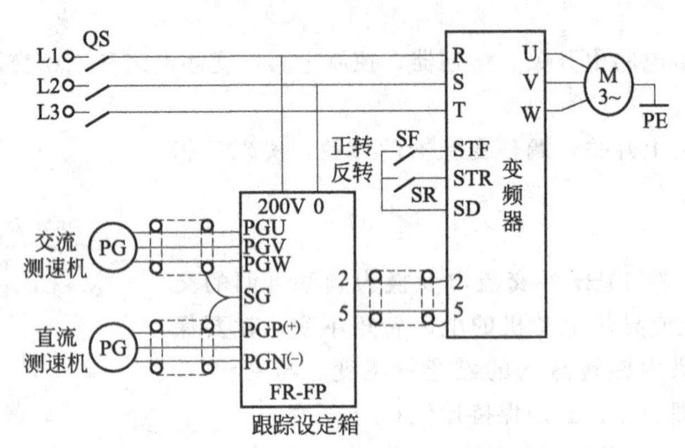

图 4-17　带跟踪设定箱的变频调速

(2) 调速过程

按图 4-17 接线，合上开关 QS，通过调节变频器调节各电动机的转速。

(3) 电路特点

优点：实现无级调速，正反转、节能。

缺点：电路成本高。

【自己动手】

设计一个带跟踪设定箱的变频调速电路，并接线、调试。

例 4-7　带遥控设定箱的变频调速电路。

(1) 控制电路

如图 4-18 所示，该电路主要由外部操作箱、遥控设定箱、频率计、变频器和电动机等组成。

(2) 调速过程

按图 4-18 接线，合上开关 QS，通过调节变频器调节各电动机的转速。

(3) 电路特点

优点：实现无级调速，正反转、节能。

缺点：电路成本高。

【自己动手】

设计一个带遥控设定箱的变频调速电路，并接线、调试。

任务 3　变转差率调速

如图 4-19 所示，变转差率调速是在不改变同步转速 n_1 的条件下调速。

变转差率调速包括改变三相交流异步电动机定子绕组电压调速、改变绕线式三相交流异步电动机转子回路电阻调速和串级调速等。

1. 改变三相交流异步电动机定子绕组电压调速

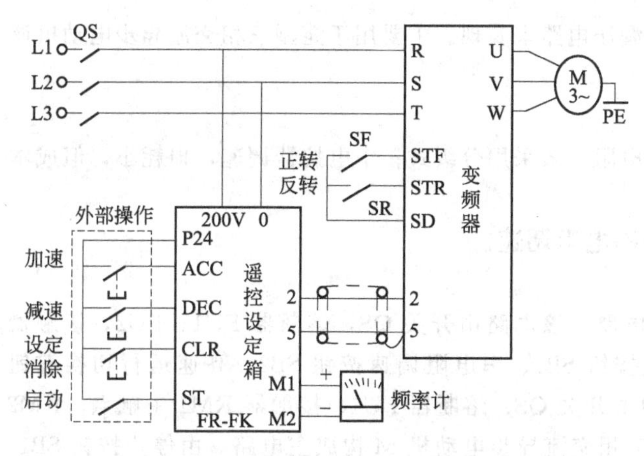

图 4-18 带遥控设定箱的变频调速电路原理图

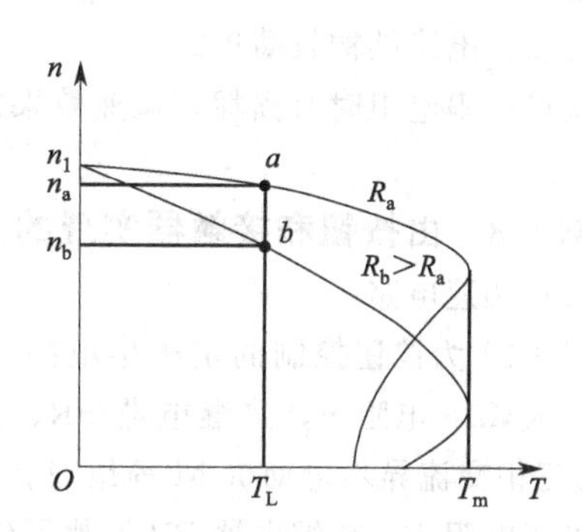

图 4-19 变转差率调速原理

改变定子电压调速的主要装置是一个能提供电压变化的电源，目前常用的调压方式有串电阻、串饱和电抗器、自耦变压器以及晶闸管调压等几种。晶闸管调压方式为最佳。

为了扩大调速范围，调压调速应采用转子电阻值较大的笼型三相交流异步电动机，如专供调压调速用的力矩三相交流异步电动机，或者在绕线式三相交流异步电动机上串联频敏电阻。为了扩大稳定运行范围，当调速在 2∶1 以上的场合应采用反馈控制以达到自动调节转速目的。

(1) 调速电路

如图 4-20 所示，该电路由开关 QS1，熔断器 FU，可调电阻 R 或可调电抗 L 和三相交流异步电动机 M 等组成。

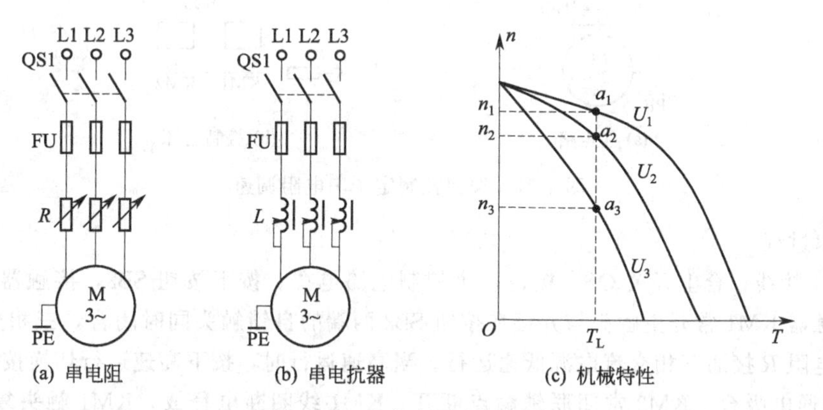

图 4-20 改变定子电压调速

(2) 调速过程

如图 4-20 (a) 所示，合上 QS1，调节电阻的值，改变三相交流异步电动机的转速。

如图 4-20 (b) 所示，合上 QS1，调节电抗的值，改变三相交流异步电动机的转速。

(3) 电路特点

由于三相交流异步电动机的转矩与电压平方成正比，当改变三相交流异步电动机的定子电压时，可以得到不同的转速。因此最大转矩下降很多，其调速范围较小，使一般笼型三相交流异步电动机难以应用。

对于转子电阻大、机械特性曲线较软的笼型三相交流异步电动机，如图 4-20(c) 所示，如加在定子绕组上的电压发生改变，则负载转矩对应于不同的电源电压可获得不同的工作点。该方法的调速范围较宽。

改变定子电压调速，现在多采用晶闸管调压电路来实现。主要用于笼型三相交流异步电动机调压调速。

优点：电路结构较简单。

缺点：串电阻时有损耗，调速效果差，电阻一般采用分级式；串电抗器调速，损耗小，但成本稍高。

例 4-8　由按钮和接触器实现的定子串电阻调速。

(1) 调速电路

图 4-21 为按钮控制的定子串电阻调速电路。该电路由开关 QS，熔断器 FU1、FU2，接触器 KM1、KM2，电阻 *R*，热继电器 FR、停止按钮 SB1、串电阻调速按钮 SB2、高速运行切换按钮 SB3，三相交流异步电动机 M 等组成。其中由开关 QS、熔断器 FU1、接触器 KM1 主触点、KM2 主触点、电阻 *R*、热继电器 FR 发热元件与三相交流异步电动机 M 构成主电路。由停止按钮 SB1、按钮 SB2、全速运行切换按钮 SB3、接触器 KM1 常开辅助触点、KM1 线圈、KM2 常开辅助触点、KM2 线圈、热继电器 FR 常闭触头及熔断器 FU2 构成控制电路。

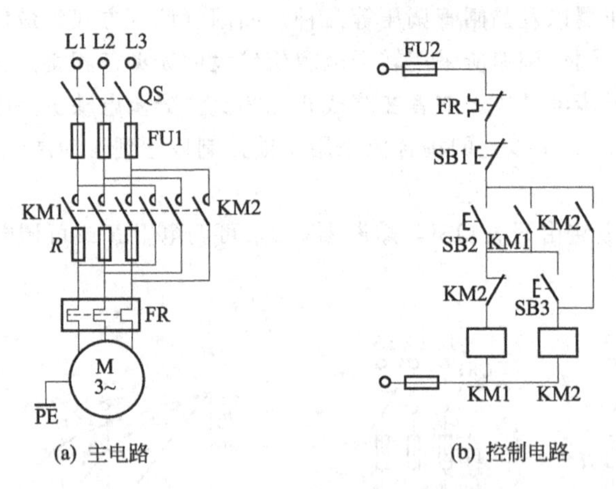

图 4-21　按钮控制定子串电阻调速

(2) 调速过程

按图 4-21 接线，合上开关 QS，接通整个控制电路电源。按下按钮 SB2，接触器 KM1 线圈通电吸合，接触器 KM1 常开主触头与并接在按钮 SB2 两端的自锁触头同时闭合，三相交流异步电动机串接三相电阻 *R* 接通三相交流电源低速运行。当高速运行时，按下高速运行切换按钮 SB3，接触器 KM2 线圈通电吸合，KM2 常闭联锁触点断开，KM1 线圈断电释放，KM1 触头复位；KM2 常开主触点及常开辅助触点同时闭合，三相电阻及 KM1 主触点被短接，三相交流异步电动机加额定电压高速运行。

(3) 电路特点

优点：三相交流异步电动机定子串电阻调速由于不受三相交流异步电动机定子绕组接线方式的限制，设备简单，使用、维修方便，价格便宜，易实现自动控制。因而在中小功率生产机械中应用广泛。

缺点：调压过程中转差功率以发热形式消耗在转子电阻中，效率较低，调速范围比较小，一般适用于 100kW 以下的生产机械。由于电阻一般采用铸铁电阻或电阻丝绕制的板式电阻，电能损耗大，且使制作的电气控制柜体积增大，因此大容量三相交流异步电动机往往采用串接电抗器调速。

该电路从启动到全压运行都是由操作人员掌握，很不方便。三相交流异步电动机将长期在低速下运行，严重时将烧毁三相交流异步电动机。因此，应对此电路进一步进行改进，如增加信号提示电路等。

【自己动手】

设计一个由按钮和接触器实现的定子串电阻调速电路，说明调速过程并接线、调试。

例 4-9 由时间继电器和接触器实现的定子串电阻自动调速。

(1) 调速电路

如图 4-22 所示，电路由开关 QS，熔断器 FU1、FU2，接触器 KM1、KM2，电阻 $R1$、$R2$，热继电器 FR 和停止按钮 SB1、调速按钮 SB2、时间继电器 KT 等组成。其中由 QS、FU1、KM1 主触头、KM2 主触点、电阻 $R1$、$R2$、FR 发热元件与三相交流异步电动机 M 构成主电路。由停止按钮 SB1、调速按钮 SB2、时间继电器 KT 线圈、KT 瞬动触点、KT 延时闭合瞬时恢复断开常开触点、KM1 常开辅助触头、KM1 线圈、KM2 常开辅助触头、KM2 线圈、FR 常闭触头及 FU2 构成控制电路。

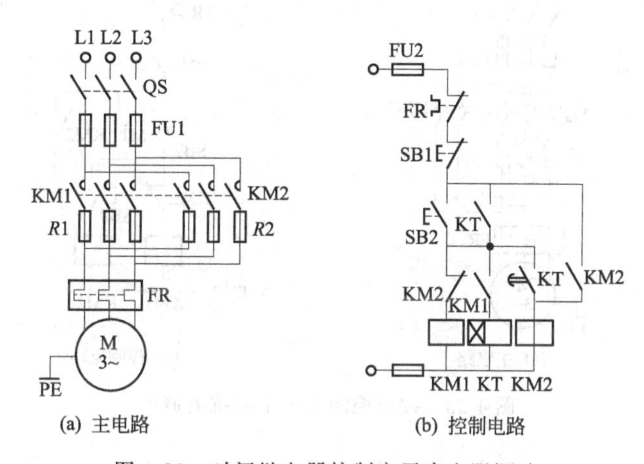

图 4-22 时间继电器控制定子串电阻调速

(2) 调速过程

按图 4-22 接线，合上开关 QS，接通整个控制电路电源。按下调速按钮 SB2，接触器 KM1 线圈通电吸合，接触器 KM1 常开主触头闭合，三相交流异步电动机串接电阻 $R1$ 接通三相交流电源运行于低速（若 $R1>R2$）。接触器 KM1 常开辅助触头同时闭合，时间继电器 KT 线圈通电，KT 瞬动常开触点闭合，对 KM1 线圈和 KT 线圈进行自锁。时间继电器按设定的延时时间开始工作，当转速上升到要求时，时间继电器的延时结束，时间继电器 KT 延时闭合瞬时恢复断开常开触点闭合，接触器 KM2 线圈通电，KM2 常闭联锁触点断开，KM1 线圈断电释放，KM1 触头复位，KT 线圈断电释放，KT 触点复位；KM2 常开主触点及常开辅助触点（自锁触点）同时闭合，串接电阻 $R2$，电阻 $R1$ 及 KM1 主触点被短接，三相交流异步电动机高速运行。

(3) 电路特点

三相交流异步电动机停转时，可按下停止按钮 SB1，接触器 KM2 线圈断电释放，KM2 的常开主触头、常开辅助触头（自锁触点）均断开，切断三相交流异步电动机主电路和控制电路，三相交流异步电动机停止转动。

优点：该电路从串电阻 $R1$ 低速运行到高速运行由时间继电器自动切换，且延时时间可调，延时时间根据三相交流异步电动机调速要求调整。

缺点：低速运行时间不宜过长。能耗较大，实际应用不多。

【自己动手】

设计一个由时间继电器和接触器实现的定子串电阻自动调速电路，说明调速过程并接线、调试。

例 4-10　由按钮和接触器实现的定子串电抗器调速。

（1）调速电路

图 4-23 为按钮控制的定子串电抗器调速电路。该电路由开关 QS，熔断器 FU1、FU2，接触器 KM1、KM2，电抗器 *L*，热继电器 FR、停止按钮 SB1、低速按钮 SB2、高速按钮 SB3，三相交流异步电动机 M 等组成。其中由开关 QS、熔断器 FU1、接触器 KM1 主触点、KM2 主触点、电抗器 *L*、热继电器 FR 发热元件与三相交流异步电动机 M 构成主电路。由停止按钮 SB1、低速按钮 SB2、高速按钮 SB3、接触器 KM1 常开辅助触点、KM1 线圈、KM2 常开辅助触点、KM2 线圈、热继电器 FR 常闭触头及熔断器 FU2 构成控制电路。

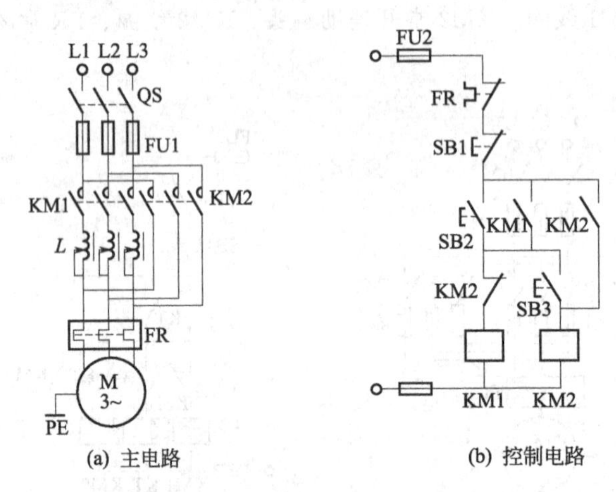

(a) 主电路　　(b) 控制电路

图 4-23　按钮控制定子串电抗器调速

（2）调速过程

按图 4-23 接线，合上开关 QS，接通整个控制电路电源。按下低速按钮 SB2，接触器 KM1 线圈通电吸合，接触器 KM1 常开主触头与并接在按钮 SB2 两端的自锁触头同时闭合，三相交流异步电动机串电抗器 *L* 接通三相交流电源低速运行。当高速运行时，按下高速按钮 SB3，接触器 KM2 线圈通电吸合，KM2 常闭联锁触点断开，KM1 线圈断电释放，KM1 触头复位；KM2 常开主触点及常开辅助触点同时闭合，电抗器 *L* 及 KM1 主触点被短接，三相交流异步电动机加额定电压高速运行。

（3）电路特点

优点：三相交流异步电动机定子串电抗器调速由于不受三相交流异步电动机定子绕组接线方式的限制，设备简单，因而在中小功率生产机械中应用广泛。

缺点：由于电抗器一般采用硅钢片和线圈制作，成本较高，制作麻烦，因此易适用于大容量三相交流异步电动机的调速。

【自己动手】

设计一个由按钮和接触器实现的定子串电抗器调速电路，说明调速过程并接线、调试。

例 4-11　采用转速负反馈降低定子电压闭环调速系统。

（1）调速电路

如图 4-24 所示，电路主要由转速调节器、晶闸管调压装置、测速发电机、电动机等组成。

（2）调速过程

如图 4-24 所示，当电动机正常运行时，系统处于平衡状态。由于某种原因，如负载增大，若无转速负反馈，则转速会下降。采用转速负反馈降压调速系统后，则电机定子电压会自动上升，使

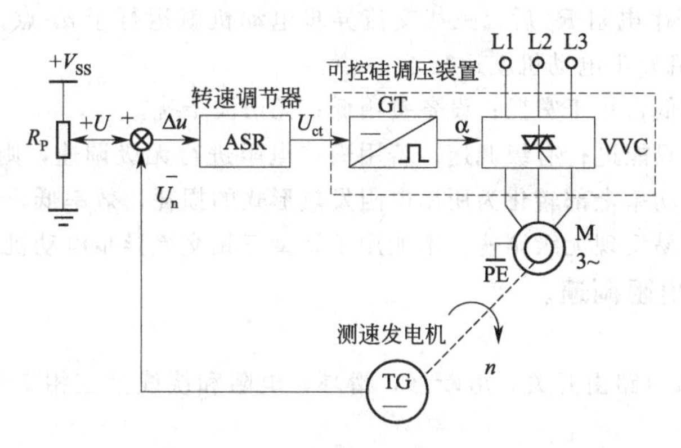

图 4-24　转速负反馈降低定子电压闭环调速

电动机转速保持。同理，若负载减小，则电机定子电压会自动降低，使电动机转速保持。

(3) 电路特点

该电路采用转速负反馈闭环调速系统。

优点：调速平滑性好，转差功率损耗小，效率较高。

缺点：过载能力较弱；控制设备较复杂，成本较高。

即非恒转矩调速方法，也非恒功率调速方法，多用于泵类负载的场合。

【自己动手】

设计一个采用转速负反馈降低定子电压闭环调速电路，说明调速过程并接线、调试。

2. 改变绕线式三相交流异步电动机转子回路电阻调速

(1) 调速电路

如图 4-25 所示，该电路由开关 QS，熔断器 FU，电阻和绕线型三相交流异步电动机 M 等组成。

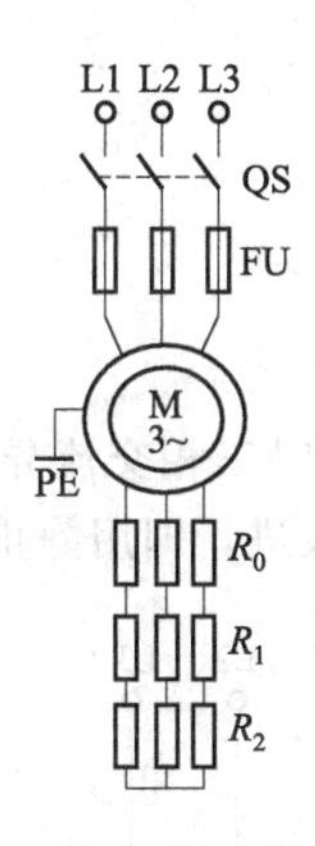

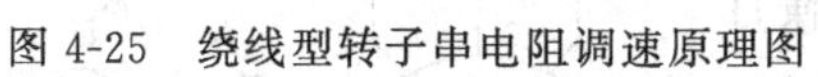
图 4-25　绕线型转子串电阻调速原理图

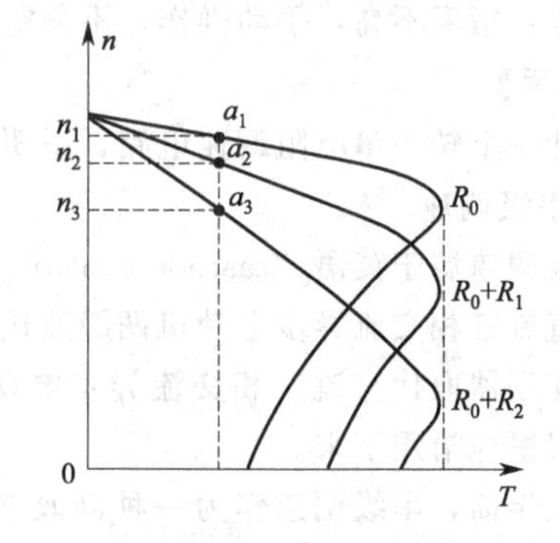

图 4-26　绕线型转子串电阻调速机械特性

(2) 调速过程

如图 4-25 所示，合上开关 QS，改变转子电路中的电阻，绕线型三相交流异步电动机转速会发生改变。电阻小，转速高。

(3) 电路特点

绕线式三相交流异步电动机的特性曲线如图 4-26 所示。转子串电阻时最大转矩不变，临界转差率增大。所串的电阻越大，运行特性曲线的斜率越大。若带恒定负载时，原来运行在特性曲线的

a_1 点，转速为 n_1，转子串电阻 R_1 后，三相交流异步电动机就运行于 a_2 点，转速由 n_1 降低为 n_2，串电阻 R_2 后，三相交流异步电动机就运行于 a_3 点。

优点：技术要求较低，易于掌握；设备费用低；无谐波干扰。

缺点：串铸铁电阻只能进行有级调速。若用液体电阻进行无级调速，则维护、保养要求较高；调速过程中附加的转差功率全部转化为所串电阻发热形式的损耗，效率低；调速范围不大，转速太低时运行不稳定，且不易实现无级调速。不能用于笼型三相交流异步电动机调压调速。

例 4-12　转子串电阻调速。

(1) 调速电路

如图 4-27 所示，该电路由开关，熔断器，滑环，电阻和绕线型三相交流异步电动机定子及转子等组成。

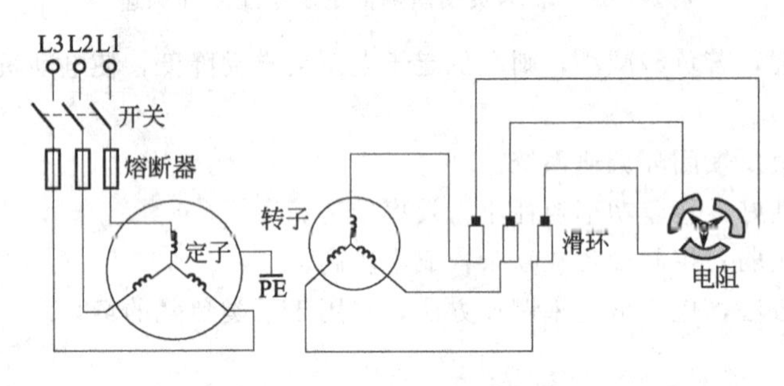

图 4-27　绕线型转子串电阻调速电路

(2) 调速过程

按图 4-27 接线，合上开关，启动，调节转子电路中串的电阻，转速就发生改变，电阻变小，转速升高。

(3) 电路特点

优点：结构简单，可无级调速。

缺点：精度不高，手动操作，不易掌握。

【自己动手】

设计一个转子串电阻调速电路，说明调速过程并接线、调试。

3. 串级调速

串级调速源于英语“cascade control”，意为“级联控制”，指当时三相交流异步电动机转子与外附的直流三相交流异步电动机两级连接所形成的调速，虽然后来改进，即用静止的电力电子变流装置和变压器取代直流三相交流异步电动机，但串级调速的称谓被习惯地沿用下来。

十几年前，串级调速作为一种高效率的交流无级调速曾经得到人们的青睐，随着近代变频调速的兴起，串级调速日渐萧条。实际上，串级调速在效率、机械特性等本质方面，和变频调速有着许多共性，并且高压串级调速的经济性明显优于变频调速。尤其在高压大容量风机泵类节能方面，串级调速的某些优势表现得更为明显。

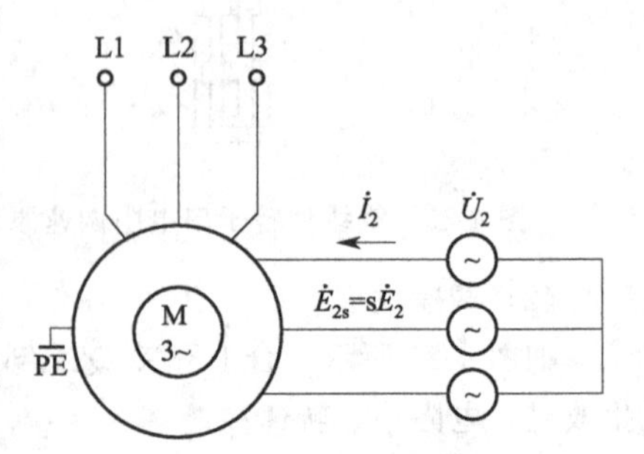

图 4-28　串级调速原理图

所谓串级调速，就是在三相交流异步电动机的转子回路串入一个三相对称的附加电动势，如图 4-28 所示，其频率与转子的电动势相同，改变附加电动势的大小和相位，就可以调节三相交流异步电动机的转速。它也适合于绕线转子三相交流异步电动机，靠改变转差率调速。

通过控制这个等效电动势的大小，来改变转子电流的大小，在三相交流异步电动机磁通、转矩系数、及转子功率因数不变的前提下（这些参数与三相交流异步电动机制造有关），三相交流异步电动机电磁转矩与转子电流成正比关系，因此，等效电势的改变，会改变转子电流，进而改变三相交流异步电动机电磁转矩。在稳定运行情况下，三相交流异步电动机电磁转矩与机械转矩是平衡的，当电磁转矩由于等效电势的改变而改变时，三相交流异步电动机电磁转矩与机械转矩会失去平衡，进而转速发生变化。比如，增加反向等效电动势，会减小电磁转矩，使转速下降，转速下降会使三相交流异步电动机机械转矩相应下降，当电磁转矩和机械转矩达到新的平衡后，三相交流异步电动机就会稳定运行在新的转速下。

若附加电动势与原电动势相位相反，使三相交流异步电动机转速降低，称低同步串级调速；若附加电动势与原电动势相位相同，使三相交流异步电动机转速升高，称超同步串级调速。

（1）调速电路

串级调速绕线型三相交流异步电动机转子回路要求提供可控幅值、频率和相位的电源。实现的方法有多种，早期的为机械串级调速系统，组合式电机串级调速系统。目前常用的有采用晶闸管组成的交-直-交变频器-串级调速系统（如图 4-29 所示），和交-交变频器-串级调速系统（如图 4-30 所示）。电路主要由整流器、电抗器、逆变器、变压器或变频器、电动机等组成。

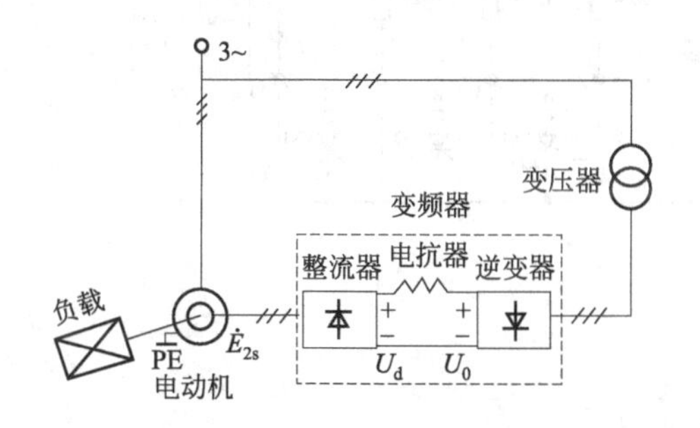

图 4-29 交-直-交变频器-串级调速

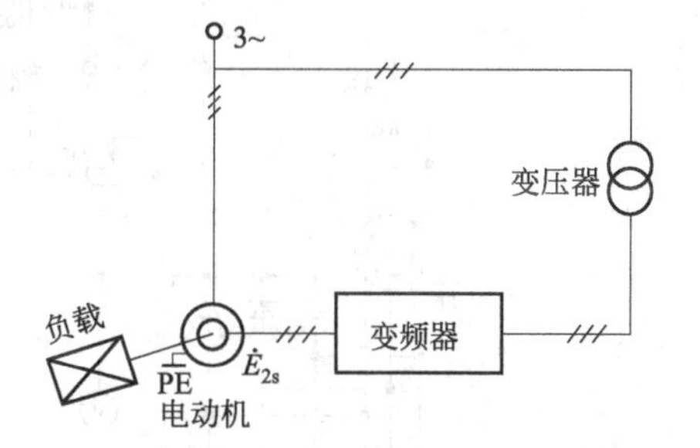

图 4-30 交-交变频器-串级调速

（2）调速过程

如图 4-29 和图 4-30 所示，接通电源，绕线型三相交流异步电动机的转子电压经整流器整流成直流电压，经滤波电抗器滤波加到有源逆变器上。逆变器将直流逆变电压逆变成交流电压经逆变变压器送入到电网上，且逆变出的电压和频率与电网上的一致，而直流逆变电压通过整流器串入绕线式异步电机的转子回路，起到了转子回路串入外加电压的作用。其极性相对转子每相电流为反相，且起到吸收转差功率的作用，新吸收的功率通过逆变器变成交流电能反馈到电网上。改变逆变器的逆变角，则可改变转子电压的大小，即改变了转子回路外加电压的大小，从而实现了异步电动机的串级调速。

（3）电路特点

若附加电动势与原电动势相位相反，若负载恒定不变时，串入附加电动势越大，转速降得越多。

若附加电动势与原电动势同相位，若负载恒定不变时，串入附加电动势后，导致绕线型三相交流异步电动机转速升高。

优点：调速平滑性好，转差功率损耗小，效率较高。

缺点：低速时，转差功率损耗较大，功率因数较低，过载能力较弱；控制设备较复杂，成本较高，控制困难；调速范围一般为(2～4)：1，适用于大容量的通风机，提升机等泵类负载。

例 4-13 三相交流绕线异步电动机采用晶闸管（SCR）串级调速。

（1）调速电路

如图 4-31 所示，电路主要由晶闸管整流器、逆变器、电抗器、频敏变阻器、触发器、保护电路、电动机等组成。图中 VD1～VD6 三相整流桥输出电压的正极，经平波电抗器 DL 接电机定子零线。负极接逆变器阴极，将电机转子交流电压变为直流电压，作为晶闸管逆变器的直流电源。触发电路将移相桥输出接变压器 T2，其副边经列相将单相电源分列成对称的三相电，作为触发同步信号，经整流放大，输出三个互差 120°的触发脉冲，控制改变 VS1～VS3 的逆变角达到调速目的。图中频敏变阻器 BL 作限制启动电流用。

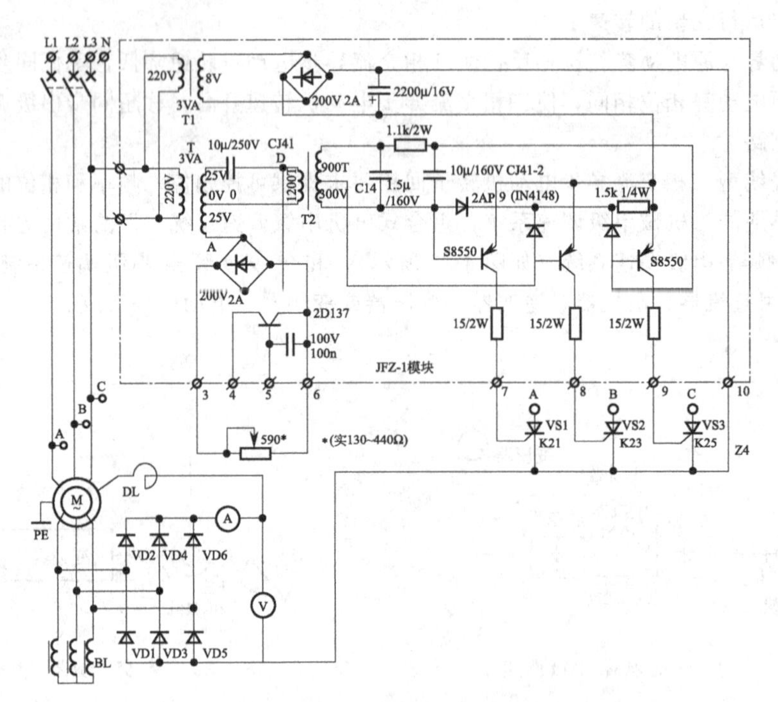

图 4-31　绕线异步电动机采用晶闸管（SCR）串级调速

（2）调速过程

按图 4-31 接线，接通电源，调节 VS1～VS3 的逆变角，即可实现调速的目的。

（3）电路特点

优点：该电路在电动机转子回路串一可变电势，通过改变电势的大小进行调速，电动机的转子功率经过可控有源逆变器变为与电网同频率的交流电能，将转差功率返回电网，因此效率高。

缺点：电路复杂，易出现故障。

串级调速性能比较好，过去由于附加电动势的获得比较困难，长期以来未能得到推广。近年来，随着晶闸管技术的发展，串级调速有了广阔的发展前景，在水泵和风机的节能调速、轧钢机、压缩机等多种生产机械上得到应用。

【自己动手】

设计一个晶闸管（SCR）串级调速电路，说明调速过程并接线、调试。

总之，串级调速优点是可将调速过程中的转差损耗回馈到电网或生产机械上，效率较高；装置容量与调速范围成正比，投资省，适用于调速范围在额定转速 70%～90%的生产机械上；调速装置故障时可以切换至全速运行，避免停产。缺点是晶闸管串级调速功率因数偏低，谐波影响较大。本方法适合于风机、水泵、轧钢机、矿井提升机、挤压机上使用。

4. 电磁转差离合器调速

(1) 调速电路

电磁转差离合器调速主要由电磁转差离合器实现。电磁转差离合器是一个鼠龙式异步电动机与负载之间的互相连接的电器设备如图 4-32(a) 所示，主要由电枢和磁极两个旋转部分组成。

电枢与三相异步电动机相连，是主动部分。电枢相当于由无穷多单元导体组成的鼠笼转子，其中流过的涡流类似于鼠笼式的转子电流。电枢通常可以装鼠笼式绕组，也可以是整块铸钢。

磁极与负载连接是从动部分。磁极上励磁绕组通过滑环、电刷与整流装置连接，由整流装置提供励磁电流。

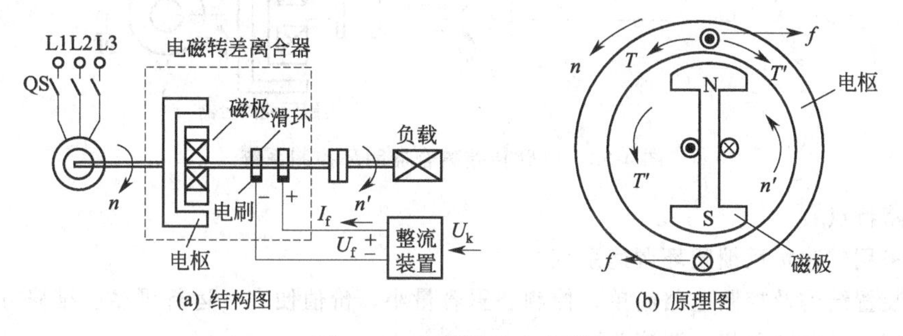

图 4-32　电磁转差离合器

(2) 调速过程

如图 4-32(a) 所示，合上电源，电枢与磁极之间有一个很小的气隙约 0.5mm。电磁转差离合器的工作原理与异步电动机的相似。当异步电动机运行时，电枢随异步电动机的转子同速旋转，转速为 n，转向设为逆时针方向。

若磁极的励磁绕组通入的励磁电流等于零时，磁极的磁场为零，电枢与磁极二者之间既无电的联系又无磁的联系，无电磁转矩产生，磁极及关联的负载是不会转动的，这时负载相当于与电动机“离开”。

若磁极部分的励磁绕组通入的励磁电流不等于零时，磁极部分则产生磁场，磁极与电枢二者之间就有了磁的联系。由于电枢与磁极之间有相对运动，电枢鼠笼式导体要适应电动势并产生电流，用右手法则可判定适应电流的方向如图 4-32(b) 所示。

电枢载流导体受磁极的磁场作用产生作用于电枢上的电磁力和电磁转矩，用左手定则可以判定的方向与电枢的旋转方向相反，是制动转矩，它与作用在电枢上的输入转矩相平衡。而磁极部分则受到与电枢部分大小相等的，方向相反的电磁转矩，也就是逆时针方向的电磁转矩。在它的作用下，磁极的负载跟随电枢转动，转速为 n'，此时负载相当于被“合上”，而且负载转速始终小于电动机转速，即电枢与磁极之间一定要有转差。这种基于电磁适应原理，使电枢与磁极之间产生转差的设备称为电磁转差离合器。

(3) 电路特点

优点：装置结构及控制电路简单、控制装置容量小，价值便宜；运行可靠、维修方便；调速平滑、无级调速；无谐波干扰。

缺点：低速时转动功率损耗较大，速度损失大、效率低；转速稳定性较差，调速范围较低，仅为三相交流异步电动机同步转速的 80%～90%。

适用于中、小功率，要求平滑动、短时低速运行的生产机械。

例 4-14　采用电磁转差离合器实现的转速负反馈闭环调速。

(1) 调速电路

如图 4-33 所示，电路由转速调节器、晶闸管整流装置、测速发电机、负载电磁转差离合器、电动机等组成。

(2) 调速过程

按图 4-33 接线，合上电源，改变励磁电流即可改变电动机的转速。

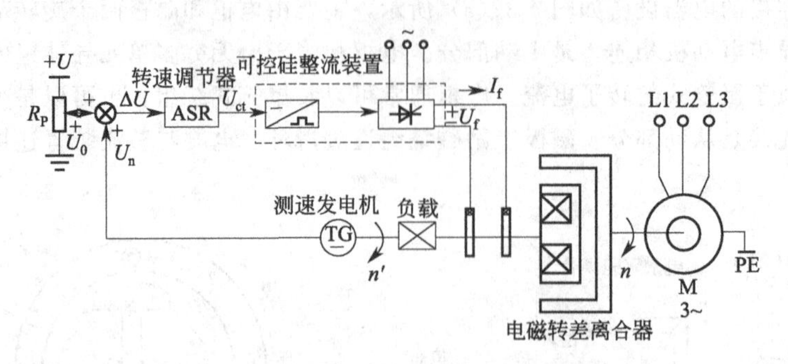

图 4-33　电磁转差离合器闭环控制系统

(3) 电路特点

该电路采用转速负反馈闭环调速系统。

优点：装置结构及控制电路简单、控制装置容量小，价值便宜；运行可靠、维修方便；调速平滑、无级调速；无谐波干扰；调速范围大。

缺点：低速时转动功率损耗较大，速度损失大、效率低。

主要用于纺织、造纸、烟草等机械上以及具有泵类负载特性的设备上。

【自己动手】

设计一个采用电磁转差离合器实现的转速负反馈闭环调速电路，说明调速过程并接线、调试。

综上所述，三相交流异步电动机的调速方法是根据三相交流异步电动机的工作原理和自身结构特点并经过长期的实践应用而得出来的，也是它之所以应用广泛的主要原因，但是它的一些缺点限制了它的使用。三相交流异步电动机的调速特性相对较差，虽然采用了先进的电子技术，但还是不能比较经济地获得较好的调速特性。三相交流异步电动机由电网取得滞后的励磁电流，它的功率因数总是滞后的，从而恶化了系统的技术经济指标。但是随着科学技术的发展，三相交流异步电动机的调速特性必然将得到改善。

从目前来看，交流三相交流异步电动机最理想的调速方法应该是改变三相交流异步电动机供电电源的频率，即变频调速。随着电力电子技术的飞速发展，变频调速的性能指标完全可以达到甚至超过直流三相交流异步电动机调速系统。

除了上面介绍的调速外，还有斩波调速、液力偶合器调速、油膜离合器调速等。

从调速时的能耗观点来看，有高效调速与低效调速两种。

高效调速指转差率不变，即无转差损耗的调速，如变极调速、变频调速以及能将转差损耗回收的串级调速等。

低效调速指有转差损耗的调速，如变转差率调速中的转子串电阻，能量就损耗在转子回路中；电磁离合器调速，能量损耗在离合器线圈中；液力偶合器调速，能量损耗在液力偶合器的油中。一般来说转差损耗随调速范围扩大而增加，如果调速范围不大，能量损耗是很小的。

总之，评价交流调速技术的优劣，不同的需求有不同的标准。但普遍的要求是：

① 效率高。

② 调速平滑（即无级调速）。

③ 调速范围宽。

④ 调速产生的负面影响小（如谐波、功率因数等）。

⑤ 成本低廉。

5. 调速电路的应用

例 4-15　起重机变频调速电路。

(1) 调速电路

如图 4-34 所示，该电路主要由接触器、按钮、变频器和电动机等组成。

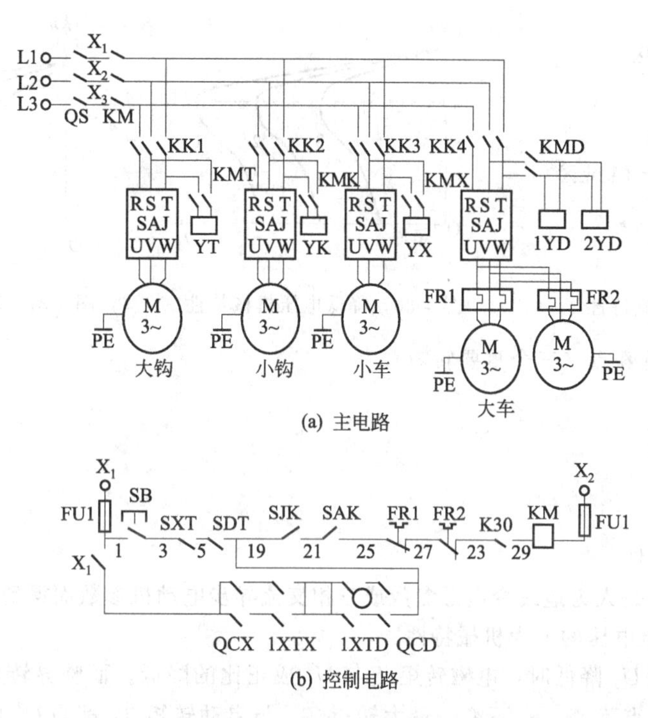

图 4-34　起重机变频调速电路原理图

(2) 调速过程

按图 4-34 接线，合上开关 QS，通过调节变频器调节各电动机的转速。

(3) 电路特点

优点：实现无级调速，节能。

缺点：电路成本高。

【问题与思考】

(1) 笼型三相交流异步电动机和绕线型三相交流异步电动机通常用什么方法调速？

(2) 衡量调速性能的指标有哪些？

(3) 如何选择合适的调速方法？

【知识链接】

1. 三相交流异步电动机的机械特性

机械特性是指三相交流异步电动机在一定运行条件下（电源电压一定时），三相交流异步电动机的转速与转矩之间的关系，即 $n=f(T)$ 曲线。因为三相交流异步电动机的转速 n 与转差率 s 之间存在一定的关系，三相交流异步电动机的转矩特性 $T=f(s)$，用 $n=f(T)$ 表示即 T-n 曲线就是机械特性曲线。机械特性分固有机械特性和人为机械特性两种。

(1) 固有机械特性

三相交流异步电动机的固有机械特性是指在额定电压和额定频率下，定、转子外接电阻为零时，T 与 n 的关系，即 $T=f(n)$ 曲线，也可转为 $n=f(T)$ 曲线，当 $U=U_N$，$f=f_N$ 时，固有机械特性曲线如图，4-35 所示。我们应注意曲线上的“两段四点”：

① 稳定工作区和非稳定工作区。

a. 非稳定工作区 AB 段。

b. 稳定工作区 BD 段。

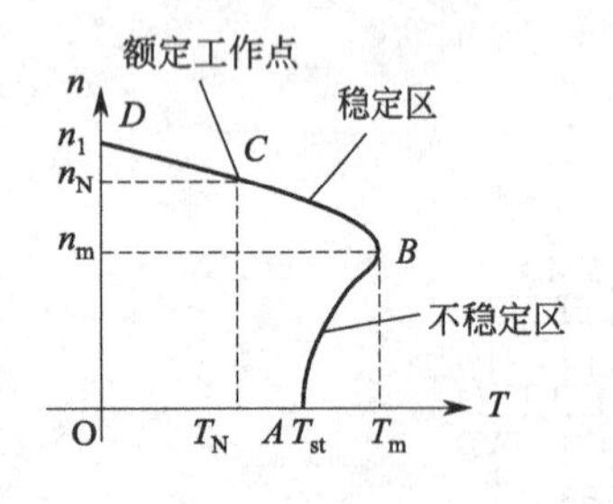

图 4-35　固有机械特性

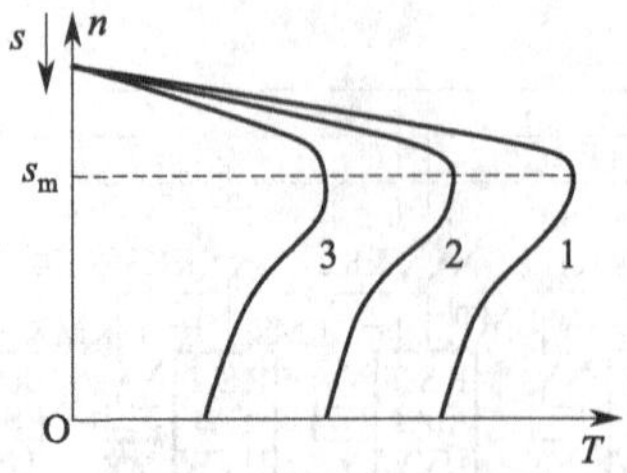

图 4-36　降低电压机械特性

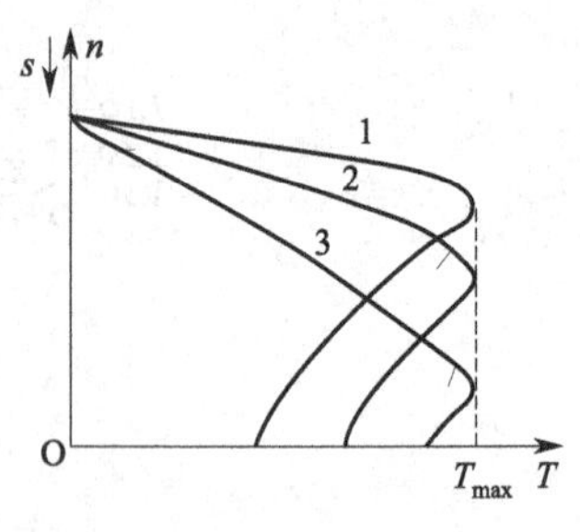

图 4-37　转子串电阻机械特性

② 曲线上四个特殊点（三个重要转矩）。

a. 启动点 A。

b. 临界点 B。

c. 同步点 D。

d. 额定点 C。

（2）人为机械特性

人为机械特性就是人为地改变电源参数或三相交流异步电动机参数而得到的机械特性。

① 降低定子绕组电压的人为机械特性。

当定子绕组电压 U_1 降低时，电磁转矩 T 与 U_1^2 成正比的降低。而临界转差率的大小与电压无关。所以曲线的同步点不变，s_m 不变，最大转矩 T_{max} 与启动转矩 T_S 都与 U_1^2 成正比的降低，其特性曲线如图 4-36 所示。

② 转子串联电阻时的人为机械特性。

此法只适用于绕线转子三相交流异步电动机。在保持外加电压 U_1 不变的条件下，在转子回路中串入三相对称电阻时，同步点不变，临界转差率 s 与转子电阻成正比变化，最大电磁转矩 T_{max} 与转子电阻无关而不变，其机械特性如图 4-37 所示。

2. 三相交流异步电动机的运行特性

三相交流异步电动机的工作运行特性是指在额定电压和额定频率下运行时，三相交流异步电动机的转速、输出的转矩、定子电流、功率因数、效率与输出功率之间的关系曲线。工作运行特性可以通过三相交流异步电动机直接加负载试验得到。

（1）转速特性 $n=f(P_2)$ 曲线

转速特性是指三相交流异步电动机的转速随输出功率的变化曲线。空载时，$P_2=0$，转速接近同步转速，随负载增大，转速略有降低，转速特性是一条稍向下倾斜的曲线。因转速变化很小，可以看作一条直线。如图 4-38 所示。

（2）转矩特性 $T=f(P_2)$ 曲线

转矩特性是指三相交流异步电动机输出的转矩随输出功率的变化曲线。三相交流异步电动机输出的转矩为：

$$T=\frac{P_2}{\omega}=\frac{P_2}{\frac{2\pi n}{60}}=\frac{60P_2}{2\pi n} \qquad (4\text{-}1)$$

空载时，$P_2=0$，$T=0$；负载时，随输出功率的增加，转速略有下降，故有上式可知，转矩上升的速度略快于输出功率的增加，所以转矩特性曲线为一条过零稍向上翘的曲线。如图 4-39 所示。

(3) 定子电流特性 $I_1=f(P_2)$ 曲线

三相交流异步电动机定子电流 I_1 随负载的增大而增大，其原理与变压器原边电流随负载的增大而增大相似，但空载电流 I_{10} 比变压器大得多，为额定电流的 20%～40%。特性曲线如图 4-40 所示。

(4) 定子功率因数特性 $\cos\phi_1=f(P_2)$ 曲线

三相交流异步电动机运行时需要从电网吸收感性无功功率来建立磁场，所以，三相交流异步电动机负载性质呈感性，功率因数小于 1。空载时，定子电流主要是无功励磁电流，因此，功率因数很低，通常不超过 0.2。负载运行时，随负载的增大，输出的功率增大，定子电流的有功分量明显大于无功分量的增加，所以功率因随负载的增大而提高。一般三相交流异步电动机在额定负载时功率因数为 0.7～0.9。特性曲线如图 4-40 所示。

(5) 效率特性 $\eta=f(P_2)$ 曲线

三相交流异步电动机的效率是指输出功率占输入功率的百分比。即

$$\eta=\frac{P_2}{P_1}\times 100\%=\frac{P_2}{\sqrt{3}U_L I_L\cos\phi_1}\times 100\%$$

$$=\frac{P_2}{P_1+\Delta P_{Cu}+\Delta P_{Fe}+\Delta P_m}\times 100\% \tag{4-2}$$

式中，ΔP_{Cu}、ΔP_{Fe}、ΔP_m 分别为铜损、铁损和机械损耗。

三相交流异步电动机空载时，$P_2=0$，$\eta=0$。带负载运行时，铁损不变，但铜损与负载电流的平方成正比，只要可变损耗仍小于不变损耗，随负载的增大，三相交流异步电动机损耗的增加仍小于输出功率的增加，所以 η 逐渐增大；当可变损耗大于不变损耗时，三相交流异步电动机损耗增加的速度大于输出功率的增加，所以，效率会逐渐降低。一般三相交流异步电动机的效率在 (0.7～1.0) P_N 时效率最大，最大效率在 74%～94%之间。特性曲线如图 4-40 所示。

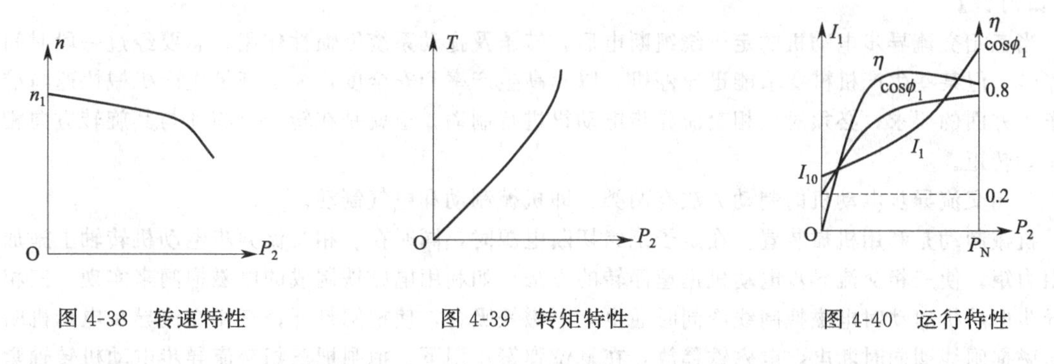

图 4-38　转速特性　　图 4-39　转矩特性　　图 4-40　运行特性

3. 变频器

变频技术诞生背景是交流电机无级调速的广泛需求。传统的直流调速技术因体积大故障率高而应用受限。

20 世纪 60 年代以后，电力电子器件普遍应用了晶闸管及其升级产品。但其调速性能远远无法满足需要。1968 年以丹佛斯为代表的高技术企业开始批量化生产变频器，开启了变频器工业化的新时代。

变频器 (Variable-Frequency Drive，VFD) 如图 4-41 所示，是应用变频技术与微电子技术，通过改变电机工作电源频率方式来控制交流电动机的电力控制设备。变频器主要由整流（交流变直流）、滤波、逆变（直流变交流）、制动单元、驱动单元、检测单元微处理单元等组成。变频器靠内

部 IGBT 的开断来调整输出电源的电压和频率，根据电机的实际需要来提供其所需要的电源电压，进而达到节能、调速的目的，另外，变频器还有很多的保护功能，如过流、过压、过载保护等。

图 4-41　变频器

20 世纪 70 年代开始，脉宽调制变压变频（PWM-VVVF）调速的研究得到突破，80 年代以后微处理器技术的完善使得各种优化算法得以容易实现。

20 世纪 80 年代中后期，美、日、德、英等发达国家的 VVVF 变频器技术实用化，商品投入市场，得到了广泛应用。最早的变频器可能是日本人买了英国专利研制的。不过美国和德国凭借电子元件生产和电子技术的优势，高端产品迅速抢占市场。

步入 21 世纪后，国产变频器逐步崛起，现已逐渐抢占高端市场。上海和深圳成为国产变频器发展的前沿阵地，涌现出了像汇川变频器、英威腾变频器、安邦信变频器、欧瑞变频器等一批知名国产变频器。

随着工业自动化程度的不断提高，变频器得到了非常广泛的应用。

变频器按变换的环节分为交-直-交变频器和交-交变频器。

（1）交-直-交变频器

是先把工频交流通过整流器变成直流，然后再把直流变换成频率电压可调的交流，又称间接式变频器，是广泛应用的通用型变频器。

（2）交-交变频器

即将工频交流直接变换成频率电压可调的交流，又称直接式变频器。

项目 2　三相交流异步电动机的制动

【项目描述】

学习三相交流异步电动机的制动方法及各种方法的制动原理与应用，对提高生产效率，增加三相交流异步电动机的使用寿命有着极其重要影响。

【项目内容】

当三相交流异步电动机的定子绕组断电后，转子及拖动系统因惯性作用，总要经过一段时间才能停转。但某些生产机械要求能迅速停机，以提高生产率和安全度，为了满足生产机械快速与准确停车等方面的要求，必须对三相交流异步电动机进行制动，也就是在转子上施加与其旋转方向相反的制动转矩。

三相交流异步电动机的制动方法有两类：即机械制动和电气制动。

机械制动是利用机械装置，在定子绕组切断电源时，同时在三相交流异步电动机转轴上施加机械阻力矩，使三相交流异步电动机迅速停转的方法。如利用电磁铁制成的电磁抱闸来实现。三相交流异步电动机启动时电磁抱闸线圈同时通电，电磁铁吸合，使抱闸打开；三相交流异步电动机断电时电磁抱闸线圈同时断电，电磁铁释放，在复位弹簧作用下，抱闸把三相交流异步电动机转轴紧紧抱住，实现制动。起重机械采用这种方法制动不但提高了生产效率，还可以防止在工作过程中因突然断电使重物滑下而造成的事故。洗衣机的脱水装置也是采用抱闸制动的。机械制动时抱闸闸皮容易磨损，长期使用会使制动力矩减小，且机械故障率较高。所以在某些情况下常用电气制动。

电气制动是在三相交流异步电动机转子导体内产生反向电磁转矩来制动，使三相交流异步电动机迅速停转的方法。

电气制动通常可分为能耗制动、反接制动和回馈制动。

任务 1　能 耗 制 动

能耗制动是指制动时把三相交流异步电动机转子及拖动系统的动能转换为电能在转子电路中以

热能形式迅速消耗掉的制动方法。

1. 制动电路

图 4-42 为三相交流异步电动机能耗制动电路。该电路由开关 QS，熔断器 FU，制动电阻 R_P，直流电源和三相交流异步电动机 M 等组成。

2. 制动过程

如图 4-42 所示，制动时，断开开关 QS，切断三相交流异步电动机电源，将定子绕组的其中两相立即接到直流电源上，三相交流异步电动机中产生一个恒定磁场。转子因机械惯性继续旋转，转子导体切割恒定磁场，在转子绕组中产生感应电流，转子中的感应电流和恒定磁场作用产生电磁转矩，电磁转矩的方向与转子转动的方向相反，成为制动转矩。在制动转矩作用下，转子转速迅速下降。三相交流异步电动机停转后，转子与磁场相对静止，制动转矩随之消失。

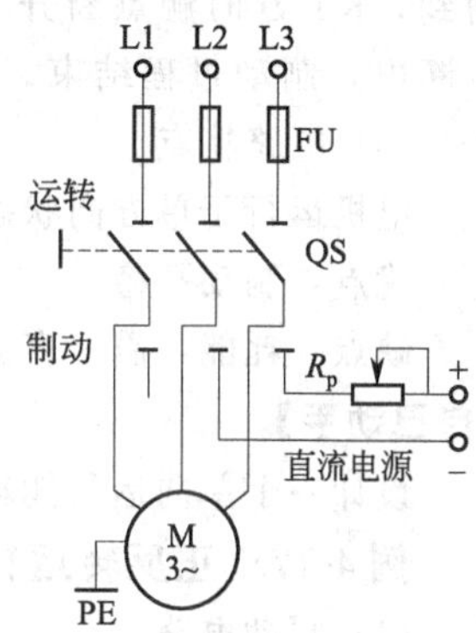

图 4-42　能耗制动原理图

3. 制动电流

制动时，定子绕组通入直流电，三相交流异步电动机中将产生一个恒定磁场。转子因机械惯性继续旋转时，转子导体切割恒定磁场，在转子绕组中产生感应电流，该电流即为制动电流。

4. 制动转矩

制动电流和恒定磁场作用产生电磁转矩与转子转动的方向相反，即为制动转矩。

5. 电路特点

优点：制动力强，制动较平稳，停车准确，消耗电能少。

缺点：需要专门的直流电源。

例 4-16　单向运行能耗制动。

(1) 制动电路

如图 4-43 所示，该电路由开关 QS，熔断器 FU1、FU2，制动电阻 R_p，接触器 KM1、KM2，热继电器 FR，按钮 SB1、SB2，时间继电器 KT，变压器 T，整流装置 VC 和三相交流异步电动机 M 等组成。

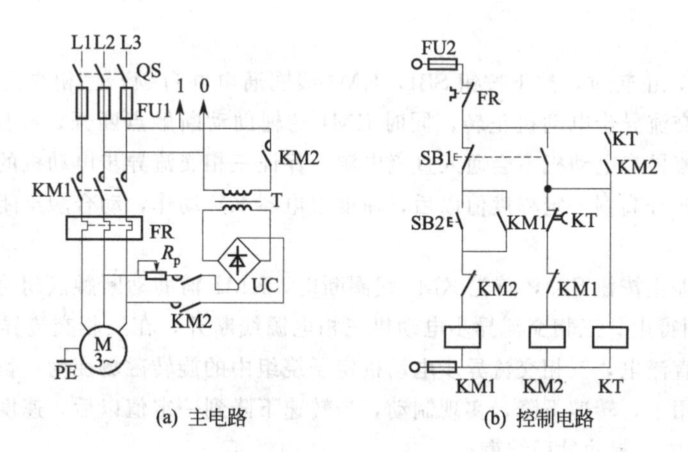

图 4-43　单向运行能耗制动电路

(2) 制动过程

按图 4-43 接线，合上开关 QS，按下 SB2，KM1 线圈通电并自锁，三相交流异步电动机通电正常启动，若要停机时，按下按钮 SB1，KM1 失电，三相交流异步电动机断电，同时 SB1

的动合触点让 KM2 线圈通电，KT 线圈也同时通电，KT 瞬动触点闭合，使 KM2 和 KT 线圈产生自锁，KT 开始延时。KM2 得电以后，三相交流异步电动机定子两相绕组通入一个直流电，产生一恒定磁场，三相交流异步电动机转子在恒定磁场作用下，转速迅速下降，当定时时间到，KT 延时触点断开，KM2 线圈断电，三相交流异步电动机定子绕组断电，同时 KT 线圈也断电，制动过程结束。

(3) 电路特点

电机运行于单方向状态，实现单方向制动。

优点：制动平稳。

缺点：耗能，需一直流电源。

【自己动手】

设计一个单向运行能耗制动电路，说明制动过程并接线、调试。

例 4-17　正反转运行能耗制动。

(1) 制动电路

如图 4-44 所示，该电路由开关 QS，熔断器 FU1、FU2，制动电阻 R_p，接触器 KM1、KM2、KM3，热继电器 FR，按钮 SB1、SB2、SB3，速度继电器 KV1、KV2，变压器 T，整流装置 VC 和三相交流异步电动机 M 等组成。

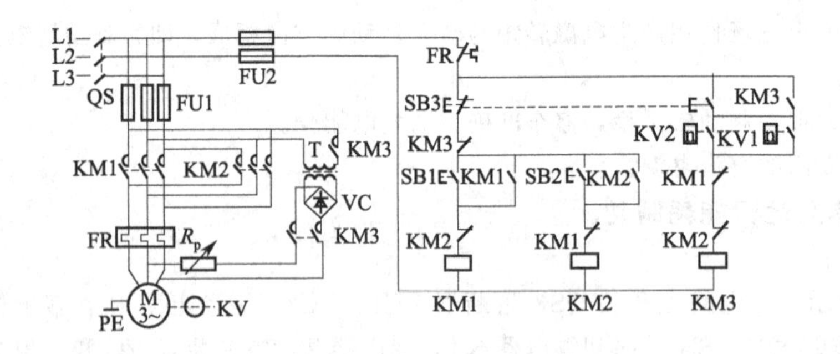

图 4-44　正反转运行能耗制动电路

(2) 制动过程

按图 4-44 接线，正转时，按下按钮 SB1，KM1 线圈通电并自锁，三相交流异步电动机通入三相正序电源，三相交流异步电动机正转，同时 KM1 的辅助动断触点断开，确保 KM3 线圈不会得电，也就是三相交流异步电动机不会通入直流电源，保证三相交流异步电动机的正常运转。当三相交流异步电动机转速升高到一定程度值以后，速度继电器 KV 动作，动合触点闭合，为能耗制动作准备。

制动时，按下停止按钮 SB3，首先 KM1 线圈断电，KM1 辅助动断触点闭合，SB3 的动合触点闭合，使 KM3 线圈得电，三相交流异步电动机三相电源线断开，在三相交流异步电动机两相绕组中经过电阻通入一直流电，三相交流异步电动机定子绕组中的旋转磁场变为一恒定磁场，转动的转子在恒定磁场的作用下，转速下降，实现制动，当转速下降到一定值以后，速度继电器的动合触点断开，KM3 线圈失电，制动过程结束。

反转时，按下按钮 SB2，制动时，按下按钮 SB3，反转制动过程与正转制动过程基本相同。

(3) 电路特点

由速度继电器实现制动。

优点：自动实现制动。

缺点：制动时间相对长。

【自己动手】

设计一个正反转运行能耗制动电路，说明制动过程并接线、调试。

任务2　反接制动

反接制动是指改变三相交流异步电动机定子绕组与电源的连接相序，使旋转磁场立即反转，对三相交流异步电动机进行制动。

当三相交流异步电动机的反接制动时，转子与定子旋转磁场的相对转速接近三相交流异步电动机同步转速的两倍，此时转子中流过的电流相当于全压启动电流的两倍，因此反接制动转矩大，制动迅速。为减小制动电流，必须在制动电路中串入电阻。当三相交流异步电动机制动转速接近零时，应及时切断电源。

1. 制动电路

如图 4-45 所示，该电路由开关 QS，熔断器 FU，制动电阻 R_p 和三相交流异步电动机 M 等组成。

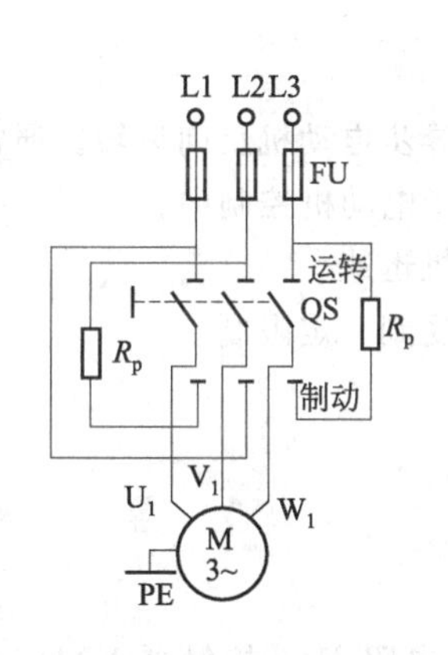

图 4-45　反接制动原理图

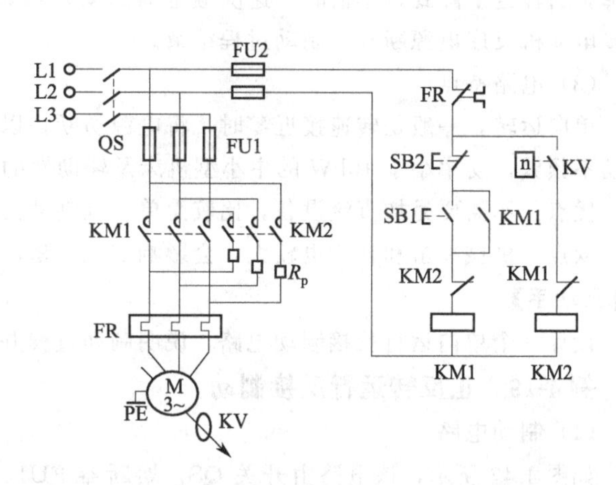

图 4-46　单向运行反接制动控制电路

2. 制动过程

如图 4-45 所示，反接制动时，合上开关 QS，转子绕组中感应电动势、电流和电磁转矩都改变方向，因机械惯性，转子转向未变，电磁转矩与转子的转向相反，当转速降为零时，须迅速切断电源并停车，否则三相交流异步电动机会反向启动旋转。

3. 制动电流

由于反接制动时，转子以（$n+n_0$）的速度切割旋转磁场，因而定子及转子绕组中的电流较正常运行时大十几倍。

4. 制动转矩

为了获得合适的制动转矩，笼型三相交流异步电动机反接制动时应在定子电路中串入电阻，绕线型转子三相交流异步电动机可在转子回路串入制动电阻。

5. 制动特点

一般是转速接近零时，将电源切断，以免三相交流异步电动机反向运转。通常用于启动不频繁，功率小于 10kW 的中小型机床及辅助性的三相交流异步电动机控制中。

优点：不需要另加直流设备，比较简单，且制动力矩较大，停机迅速。

缺点：机械冲击和耗能也较大，会影响加工的精度，使用范围受到一定限制。

例 4-18　单向运行反接制动。

（1）制动电路

如图 4-46 所示，该电路由开关 QS，熔断器 FU1、FU2，制动电阻 R_p，接触器 KM1、KM2，热继电器 FR，按钮 SB1、SB2，速度继电器 KV 和三相交流异步电动机 M 等组成。

（2）制动过程

按图 4-46 接线，按下 SB1，KM1 线圈通电，KM1 辅助触点闭合并自锁，KM1 主触点闭合，三相交流异步电动机得正序电源启动，转速升高，当三相交流异步电动机的转速升高到一定值时，速度继电器动合触点闭合，因 KM1 辅助动断触点断开，确保 KM2 线圈不会得电，为实现三相交流异步电动机反接制动作准备。

三相交流异步电动机制动时，按下 SB2，KM1 线圈首先断电释放，三相交流异步电动机正序电源断开，做惯性运转，同时 KM1 辅助动断触点闭合，使 KM2 线圈通电，KM2 主触点使反序电源通过电阻接入三相交流异步电动机，使三相交流异步电动机实现反接制动，KM2 的辅助动断触点使 KM1 不能得电，确保电源不会短路。在反接制动的过程中，三相交流异步电动机的转速迅速下降，当转速下降到较小值时，速度继电器的动合触点断开复位，KM2 线圈断电释放，三相交流异步电动机反序电源断开，制动过程结束。

（3）电路特点

单向运转，一般是转速接近零时，将电源切断，以免三相交流异步电动机反向运转。通常用于启动不频繁，功率小于 10kW 的中小型机床及辅助性的三相交流异步电动机控制中。

优点：不需要另加直流设备，比较简单，且制动力矩较大，停机迅速。

缺点：机械冲击和耗能也较大，会影响加工的精度，使用范围受到一定限制。

【自己动手】

设计一个单向运行反接制动电路，说明制动过程并接线、调试。

例 4-19　正反转运行反接制动。

（1）制动电路

如图 4-47 所示，该电路由开关 QS，熔断器 FU1、FU2，制动电阻 R_p，接触器 KM1、KM2、KM3，热继电器 FR，中间继电器 KA1、KA2、KA3，按钮 SB1、SB2、SB3，速度继电器 KV 和三相交流异步电动机 M 等组成。

（2）制动过程

按图 4-47 接线，正转启动：按下启动按钮 SB1，KA3 线圈通电并自锁，KA3-3 触点闭合，为线圈 KM3 通电做准备，KA3-2 常开触点闭合，KM1 线圈通电，主触点闭合，三相交流异步电动机串 R_p 降压启动。同时 KM1 常开辅助触点闭合，为 KA1 线圈通电做准备。当三相交流异步电动机转速 n 一定时，KV-1 触点闭合，KA1 线圈通电并自锁，KA1-3 触点闭合，KM3 线圈通电，其主触点闭合短接电阻 R_p，三相交流异步电动机全压运行。由于 KA1 线圈得电，KA1-2 触点闭合，为 KM2 线圈得电做准备。

停车制动：按下停止按钮 SB3，KA3 线圈断电，KA3-1、KA3-2、KA3-3 均断开，KM1，KM3 线圈断电，KM3 主触点断开，电阻 R_p 串入电路。同时 KM1 断电，使三相交流异步电动机断电靠惯性运转。由于 KM1 联锁点闭合，KM2 线圈通电，KM2 主触点闭合，三相交流异步电动机反接制动，当三相交流异步电动机转速 n 下降到一定值时，KV-1 断开，KA1 线圈断电，KA1-1、KA1-2、KA1-3 触点均断开，KM2 线圈断电，KM2 主触点断开，制动过程结束。

相反方向的启动和制动控制和上述相同，只是启动时按动的是反转启动按钮 SB2，电路便通过 KA4 接通 KM2，三相电源反接，使三相交流异步电动机反向启动。停转时，通过速度继电器的常

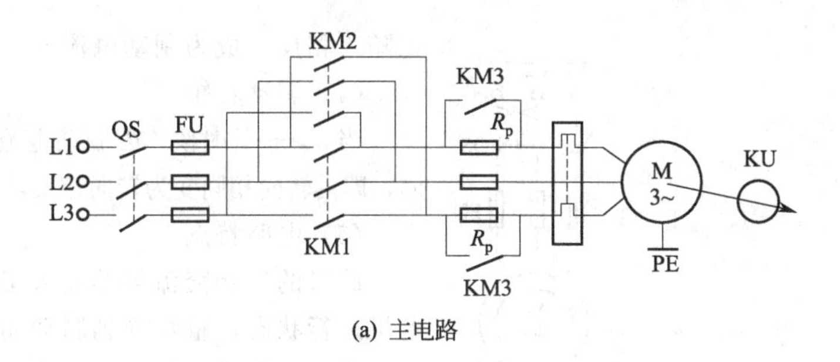

(a) 主电路

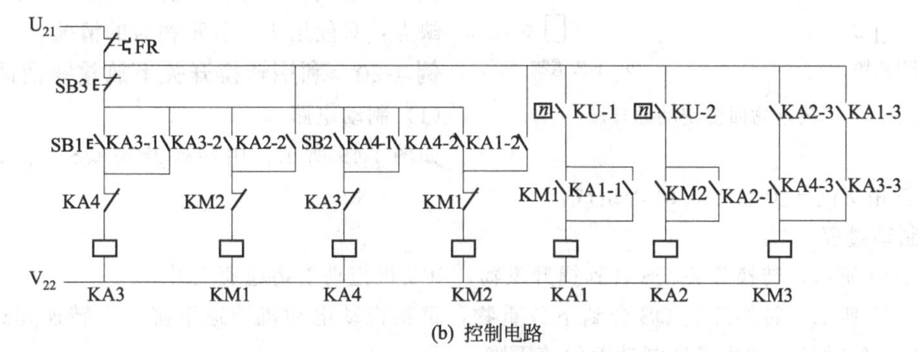

(b) 控制电路

图 4-47　正反转运行反接制动控制电路

开触点 KV-2 及中间继电器 KA2 控制反接制动过程的完成。不过这时接触器 KM1 便成为反转运行的反接制动接触器了。

(3) 电路特点

双向运转，一般是转速接近零时，将电源切断，以免三相交流异步电动机反向运转。通常用于双向运行的三相交流异步电动机控制中。

优点：不需要另加直流设备，比较简单，且制动力矩较大，停机迅速。

缺点：机械冲击和耗能也较大，会影响加工的精度，制动时控制不好易反向，使用范围受到一定限制。

【自己动手】

设计一个正反转运行反接制动电路，说明制动过程并接线、调试。

任务3　回 馈 制 动

三相交流异步电动机制动时将机械能转变为电能馈送电网，称回馈制动。回馈制动发生在三相交流异步电动机的转速 n 超过旋转磁场的同步转速 n_1 的时候，即下放重物或变极调速时由高速向低速调时。

1. 下放重物回馈制动

(1) 制动电路

如图 4-48(a)、(b) 所示，由开关 QS，熔断器 FU，重物 G 和三相交流异步电动机 M 等组成。

(2) 制动过程

如图 4-48(a) 所示，合上开关 QS，三相交流异步电动机通电提升重物（$T_M>T_G$）。

如图 4-48(b) 所示，合上开关 QS，三相交流异步电动机通电下放重物（$T_M<T_G$）。重物拖动转子下降，当转子转速超过同步转速，即 $n>n_1$ 的时候，重物受到制动而匀速下降。

(3) 制动电流

当 $n>n_1$ 的时候，转子绕组切割定子旋转磁场方向与原电动状态相反，转子绕组感应电流方向

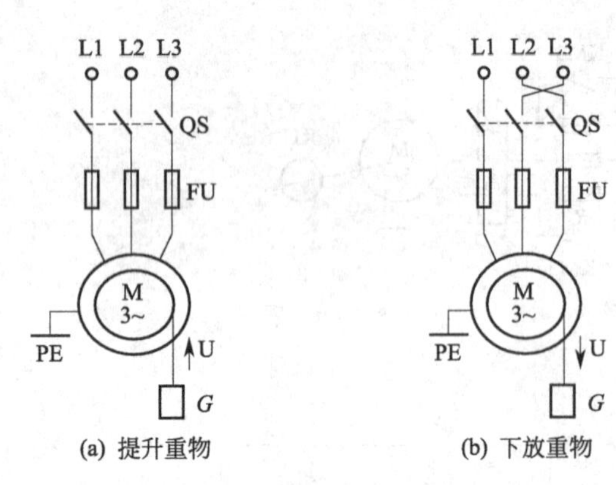

(a) 提升重物　(b) 下放重物

图 4-48　下放重物回馈制动原理图

也随之相反，成为制动电流。

（4）制动转矩

当 $n>n_1$ 的时候，因制动电流反向，电磁转矩也反向，即由转向相同变为转向相反，成为制动转矩。

（5）电路特点

此时的三相交流异步电动机已转入三相交流发电机运行状态，重物受到制动而匀速下降。

优点：节能，匀速，不需专门的调速设备。

缺点：只能用于下放重物时的情况。

例 4-20　利用转换开关下放重物回馈制动。

（1）制动电路

如图 4-49 所示，由转换开关 QS，熔断器 FU，重物 G 和三相交流异步电动机 M 等组成。

（2）制动过程

如图 4-49 所示，转换开关 QS 合到提升重物，电动机拖动重物稳速上升。

如图 4-49 所示，转换开关 QS 合到下放重物，重物拖动电动机快速下降，当转速超过同步转速，即 $n>n_1$ 的时候，重物受到制动而匀速下降。

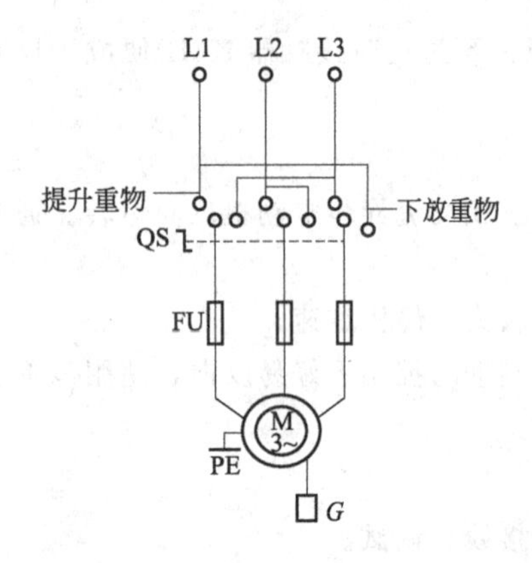

图 4-49　转换开关下放重物回馈制动电路

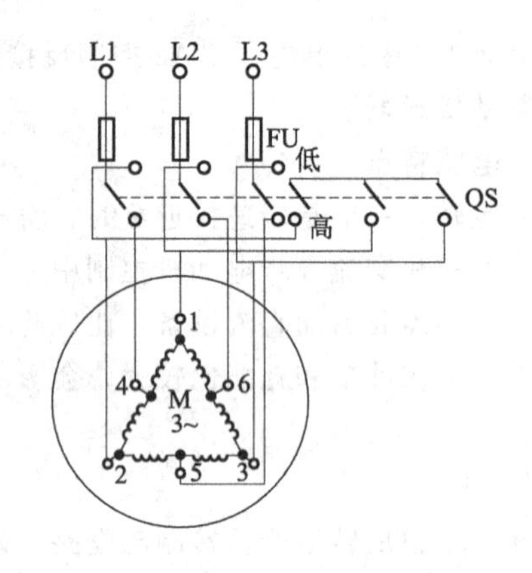

图 4-50　变极调速回馈制动原理图

（3）电路特点

下放重物时，当 $n>n_1$ 的时候，三相交流异步电动机已转入三相交流发电机运行状态。

优点：节能，匀速，不需专门的调速设备，用一个转换开关，电路简单。

缺点：只能用于下放重物时的情况。

【自己动手】

设计一个下放重物回馈制动电路，说明制动过程并接线、调试。

2. 变极调速回馈制动

（1）制动电路

如图 4-50 所示，电路由转换开关 QS，熔断器 FU 和三相交流异步电动机 M 等组成。

（2）制动过程

如图 4-50 所示，转换开关 QS 由“高”合到“低”时，三相交流异步电动机由双行星接法向三角形接法转换，三相交流异步电动机回馈制动，转速逐渐下降，即由高速向低速转换。

（3）制动电流

变极调速三相交流异步电动机由高速向低速时，磁极对数加倍，磁场转速减半 $n_0=\frac{60f_1}{p}$，但转速不会突降，所以 $n>n_1$，转子绕组切割定子旋转磁场方向与原电动状态相反，转子绕组感应电流方向也随之相反，成为制动电流。

（4）制动转矩

当 $n>n_1$ 的时候，因制动电流反向，电磁转矩也反向，即由转向相同变为转向相反，成为制动转矩。

（5）电路特点

变极调速三相交流异步电动机由高速向低速转换时，即由双行星接法向三角形接法转换，转子的转速逐渐下降。

优点：节能，不需专门的制动设备。

缺点：只使用于变极调速由高速向低速调时的情况，制动快结束时要及时切断电源，防止反转。

例 4-21　按钮、接触器控制的双速回馈制动。

（1）制动电路

如图 4-51 所示，为按钮、接触器控制的电路。该电路由开关 QS，熔断器 FU1、FU2，接触器 KM1、KM2、KM3，停止按钮 SB1、启动按钮 SB2 、SB3 和三相交流异步电动机 M 等组成。图中 KM1 为三相交流异步电动机三角形连接用接触器，KM2 和 KM3 为三相交流异步电动机双星形连接用接触器，SB1 为停止按钮，SB2 为低速（三相交流异步电动机三角形连接）启动按钮，SB3 为高速（三相交流异步电动机双星形连接）启动按钮。

（2）制动过程

按图 4-51 接线，合上开关 QS，按下高速启动按钮 SB3，使得 KM2、KM3 线圈通电，控制电路中 KM2、KM3 常开辅助触点闭合，使得由二者串联组成的自锁支路接通，实现自锁。主电路中 KM3 主触点闭合，三相交流异步电动机定子接成双星形，同时 KM2 主触点闭合，接通三相交流电源，三相交流异步电动机高速运行。按下低速启动按钮 SB2，KM2、KM3 线圈断电，它的常闭触点先断开，切断 KM2、KM3 线圈支路，KM2、KM3 自锁触点断开，解除自锁，主电路中 KM2、KM3 主触点断开，切断电源，三相交流异步电动机处于暂时断电，自由停车状态；同时接触器 KMl 线圈通电，KM1 的常闭触点后闭合，自锁触点闭合，实现自锁，主电路中 KMl 主触点闭合，接通三相交流电源，三相交流异步电动机定子绕组以三角形连接低速运行。

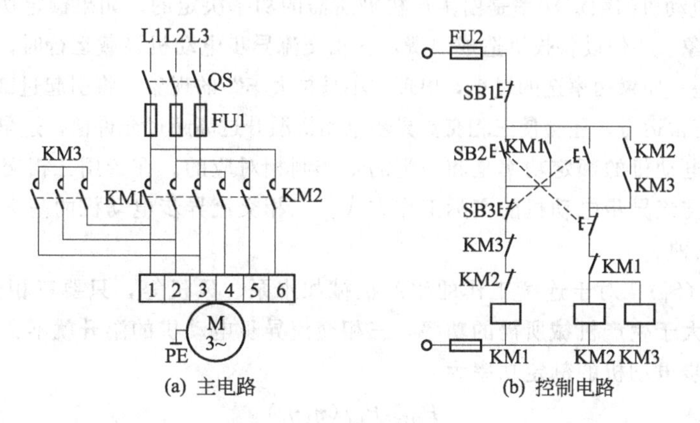

(a) 主电路　　(b) 控制电路

图 4-51　双速回馈制动

（3）电路特点

优点：节能，不需专门的制动设备。

缺点：只使用于变极调速由高速向低速调时的情况，制动快结束时及时切断电源，防止反转。

【自己动手】

设计一个变极调速回馈制动电路，说明制动过程并接线、调试。

【问题与思考】

三相交流异步电动机有哪几种制动方法？各有什么优、缺点？各适合于哪些场合？

【知识链接】

1. 三相交流异步电动机的选择

三相交流异步电动机应用广泛，选用三相交流异步电动机应以实用、合理、经济、安全为原则，根据拖动机械的需要和工作条件进行选择。

(1) 类型的选择

三相交流异步电动机有笼型和线绕式两种类型。笼型三相交流异步电动机结构简单，价格便宜，运行可靠，使用维护方便。如果没有特殊要求，应尽可能采用三相笼型三相交流异步电动机。例如水泵、风机、运输机、压缩机以及各种机床的主轴和辅助机构等，绝大部分都可用三相笼型三相交流异步电动机来拖动。

绕线型三相交流异步电动机启动转矩大，启动电流小，并可在一定范围内平滑调速，但结构复杂，价格较高，使用和维护不便，且故障率较高。所以只有在启动负载大和有一定调速要求，且不能采用笼型三相交流异步电动机拖动的场合，才选用绕线型三相交流异步电动机。例如某些起重机、卷扬机、轧钢机、锻压机等，可选用绕线型三相交流异步电动机来拖动。

在只有单相交流电源或功率很小的场合，如家用电器和医疗器械等，可采用单相三相交流异步电动机，其中电容分相式单相三相交流异步电动机能够进行正反转控制，而罩极式三相交流异步电动机只能单方向运转。

在有特殊要求的场合，可选用特种三相交流异步电动机。例如要求直接带动低速机械工作时，可选用力矩三相交流异步电动机；要求在自动控制系统中作为执行元件来驱动控制对象时，可选用伺服三相交流异步电动机或步进三相交流异步电动机等；要直接带动机械作直线运动时，可选用直线三相交流异步电动机。特种三相交流异步电动机的结构、工作原理及应用将在后面的学习任务中做详细的讲解。

(2) 容量（额定功率）的选择

三相交流异步电动机的额定功率是由生产机械所需的功率决定的。如果额定功率选得过大，出现“大马拉小车”的现象，不但设备投资造成浪费，三相交流异步电动机轻载运行时，功率因数和效率都很低，运行经济性差；如果功率选的过小，出现“小马拉大车”的现象，将引起过载甚至堵转，不仅不能保证生产机械的正常运行，还会使三相交流异步电动机温升过高超过允许值，过早损坏。

三相交流异步电动机的额定功率是和一定的工作制相对应的。在选用三相交流异步电动机的功率时，应考虑三相交流异步电动机的实际工作方式。三相交流异步电动机的基本工作制有“连续”、“短时”、“断续”三种。

① 连续工作制(S_1)　对于连续工作的生产机械如水泵、风机等，只要三相交流异步电动机的额定功率等于或稍大于生产机械所需的功率，三相交流异步电动机的温升就不会超过允许值。因此所选的三相交流异步电动机的额定功率为

$$P_N \geqslant P_L/(\eta_1\eta_2) \tag{4-3}$$

式中　P_L——生产机械的负载功率；

η_1——生产机械本身的效率；

η_2——三相交流异步电动机与生产机械之间的传动效率。

直接连接时 $\eta_2=1$，皮带传动时 $\eta_2=0.95$。

② 短时工作制(S_2)　当三相交流异步电动机在恒定负载下按给定时间运行而未达到热稳定时即停机，使三相交流异步电动机再度冷却至与冷却介质温度之差在 2K 以内，这种工作制称为短时工作制。我国规定短时工作制的标准持续时间有 10min、30min、60min、90min 四种。专为短时工作制设计的三相交流异步电动机，其额定功率是和一定标准的持续时间相对应的。在规定的时间内，三相交流异步电动机以输出额定功率工作，其温升不会超过允许值。就某台三相交流异步电动机而言，它在短时工作时的额定功率大于连续工作时的额定功率。

短时工作制的三相交流异步电动机，输出功率的计算与连续工作制一样。如果实际的工作持续时间与标准持续时间不同，则应按接近而大于实际工作持续时间的标准持续时间来选择三相交流异步电动机。如果实际工作持续时间超过最大的标准持续时间（90min），则应选用连续工作制三相交流异步电动机；如果实际工作持续时间比最小的标准持续时间（10min）还短得多，这时也可以选用连续工作制的三相交流异步电动机，但其功率则按过载系数 λ 来计算，短时运行三相交流异步电动机的额定功率可以是生产机械所要求功率的 $1/\lambda$ 倍，即

$$P_N \geqslant P_L/(\lambda\eta_1\eta_2) \tag{4-4}$$

式中，$\lambda=T_m/T_N$，为三相交流异步电动机的过载系数。

③ 断续工作制(S_3)　断续工作制是一种周期性重复短时运行的工作方式，每一周期包括一段恒定运行时间 t_1 和一个间歇时间 t_2。标准的周期时间为 10min。工作时间与周期时间的比值为负载持续率，通常用百分数表示。我国规定的标准持续率有 15％、25％、40％和 60％四种，如不加说明，则以 25％为准。

专门用于断续工作的三相交流异步电动机为 YZ 和 YZR 系列，常用于吊车、桥式起重机等生产机械上。选择这类三相交流异步电动机应考虑其负载持续率，同一型号的三相交流异步电动机，负载持续率越小，其额定功率越大。

实际上，在很多场合下，三相交流异步电动机所带的负载是经常变化的。例如机床的加工工件，刀具和切削用量是经常变化的，因此用计算法来确定三相交流异步电动机的功率很困难，而且所得结果也很不准确。为此实际上常采用类比法，即通过调查研究，将各国同类的先进生产机械所选用的三相交流异步电动机功率进行类比和统计分析，寻找出三相交流异步电动机功率与生产机械主要参数之间的关系。

此外，还有一种选择三相交流异步电动机功率的办法称为实验法，是用一台同类型的或相近类型的生产机械进行试验，测出其所需的功率。也可将实验法与类比法结合起来进行选择。

(3) 额定电压的选择

三相交流异步电动机的额定电压应根据使用场所的电源电压和三相交流异步电动机的功率来决定。一般三相交流异步电动机都选用额定电压 380V，单相三相交流异步电动机都选用额定电压为 220V。所需功率大于 100kW 时，可根据当地电源情况和技术条件考虑选用 3kV、6kV 或 10kV 的高压三相交流异步电动机。

(4) 额定转速的选择

根据公式 $T_N=9550P_N/n_N$ 可知，额定功率 P_N 相同的三相交流异步电动机，额定转速 n_N 越高，则额定转矩 T_N 越小；再由 $T=K_T\Phi I_2\cos\phi_2$ 可知，电磁转矩 T 与转子电流 I_2（或 I_1）和磁通 Φ 的乘积成正比，而电流和磁通又大体上决定了三相交流异步电动机所用的导线和铁芯的重量。所以转速高的三相交流异步电动机体积小，价格低。但是三相交流异步电动机是用来拖动生产机械的，而生产机械的转速一般是由生产工艺的要求所决定的。如果生产机械的运行速度很低，三相交流异步电动机的转速很高，则必然增加减速传动机构的体积和成本，机械效率也因而降低。因此，必须全面考虑三相交流异步电动机和传动机构各方面因素，才能确定最合适的额定转速。通常采用较多的是

同步转速为1500r/min的三相交流异步电动机（四极）。

(5) 结构的选择

三相交流异步电动机的外形结构有开起式、防护式、封闭式和防爆式等几种，应根据三相交流异步电动机的工作环境进行选择。

开启式：在结构上无特殊防护装置，通风散热好，价格便宜，适用于干燥无灰尘的场所。

防护式：在机壳或端盖处有通风孔，一般可防雨、防溅及防止铁屑等杂物掉入三相交流异步电动机内部，但不能防尘、防潮。适用于灰尘不多且较干燥的场所。

封闭式：外壳严密封闭，能防止潮气和灰尘进入，是用于潮湿、多尘或含有酸性气体的场所。

防爆式：整个三相交流异步电动机（包含接线端）全部密封，适用于有爆炸性气体的场所，例如在石油、化工企业及矿井中。

2. 三相交流异步电动机的常见故障及处理

三相交流异步电动机在生产现场大量使用，这些三相交流异步电动机通过长期的运行，会发生各种故障，及时判断故障原因、进行相应处理，是防止故障扩大，保证设备正常运行的重要工作。表4-1中列出了三相交流异步电动机故障现象、故障原因和处理方法，供分析处理故障时参考。

表4-1　三相交流异步电动机常见故障及处理方法

故障现象	故障原因	处理方法
通电后三相交流异步电动机不能转动，但无异响，也无异味和冒烟	(1)电源未通(至少两相未通) (2)熔丝熔断(至少两相熔断) (3)过流继电器调得过小 (4)控制设备接线错误	(1)检查电源回路开关，熔丝、接线盒是否有断点，修复 (2)检查熔丝型号、熔断原因，换新熔丝 (3)调节继电器整定值与三相交流异步电动机配合 (4)改正接线
通电后三相交流异步电动机不转，然后熔丝烧断	(1)缺一相电源，或定子线圈一相反接 (2)定子绕组相间短路 (3)定子绕组接地 (4)定子绕组接线错误 (5)熔丝规格过小 (6)电源线短路或接地	(1)检查刀闸是否有一相未合好，或电源回路有一相断线；消除反接故障 (2)查出短路点，予以修复 (3)消除接地 (4)查出误接，予以更正 (5)更换符合要求熔丝 (6)消除接地点
通电后三相交流异步电动机不转，有嗡嗡声	(1)定、转子绕组有断路(一相断线)或电源一相失电 (2)绕组引出线始末端接错或绕组内部接反 (3)电源回路接点松动，接触电阻大 (4)三相交流异步电动机负载过大或转子卡住 (5)电源电压过低 (6)小型三相交流异步电动机装配太紧或轴承内部油脂过硬 (7)轴承卡住	(1)查明断点，予以修复 (2)检查绕组极性；判断绕组首末端是否正确 (3)紧固松动的接线螺钉，用万用表判断各接头是否假接，予以修复 (4)减载或查出并消除机械故障 (5)检查是否把规定的Δ接法误接为Y；是否由于电源导线过细压降过大，予以修复 (6)重新装配使之灵活；更换合格油脂 (7)修复轴承
三相交流异步电动机启动困难，带额定负载时，三相交流异步电动机转速低于额定转速	(1)电源电压过低 (2)△接法三相交流异步电动机误接为Y (3)笼型转子开焊或断裂 (4)定转子局部线圈错接、接反 (5)修复三相交流异步电动机绕组时增加匝数过多 (6)三相交流异步电动机过载	(1)测量电源电压，设法改善 (2)改正接法 (3)检查开焊和或断点并修复 (4)查出误接处，予以改正 (5)恢复正确匝数 (6)减小负载

续表

故障现象	故障原因	处理方法
三相交流异步电动机空载电流不平衡,三相相差大	(1)重绕时,定子三相绕组匝数不相等 (2)绕组首尾端接错 (3)电源电压不平衡 (4)绕组存在匝间短路、线圈反接故障	(1)重新绕制定子绕组 (2)检查并纠正 (3)测量电源电压,设法消除不平衡 (4)消除绕组故障
三相交流异步电动机空载、过载时,电流表指针不稳,摆动	(1)笼型转子导条开焊或断条 (2)绕线型转子故障(一相断路)或电刷、集电环短路装置接触不良	(1)查出断条予以修复或更换转子 (2)检查绕线转子回路并加以修复
三相交流异步电动机空载电流平衡,但数值大	(1)修复时,定子绕组匝数减少过多 (2)电源电压过高 (3)Y接法三相交流异步电动机误接为△ (4)三相交流异步电动机装配中,转子装反,使定转子铁芯未对齐,有效长度减短 (5)气隙过大或不均匀 (6)大修拆除旧绕组时,使用热拆法不当,使铁芯烧损	(1)重绕定子绕组、恢复正确匝数 (2)检查电源,设法恢复到额定电压 (3)改接为Y (4)重新装配 (5)更换新转子或调节气隙 (6)检修铁芯或重新计算绕组,适当增加匝数
三相交流异步电动机运行时响声不正常,有异响	(1)转子与定子绝缘纸或槽楔相摩擦 (2)轴承磨损或油内有砂粒等异物 (3)定、转子铁芯松动 (4)轴承缺油 (5)风道填塞或风扇摩擦风罩 (6)定、转子铁芯相擦 (7)电源电压过高或不平衡 (8)定子绕组错接或短路	(1)修剪绝缘,削低槽楔 (2)更换轴承或清洗轴承 (3)检修定、转子铁芯 (4)加油 (5)清理风道。重新安装风罩 (6)清除擦痕,必要时车小转子 (7)检查并调整电源电压 (8)消除定子绕组故障
运行中三相交流异步电动机振动较大	(1)由于磨损轴承间隙过大 (2)气隙不均匀 (3)转子不平衡 (4)转轴弯曲 (5)铁芯变形或松动 (6)联轴器(皮带轮)中心未校正 (7)风扇不平衡 (8)机壳或基础强度不够 (9)三相交流异步电动机地脚螺钉松动 (10)笼型转子开焊或断路;绕组转子断路 (11)定子绕组故障	(1)检修轴承,必要时更换 (2)调整气隙,使之均匀 (3)校正转子动平衡 (4)校直转轴 (5)校正重叠铁芯 (6)重新校正,使之符合规定 (7)检修风扇,校正平衡,纠正其几何形状 (8)进行加固 (9)紧固地脚螺钉 (10)修复转子绕组 (11)修复定子绕组
轴承过热	(1)润滑油过多或过少 (2)油质不好含有杂质 (3)轴承与轴颈或端盖配合不当(过松或过紧) (4)轴承盖内孔偏心,与轴相摩擦 (5)三相交流异步电动机盖端或轴承盖未装平 (6)三相交流异步电动机与负载间联轴器未校正,或皮带过紧 (7)轴承间隙过大或过小 (8)三相交流异步电动机轴弯曲	(1)按规定加润滑脂(容积的1/3～2/3) (2)更换清洁的润滑脂 (3)过松可用黏结剂修复,过紧应车、磨轴颈或端盖内孔,使之适合 (4)修理轴承盖,清除擦点 (5)重新装配 (6)重新校正,调整皮带张力 (7)更换新轴承 (8)校正三相交流异步电动机轴或更换转子

续表

故障现象	故障原因	处理方法
三相交流异步电动机过热甚至冒烟	(1)电源电压过高,使铁芯发热大大增加 (2)电源电压过低,三相交流异步电动机又带额定负载运行,电流过大使绕组发热 (3)修理拆除绕组时,采用热拆法不当,烧伤铁芯 (4)定、转子铁芯相擦 (5)三相交流异步电动机过载或频繁启动 (6)笼型转子断条 (7)三相交流异步电动机缺相,两相运行 (8)重绕后定子绕组浸漆不充分 (9)环境温度高,三相交流异步电动机表面污垢多,或通风道堵塞 (10)三相交流异步电动机风扇故障,通风不良 (11)定子绕组故障(相间、匝间短路;定子绕组内部连接错误)	(1)降低电源电压(如调整供电变压器分接头),若是三相交流异步电动机Y、△接法错误引起,则应改正接法 (2)提高电源电压或换粗供电导线 (3)检修铁芯,排除故障 (4)消除擦点(调整气隙或锉、车转子) (5)减轻负载;按规定次数控制启动 (6)检查并消除转子绕组故障 (7)恢复三相运行 (8)采用二次浸漆及真空浸漆工艺 (9)清洗三相交流异步电动机,改善环境温度,采用降温措施 (10)检查并修复风扇,必要时更换 (11)检修定子绕组,清除故障

小　结

本情境主要介绍了三相交流异步电动机的三种调速方法、三种制动方法以及相关的电路分析和应用。

三种调速方法是：变极调速、变频调速和变转差率调速；三种制动方法是：能耗制动、反接制动和回馈制动。

情境5　单相交流异步电动机控制

【教学提示】

教	知识重点	(1)单相交流异步电动机启动方法 (2)单相交流异步电动机反转方法 (3)单相交流异步电动机调速方法
	知识难点	单相交流异步电动机启动、反转、调速电路分析
	推荐讲授方式	从任务入手,从实际电路出发,讲练结合
	建议学时	6学时
学	推荐学习方法	自己先预习,不懂的地方作出记录,查资料,听老师讲解;在老师指导下连接电路,但不要盲目通电
	需要掌握的知识	单相交流异步电动机启动、反转、调速方法及电路分析
	需要掌握的技能	(1)正确进行电路的接线 (2)正确分析电路

单相交流异步电动机是利用单相交流电源供电的一种小容量单相交流异步电动机，功率约在8～750W之间。单相交流异步电动机具有结构简单，成本低廉，维修方便等特点，被广泛应用于如冰箱、电扇、洗衣机等家用电器及医疗器械中。但与同容量的三相交流异步电动机相比，单相交流异步电动机的体积较大、运行性能较差、效率较低。

【学习目标】

(1) 学习单相交流异步电动机的启动方法、控制电路及应用。

(2) 学习单相交流异步电动机的反转方法、控制电路及应用。

(3) 学习单相交流异步电动机的调速方法、控制电路及应用。

项目1　单相交流异步电动机的启动

【项目描述】

主要学习单相交流异步电动机常用的启动方法、控制电路及应用。

【项目内容】

单相交流异步电动机由转子和定子两个基本部分构成。转子部分是鼠笼型的结构。定子上有两个绕组，一个主绕组即运行绕组，另一个绕组称启动绕组。如果单相交流电动机只有一个运行绕组，在接入单相交流电源时，电动机并不会转动。这是因为单相绕组通入正弦交流电时，产生一个大小随时间按正弦规律变化的脉动磁场，而磁场的空间方向却保持固定不变。这种正弦脉动磁场可以分解成两个大小相等，转速相同，而旋转方向相反的两个旋转磁场。这两个旋转磁场相对转子的转速相同，产生两个同样大小的感应电流，各电流与对应的磁场相互作用而产生大小相等、方向相反的两个转动力矩，但合成转矩为零，所以，转子不能转动。

当转子被外力带动沿某一方向旋转时，情况就不同了。这时两个旋转磁场的转向一个与转子转向相同，另一个则相反。假设与转子转向相同的旋转磁场称为顺向磁场，另一个则称为逆向磁场，这时顺向转矩增加，逆向转矩减小，合成转矩不再为零，转子开始转动。

人们毕竟不能靠用外力推动的方法来启动单相交流异步电动机，如何使单相交流异步电动机在电源加上的瞬间就能启动，关键在于电源加上以后使转子处于旋转磁场之中。为了产生这个旋转磁场，使单相交流异步电动机通电后自行启动，单相交流异步电动机的定子绕组除运行绕组外，还必须有启动绕组。当两个绕组空间相差90°，再分别通入位相差也为90°的两个电流时便产生一个旋转磁场。(若两个绕组的空间位置不相隔 90°，通入的电流位相差不是 90°，而是另外一个值，仍能产生一个旋转磁场，但启动转矩要小)。

单相交流异步电动机的常用的启动方法有电容启动式启动，电容运行式启动，电容启动、运行式启动，电阻启动式启动和罩极式启动等。

任务 1　电容启动式启动

1. 启动电路

如图 5-1 所示，电容启动式启动，单相交流异步电动机定子上有两个在空间相隔 90°的绕组 U1U2 和 V1V2，V 绕组（启动绕组）串联适当的电容 C 后与 U 绕组（运行绕组）并联于单相交流电源上。

2. 启动过程

合上开关 QS1，单相交流异步电动机启动时通过电容 C 的电流 i_V 超前于 i_U 接近 90°，即把单相交流电变为两相交流电。这样 U1U2、V1V2 两相绕组中的交流电流产生的两个脉动磁场相合成，就是一个旋转磁场。在此旋转磁场的作用下，笼型转子就会顺着同一方向转动起来。启动后，当转速上升到 70%～85%额定转速时，离心开关 QS2 将绕组 V1V2、电容 C 从电源上切除，只保留 U1U2 绕组在运行。

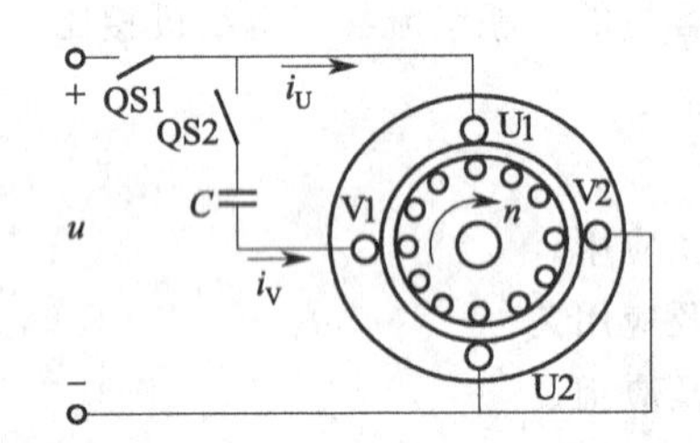

图 5-1　电容启动式单相交流异步电动机原理图

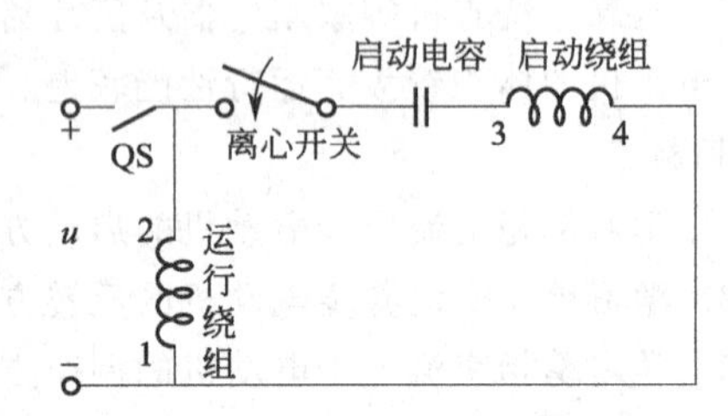

图 5-2　离心开关实现的电容启动式启动

3. 电路特点

优点：启动转矩较大。

缺点：启动时两个绕组都运行，启动后有一个绕组不运行，且电容也不运行，资源不能充分利用。采用离心开关断开启动绕组时，如果单相交流异步电动机不能在很短时间内启动成功，绕组有烧毁的可能。

该方法适用于具有较高启动转矩的小型空气压缩机、电冰箱、磨粉机、水泵及满载启动的小型机械。

例 5-1　用离心开关实现的电容启动式启动。

(1) 启动电路

电路如图 5-2 所示，主要由单相交流电源、普通开关 QS、离心开关、启动电容和由启动绕组、运行绕组构成的单相交流异步电动机组成。

(2) 启动过程

单相交流异步电动机静止时离心开关是接通的，接通 220V 交流电源，合上普通开关 QS，单相交流异步电动机启动，当转速上升到额定值的 70%～80%时离心开关自动跳开，断开启动电容和启动绕组。运行绕组继续留在电路中使单相交流异步电动机运行。

(3) 电路特点

采用离心开关断开启动绕组时，如果单相交流异步电动机不能在很短时间内启动成功，绕组有烧毁的可能。

例 5-2　用电压继电器实现的电容启动式启动。

（1）启动电路

电路如图 5-3 所示，主要由单相交流电源、电压继电器、启动电容和由启动绕组、运行绕组构成的单相交流异步电动机组成。

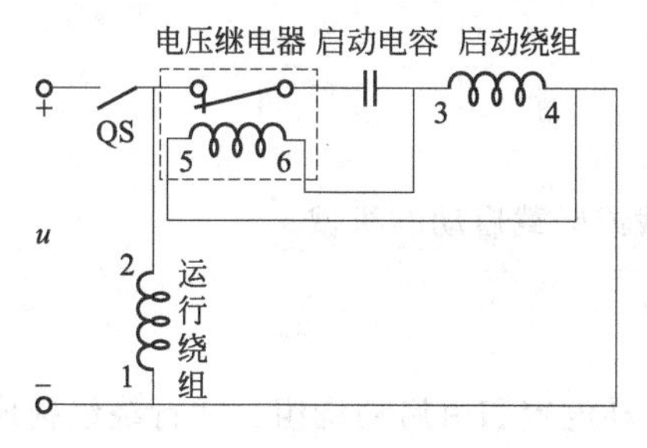

图 5-3　电压继电器实现的电容启动式启动

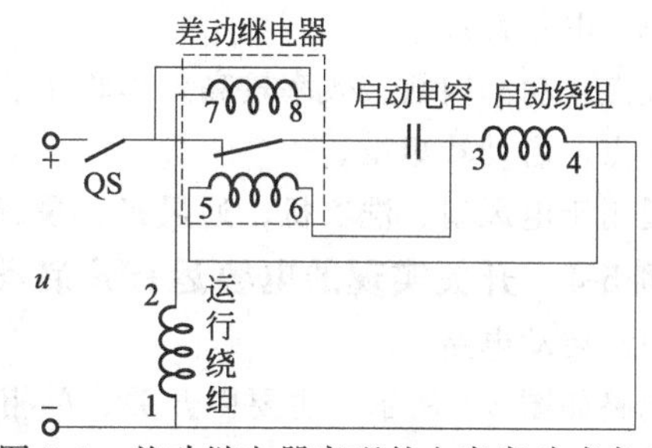

图 5-4　差动继电器实现的电容启动式启动

（2）启动过程

单相交流异步电动机静止时电压继电器的触点是闭合的，合上开关 QS，接通 220V 交流电源，单相交流异步电动机启动，转速升高，启动绕组电压升高，电压继电器绕组电压升高，当转速上升到额定值的 70%～80%时，电压继电器绕组吸引衔铁，使电压继电器的触点打开，断开启动电容和启动绕组。运行绕组继续留在电路中使单相交流异步电动机继续运行。

（3）电路特点

优点：动作灵敏，动作速度快。

缺点：电压继电器绕组一直通电。

例 5-3　用差动继电器实现的电容启动式启动。

（1）启动电路

电路如图 5-4 所示，主要由单相交流电源、差动继电器、启动电容和由启动绕组、运行绕组构成的单相交流异步电动机组成。

（2）启动过程

单相交流异步电动机静止时差动继电器的触点是闭合的，合上开关 QS，接通 220V 交流电源，单相交流异步电动机启动，转速升高，启动绕组电压升高，电压继电器绕组电压升高，当转速上升到额定值的 70%～80%时，电压继电器绕组吸引衔铁，使电压继电器的触点打开，断开启动电容和启动绕组。运行绕组继续留在电路中使单相交流异步电动机继续运行。

（3）电路特点

优点：动作灵敏，动作速度快。

缺点：电压继电器绕组一直通电。

【自己动手】

设计一个单相交流异步电动机电容启动式控制电路，接线，并分析启动过程及电路优缺点。

任务 2　电容运行式启动

（1）启动电路

电容运行式单相交流异步电动机与电容启动式单相交流异步电动机结构类似。区别在于启动绕组中没有开关。如图 5-5 所示，主要由单相交流电源、启动电容和启动绕组、运行绕组构成的单相交流异步电动机组成。

（2）启动过程

电容运行式启动时同电容启动式启动，合上开关 QS，通过电容 C 的电流 i_V 超前于 i_U 接近 90°，即把单相交流电变为两相交流电。这样 U1U2、V1V2 两相绕组中的交流电流产生的两个脉动磁场相合成，就是一个旋转磁场。在此旋转磁场的作用下，笼型转子就会顺着同一方向转动起来。启动后，启动绕组和运行绕组一起运行，启动绕组中的电容也在参与运行。

（3）电路特点

优点：功率因数、效率较高，体积小、重量轻。

缺点：启动转矩小。

适用于电风扇、洗衣机、通风机、录音机等各种空载或轻载启动的机械。

例 5-4　开关实现的电容运行式启动。

（1）启动电路

电路如图 5-6 所示，主要由开关、单相交流电源、启动电容和由启动绕组、运行绕组构成的单相交流异步电动机组成。

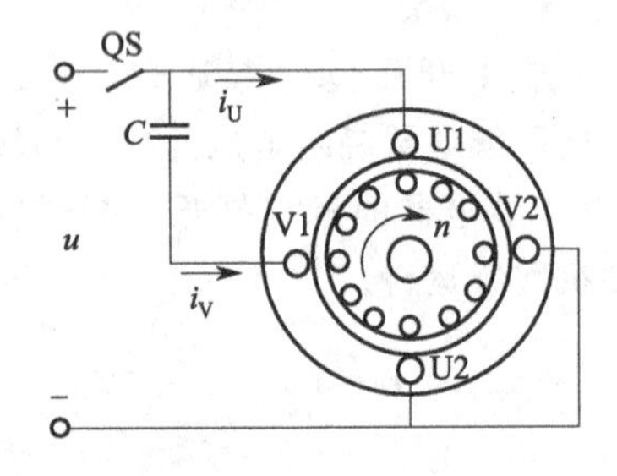

图 5-5　电容运行式启动原理图

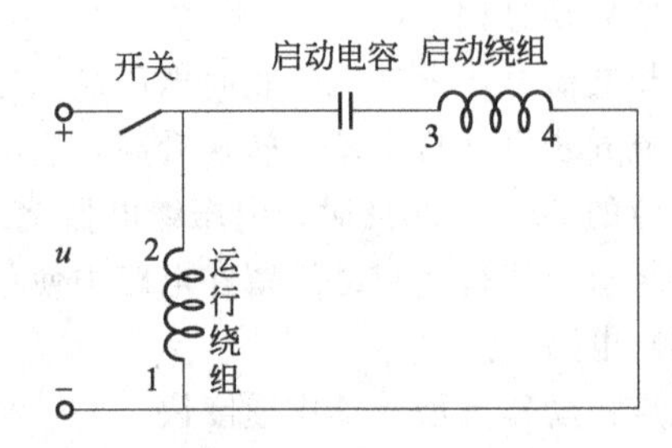

图 5-6　开关实现的电容运行式启动

（2）启动过程

合上开关，接通 220V 交流电源，单相交流异步电动机启动运行，启动后启动电容、启动绕组与运行绕组一起运行。

（3）电路特点

优点：效率高。

缺点：启动转矩小。

【自己动手】

设计一个单相交流异步电动机电容运行式控制电路并分析启动过程及电路优缺点。

任务 3　电容启动、运行式启动

（1）启动电路

如图 5-7 所示，电路主要由单相交流电源、两个电容 C_1、C_2 和由启动绕组 V1V2，运行绕组 U1U2 构成的单相交流异步电动机组成。C_1 称为启动电容，C_2 称为运行电容。

（2）启动过程

合上开关 QS1，单相交流异步电动机启动，启动绕组中的两个电容 C_1、C_2 都参与启动，启动结束后，开关 QS2 断开，启动电容 C_1 切除，运行电容 C_2、启动绕组与运行绕组一起运行。

（3）电路特点

通过改变单相交流异步电动机在启动与运行时电容值，适应单相交流异步电动机启动性能和运行性能的要求。此种电路具有较好的启动与运行性能，启动能力大，过载性能好，效率和功率因数高。适用于家用电器、水泵和小型机械。

例 5-5 用离心开关实现的电容启动、运行式启动。

(1) 启动电路

如图 5-8 所示，电路主要由单相交流电源、两个开关、两个电容和由启动绕组、运行绕组构成的单相交流异步电动机组成。两个电容中一个称为启动电容，另一个称为运行电容。两个开关中，一个是普通开关、一个是离心开关。

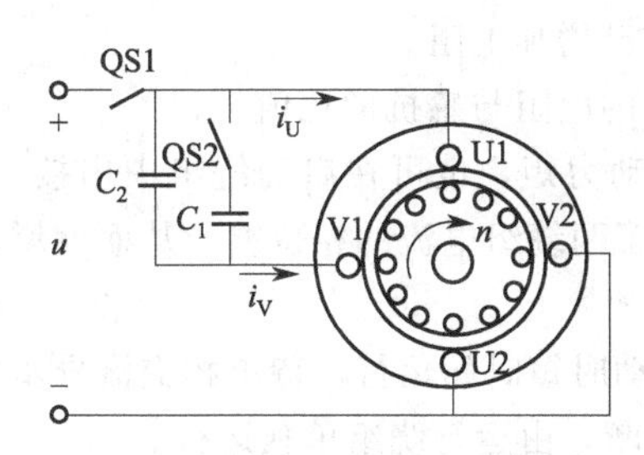

图 5-7 电容启动、运行式启动原理图

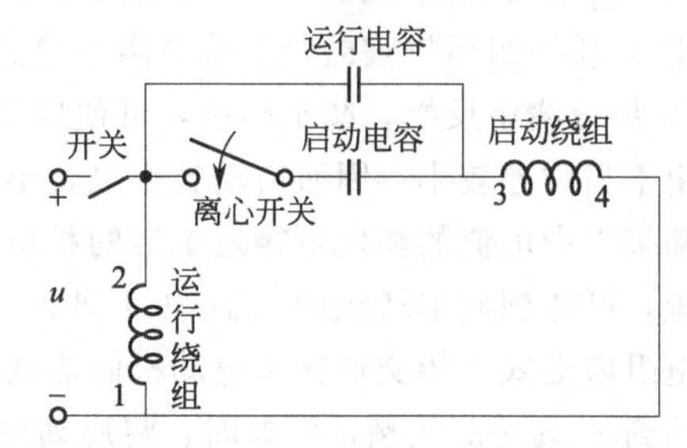

图 5-8 用离心开关实现的电容启动、运行式启动

(2) 启动过程

单相交流异步电动机静止时离心开关是接通的，合上普通开关，接通 220V 电源，单相交流异步电动机启动，启动电容与运行电容都参与启动，当转子转速达到额定值的 70%～80%时离心开关自动跳开，启动电容完成任务，并被断开。而运行电容继续接到启动绕组与运行绕组一起运行。

(3) 电路特点

采用双值电容，启动电容容量大，运行电容容量小，耐压一般都大于 400V。

这种接法一般用在空气压缩机，切割机，木工机床等负载大而不稳定的地方。

【自己动手】

设计一个单相交流异步电动机电容启动、运行式控制电路并分析启动过程及电路优缺点。

任务 4 电阻启动式启动

单相交流异步电动机除了用电容启动外，还可以通过电阻分相启动。即启动绕组串接电阻，使启动绕组电路性质接近电阻性，而运行绕组电路呈感性，从而使两绕组中电流具有一定的相位差。电阻分相的相位差小于 90°。

实际电阻启动式启动单相交流异步电动机的启动绕组一般不串接电阻，而是通过选用阻值大的绕组材料，以及绕组反绕的方法来增大启动绕组的电阻，减少其感抗，达到分相启动的目的。

(1) 启动电路

如图 5-9 所示，电路主要由单相交流电源、普通开关 QS 和由两个绕组 U1U2 、V1V2 构成的单相交流异步电动机组成。两个绕组中电阻大的一般称为启动绕组，电阻小一般称为运行绕组。

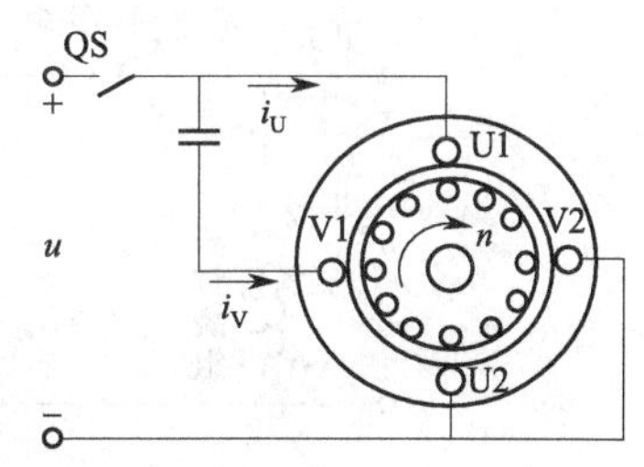

图 5-9 电阻启动式启动原理图

(2) 启动过程

启动时，合上开关 QS，接通交流电源，由于运行绕组电路中，感抗比电阻大得多，所以运行绕组内电流 $\dot{I}_U$ 的相位滞后于电压 $\dot{U}$，且相位差 ϕ_U 较大；启动绕组电路中，电阻比感抗大得多，所以启动绕组内电流 $\dot{I}_V$ 的相位也滞后于电压 $\dot{U}$，但相位差 ϕ_V 较小，这样两绕组中电流存在相位差 ϕ。形成旋转磁场，电动机开始运行。

（3）电路特点

由于两绕组内的阻抗不等，两绕组中电流 $\dot{I}_U$ 和 $\dot{I}_V$ 的大小就不相等。虽然在设计时可以适当选择两绕组的匝数 N_U 和 N_V，使两绕组上产生的磁动势幅值相等，即 $\dot{I}_U N_U = \dot{I}_V N_V$，但不可能使两绕组电流之间的相位差 ϕ 达到 90°，一般可达到 30°～40°。因此，只能产生椭圆形旋转磁场。不过有了这个椭圆形旋转磁场单相交流异步电动机就具备了启动的条件了。

为了使启动绕组电路内获得较大的电阻值，一般采取以下措施：

① 启动绕组用较细的导线或电阻率较高的铝线绕制，已增加电阻。

② 部分绕组反接，减小感抗，可使启动绕组得到较高的电阻与感抗的比值。

由于相位差较小，因而启动转矩也较小。为了增大启动力矩，也可在启动绕组中串接一电阻，使启动绕组中电流的相位更接近电压的相位，这样就增大了两绕组电流的相位差，从而就增大了启动转矩，可达到额定转矩的 1.1～1.7 倍。

电阻启动式单相交流异步电动机的启动绕组只允许启动时短时间运行，待单相交流异步电动机转速达到 75％～80％额定转速时，将启动绕组从电源上切断，由运行绕组单独运行。

电阻启动式单相交流异步电动机适用于具有中等启动转矩和过载能力的小型车床、鼓风机、医疗机械等。

例 5-6　双绕组运行电阻启动式启动。

（1）启动电路

如图 5-10 所示，电路主要由 220V 的单相交流电源和由绕组 12 、绕组 34 构成的单相交流异步电动机组成。12 绕组称为运行绕组，34 绕组称为启动绕组。

（2）启动过程

合上开关，接通 220V 交流电源，单相交流异步电动机启动运行，启动后启动绕组与运行绕组一起运行。

（3）电路特点

优点：结构简单。

缺点：启动转矩不大。

例 5-7　电流继电器实现的单绕组运行电阻启动式启动。

（1）启动电路

如图 5-11 所示，电路主要由 220V 的单相交流电源、电流继电器和由绕组 12 、绕组 34 构成的单相交流异步电动机组成。12 绕组称为运行绕组，34 绕组称为启动绕组。

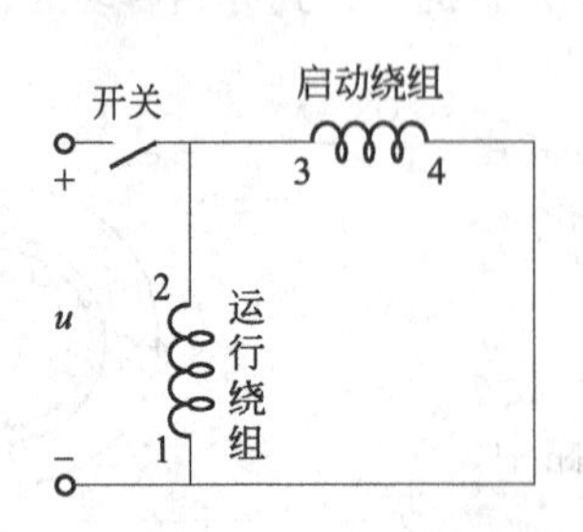

图 5-10　电阻启动式启动电路

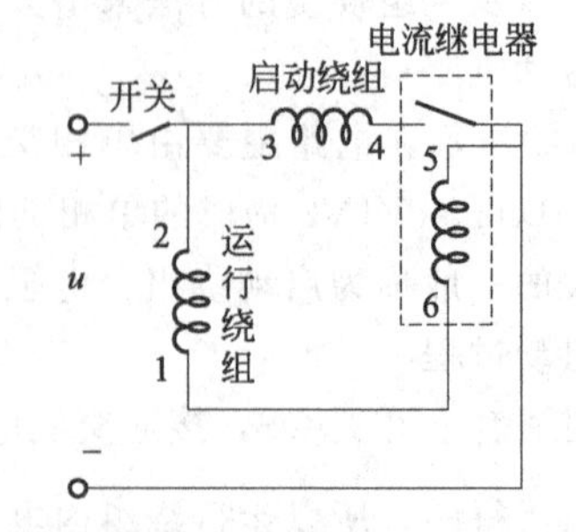

图 5-11　电流继电器实现的电阻启动式启动

（2）启动过程

合上开关，接通 220V 交流电源，运行绕组的启动电流较大，电流继电器动作，常开触点闭合，单相交流异步电动机启动运行，随着转速的升高，运行绕组的电流变小，电流继电器的常开触点断开，启动绕组断开，运行绕组继续运行。

（3）电路特点

优点：动作灵敏。

缺点：电流继电器绕组仍通电，耗能，增加了故障隐患。

【自己动手】

设计一个单相交流异步电动机电阻启动式控制电路并分析启动过程及电路优缺点。

总之，单相交流异步电动机通过电容或电阻分相启动，在启动时产生旋转磁场，同三相交流异步电动机的运行原理相同，只要产生旋转磁场，单相交流异步电动机在启动时就能产生启动转矩。与三相交流异步电动机的磁场转向一样，两相绕组产生的旋转磁场也是由电流超前相的绕组向滞后相的绕组方向旋转，即磁场旋转方向与绕组电流的相序一致，即与单相交流异步电动机的启动转向一致。

单相交流异步电动机的脉动磁场虽然不能使转子自己启动，但一旦启动后，却能产生电磁转矩使转子继续运行。

任务5　罩极式启动

前面分析的是具有两个绕组的单相交流异步电动机的启动。还有一种只有一个绕组和一个短路环构成的单相交流异步电动机的启动，这种单相交流异步电动机又叫罩极式单相交流异步电动机。

（1）启动电路

如图5-12所示，罩极式启动电路主要由开关、单相交流电源和由一个绕组及一个短路环组成的单相交流异步电动机组成。绕组集中绕制，套在单相交流异步电动机的定子磁极上，称为运行绕组。在极面的1/3～1/4处开有一个小槽，用短路环把这部分磁极罩起来，短路环称为启动环或启动绕组。

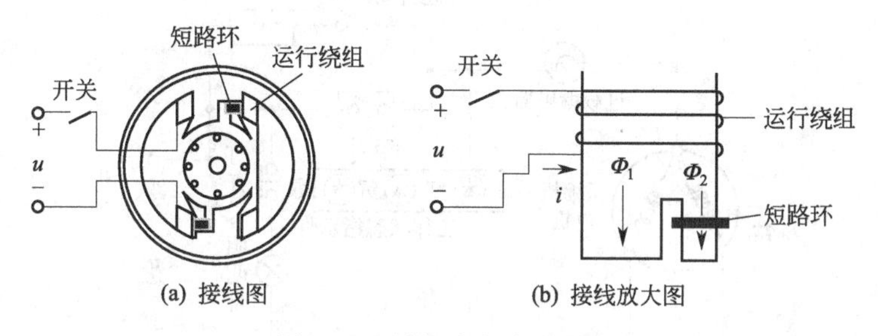

图5-12　罩极式启动原理图

（2）启动过程

合上开关，接通单相交流电源，当定子绕组中流过单相交流电流时，它所产生的脉动磁通在短路环的电磁干扰下，在磁极的极面上被分成Φ_1和Φ_2两部分磁通，穿过短路环的那部分磁通Φ_2在短路环内产生感应电动势和电流。根据楞次定律，由于感应电流对原磁通Φ的变化起到阻碍作用，使Φ_2在相位上滞后磁通Φ_1，结果短路环罩住的这部分磁通Φ_2较弱，使得罩极部分比非罩极部分磁场弱，同时Φ_2和Φ_1的位置也相隔一定角度，即左强右弱。这样在时间上有一定相位差，在空间上相隔一定角度的脉动磁场，也可以合成一个有一定旋转功能的磁场。在这个旋转磁场的作用下，笼型转子也会产生感应电流，形成电磁转矩而启动旋转，旋转方向是由磁极未罩短路环的一侧转向罩有短路环的一侧。

（3）电路特点

优点：结构简单，成本低。

缺点：启动转矩小，一般不能反转。

常用于 300mm 以下小型电风扇上。

例 5-8　罩极式启动。

(1) 启动电路

如图 5-13 所示，电路主要由单相交流电源和由一个绕组及一个短路环组成的单相交流异步电动机组成。

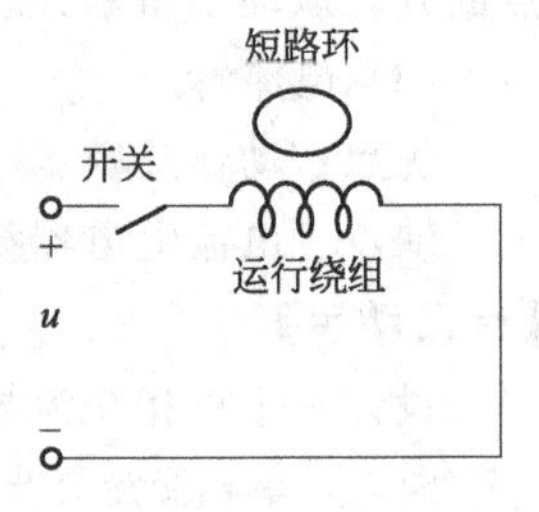

图 5-13　罩极式启动

(2) 启动过程

合上开关，接通单相交流电源，单相交流异步电动机即可启动运行。旋转方向由磁极未罩短路环的一侧转向罩有短路环的一侧。

(3) 电路特点

优点：结构简单，成本低。

缺点：启动转矩小，不能反转。

【自己动手】

设计一个单相交流异步电动机罩极启动式控制电路并分析启动过程及电路优缺点。

任务 6　启动电路应用

例 5-9　普通式电冰箱控制电路。

(1) 控制电路

如图 5-14 所示，为普通式电冰箱控制电路。该电路为电阻启动式启动。该电路主要由灯开关、冬季温度补偿开关、冬季温度补偿加热器、过载继电器、压缩机电机、启动继电器、运行状态指示灯、照明灯等组成。

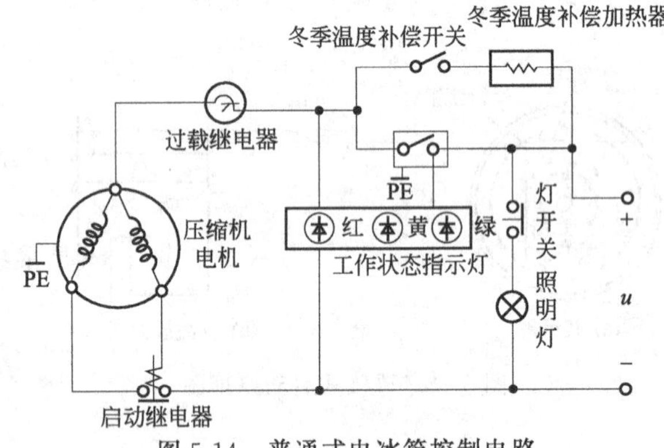

图 5-14　普通式电冰箱控制电路

(2) 电路分析

插上电源，压缩机电机即能运行，冬季使用时，合上冬季温度补偿开关、冬季温度补偿加热器运行。过载时，过载继电器断开，压缩机电机断电停止运行。

例 5-10　直冷式电冰箱控制电路。

(1) 控制电路

如图 5-15 所示，为另一个普通式电冰箱控制电路。该电路也为电阻启动式启动。该电路主要由灯开关、过载保护器、压缩机电机、PTC 继电器、照明灯和温控器等组成。

(2) 电路分析

插上电源，压缩机电机即能运行。过载时，过载保护其断开，压缩机电机断电停止运行。

【问题与思考】

(1) 为什么单相交流异步电动机不能自行启动？怎样才能使它启动？

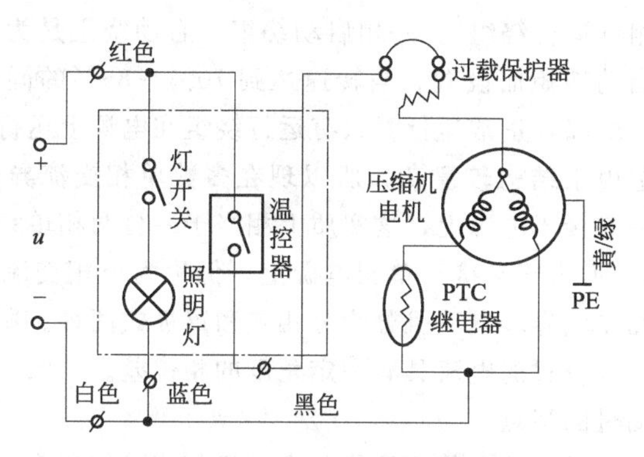

图 5-15 直冷式电冰箱控制电路

(2) 怎样改变单相电容启动单相交流异步电动机的旋转方向？

(3) 电容启动单相交流异步电动机的电路特点是什么？

(4) 电阻启动单相交流异步电动机的电路特点是什么？

(5) 电容启动单相交流异步电动机与电容运行单相交流异步电动机有什么相同点和不同点？

(6) 单相交流异步电动机所配用的电容有哪些种类？其故障原因是什么？若电容损坏，单相交流异步电动机通电后会出现什么现象？

(7) 罩极单相交流异步电动机中短路环起什么作用？

【知识链接】

(1) 单相交流异步电动机的结构

如图 5-16 所示，单相交流异步电动机的结构和运行原理与三相交流异步电动机相仿，其转子一般都是笼型的，定子上有两个绕组，为了能产生旋转磁场，一般在启动绕组中串联电容或电阻，定子绕组通入交流电产生磁场，切割转子导体产生感应电动势和感应电流，从而形成电磁转矩使转子转动。

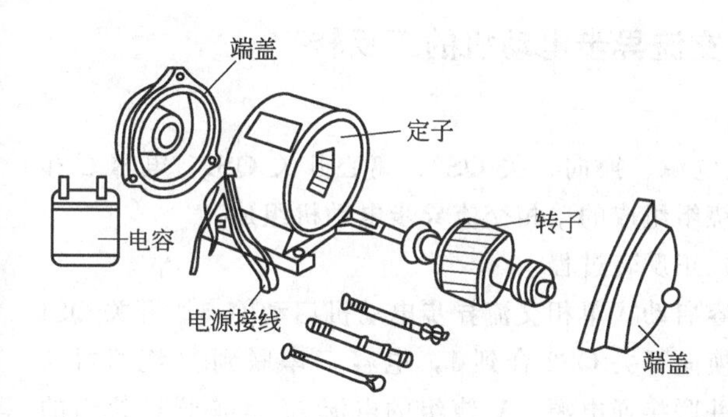

图 5-16 单相交流异步电动机的结构

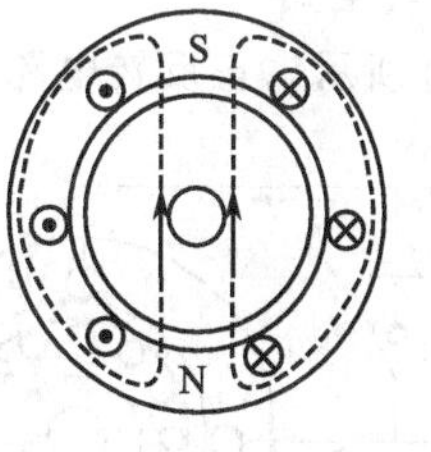

图 5-17 单相交流异步电动机的脉动磁场

(2) 单相交流异步电动机的脉动磁场

单相交流异步电动机的特点在于定子绕组通入的是单相交流电，所产生的是一个空间位置固定不变，而大小和方向随时间作正弦变化的脉动磁场，如图 5-17 所示。由于脉动磁场不能旋转而产生电磁转矩，故单相交流异步电动机不能自行启动。为了使单相交流异步电动机通电后能产生旋转磁场自行启动，必须再产生一个与此脉动磁场频率相同、相位不同、在空间相差一个角度的另一脉动磁场与其合成，常用的方法有电容分相与电容运行式、电阻分相式和罩极式三种。

(3) 单相交流异步电动机的工作原理

从结构上看，单相交流异步电动机与三相交流异步电动机结构相似，其转子多数为笼型，定子绕组由两相：一相运行绕组（运行绕组），一相启动绕组。启动绕组是为单相交流异步电动机产生旋转磁场，在启动时产生启动转矩而设置，当转速达到70%～85%的同步转速时，启动绕组可用离心开关将其从电源切除。所以，正常运行时只有运行绕组在电源上运行，以前多数单相交流异步电动机都采用这种方式，但由于结构较复杂，所以现在多数单相交流异步电动机都采用电容运行式，即在运行时启动绕组一直接于电源上，这实质上相当于一台两相单相交流异步电动机（电容运行式单相交流异步电动机），但由于它接于单相电源上，仍称为单相交流异步电动机。根据启动绕组的结构和原理不同，单相交流异步电动机分为分相式和罩极式两种。所谓分相，就是运行和启动绕组在同一电压的作用下，其流过的电流具有一定角度的相位差。

(4) 单相交流异步电动机的特点

单相交流异步电动机与同容量的三相交流异步电动机相比，体积大，效率低，运行性能差。因此，只制成小容量单相交流异步电动机，功率从几瓦到几千瓦。

项目2　单相交流异步电动机的正反转

【项目描述】

本项目主要学习单相交流异步电动机的正反转方法、控制电路及应用。

【项目内容】

要使单相异步电动机正反转必须使旋转磁场反转，有三种方法可以改变单相异步电动机的转向。一是将运行绕组或启动绕组的首末端对调。因为单相异步电动机的转向是由运行绕组与启动绕组所产生磁场的相位差来决定的，一般情况下，启动绕组中的电流超前于运行绕组的电流，从而启动绕组产生的磁场也超前于运行绕组，所以旋转磁场是由启动绕组的轴线转向运行绕组的轴线。二是把其中一个绕组反接，等于把这个绕组的磁场相位改变180°，若原来启动绕组的磁场超前运行绕组90°，则改接后变成滞后90°，所以旋转磁场的方向也随之改变，转子跟着反转。这种方法一般用于不需要频繁反转的场合。三是改变罩极式的短路环的连接，这种方法不常用。

任务1　电容启动式单相交流异步电动机的正反转

(1) 正反转电路

如图5-18所示，正反转电路主要由单相交流电源、换向开关QS2、离心开关QS1、电容 C 和由两个绕组组成的单相交流异步电动机组成。

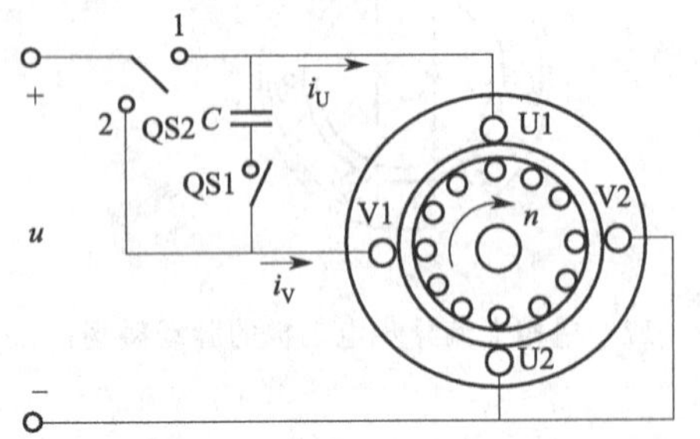

图5-18　电容启动式正反转原理图

(2) 正反转过程

电容启动式单相交流异步电动机启动前离心开关QS1闭合，换向开关QS2合到1，电容 C 串联到V绕组再与U绕组并联接通电源，V绕组的电流 i_V 超前于U绕组的电流 i_U 接近90°，这时V绕组为启动绕组，U绕组为运行绕组，单相交流异步电动机正转，当转速上升到额定值的70%至80%时离心开关QS1自动跳开，电容 C 断开，V绕组不再参与运行运行，U绕组继续留在单相交流异步电动机电路中带动负载正转。

停车，待单相交流异步电动机停转后，离心开关QS1闭合，换向开关QS2换到2，电容 C 串联到U绕组再与V绕组并联接通电源，U绕组的电流 i_U 超前于V绕组的电流 i_V 接近90°，这时U绕组为启动绕组，V绕组为运行绕组，单相交流异步电动机反转，当转速上升到额定值的70%～80%时离心开关QS1自动跳开，电容 C 断开，U绕组不再参与运行运行，V绕组继续留在单相交流异步电动机电路中带动负载反转。

(3) 电路特点

优点：结构简单。

缺点：若两绕组不完全相同时，转速有所下降（启动绕组电阻大于运行绕组电阻，一般启动绕组的电阻为十几欧姆到几十欧姆，而运行绕组的电阻为几欧姆）；若两绕组完全相同时，转速完全相同。

洗衣机中的洗涤单相交流异步电动机靠定时器自动转换开关，使波轮周期性地改变方向。

例 5-11 用换向开关实现的电容启动式正反转。

(1) 正反转电路

如图 5-19 所示，正反转电路主要由单相交流电源、换向开关、离心开关、电容和由两个绕组组成的单相交流异步电动机组成。

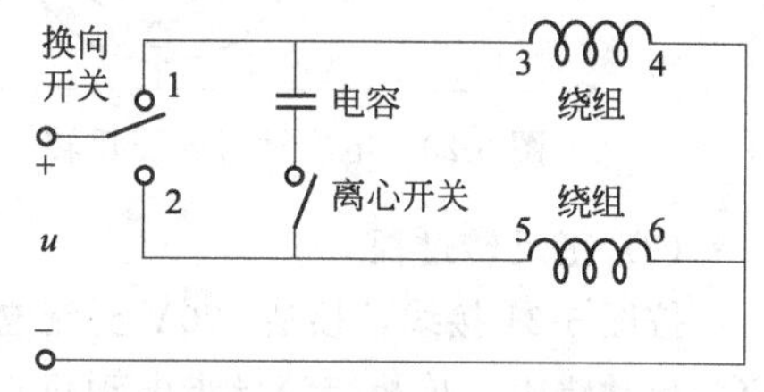

图 5-19 用换向开关实现的电容启动式正反转

(2) 正反转过程

换向开关接通前离心开关闭合，换向开关换到 1，接通 220V 电源，34 绕组为运行绕组，56 绕组中串电容为启动绕组，单相交流异步电动机正转，当转速上升到额定值的 70%至 80%时离心开关自动跳开，启动电容被断开，启动绕组不再参与运行运行，运行绕组继续留在单相交流异步电动机电路中带动负载正转；停车，换向开关换到 2，56 绕组为运行绕组，34 绕组中串电容为启动绕组，单相交流异步电动机反转，当转速上升到额定值的 70%至 80%时离心开关自动跳开，启动电容被断开，启动绕组不再参与运行，运行绕组继续留在单相交流异步电动机电路中带动负载反转。

(3) 电路特点

优点：采用的是正反转换向开关，通常启动绕组与运行绕组的电阻值完全一样。这种正反转控制方法简单，不用复杂的转换开关。

缺点：不能实现自动换向。

【自己动手】

设计一个单相交流异步电动机电容启动式正反转控制电路并分析反转过程及电路优缺点。

任务 2 电容运行式单相交流异步电动机的正反转

(1) 正反转电路

与电容启动式单相交流异步电动机正反转时电路相似。如图 5-20 所示，正反转电路主要由单相交流电源、换向开关 QS、电容 C 和由两个绕组组成的单相交流异步电动机组成。

(2) 正反转过程

按图 5-20 接线，换向开关 QS 合到 1，电容 C 串联到 V 绕组再与 U 绕组并联接通电源，V 绕组的电流 i_V 超前于 U 绕组的电流 i_U 接近 90°，这时 V 绕组为启动绕组，U 绕组为运行绕组，单相交流异步电动机正转。

停车，换向开关 QS 换到 2，电容 C 串联到 U 绕组再与 V 绕组并联接通电源，U 绕组的电流 i_U 超前于 V 绕组的电流 i_V 接近 90°，这时 U 绕组为启动绕组，V 绕组为运行绕组，单相交流异步电动机反转。

(3) 电路特点

优点：采用的是正反转换向开关，这种正反转控制方法简单。

缺点：不能实现自动换向。若两绕组不完全相同时，转速有所下降（启动绕组电阻大于运行绕组电阻）；若两绕组完全相同时，转速完全相同。通常启动绕组与运行绕组的电阻值完全一样。

例 5-12　用换向开关实现的电容运行式单相交流异步电动机的正反转。

(1) 正反转电路

如图 5-21 所示，正反转电路主要由单相交流电源、换向开关、电容和由两个绕组组成的单相交流异步电动机组成。

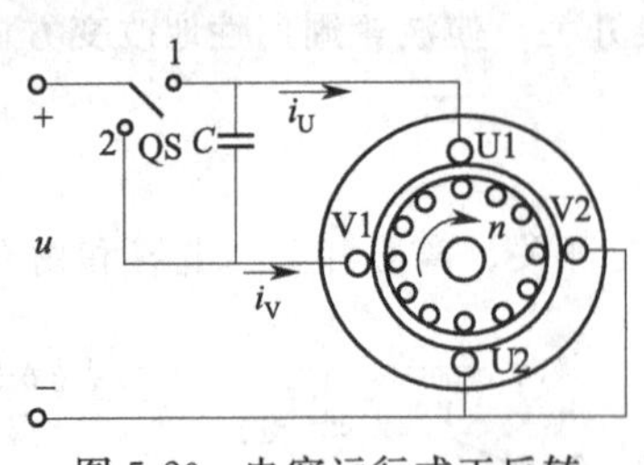

图 5-20　电容运行式正反转

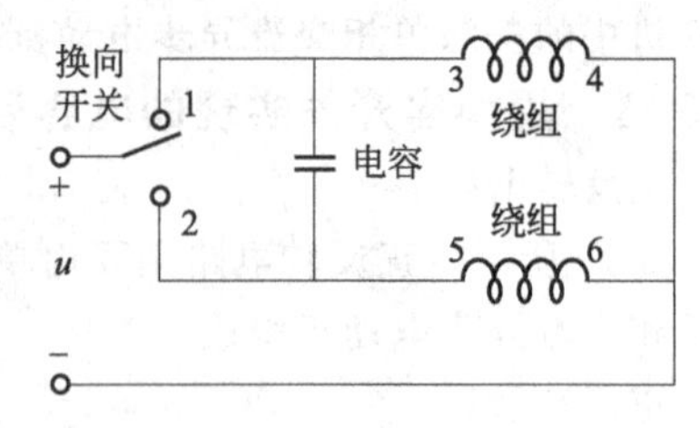

图 5-21　换向开关实现的电容运行式正反转

(2) 正反转过程

按图 5-21 接线，接通 220V 交流电源，换向开关换到 1，34 绕组为运行绕组，56 绕组中串电容为启动绕组，单相交流异步电动机正转；换向开关换到 2，56 绕组为运行绕组，34 绕组中串电容为启动绕组，单相交流异步电动机反转。

(3) 电路特点

优点：采用的是正反转换向开关，控制方法简单。

缺点：不能实现自动换向。若两绕组不完全相同时，转速有所下降（启动绕组电阻大于运行绕组电阻）；若两绕组完全相同时，转速完全相同。通常启动绕组与运行绕组的电阻值完全一样。

【自己动手】

设计一个单相交流异步电动机电容运行式正反转控制电路并分析正反转过程及电路优缺点。

任务 3　电容启动、运行式单相交流异步电动机的正反转

(1) 正反转电路

如图 5-22 所示，正反转电路主要由单相交流电源、换向开关 QS2、离心开关 QS1，电容 C_1、C_2 和由两个绕组 V1V2、U1U2 组成的单相交流异步电动机组成。

(2) 正反转过程

按图 5-22 接线，通电前离心开关 QS1 闭合，换向开关 QS2 换到 1，U1U2 绕组为运行绕组，V1V2 绕组中串电容 C_1、C_2 为启动绕组，单相交流异步电动机正转，当转速上升到额定值的 70%～80%时离心开关 QS1 自动跳开，电容 C_1 被断开，启动绕组 V1V2 不再参与运行运行，运行绕组 U1U2 继续留在电路中使单相交流异步电动机正转；换向开关 QS2 换到 2，V1V2 绕组为运行绕组，U1U2 绕组中串电容 C_1、C_2 为启动绕组，单相交流异步电动机反转，当转速上升到额定值的 70%～80%时离心开关 QS1 自动跳开，电容 C_1 被断开，启动绕组 U1U2 不再参与运行运行，运行绕组 V1V2 继续留在电路中使单相交流异步电动机反转。

(3) 电路特点

优点：采用的是正反转换向开关，控制方法简单。

缺点：不能实现自动换向。若两绕组不完全相同时，转速有所下降（启动绕组电阻大于运行绕组电阻）；若两绕组完全相同时，转速完全相同。通常启动绕组与运行绕组的电阻值完全一样。

例 5-13　换向开关实现的电容启动运行式单相交流异步电动机正反转。

(1) 正反转电路

如图 5-23 所示，正反转电路主要由单相交流电源、换向开关、离心开关，电容 1、电容 2 和由

两个绕组组成的单相交流异步电动机组成。

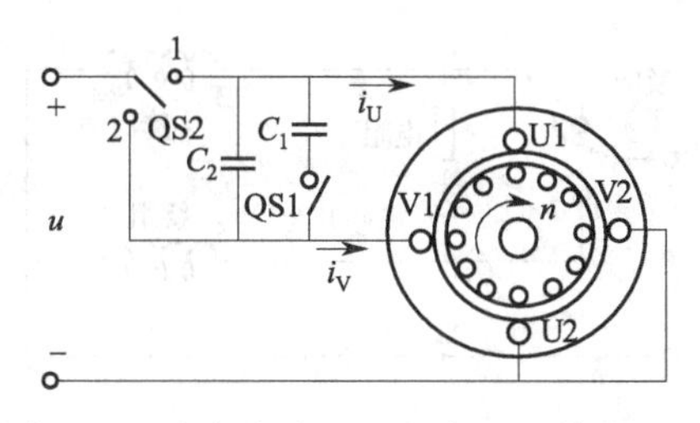

图 5-22　电容启动、运行式正反转原理图

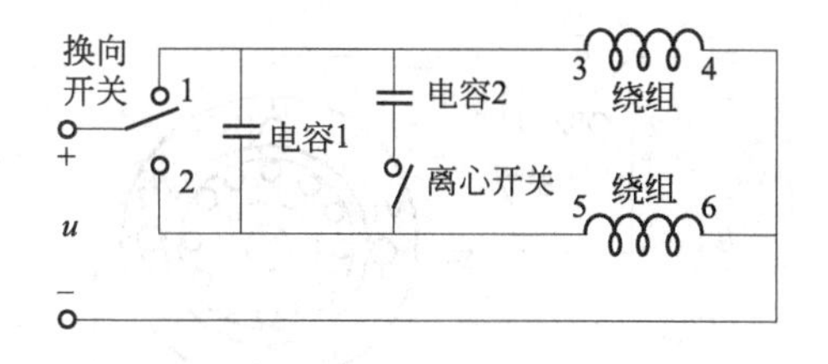

图 5-23　换向开关实现的电容启动运行式正反转

（2）正反转过程

按图 5-23 接线，通电前离心开关闭合，接通 220V 电源，将换向开关换到 1，34 绕组为运行绕组，56 绕组中串电容 1、电容 2 为启动绕组，单相交流异步电动机正转，当转速上升到额定值的 70%～80%时离心开关自动跳开，电容 2 被断开，绕组 56 串电容 1 与绕组 34 继续在单相交流异步电动机电路中使单相交流异步电动机正转；换向开关换到 2，绕组 56 为运行绕组，绕组 34 中串电容 1、电容 2 为启动绕组，单相交流异步电动机反转，当转速上升到额定值的 70%～80%时离心开关自动跳开，电容 2 被断开，绕组 34 串电容 1 与绕组 56 继续在单相交流异步电动机电路中使单相交流异步电动机反转。

（3）电路特点

优点：采用的是正反转换向开关，控制方法简单。

缺点：不能实现自动换向。

【自己动手】

设计一个单相交流异步电动机电容启动、运行式正反转控制电路并分析反转过程及电路优缺点。

任务 4　电阻启动式单相交流异步电动机的正反转

（1）正反转电路

如图 5-24 所示，正反转电路主要由单相交流电源、换向开关 QS2、离心开关 QS1、电阻 *R* 和由两个绕组组成的单相交流异步电动机组成。

（2）正反转过程

通电前离心开关 QS1 闭合，换向开关 QS2 换到 1，U1U2 绕组为运行绕组，V1V2 绕组中串电阻 *R* 为启动绕组，单相交流异步电动机正转，当转速上升到额定值的 70%～80%时离心开关 QS1 自动跳开，电阻 *R* 被断开，启动绕组 V1V2 不再参与运行运行，运行绕组 U1U2 继续留在电路中使单相交流异步电动机正转；换向开关 QS2 换到 2，V1V2 绕组为运行绕组，U1U2 绕组中串电阻 *R* 为启动绕组，单相交流异步电动机反转，当转速上升到额定值的 70%～80%时离心开关 QS1 自动跳开，电阻 *R* 被断开，启动绕组 U1U2 不再参与运行运行，运行绕组 V1V2 继续留在电路中使单相交流异步电动机反转。

（3）电路特点

优点：控制方法简单。

缺点：不能实现自动换向，耗能。

若两绕组不完全相同时，转速有所下降（启动绕组电阻大于运行绕组电阻）；若两绕组完全相同时，转速完全相同。

例 5-14　由换向开关实现的电阻启动式单相交流异步电动机正反转。

（1）正反转电路

如图 5-25 所示，正反转电路主要由单相交流电源、换向开关、离心开关，电阻和由两个绕组组成的单相交流异步电动机电路。

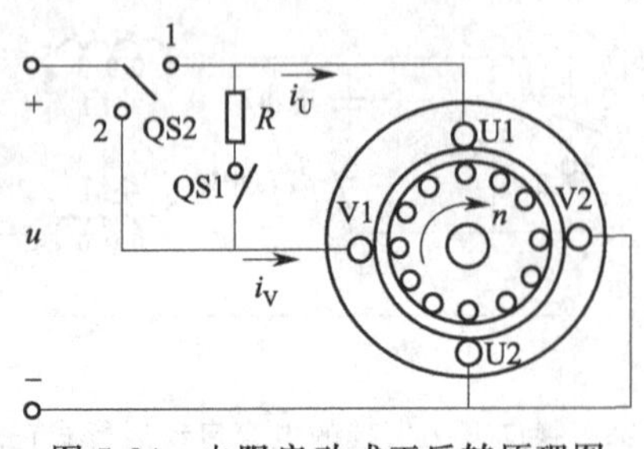

图 5-24 电阻启动式正反转原理图

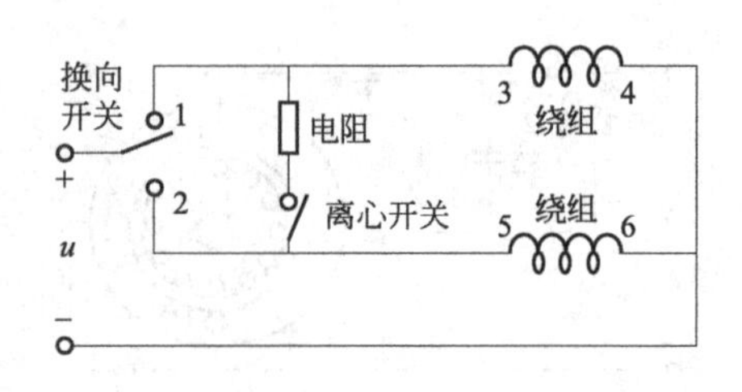

图 5-25 换向开关实现的电阻启动式正反转

(2) 正反转过程

电源接通前离心开关闭合，接通 220V 交流电源，换向开关换到 1，绕组 34 为运行绕组，绕组 56 中串电阻为启动绕组，单相交流异步电动机正转，当转速上升到额定值的 70%～80%时离心开关自动跳开，电阻被断开，绕组 56 不再参与运行运行，绕组 34 继续留在电路中使单相交流异步电动机正转；停车，换向开关换到 2，56 绕组为运行绕组，34 绕组中串电阻为启动绕组，单相交流异步电动机反转，当转速上升到额定值的 70%～80%时离心开关自动跳开，电阻被断开，绕组 34 不再参与运行运行，绕组 56 继续留在电路中使单相交流异步电动机反转。

(3) 电路特点

若绕组 34 的电阻大于绕组 56 的电阻，正转转速低于反转转速；若两绕组完全相同，正反转转速相同。

优点：控制方法简单。

缺点：不能实现自动换向，耗能。

【自己动手】

设计一个单相交流异步电动机电阻启动式正反转控制电路并分析正反转过程及电路优缺点。

任务 5 罩极式启动单相交流异步电动机的正反转

(1) 正反转电路

如图 5-26 所示，罩极式正反转电路主要由单相交流电源和由一个运行绕组及两个短路环组成的单相交流异步电动机组成。运行绕组集中套在单相交流异步电动机的定子磁极上。两个短路环一个称为正转短路环，另一个称为反转短路环。

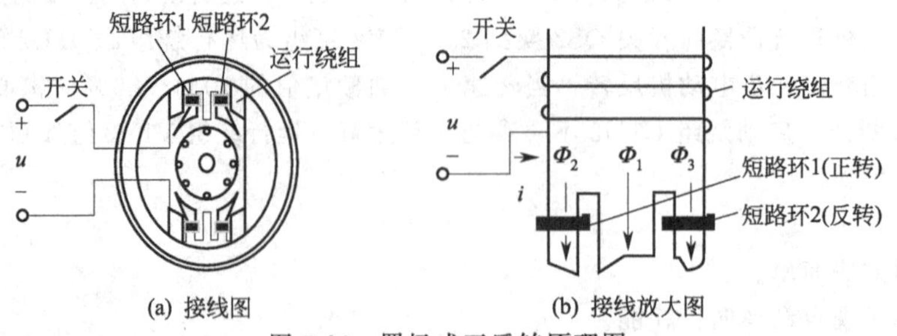

图 5-26 罩极式正反转原理图

(2) 正反转过程

按图 5-26 接线，合上开关，定子绕组中通入单相交流电，单相交流异步电动机正转时（或叫顺时针旋转），闭合短路环 1，短路环 2 断开；反转时（或叫逆时针旋转），闭合短路环 2，短路环 1 断开。

（3）电路特点

两个短路环不能同时运行。

优点：结构比较简单。

缺点：不易实现反转。

例 5-15　用换向开关实现的罩极式启动单相交流异步电动机正反转。

（1）正反转电路

如图 5-27 所示，罩极式正反转电路主要由单相交流电源、换向开关 QS 和由一个运行绕组及两个短路环组成的单相交流异步电动机组成。运行绕组套在单相交流异步电动机的定子磁极上。两个短路环一个称为正转短路环，另一个称为反转短路环。

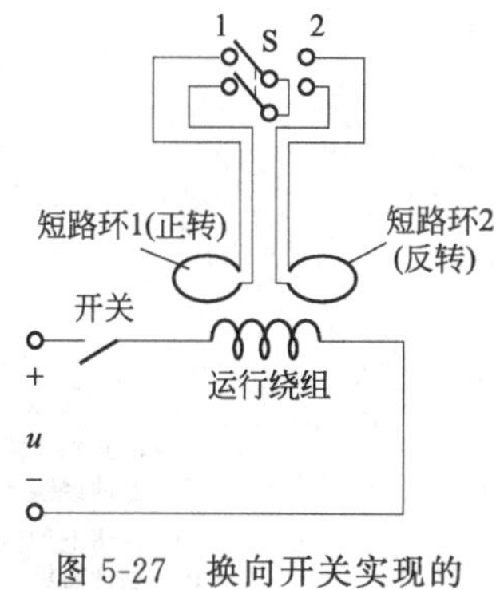

图 5-27　换向开关实现的罩极式正反转

（2）正反转过程

按图 5-27 接线，合上开关，定子绕组中通入单相 220V 交流电流，短路环 1 闭合，短路环 2 断开，单相交流异步电动机正转（或叫顺时针旋转）；让短路环 2 闭合，短路环 1 断开，单相交流异步电动机反转（或叫逆时针旋转）。

（3）电路特点

若短路环 1 和短路环 2 完全相同，则正反转的速度一样。

优点：结构相对简单。

缺点：正反转时的效果不如单向运行时好。

【自己动手】

设计一个单相交流异步电动机罩极式正反转控制电路并分析正反转过程及电路优缺点。

任务 6　正反转电路应用

例 5-16　单缸洗衣机电路。

如图 5-28 所示，为单缸洗衣机电路。该电路为电容运行时正反转电路。

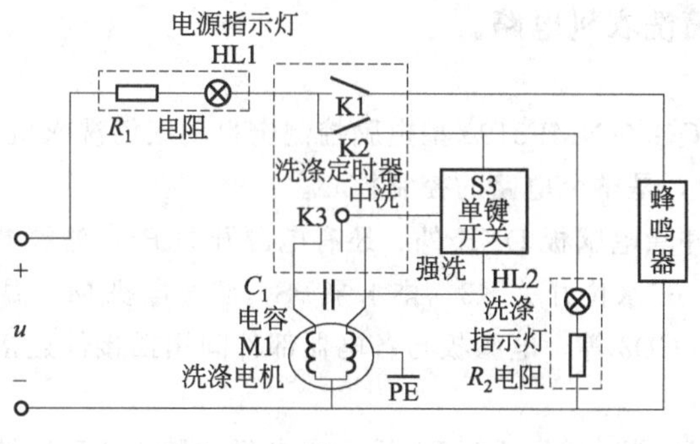

图 5-28　单缸洗衣机电路

例 5-17　双缸半自动洗衣机电路。

如图 5-29 所示，为双缸半自动洗衣机电路。洗涤电动机和甩干电动机均采用了电容运行式正反转电路。

例 5-18　单缸全自动洗衣机电路。

如图 5-30 所示，为单缸全自动洗衣机电路。电动机为双速电动机，采用了电容运行式正反转电路。

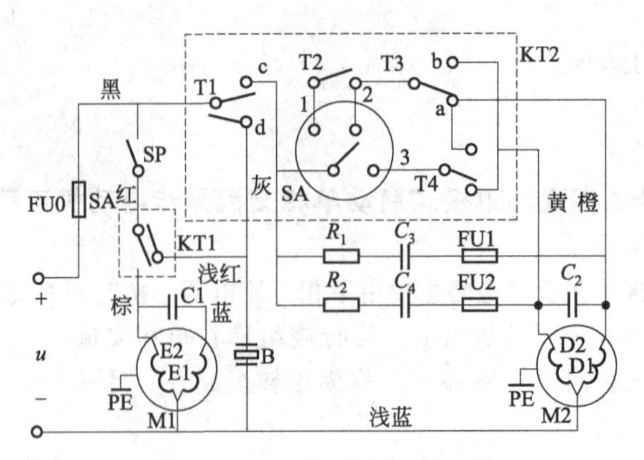

图 5-29　双缸半自动洗衣机电路

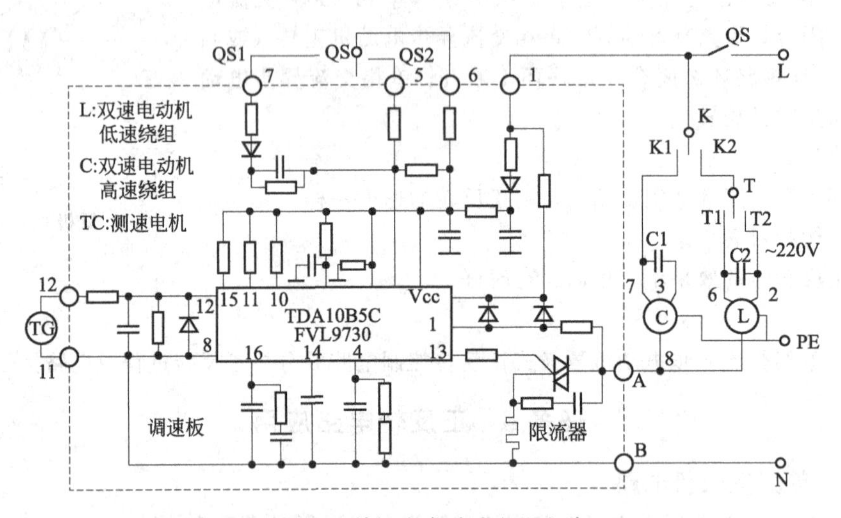

图 5-30　单缸全自动洗衣机电路

例 5-19　全自动滚筒洗衣机电路。

(1) 控制电路

如图 5-31 所示，为 XQG50-NMF8190 型电脑控制全自动滚筒洗衣机。图中，DNK 为电脑程序控制器（以下简称电脑板），是整个电路的控制核心。

该机所应用的电器部件除电脑板 DNK 外，还有电源开关 P1，滤波器 FL，电动门锁 BL，三头进水阀 EV1、EV2、EV3，三水位开关 K3，排水泵 PS，双速电机 M，温控器 TH，加热器 RR、温度传感器 WD、电容 CD1、CD2 等。电脑板与各电器部件间用插接件连接。

(2) 电路分析

① 供电电路　接通电源按下电源开关 P1 后，市电经滤噪器 FL 滤波后接入电脑板的 S1、S2。同时，市电经 S3 加到电动门锁 BL 的 PTC 热敏电阻上，PTC 加热器发热，与之相接的双金属片受热变形（上翘），使电动门锁触点 3L-2C 接通，把电源接入电脑板 S4 端，显示屏 VFD 上的门锁指示灯亮。S4 端与 S15、X10 端相通，使电脑板强电部分得电，三头进水阀 EV1、EV2、EV3、加热器 RR 和双速电机 M 的一端得电。双金属片上翘的另一个作用是使其上端的塑料销上移，插入机门的方孔内，将机门锁住。

门锁指示灯亮起后，显示屏上标准程序的各指示灯亮，这时按压一下启动/暂停键，洗衣机就开始按标准程序运行。用户也可以通过各功能来选择其他程序和功能，如选择“标准”、“强洗”、“轻

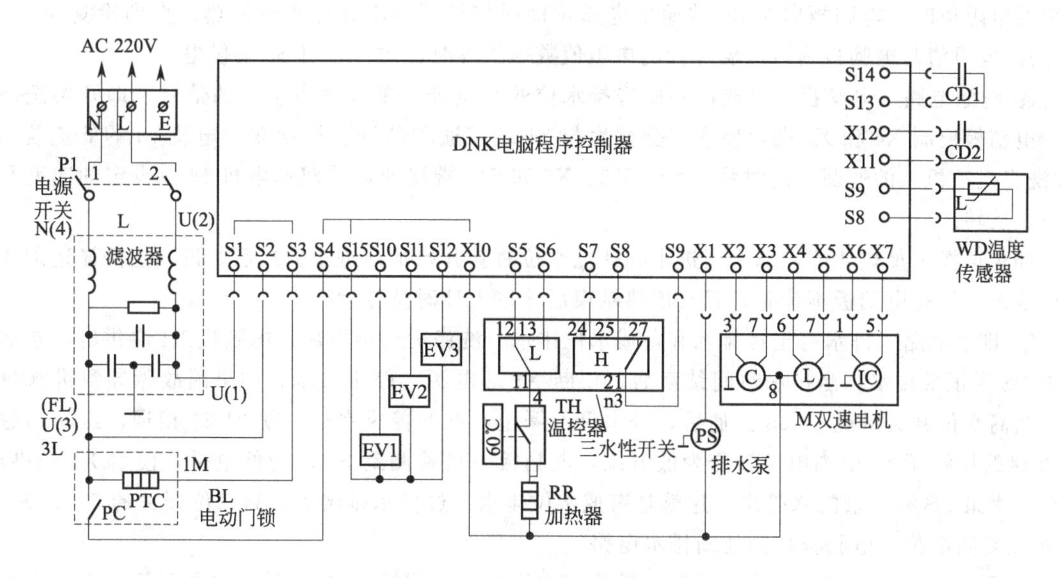

图 5-31 全自动滚筒洗衣机电路

柔”、“快洗”四种程序；对每种程序又可以选择“预洗”、“主洗”、“漂洗”、“脱水”四种分程序；可以选择常温至60℃的加热温度；选择高、低水位和防皱功能，还可以在0～24h内预约洗涤。

在洗涤结束或程序运行中要打开机门，需先断开电源开关，断电后须待PTC元件和双金属片冷却复位并带动塑料销复位（此过程约2min），这时才能打开机门。

② 进水电路 洗衣机选定洗涤主/分程序并启动开关，电脑板根据相应的水位来检测水位开关的电位以决定向相应进水阀供。低水位开关L的11-12脚是常闭触点，11-13脚为常开触点。选择低水位时，电脑板检测其S6端，若S6为高电位，则是与S6相接的触点11-13脚还没接通，表示洗衣桶内无水或水位未到，则继续给进水阀接线端S10（或S11、S12）供电，水阀继续开启进水。当水位到达低水位时，低水位开关L的触点11-12断开，11-13接通，S6端转变为低电位。电脑板一旦检测到S6为低电位，则停止对S10（S11、S12）端供电，切断进水电路。

同样，高水位通过高水位开关H来控制。选择高水位时，电脑板根据S8端的电位来判断水位。该电路将S9端电位定为低电位（即将S9接地），S8端初始电位为高电位。电脑板检测S8为高电位时，则给进水阀接线端供电，接通进水电路。当进水到达高电位时，高水位开关H的触点21-24接通，这时与触点24相接的接线端S7由高电位转变为低电位，电脑板一旦检测到S7端为低电位，便给X1端供电，启动排水泵PS将过量的水排出，这就是警戒水位排水。过量水排出后，高水位开关的21-24断开，S7端恢复高电位，电脑板控制切断排水电路。

电脑板向哪一个进水阀接线端供电，要视洗衣机所在的分程序而定。当洗衣机执行预洗分程序时，向S10端供电，接通进水阀EV1，通过洗衣粉盒A格向洗衣桶进水；当洗衣机执行主洗分程序时，向S11端供电，接通进水阀EV2，通过洗衣机执行漂洗分程序时，向S12端供电，接通进水阀EV3，通过洗衣机粉盒C格向洗衣桶进水。

另外，如果选择了加热洗涤，在主洗涤时间结束前2min，电脑板将接通进水阀EV2，强制进水30s，以降低水温，防止衣物在漂洗时突然遇冷而起折皱。

③ 加热电路 如果选择了加热温度，在相应的要加热洗涤的运行过程中，电脑板检测X8和X9端的电阻值以控制加热电路的通断。X8和X9之间接有温度传感器WD（热敏电阻）。当电脑板接收到低水位进水完成的信号时11-13接通，如果检测到的X8、X9间的电阻值小于电脑板内对应

温度的电阻值时，电脑板即对 S6 端输出电压，接通加热器 RR 对洗涤液加热，直到检测到 X8 和 X9 间的电阻值与电脑板内对应温度计的电阻值数据相等时，才停止对 S6 端供电。

④ 洗涤电路　电脑板一旦检测到所选择水位的水位开关常开触点接通的信号，即开始洗涤运行。电脑板控制 X4 和 X5 端，使它们交替地与 S1 端接通和断开，控制双速电机 M 的低速绕组 L（即洗涤电动机）的通断，同时将 X4 和 S13、X5 和 S14 端接通，使双速电机 M 以设定的速度及周期正、反转。

如果选择了加热功能，那么当进水到达低水位时就开始加热进水完成后，进入边洗涤边加热的运行状态，但是电脑板不计时，只有加热结束后才进入计时洗涤运行。

⑤ 排水电路　排水有正常排水和警戒水位排水．洗涤运行结束后，电脑板 X1 端供电，接通排水泵 PS 为正常排水。当排水时间结束后，切断 X1 端电源，停止排水。如果因故障导致进水量失控，当高水位开关触点 21-23 接通后，进水仍不停止，直到警戒水位，使 21-24 接通，这时与触点 24 相接的接线端 S7 由高电位转变为低电位，电脑板一旦检测到 S7 端为低电平，便给 X1 端供电，启动排水泵 PS 将过量的水排出，这就是警戒水位排水。过量水排出后，高水位开关的 21-24 断开，S7 端恢复高电位，电脑板控制切断排水电路。

⑥ 脱水电路　当排水和脱水运行相继连续进行时，电脑板检测 S5 端，以判别低水位开关 L 是否复位。低水位开关复位后，S5 端由高电位转变为低电位。电脑板检测到 S5 为低电位后，便给 X3 端输出电压，接通双速电机 M 的高速绕组 C（即脱水电动机），同时还使 X3 与 X11、X2 与 X12 端相通，将电容 CD2 接入高速绕组 C，使双速电机 M 单向旋转脱水。同时，还继续给 X1 端供电，使排水泵继续排水。

⑦ 电机的调速　在洗涤和和脱水的不同运行过程中，双速电机 M 由电脑板调速，洗涤滚筒转速为 55r/min，脱水滚筒转速有 400r/min、600r/min、900r/min 三种。漂洗分程序排水结束后，电脑板先控制电机正反转各 10s，以将衣物摆匀，再进入脱水运行。第一、第二次漂洗的脱水转速是 400r/min 和 600r/min 各 2min，第三次漂洗的脱水转速增速至 900r/min 运行 2min（各转速之间均平滑过渡）。双速电机在运行中还同轴带动测速发电机 TG 运行，TG 的输出电压与其转速成正比关系，TG 电压经 X6、X7 端输送给电脑板。在电脑板内贮存对应不同转速的电压数据。当电脑板检测到 X6 和 X7 间的电压与贮存的对应运行过程的电压数据相等时，表明双速电机的转速达到了设定值，电脑板输出给双速电机的电压就不再变化，双速电机的转速也就不再变化。

关于单相交流异步电动机的制动，因功率较小，一般采取机械制动，很少采取电气制动，甚至不用采取制动。

综上所述，单相交流异步电动机的优点是能够在单相交流电源上使用。缺点是效率、功率因数和过载能力都较低。因此目前只生产额定功率在 1kW 以下的小容量单相交流异步电动机。

【问题与思考】

(1) 单相交流异步电动机反转电路的特点是什么?

(2) 实现正反转的单相交流异步电动机的两个绕组有什么特点?

(3) 怎样判断单相交流异步电动机配用的电容是否完好?

【知识链接】

单相交流异步电动机的旋转磁场：为了能产生旋转磁场，如图 5-32 所示，利用启动绕组中串联电容实现分相，其接线原理如图 5-33 所示。只要合理选择参数便能使运行绕组中的电流与启动绕组中的电流相位相差为 90°，波形图如图 5-34 所示，分相后的相量图如图 5-35 所示。

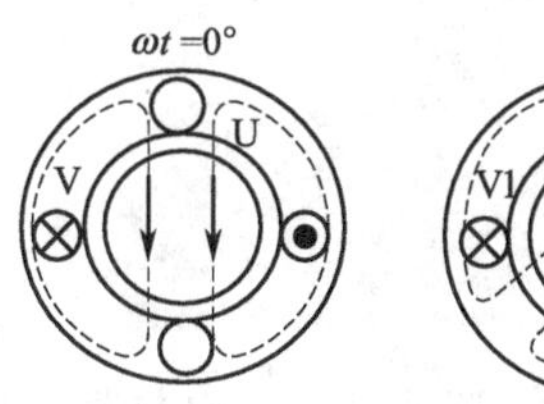

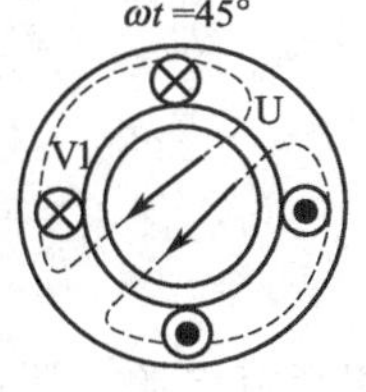

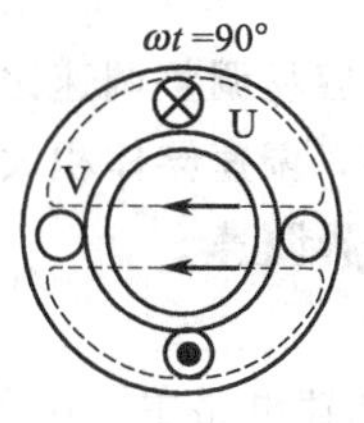

图 5-32　两相交流绕组产生的旋转磁场

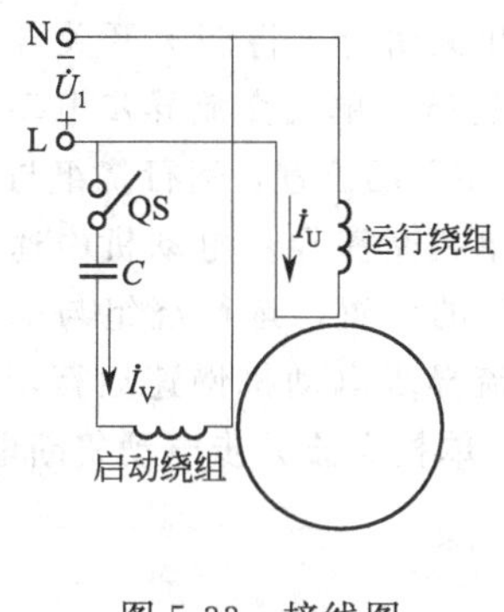

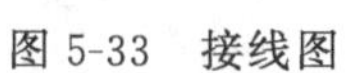

图 5-33　接线图

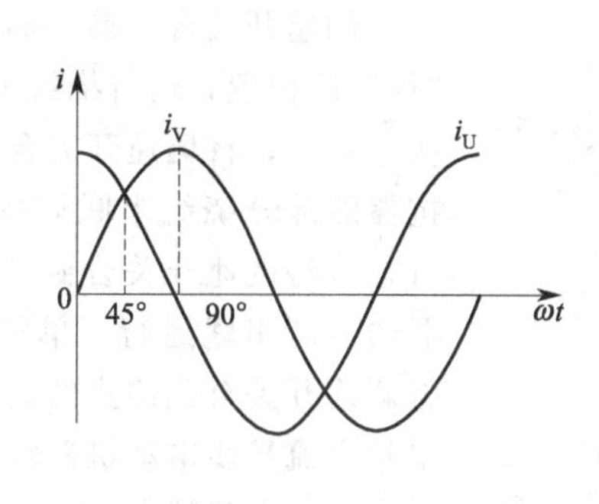

图 5-34　波形图

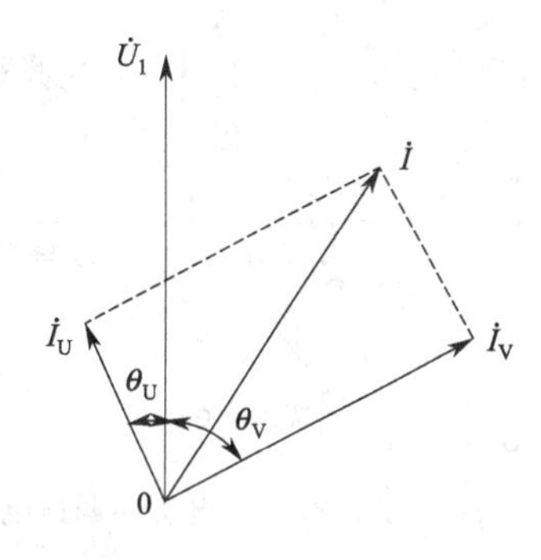

图 5-35　相量图

项目 3　单相交流异步电动机的调速

【项目描述】

主要学习单相交流异步电动机的调速方法、控制电路及应用。

【项目内容】

单相交流异步电动机与三相交流异步电动机一样，转速的调节也比较困难。

单相交流异步电动机的调速方法主要有串电抗器调速、抽头法调速、晶闸管调速和变频调速等。

任务 1　串电抗器调速

1. 调速电路

如图 5-36 所示，调速电路主要由单相交流电源、开关、电抗器和由两个绕组组成的单相交流异步电动机组成。

电抗器串联在电源电路中，起分压作用，通过调速开关选择电抗器绕组的匝数来调节电抗值，从而改变单相交流异步电动机两端的电压，达到调速的目的。

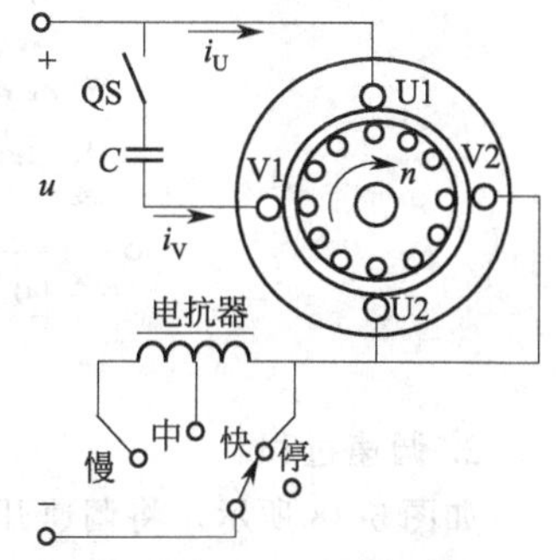

图 5-36　串电抗器调速原理图

2. 调速过程

调速开关合上前，离心开关闭合，将调速开关合到“快”的位置，U1U2 绕组单独运行，单相交流异步电动机快速运行，将调速开关合到“中”的位置，U1U2 绕组与电抗器的部分绕组串联运行，单相交流异步电动机中速运行，若将调速开关合到“慢”的位置，U1U2 绕组与电抗器的全部串联运行，单相交流异步电动机慢速运行，若将调速开关合到停止的位置，单相交流异步电动机断电，单相交流异步电动机停转。

3. 电路特点

优点：结构简单，容易调整调速比。

缺点：消耗材料多，调速器体积大。

例 5-20　串电抗器调速。

（1）调速电路

如图 5-37 所示，调速电路主要由单相交流电源、调速开关、电抗器、电容、离心开关和由两个绕组组成的单相交流异步电动机组成。

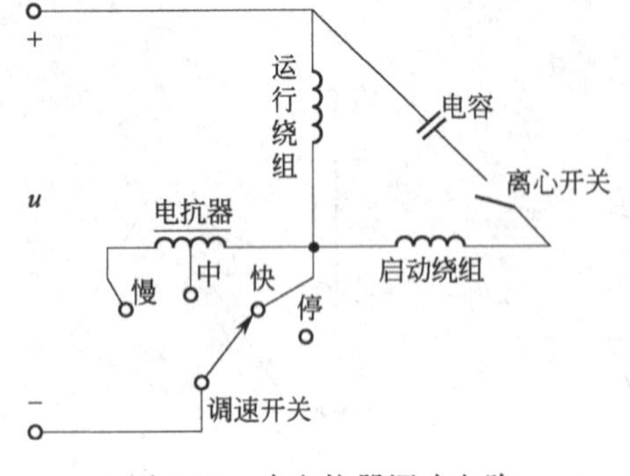

图 5-37　串电抗器调速电路

（2）调速过程

调速开关合上前，离心开关闭合，将调速开关合到“快”的位置，运行绕组单独运行，单相交流异步电动机快速运行，将调速开关合到“中”的位置，运行绕组与电抗器的部分绕组串联运行，单相交流异步电动机中速运行，若将调速开关合到“慢”的位置，运行绕组与电抗器的全部串联运行，单相交流异步电动机慢速运行，若将调速开关合到停止的位置，单相交流异步电动机断电，单相交流异步电动机停转。

（3）电路特点

优点：结构简单，容易调整调速比。

缺点：消耗材料多，调速器体积大。

【自己动手】

设计一个单相交流异步电动机串电抗器调速控制电路并分析调速过程及电路优缺点。

任务 2　抽头法调速

1. 调速电路

如图 5-38 所示，调速电路主要由单相交流电源、调速开关、离心开关、电容和由三个绕组组成的单相交流异步电动机组成。V1V2 为启动绕组，U1U2 为运行绕组，W1W2 为中间绕组。三个绕组的接法分为 T 形接法和 L 形接法。

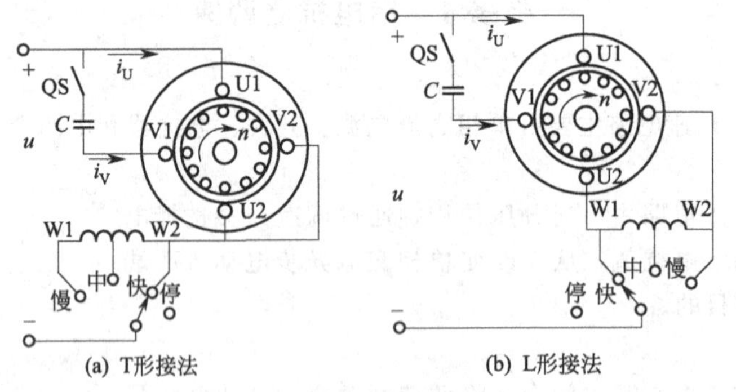

图 5-38　抽头法调速接线图

2. 调速过程

如图 5-38 所示，将调速开关合到“快”的位置，U1U2 绕组运行，单相交流异步电动机快速运行，再将调速开关合到“中”的位置，U1U2 绕组与 W1W2 绕组部分串联运行，单相交流异步电动机中速运行，若将调速开关合到“慢”的位置，U1U2 绕组与 W1W2 绕组全部串联运行，单相交流异步电动机慢速运行，若将调速开关合到停止的位置，单相交流异步电动机断电，单相交流异步电动机停转。

3. 电路特点

优点：用料省，耗电少。

缺点：绕组嵌线和接线比较复杂。

例 5-21　抽头法调速。

(1) 调速电路

如图 5-39 所示，调速电路主要由单相交流电源、调速开关、离心开关、电容和由启动绕组、运行绕组、中间绕组三个绕组组成的单相交流异步电动机组成。三个绕组的接法分为 T 形接法和 L 形接法。

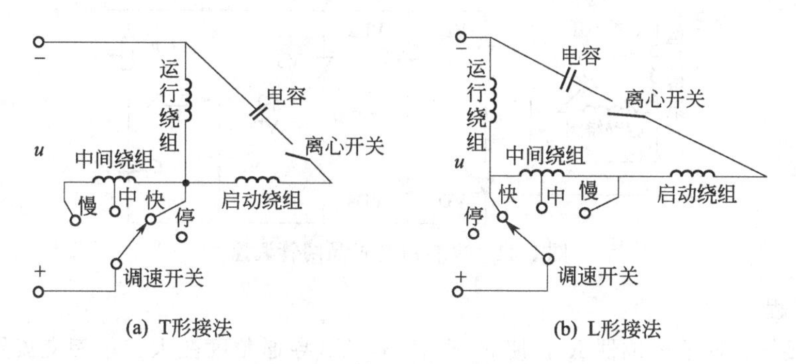

图 5-39　抽头法调速接线图

(2) 调速过程

按图 5-39 接线，将调速开关合到“快”的位置，运行绕组单独运行，单相交流异步电动机快速运行，将调速开关合到“中”的位置，运行绕组与电抗器的部分绕组串联运行，单相交流异步电动机中速运行，若将调速开关合到“慢”的位置，运行绕组与电抗器的全部串联运行，单相交流异步电动机慢速运行，若将调速开关合到停止的位置，单相交流异步电动机断电，单相交流异步电动机停转。

【自己动手】

设计一个单相交流异步电动机抽头法调速控制电路并分析调速过程及电路优缺点。

任务 3　晶闸管调速

1. 调速电路

如图 5-40 所示，调速电路主要由单相交流电源、晶闸管调速器、离心开关 QS、电容 C 和由两个绕组组成的单相交流异步电动机组成。

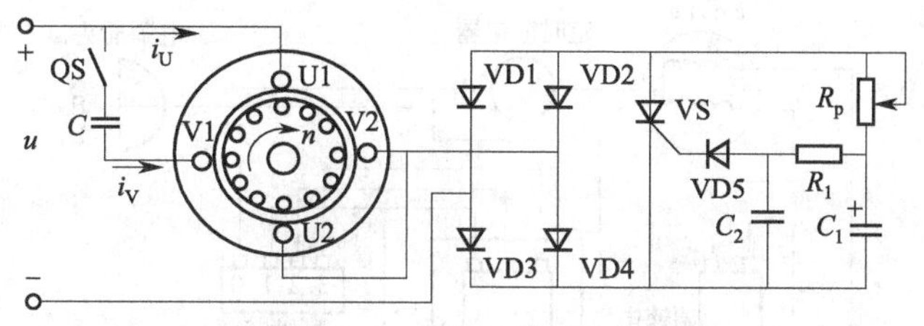

图 5-40　晶闸管调速原理图

2. 调速过程

按图 5-40 接线，调节电位器 R_p 即可调节晶闸管的导通角，改变输出电压，从而达到无级调节单相交流异步电动机转速的日的。R_p 阻值小，VS 导通角度人，输出电压高，单相交流异步电动机转速高；反之，R_p 阻值大，单相交流异步电动机转速低。

3. 电路特点

优点：无级调速。

缺点：产生一些电磁干扰。

目前常用于吊式风扇的调速上。

例 5-22　电容启动式晶闸管调速。

(1) 调速电路

如图 5-41 所示，调速电路主要由单相交流电源、晶闸管调速器、离心开关、电容和由两个绕组组成的单相交流异步电动机组成。

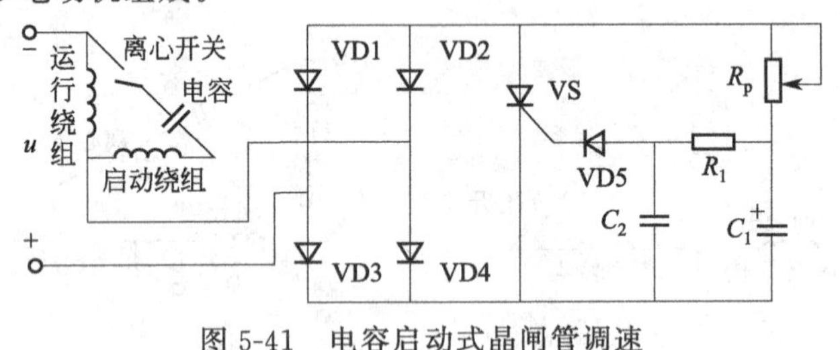

图 5-41　电容启动式晶闸管调速

(2) 调速过程

按图 5-41 接线，调节电位器 R_p，使 R_p 阻值小，VS 导通角度变大，单相交流异步电动机电压升高，转速高；反之，R_p 阻值大，VS 导通角度变小，输出电压降低，VS 导通角度变小，转速低。

(3) 电路特点

优点：无级调速，调速器成本低。

缺点：产生一些电磁干扰，电子元器件易损坏。

目前常用于吊式风扇的调速上。

【自己动手】

设计一个单相交流异步电动机晶闸管调速控制电路并分析调速过程及电路优缺点。

任务 4　调速电路应用

例 5-23　电风扇控制电路。

如图 5-42 所示，为电风扇控制电路。该电路采用的是电抗器调速。

例 5-24　窗式空调控制电路。

如图 5-43 所示，为窗式空调控制电路。该电路采用的是抽头调速。

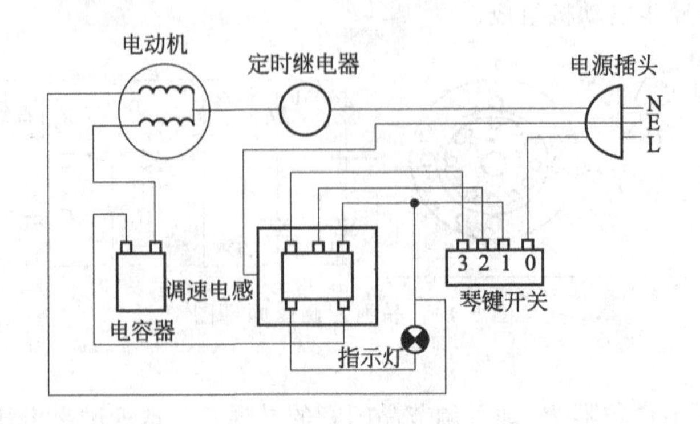

图 5-42　电风扇控制电路

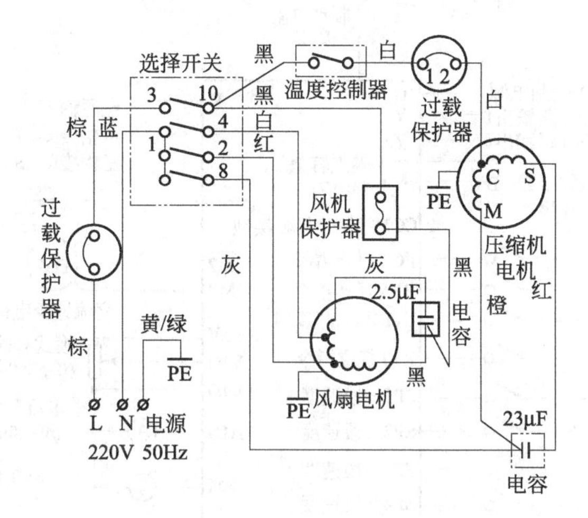

图 5-43 窗式空调控制电路

例 5-25 分体式空调内机控制电路。

如图 5-44 所示，该电路采用的是抽头调速。

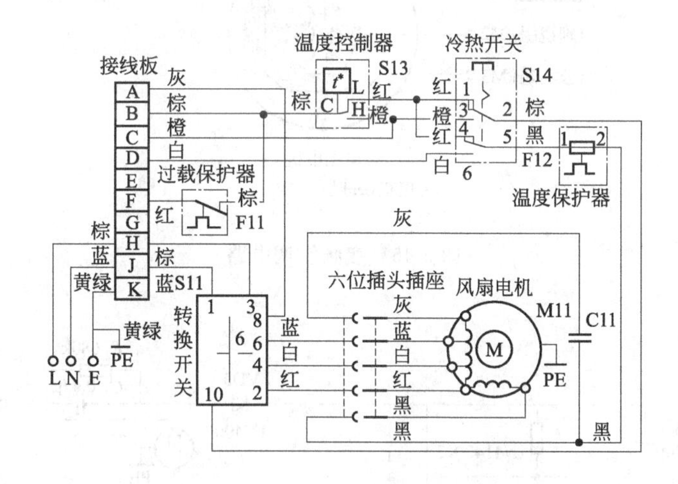

图 5-44 分体式空调内机控制电路

例 5-26 变频空调电路。

如图 5-45 所示，为变频空调电路，该电路使用变频器来调速。

注意事项：

① 若采用单相电容电机。单相电动机接线前一定要去掉（拆除）启动电容，再用万用表（电阻挡）测量电机的三个接线头的阻值，电阻（阻值）最大的两个线头接变频器的 M1 和 M2。另一个线头（公共端线头）接变频器的 M3。

② 带有离心开关的交流电机不能使用本变频器。

例 5-27 电风扇调速电路。

如图 5-46 所示，为电风扇调速电路。该电路采用的是晶闸管调速。

220V 交流电压经 C_3 降压、VD3 整流、C_1 滤波和 VS 稳压后，为 IC 提供＋12V 直流运行电压。超低频振荡器通电运行后，从 IC 的 3 脚输出频率为 1Hz 左右的超低频脉冲信号。此脉冲信号加在

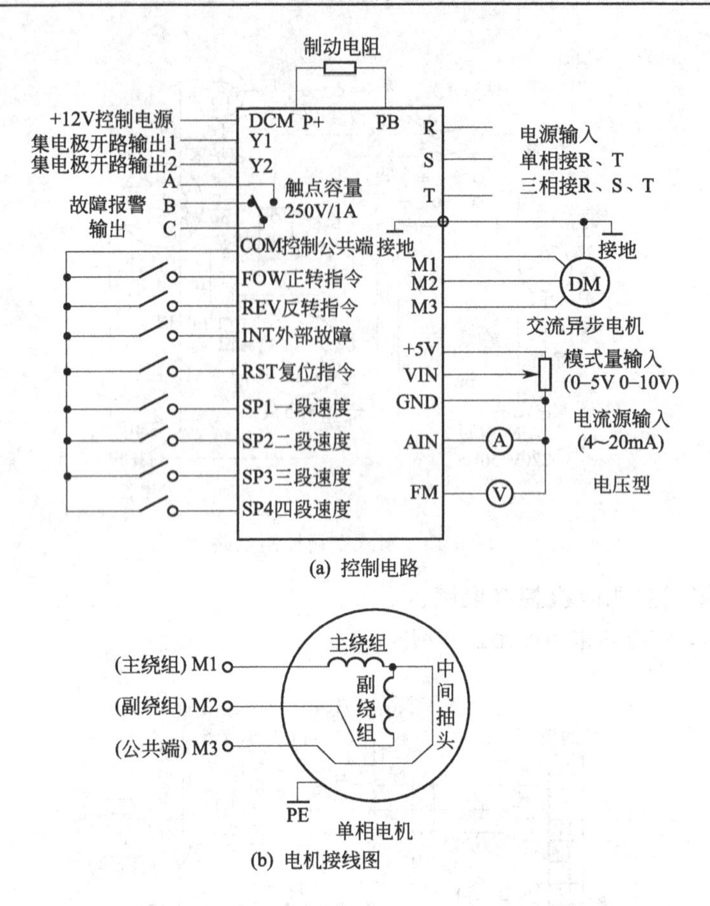

(a) 控制电路

(b) 电机接线图

图 5-45　变频空调电路

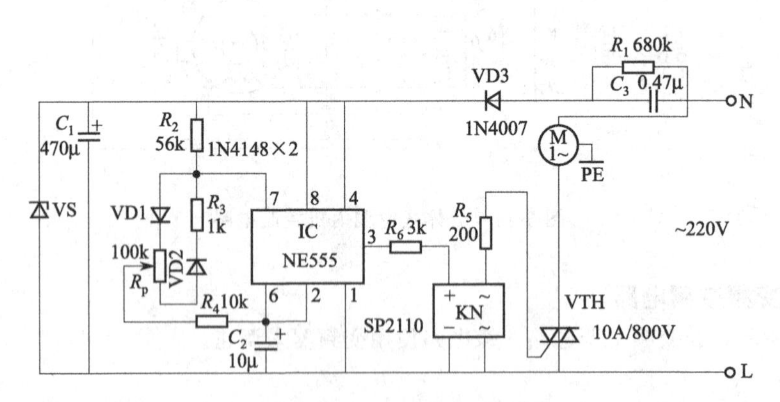

图 5-46　电风扇调速电路

固态继电器KN的控制端（正端），通过控制KN的通与断（脉冲信号为正脉冲时，KN导通；脉冲信号为负脉冲时，KN截止），来控制VTH的导通角。调节R_p的阻值，可改变IC的3脚输出脉冲信号的占空比。脉冲信号的占空比越大，在单位时间内VTH的导通时间就越长，电动机M的运行电压也越高，运行速度也越快。

例 5-28　电风扇自动调速电路。

如图 5-47 所示，该电路采用的是单晶闸管调速。

硅二极管 VD1～VD4 构成一个桥式全波整流电路，电桥与电机串联在电路中，电桥对可控硅

VS提供全波整流电压。当VS接通时，电桥呈现本电机串联的低阻电路。当图5-47中a点为负半周时，电流经电机、VD1、VS、R_1、VD3构成回路，当b点为正半周时电流经VD2、VS、R_1、VD4、电机M构成回路，电机端得到的是交变电流。电机两端的电压大小主要决定于可控硅VS的导通程度，只要改变可控硅的导通角，就可以改变VS的压降，电机两端的电压也变化，达到调压调速的目的，电机端电压$U_M=U_1-U_{VD1}-U_{vs}-U_{R1}-U_{VD3}$，上式中，$U_{VD1}$、$U_{VD3}$的压降均很小，而反馈$U_{R1}$也不大，故电机端电压就简化为$U_M=U_1-U_{vs}$。

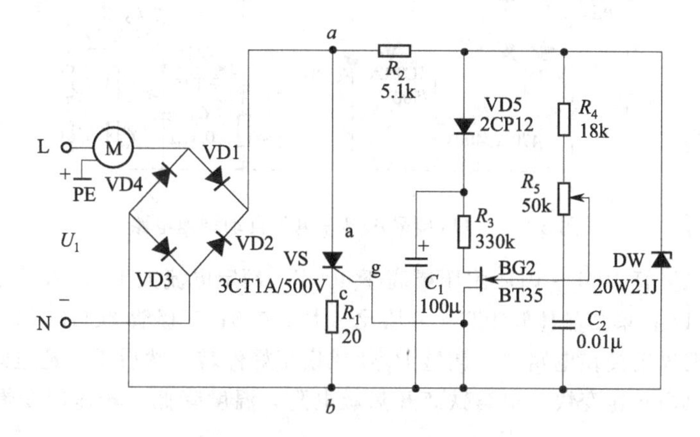

图5-47　电风扇自动调速原理图

可控硅VS的触发脉冲靠一只简单的单结晶体管VS电路产生，电容C_2通过电阻R_4、R_5充电到稳压管DW的稳定电压U_Z，当C_2充电到单结晶体管的峰点电压时，单结晶体管就触发，输出脉冲而使可控硅导通。在单结晶体管发射极电压充分衰减后，单结晶体管就断开，VS一经接通，那么a、b两点之间的电压就下降到稳压管DW的稳定电压U_Z以下，电容C_2再充电就依赖于a点到b点间的电压，因稳压管的电压已经降低到它的导通区域以外，a点到b点的电压取决于电动机的电流、R_1和VS导通时的电压降。这样，当VS导通时，电容C_2的充电电流取决于电动机的电流，在这种情况下便得到了反馈，这就使得电动机在低速时转矩所受损失的问题得到补救。

反馈电阻R_1的数值经过实验得出，因此，VS在导通周期的时间内，电容C_2便不能充电到足以再对单结晶体管触发的高压，然而，电容C_2会充电到电动机电流所决定的某一数值。如果在某一导通周期电动机的电流增加，则C_2上的电压也增加，故在下一周期开始时，C_2就不需那么长的时间才能充电到单晶体的峰点电压。这种情况下，触发角就被减少了（导通角更大），加到电机上的方根电压就成比例增加，致使有效转矩增加。二极管VD5和电容C_1防止在导通期中由于触发单结晶体所造成的反馈，反馈电阻R_1的取值具体如表5-1所示。

表5-1　反馈电阻R_1的取值

电动机额定电流/A	R_1数值/Ω	R_1功率/W	电动机额定电流/A	R_1数值/Ω	R_1功率/W
0.1	20	1	3	0.67	10
2	1	5	6.5	0.32	15

R_2为限流电阻，它应保证稳定DW1在稳压范围，稳定电流在10～20mA，它并保证了脉冲移相角，当R_2增大，移相角减小，电机两端的电压调节范围减少。

R_4应保证电机两端电压的上限值，当R_4增大时，输出到电机的电压上限下降。

R_3是作单结晶体管温度补偿之用，当R_3增大时，温度特性就要好一些。

如图5-48所示，若风扇调速电路采用热敏电阻，当环境温度上升或下降时，其电阻值发生变化，导致 VT2 的不断变化，使可控硅导通角前后移动，改变电扇两端的电压，风扇电机的转速即随之变化。当环境温度上升时，电风扇转速高，反之则低。

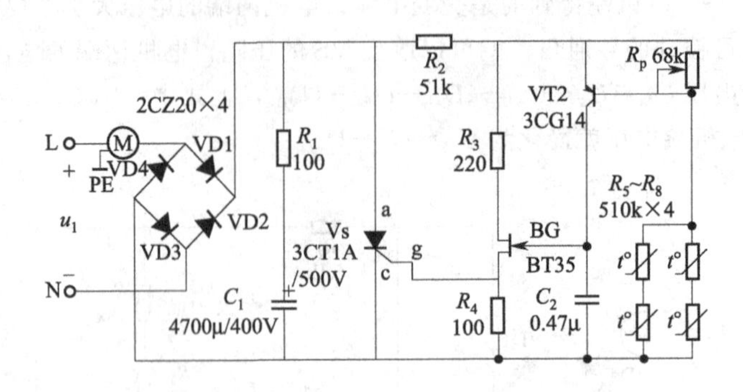

图 5-48　电风扇采用热敏电阻自动调速电路

选用元件时，二极管 VD1～VD4 耐压要高于 400V，额定电流大于 0.4A；可控硅 VS 耐压大于 500V，额定电流为 1A；单结晶体管 BT35 分压比 η 大于 0.5；三极管 3CG14 的 β 大于 80。

电路装好后，把风扇接在电路中，调整 R_p 使风扇正好停转，然后用一把电烙铁靠近热敏电阻，热敏电阻变高时，风扇转速变快。电烙铁离开热敏电阻，温度降低，转速应变慢，运行时 R_p 应调到适当位置。

【问题与思考】

(1) 你家的落地扇、吊风扇、换气扇或空调的调速方法是哪一种？

(2) 画出你家的落地扇、吊风扇或换气扇的调速电路。

【知识链接】

单相交流异步电动机的许多故障，如机械构件故障和绕组断线、短路等故障，无论在故障现象和处理方法上都和三相交流异步电动机相同。但由于单相交流异步电动机结构上的特殊性，它的故障也与三相交流异步电动机有所不同，如启动装置故障、启动绕组故障、电容故障及由于气隙过小引起的故障等。表 5-2 列出了单相交流异步电动机常见故障，并对故障产生的原因和处理方法进行了分析，可供检修时参考。

表 5-2　单相交流异步电动机常见故障、原因及处理方法

故障现象		故障原因	处理方法
通电后单相交流异步电动机不能启动	单相交流异步电动机发出“嗡嗡”声，用外力推动后可正常旋转	(1)启动绕组内有开路 (2)启动电容损坏 (3)离心开关或启动继电器触点未合上 (4)罩极单相交流异步电动机短路环断开或脱焊	(1)用万用表或试灯找出开路点，加以修复 (2)更换电容 (3)检修启动装置触点 (4)焊接或更换短路环
	单相交流异步电动机发出“嗡嗡”声，外力也不能使之旋转(通电前转动灵活多为1、6、7；通电前转动不灵活多为2～5)	(1)单相交流异步电动机过载 (2)轴承损坏或卡住 (3)端盖装配不良 (4)转子轴弯曲 (5)定转子铁芯相擦 (6)运行绕组接线错误 (7)转子断条	(1)测负载电流判断负载大小，若过载即减载 (2)修理或更换轴承 (3)重新调整装配端盖，使之装正 (4)校正转子轴 (5)若系轴承松动造成，应更换轴承，否则应锉去相擦部位，校正转子轴线 (6)重新接线 (7)修理转子
	没有“嗡嗡”声	(1)电源断线 (2)进线线头松动 (3)运行绕组内有断路 (4)运行绕组内有短路，或因过热烧毁	(1)检查电源恢复供电 (2)重新接线 (3)用万用表或试灯找出断点并修复 (4)修复

续表

<table>
<tr><th colspan="2">故障现象</th><th>故障原因</th><th>处理方法</th></tr>
<tr><td colspan="2">单相交流异步电动机转速达不到额定值</td><td>(1)过载
(2)电源电压频率过低
(3)运行绕组有短路或错误
(4)笼型转子端环和导条断裂
(5)机械故障(轴弯、轴承损坏或污垢过多)
(6)启动后离心开关故障使启动绕组不能脱离电源(触头焊牢、灰屑阻塞或弹簧太紧)</td><td>(1)检查负载、减载
(2)调整电源
(3)检查修理运行绕组
(4)检修转子
(5)校正轴,清洗修理轴承
(6)修理或更换触头及弹簧</td></tr>
<tr><td rowspan="4">单相交流异步电动机发热</td><td>启动后很快发热</td><td>(1)运行绕组短路
(2)运行绕组通地
(3)主、辅绕组间短路
(4)启动后,启动绕组断不开,长期运行而发热烧毁
(5)主辅绕组相互间接错</td><td>(1)拆开单相交流异步电动机检查运行绕组短路点、修复
(2)用摇表或试灯找出接地点,垫好绝缘,刷绝缘漆,烘干
(3)查找短路点并修复
(4)检修离心开关或启动继电器,修复
(5)重新接线,更换烧毁的绕组</td></tr>
<tr><td>运行中单相交流异步电动机温升过高</td><td>(1)电源电压下降过多
(2)负载过重
(3)运行绕组轻微短路
(4)轴承缺油或损坏
(5)轴承装配不当
(6)定转子铁芯相擦
(7)大修重绕后,绕组匝数或截面搞错</td><td>(1)提高电压
(2)减载
(3)修理运行绕组
(4)清洗轴承并加油,更换轴承
(5)重新装配轴承
(6)找出相擦原因,修复
(7)重新换绕组</td></tr>
<tr><td>单相交流异步电动机运行中冒烟,发出焦煳味</td><td>(1)绕组短路烧毁
(2)绝缘受潮严重,通电后绝缘被击穿烧毁
(3)绝缘老化脱落,造成烧毁</td><td>(1)检查短路点和绝缘状况,根据检查结果进行局部或整体更换绕组
(2)检查短路点和绝缘状况,根据检查结果进行局部或整体更换绕组
(3)检查短路点和绝缘状况,根据检查结果进行局部或整体更换绕组</td></tr>
<tr><td>发热集中在轴承端盖部位</td><td>(1)新轴承装配不当,扭歪,卡住
(2)轴承内润滑油固结
(3)轴承损坏
(4)轴承与机壳不同心,转子转起来很紧</td><td>(1)重新装配、调整
(2)清洗、换油
(3)更换轴承
(4)用木锤轻敲端盖,按对角顺序逐次上紧螺栓;拧紧过程中不断试轴承是否灵活,直至全部上紧</td></tr>
<tr><td colspan="2">单相交流异步电动机运行中噪声大</td><td>(1)绕组短路或通地
(2)离心开关损坏
(3)转子导条松脱或断条
(4)轴承损坏或缺油
(5)轴承松动
(6)单相交流异步电动机端盖松动
(7)单相交流异步电动机轴向游隙过大
(8)有杂物落入单相交流异步电动机内
(9)定、转子相擦</td><td>(1)查找故障点,修复
(2)修复或更换离心开关
(3)检查导条并修复
(4)更换轴承或加油
(5)重新装配或更换轴承
(6)紧固端盖螺钉
(7)轴向游隙应小于0.4mm,过松则应加垫片
(8)拆开单相交流异步电动机,清除杂物
(9)进行相应修理</td></tr>
<tr><td colspan="2">触摸单相交流异步电动机外壳有触电、麻手感</td><td>(1)绕组通地
(2)接线头通地
(3)单相交流异步电动机绝缘受潮漏电
(4)绕组绝缘老化而失效</td><td>(1)查出通地点,进行处理
(2)重新接线,处理其绝缘
(3)对单相交流异步电动机进行烘潮
(4)更换绕组</td></tr>
</table>

续表

故障现象	故障原因	处理方法
单相交流异步电动机通电时,保险丝熔断	(1)绕组短路或接地 (2)引出线接地 (3)负载过大或由于卡住单相交流异步电动机不能转动	(1)找出故障点修复 (2)处理同(1) (3)负载过大应减载,卡住时应拆开单相交流异步电动机进行修理
单相运行的单相交流异步电动机反转	分相电容或分相电阻接错绕组	用万用表判断出启动绕组和运行绕组,重新接线,将分相电容或分相电阻串入运行绕组(启动绕组电阻大于运行绕组电阻)

小　　结

本情境主要介绍了单相交流异步电动机的五种启动方法、五种反转方法和三种调速方法以及相关的电路分析和应用。

五种启动方法是：电容启动式启动，电容运行式启动，电容启动、运行式启动，电阻启动式启动和罩极式启动；五种正反转方法是：电容启动式正反转，电容运行式正反转，电容启动、运行式正反转，电阻启动式正反转和罩极式启动正反转；三种调速方法是：串电抗器调速，抽头法调速和晶闸管调速。

情境6　特种电机控制

【教学提示】

<table>
<tr><td rowspan="6">教</td><td rowspan="6">知识重点</td><td>(1)伺服电动机的结构、工作原理与控制</td></tr>
<tr><td>(2)测速发电机的结构、工作原理与控制</td></tr>
<tr><td>(3)步进电动机的结构、工作原理与控制</td></tr>
<tr><td>(4)直线电动机的结构、工作原理与控制</td></tr>
<tr><td>(5)微型同步电动机的结构、工作原理与控制</td></tr>
<tr><td>(6)自整角机的结构、工作原理与控制</td></tr>
<tr><td></td><td>知识难点</td><td>特殊电机的工作原理与控制</td></tr>
<tr><td></td><td>推荐讲授方式</td><td>从任务入手,从实际电路出发,讲练结合</td></tr>
<tr><td></td><td>建议学时</td><td>10 学时</td></tr>
<tr><td rowspan="4">学</td><td>推荐学习方法</td><td>自己先预习,不懂的地方作出记录,查资料,听老师讲解;在老师指导下连接电路,但不要盲目通电</td></tr>
<tr><td>需要掌握的知识</td><td>特殊电机的结构、工作原理与控制电路</td></tr>
<tr><td rowspan="2">需要掌握的技能</td><td>(1)正确进行电路的接线</td></tr>
<tr><td>(2)正确使用特殊电机</td></tr>
</table>

特种电机是在普通旋转电机基础上产生的特殊功能的微型电机。特种电机在控制系统中作为执行元件、检测元件和运算元件。从工作原理上看，特种电机和普通电机没有本质上的差异，但普通电机功率大，侧重于电机的启动、运行和制动等方面的性能指标，而特种电机输出功率较小，侧重于电机控制精度和响应速度。

特种电机按其功能和用途可分为信号检测和传递类特种电机及动作执行类特种电机两大类。执行电机包括伺服电动机、步进电动机、直线电动机和微型同步电动机等；信号检测和传递电机包括测速发电机和自整角机等。

【学习目标】

(1) 学习伺服电动机的类型、结构、工作原理、控制、工作特性和应用。
(2) 学习测速发电机的类型、结构、工作原理、控制、工作特性和应用。
(3) 学习步进电动机的类型、结构、工作原理、控制、工作特性和应用。
(4) 学习直线电动机的类型、结构、工作原理、控制、工作特性和应用。
(5) 学习微型同步电动机的类型、结构、工作原理、控制、工作特性和应用。
(6) 学习自整角机的类型、结构、控制、工作原理、工作特性和应用。

项目1　伺服电动机的控制与应用

【项目描述】

本项目主要学习伺服电动机的类型、结构、工作原理、控制、工作特性和应用。

【项目内容】

伺服电动机是一种服从控制信号要求进行动作的职能器，无信号时静止，有信号时即运行，因其有“伺服”性而得名。伺服电动机的作用是在自动控制系统中将接收的控制信号转换为转轴的角位移或角速度输出。

按电源不同分为直流伺服电动机和交流伺服电动机两大类。

任务1　直流伺服电动机的启动运行与控制

各种直流伺服电动机的启动运行原理与普通直流电动机原理相似，其转速公式为：

$$n=\frac{E_a}{C_e^{\Phi}}=\frac{U_a-I_aR_a}{C_e\Phi} \tag{6-1}$$

式中 E_a——电源电动势，V；

U_a——电枢电压，V；

I_a——电枢电流，A；

R_a——电枢电阻，Ω；

C_e——常数；

Φ——磁通，Wb。

直流伺服电动机的控制方式分为电枢控制和磁极控制。

由式（6-1）可知，通过改变电枢电压称为电枢控制，如图 6-1(a) 所示；通过改变磁通来控制电动机称为磁极控制，如图 6-1(b) 所示。而磁极控制的直流伺服电动机的工作特性较差，实际使用中很少被采用，一般采用电枢控制方式。

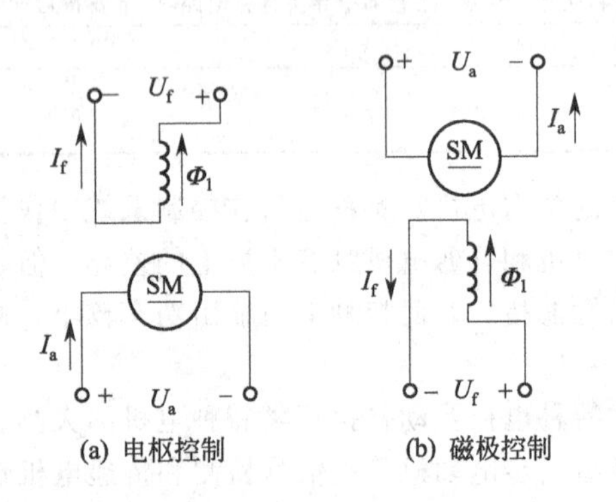

图 6-1 直流伺服电动机控制原理图

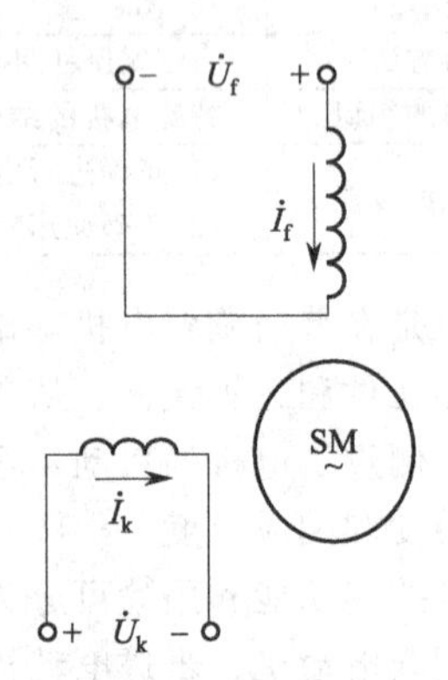

图 6-2 交流伺服电动机的启动运行原理

【自己动手】

设计一个直流伺服电动机的启动运行与控制电路，说明启动控制过程并接线、运行。

任务 2 交流伺服电动机的启动运行与控制

交流伺服电动机的启动运行原理，如图 6-2 所示。当励磁绕组接入电源额定励磁电压，而控制绕组接入伺服放大器输出的额定控制电压，并且励磁电压和控制电压相位差 90°时，两相绕组的电流在气隙中建立的合成磁通势是圆形旋转磁通势。其旋转磁场在杯形转子的杯形筒壁上或在笼型转子的导条中感应出电动势及其电流，子电流与旋转磁场相互作用产生电磁转矩。在圆形旋转磁场作用下，电动机拖动额定负载转矩，其转速为额定转速。当在额定负载下，输入最大控制电压时，转子相为最高转速。

对于交流伺服电动机，若两相绕组产生的磁通势幅值相等、相位差 90°，在气隙中便能得到圆形旋转磁场，若两相绕组产生的磁通势幅值不相等，或相位差不是 90°，在气隙中得到将是椭圆形旋转磁场。所以，改变控制绕组上的控制电压的大小或改变它与励磁电压之间的相位角，都能使电动机气隙中旋转磁场的椭圆度发生变化，从而影响电磁转矩的大小。当负载转矩一定时，可以通过调节控制电压的大小或相位达到改变电动机转速的目的。因此，交流伺服电动机的控制方法有三种。

（1）幅值控制

幅值控制方式是通过调节控制电压的大小来改变电动机的转速，而控制电压与励磁电压之间的相位保持 90°。当控制电压等于零时，电动机停转；当控制电压在零和额定值之间变化时，电动机的转速也相应地在零和额定值之间变化。交流伺服电动机控制方式，如图 6-3(a) 所示。

(2) 相位控制

相位控制方式是控制电压的大小保持不变，调节控制电压与励磁电压之间的相位角来改变电动机的转速。当相位差等于零时，电动机停转。控制方式如图 6-3(b) 所示。这种方法一般很少采用。

(3) 幅-相控制（或称电容控制）

幅-相控制方式是将励磁绕组串联电容以后接到的电源上，控制方式如图 6-3(c) 所示。这时励磁绕组的电压等于励磁电压减电容电压。控制绕组上外施控制电压的相位始终与励磁电压相同。当调节控制电压的幅值来改变电动机的转速时，由于转子绕组的耦合作用，使励磁绕组的电流发生变化，也使励磁绕组的电压及电容上的电压随之改变。当控制电压等于零时，电动机便停转。这种幅值和相位的复合控制方式，是利用串联电容分相的控制方式，不需复杂的移相装置。所以设备简单，成本较低，成为最常用的一种控制方式。

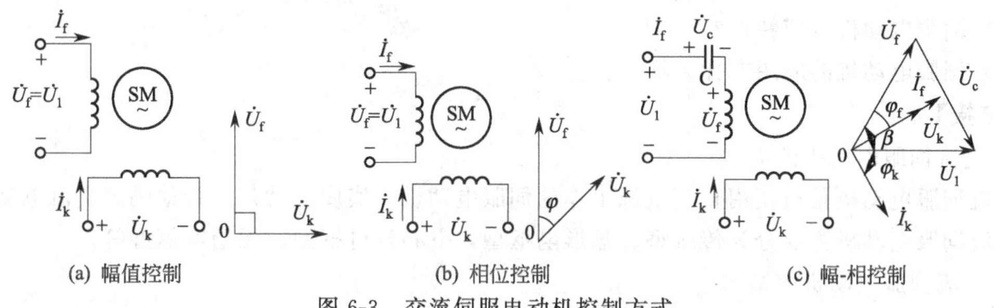

图 6-3 交流伺服电动机控制方式

【自己动手】

设计一个交流伺服电动机的启动运行与控制电路，说明启动控制过程并接线、运行。

任务 3 伺服电动机的应用

从控制原理上看和普通电动机没有本质的区别，但从电动机运行特性和用途方面，却有很大的不同。普通电动机主要用在电力拖动系统中，用来完成机电能量的转换，对它们的要求着重于启动和运行状态的力能指标；而伺服电动机主要用在自动控制系统和计算装置中，完成对机电信号的检测、解算、放大、传递、执行或转换。

例 6-1 交流伺服电动机在测温中的应用。

图 6-4 所示为是电子电位差计原理图。该系统主要由热电偶、电桥电路、变流器、放大器与交流伺服电动机等组成。

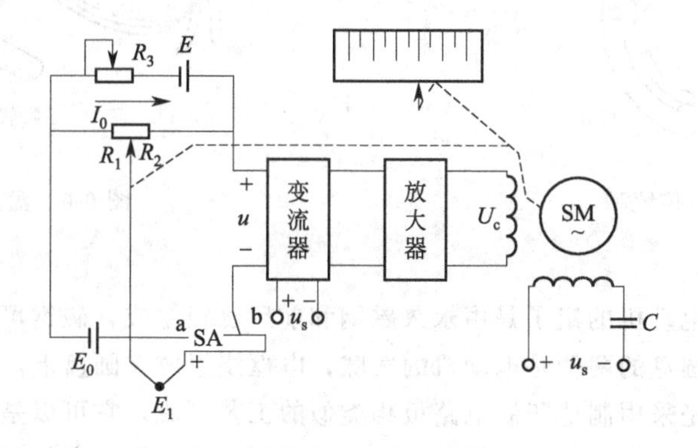

图 6-4 电子电位差计原理图

在测温前，将开关 QSA 扳向 a 位，将电动势为 E_0 的标准电池接入；然后调节 R_3，使 $I_0(R_1+R_2)=E_0$，$\Delta U=0$，此时的电流 I_0 为标准值。在测温时，要保持 I_0 为恒定的标准值。

在测量温度时，将开关 SA 扳向 b 位，将热电偶接入。

当被测温度上升或下降时，ΔU 的极性不同，亦即控制电压的相位不同，从而使得伺服电动机正向或反向运转，电桥电路重新达到平衡，测得相应的温度。

【问题与思考】

(1) 伺服电动机有何基本要求？在结构上如何满足这些要求？

(2) 什么是“自转”现象？如何克服交流伺服电动机的“自转”现象？

(3) 直流伺服电动机有几种类型？各由哪些结构组成？

(4) 交流伺服电动机有哪种的控制方法？

(5) 交流伺服电动机有哪几个方面的工作特性？

(6) 伺服电动机有何特点？

(7) 伺服电动机的应用在什么场合？

【知识链接】

1. 直流伺服电动机的类型

直流伺服电动机是指使用直流电源工作的伺服电动机，实质上就是一台他励式直流电动机。

直流伺服电动机主要分为传统型、盘形电枢型，空心杯电枢型、无槽电枢型等。

2. 直流伺服电动机的结构

(1) 传统型

传统型直流伺服电动机的结构形式和普通直流电动机基本相同，也是由定子、转子两大部分组成，按照励磁方式不同，又可分为永磁式（代号 SY）和电磁式（代号 SZ）两种。永磁式直流伺服电动机是在定子上装置由永久磁钢做成的磁极，其磁场不能调节。电磁式直流伺服电动机的定子通常由硅钢片冲制叠压而成。磁极和磁轭整体相连，如图 6-5 所示。在磁极铁芯上套有励磁绕组。这两种电动机的转子铁芯均由硅钢片冲制叠压而成，在转子冲片的外圆周上开有均匀分布的齿槽，在槽中放置电枢绕组，并经换向器、电刷引出。为提高控制精度和响应速度，伺服电动机的电枢铁芯长度与直径之比比普通直流电动机要大，这两类电动机的转动惯量比其他几种伺服电动机要大。

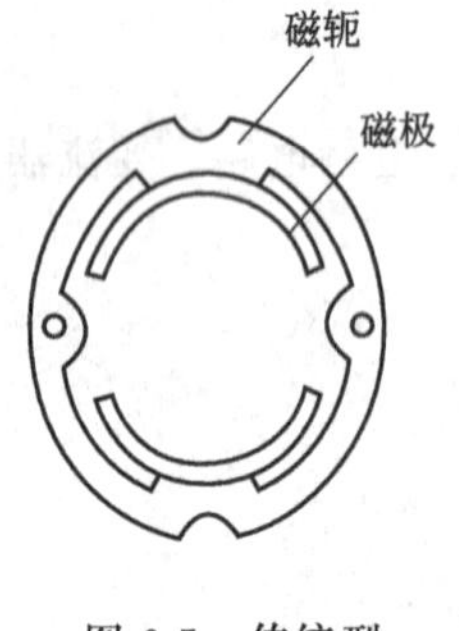

图 6-5　传统型

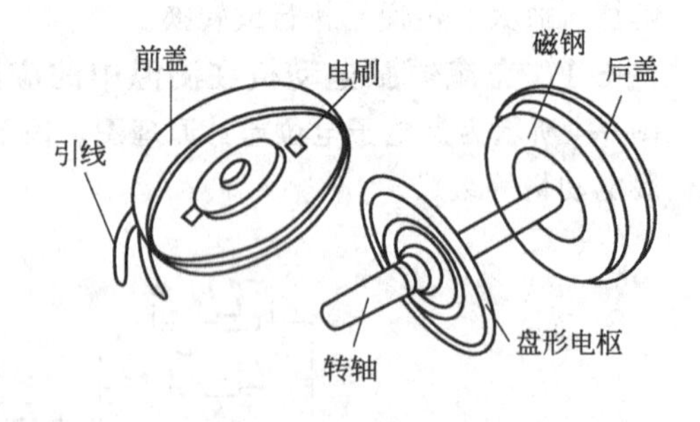

图 6-6　盘形电枢型

(2) 盘形电枢型

盘形电枢直流伺服电动机的定子是由永久磁钢和前后磁轭组成，磁钢可在圆盘的一侧放置，也可以在两侧同时放置，圆盘的两侧是电动机的气隙，电枢绕组放在圆盘上，有印制绕组和绕线式绕组两种形式，印制绕组是采用制造印制电路板相类似的工艺制成，它可以是单片双面的，也可以是多片重叠的；绕线式绕组是先绕好单个线圈，然后将绕制的线圈按一定的规律沿径向圆周排列，再用环氧树脂浇注成圆盘形。盘形电枢上电枢绕组中的电流是沿径向流过圆盘表面，并与轴向磁通相互作用而产生转矩。利用电枢绕组的径向部分的裸导线表面兼作换向器和电刷直接接触。盘形电枢直流伺服电动机的结构，如图 6-6 所示。

(3) 空心杯电枢型

空心杯电枢直流伺服电动机有外定子 4 和内定子 5，外定子由两个半圆形的永久磁钢所组成，提供电动机磁场。内定子为圆柱形的软磁材料做成作为磁路，以减小磁路的磁阻（也有内定子由永久磁钢做成，外定于采用软磁材料的）。转子由成型的线圈沿圆周的轴向排成空心杯形，再用环氧树脂固化成型。空心杯电枢直接压装在电动机的轴上，在内、外定子的气隙中旋转。电枢绕组连接换向器上由电刷引出。空心杯电枢直流伺服电动机结构，如图 6-7 所示。

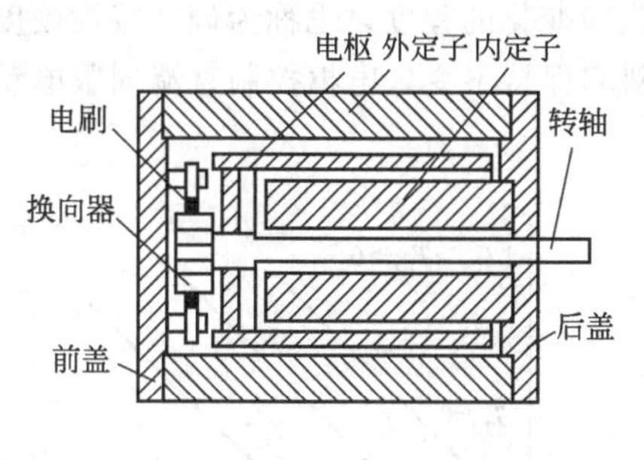

图 6-7 空心杯电枢型

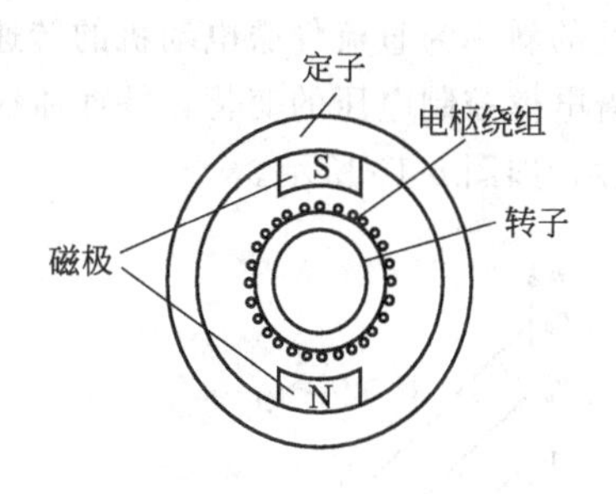

图 6-8 无槽电枢型

(4) 无槽电枢型

无槽电枢直流伺服电动机（代号 SWC）的电枢铁芯上不开槽，电枢绕组直接排列在铁芯表面，用环氧树脂把它和铁芯固化成整体，定子磁场由永久磁铁产生（也可由电磁的方式产生）。该电动机的转动惯量比前两种无铁芯转子的电动机要大，因而其动态性能要差一些。无槽电枢直流伺服电动机的结构，如图 6-8 所示。

3. 直流伺服电动机的工作特性

如图 6-1(a) 所示为电枢控制直流伺服电动机的原理图，电枢绕组为控制绕组。由他励式直流电动机的转速公式可知

$$E_a = C_e \Phi n = K_e n \tag{6-2}$$

电动机的电磁转矩为

$$T_{em} = C_T \Phi I_a = K_T I_a \tag{6-3}$$

式中 K_e——电动势常数；

K_T——转矩常数。

则直流伺服电动机的转速公式变成

$$n = \frac{U_a}{K_e} - \frac{R_a}{K_T K_e} T_{em} \tag{6-4}$$

由式 (6-4) 可知电枢控制直流伺服电动机 $n=f(T_{em})$ 的机械特性和 $n=f(U_a)$ 的调节特性。

(1) 机械特性

电枢控制直流伺服电动机的机械特性是指电枢控制电压恒定时，电动机的转速随转矩变化的关系：U_a = 常数，$n=f(T_{em})$。其特性有：

机械特性是线性关系，转速随输出转矩的增加而降低；

电磁转矩等于零时，直流伺服电动机的转速最高；

曲线的斜率为直流伺服电动机的转速随转矩变化而变化的程度，又称为特性硬度。

随着电枢控制电压的变化，特性曲线平行移动其斜率保持不变。电枢控制直流伺服电动机的机

械特性，如图 6-9 所示。

(2) 调节特性

电枢控制直流伺服电动机的调节特性是指电磁转矩恒定时，电动机的转速随电枢控制电压变化的关系：T_{em}＝常数，$n=f(U_a)$。其特性有：

当负载转矩一定时，转速与电压为线性关系，即控制电压增加，转速增加。

启动时，不同的负载转矩需有不同的启动电压 U_0，当控制电压小于启动电压 U_0 时，电枢控制直流伺服电动机就不会启动。

启动电压与负载转矩成正比。

曲线的斜率为直流伺服电动机的转速随控制电压变化而变化的程度，也称为调节特性硬度。

随着电枢控制电压的变化，特性曲线平行移动，其斜率保持不变。电枢控制直流伺服电动机的调节特性，如图 6-10 所示。

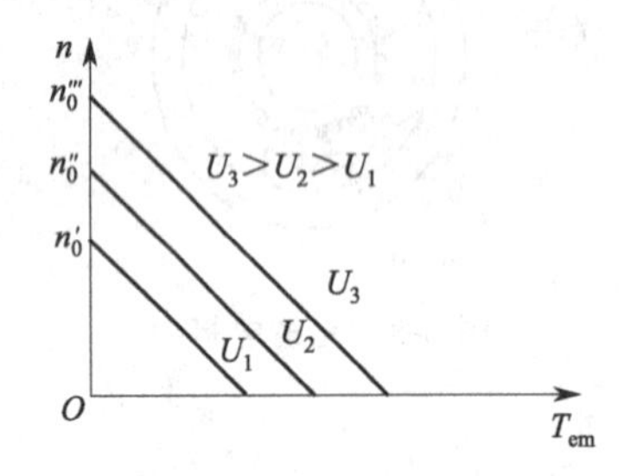

图 6-9 电枢控制直流伺服电动机机械特性

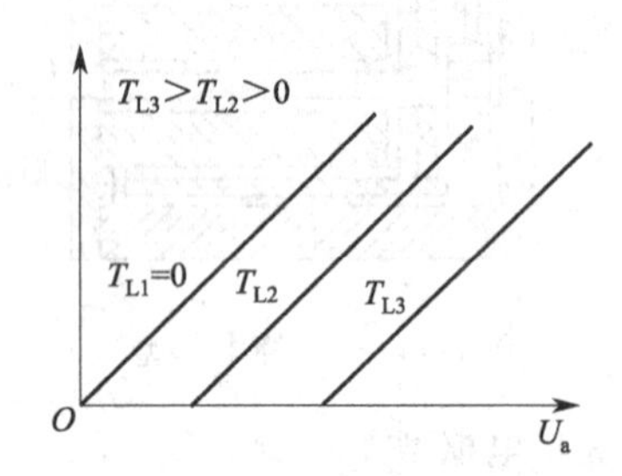

图 6-10 电枢控制直流伺服电动机的调节特性

机械特性和调节特性均为线性关系，且与电枢电阻无关，这是直流伺服电动机的优点。但在实际工作上，由于磁路饱和与电枢反应的影响，特性曲线为一组近似直线的曲线。

4. 交流伺服电动机的类型

交流伺服电动机的结构与单相异步电动机相似，其定子上也有主绕组和副绕组，主绕组为励磁绕组，运行时接至电源上；副绕组作为控制绕组，输入控制电压。两者电源频率相同、相位相差90°电角度。工作时在气隙中产生一个旋转磁场使转子受力旋转。

交流伺服电动机与直流伺服电动机的要求相同，为满足要求交流伺服电动机的转子通常有以下三种类型：高电阻导条笼型转子型、非磁性空心杯转子型、铁磁性空心转子型。

5. 交流伺服电动机的结构

(1) 高电阻导条笼型转子型

这种转子结构和普通笼型转子的结构相同，但为了减小转子的转动惯量，一般做成细长形，笼型导条和端环采用高电阻率的黄铜、青铜等导电材料制造。

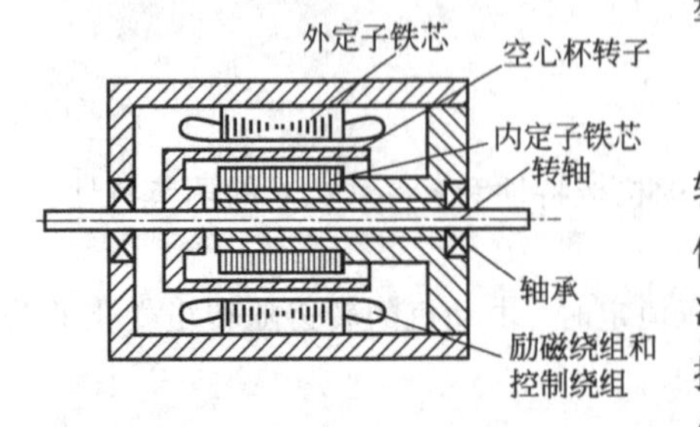

图 6-11 非磁性空心杯转子

(2) 非磁性空心杯转子型

其结构由内定子铁芯、外定子铁芯、空心杯转子、转轴、励磁绕组和控制绕组等组成，非磁性空心杯转子交流伺服电动机的结构，如图 6-11 所示。外定子铁芯由硅钢片冲制叠装而成，槽内放置空间相距 90°电角度的励磁绕组和控制绕组，内定子也是硅钢片冲制叠装而成，不放置绕组仅作主磁通磁路。空心杯转子位于内、外定子铁芯之间的气隙中，靠其底盘和转轴固定，空心杯用非磁性的金属铝、铝合金制成，壁厚一般只有 0.2～0.8mm，所以，有较大的转子电阻和很小的转动惯量。结构的气隙较大，为 0.5～1.5mm，励磁电流也较大，占额定电流的 80％～90％。这类电动机的功率因数较低、效率也较低，体积和容量都比同容量的笼型伺服电动机大得多，同体积下，杯形转子伺服电动机启动转矩比笼型的小得多。因此，虽然采用杯形转子大大减小了转动惯量，但其快速响应性能不一定优于笼型，但由于笼型伺服电动机在低速运行时有抖动现象，因此非磁性空心杯转子交流伺服电动机主要用于要求低噪声及低速平稳运行的系统。

(3) 铁磁性空心转子型

这种转子用铁磁材料（纯铁）制成，转子本身既作主磁通磁路，又作转子绕组，因此，可不要内定子铁芯，电动机的结构较简单。铁磁性空心转子交流伺服电动机的结构，如图 6-12 所示。为减小转子上磁通密度，壁厚要适当增加，因而其转动惯量较非铁磁性空心转子大得多，响应性差，尤其当定、转子气隙稍有不均时，转子易因单边磁拉力而被“吸住”，所以实用中较少使用。

6. 交流伺服电动机的工作特性

交流伺服电动机的工作特性和直流伺服电动机一样，主要是指它的机械特性和调节特性。交流伺服电动机的这些特性均为非线性，分析比较复杂，所以，一般先将电动机作一些简化，使其成为“理想电动机”，先分析“理想电动机”的特性，然后再对其进行修改而成为实际交流伺服电动机的特性。

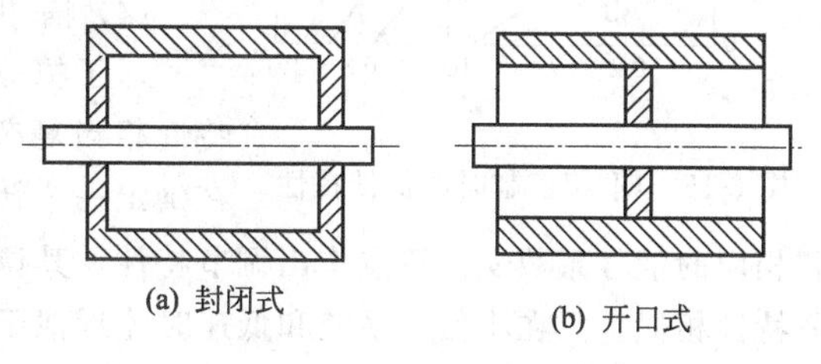

图 6-12 铁磁性空心转子

“理想电动机”的近似条件如下：略去电动机漏阻抗中的某些次要部分，略去电动机的励磁电流，认为励磁电抗无穷大。

(1) 幅值控制时的机械特性

即转矩与转速的关系 $n=f(T_{em})$，如图 6-13 所示。

图中虚线为“理想电动机”的机械特性，实线为实际电动机的机械特性。当理想空载时 $T^*=0$，即与横坐标交点为理想空载转速，只有当 $\alpha_e=1$ 时，为圆形旋转磁场，电动机的理想空载转速才能达到同步转速，$n^*=1$；当 $\alpha_e\neq1$ 时，为椭圆形旋转磁场，电动机的理想空载转速总是低于同步转速，$n^*<1$，磁场的椭圆度越大，理想空载转速就越低。

电动机的堵转转矩（曲线与纵坐标的交点）随 α_e 不同，堵转转矩也不同，并随着 α_e 的减小而减小。实际的交流伺服电动机的机械特性不是直线而是曲线，如图 6-13 中实线部分所示。

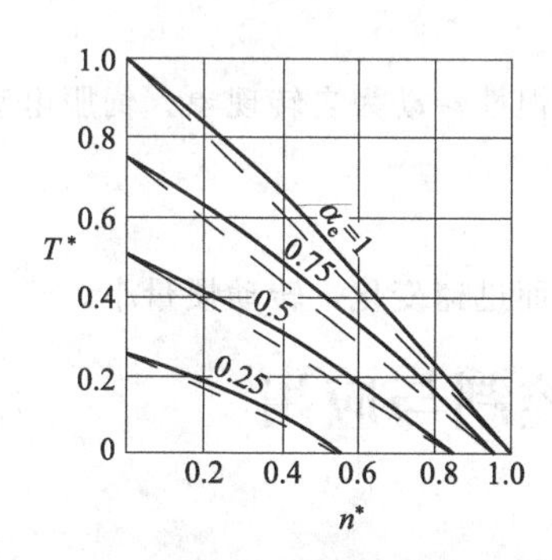

图 6-13 幅值控制时的机械特性

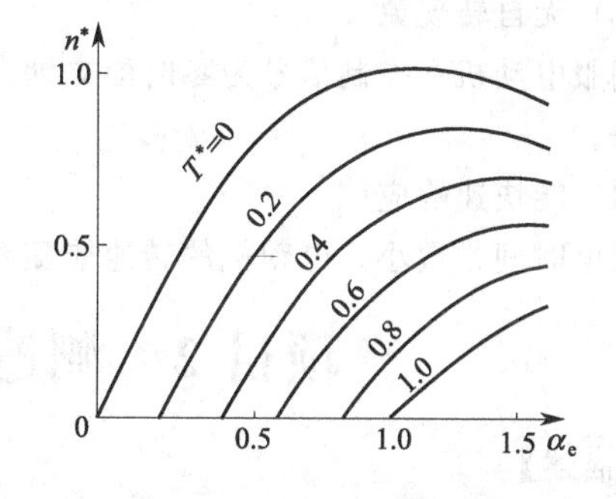

图 6-14 幅值控制时的调节特性

(2) 幅值控制时的调节特性

“理想电动机”的调节特性曲线，如图 6-14 所示。“理想电动机”在幅值控制时，其调节特性曲线是非线性的，只是在特性起始部分才近似于线性。只有当信号系数 α_e 很小时，电动机的转速 n^* 近似与信号系数 α_e 成线性关系，实际电动机在幅值控制时的调节曲线形状基本与此相同。

(3) 幅-相控制时的机械特性

如图 6-15 所示为幅-相控制即电容控制的机械特性曲线，虚线是“理想电动机”的机械特性，实线为实际电动机的机械特性。

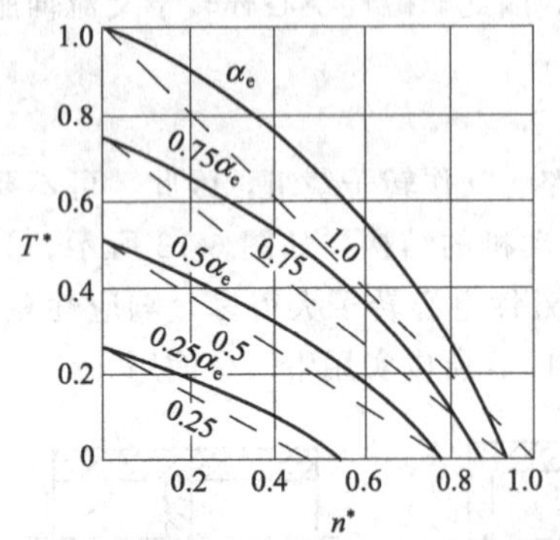

图 6-15　幅-相控制时的机械特性

由图中可见，幅-相控制比幅值控制时的机械特性线性度差一些，而且，若启动转矩的标么值相同，对应于同一转速下（接近于理想空载转速时除外）。幅-相控制时转矩标么值较大。这是因为在幅-相控制时，励磁绕组回路中串联电容器，当电动机转动后，励磁绕组的电流将发生变化，电容电压也随之改变，因此使励磁绕组的端电压有可能比堵转时还高。相应地使转矩有所增高。

(4) 幅-相控制时的调节特性

对于幅-相控制的伺服电动机，从转矩表达式直接推导调节特性相当复杂，所以，可从机械特性曲线中用作图法求出，即在确定一个转矩值 T^* 后，再由相应的机械特性曲线上找出转速和相应的信号系数 α_e。逐点作出调节特性，其调节特性也是非线性的，基本形状与幅值控制时的调节特性相似。只在小信号系统和低速时才近似于线性关系。

由上可知，交流伺服电动机无论是幅值控制还是幅-相控制，其调节特性都只在起始部分，是线性关系，因此，为应用此调节特性的线性段，应取小信号系数和小转矩标么值，在实际中，多应用中频电源供电。如两极 50Hz 的伺服电动机，其同步转速为 3000r/min，调速范围为 0～2400r/min，$n^*=0\sim0.8$，如改用 400Hz 的中频电源供电四极电动机，其同步转速为 12000r/min，此时$n^*=0\sim0.2$。

7. 对伺服电动机的基本要求

基本要求主要是运行可靠性高、特性参数精度高和响应速度高灵敏性等。

8. 伺服电动机的特点

(1) 有宽广的调速范围

伺服电动机的转速随着控制电压的改变能在宽广的范围内连续调速。

(2) 机械特性和调节特性线性度好

能提高自动控制系统的动态精度。

(3) 无自转现象

伺服电动机在控制信号为零时能立即自行停转，如继续惯性转动为自转现象，伺服电动机无自转现象。

(4) 能快速响应

机电时间常数小，电动机的转速能随着控制信号的改变而迅速变化，转动惯量小。

项目 2　测速发电机的控制与应用

【项目描述】

主要学习常用测速发电机的类型、结构、工作原理、控制、工作特性及应用。

【项目内容】

测速发电机是一种测量转速的信号元件，它将输入的机械转速变换为电压信号输出，使输出电压信号与机械转速成正比关系。

测速发电机分为直流测速发电机和交流测速发电机。还有采用新原理、新结构研制成的霍尔效应测速发电机。

直流测速发电机按定子磁极励磁方式来分有：永磁式直流测速发电机（代号为 CY）和电磁式直流测速发电机（代号 CD）。交流测速发电机有：同步测速发电机（代号为 CG）和异步测速发电机（代号有 CK、CL 等系列）。

任务1 直流测速发电机控制

直流测速发电机类似一台微型他励直流发电机，它有独立的励磁磁场或永久磁铁作磁场，其控制与一般直流发电机的控制相同。直流测速发电机的控制原理，如图 6-16 所示。

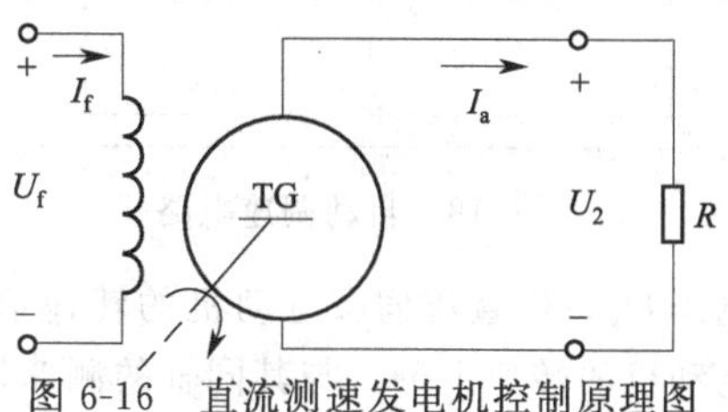

图 6-16 直流测速发电机控制原理图

【自己动手】

设计一个直流测速发电机的启动运行与控制电路，说明启动控制过程并接线、运行。

任务2 交流测速发电机控制

交流测速发电机类似一台单相交流电动机。当电动机励磁绕组外加恒频恒压的交流电压 U_f 时，励磁电流 I_f 产生与电源同频率的脉振磁通势 F_d 和相应的脉振磁通 Φ_d，磁通 Φ_d 在空间按励磁绕组轴线方向产生（称为直轴）脉振。

当 $n=0$（转子不动）时，此磁通势只能在空心杯转子中感应出变压器电动势。因输出绕组的轴线（称为交轴）和励磁绕组（直轴）在空间位置相差 90°电角度，显然，无感应电动势产生，故输出电压为零。

当 $n\neq0$（转子转动）时，转子切割直轴磁通 Φ_d，产生切割电动势 $\dot{E}_r$，由于直轴磁通 Φ_d 为脉振的，电动势 $\dot{E}_r$ 亦为交变的，转子切割电动势大小

$$\dot{E}_r=C_2 n\Phi_d \tag{6-5}$$

式中 C_2——常数；

Φ_d——d 轴每极磁通的幅值。

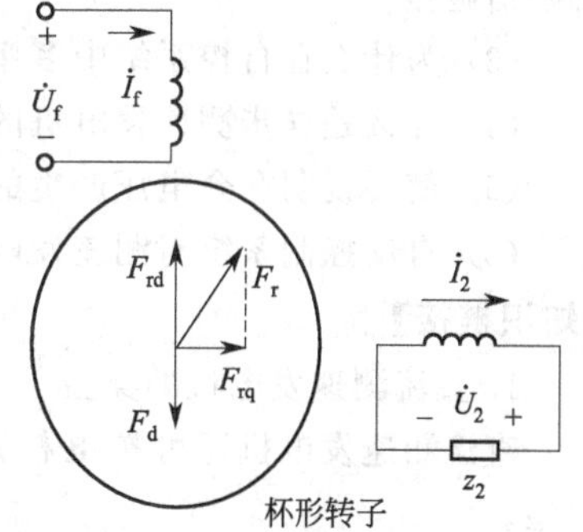

图 6-17 交流测速发电机控制原理图

若直轴每极磁通幅值不变，则电动势 $\dot{E}_r$ 与转速 n 成正比。转子杯整个可认为是短路绕组，$\dot{E}_r$ 必会产生电流，转子中电流 $\dot{I}_r$ 产生脉振频率为 f_1 的磁通势 F_r，其空间方向如图 6-17 所示。该磁通势 F_r 可分解为直轴分量 F_{rd} 和交轴分量 F_{rq} 两个空间分量。而 F_{rd} 影响励磁磁通势，使励磁电流发生变化。而 F_{rq} 产生了 Φ_q 交轴磁通，该交轴磁通使测速发电机产生输出电动势 $\dot{E}_2$ 或输出电压 $\dot{U}_2$，其频率为 f_1（电源频率），与转子转速 n 无关。当转子转向相反时，输出电压的相位也相反。

【自己动手】

设计一个交流测速发电机的启动运行与控制电路，说明启动控制过程并接线、运行。

任务3 测速发电机的应用

测速发电机在自动控制中可以作为测速元件、校正元件、解算元件和角加速度信号元件。

例 6-2　速发电机在自动调速系统中的应用。

如图 6-18 所示，为一自动调速系统，图中直流伺服电动机 SM 拖动旋转的机械负载。

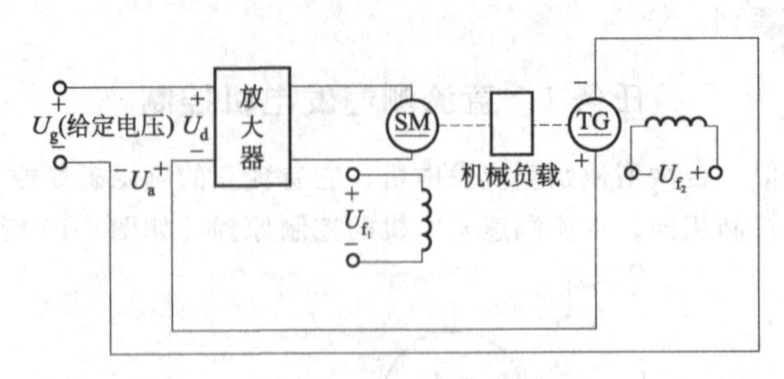

图 6-18　自动调速电路

系统工作时，先调节给定电压 U_g，使直流伺服电动机的转速恰为负载要求的转速。若负载转矩由于某种因素减小时，伺服电动机的转速上升，与其同轴的测速发电机转速也将上升，输出电压 U_a 增大，U_a 将反馈送入系统输入端，并与 U_g 比较，使差值电压 $U_d=U_g-U_a$ 减小，经放大器放大后的输出电压随之减小，且作为伺服电动机电枢电压，从而使直流伺服电动机转速下降，使系统转速基本不变。

反之当负载转矩由于某种原因有所增加时，系统的转速将下降，测速发电机的输出电压 U_a 减小，因而差值电压 $U_d=U_g-U_a$ 增大，经放大后加在伺服电动机上的电枢电压也增大，电动机转速上升。由此可见，该系统由于测速发电机的接入，具有自动调节作用，使系统转速近似于恒定值。

【问题与思考】

(1) 测速发电机有哪些类型?

(2) 直流测速发电机为改善输出特性，削弱电枢的去磁影响，尽量使气隙磁通不变，可以采取哪些措施?

(3) 为什么在自控系统中多用空心杯转子异步测速发电机?

(4) 什么是异步测速发电机的剩余电压?

(5) 简要说明剩余电压产生的原因及其减小方法?

(6) 自动控制系统对测速发电机有哪些主要要求?

【知识链接】

1. 直流测速发电机的类型

直流测速发电机还可按电枢形式分为：传统型、无槽电枢型、空心杯电枢型和圆盘印制绕组型。

2. 直流测速发电机的结构与工作原理

直流测速发电机与直流伺服电动机的结构与工作原理基本相同。

3. 直流测速发电机的输出特性

在恒定磁场中，电枢绕组切割磁力线产生电动势

$$E_a=C_e\Phi_n \tag{6-6}$$

在空载时，$U_2=E_a$，与转速，U_2 与 n 成正比。负载时，由于电枢电阻及电刷和换向器有接触电阻等，会引起一定旳电压降。因此，测速发电机输出电压比空载时小，即：

$$U_2=E_a-I_aR_a \tag{6-7}$$

负载时，电流为

$$I_a=\frac{U_2}{R_f} \tag{6-8}$$

输出电压为

$$U_2=\frac{E_a}{1+\frac{R_a}{R_f}}=\frac{K_e}{1+\frac{R_a}{R_f}}n=Cn \tag{6-9}$$

令：

$$C=\frac{K_e}{1+\frac{R_a}{R_f}}$$

式中，C 为其特性的斜率，R_a、Φ、R_f 为常数时，C 为常数，直流测速发电机负载时输出特性为一组直线。不同的 R_f 对应不同斜率和不同的特征曲线，直流测速发电机的输出特性，如图 6-19 所示。当只 R_f 值减小时，特性的斜率也减小。

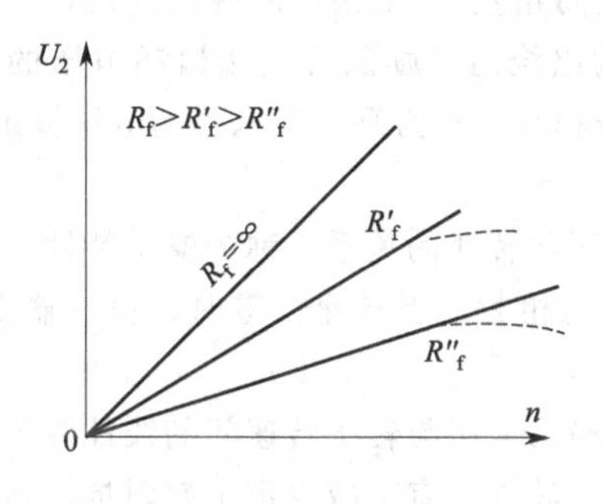

图 6-19　输出特性

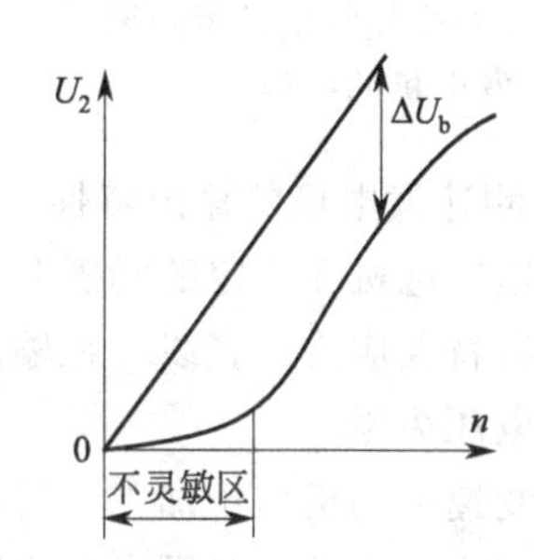

图 6-20　输出特性不灵敏区

4. 直流测速发电机的输出特性不灵敏区

由于电枢反应的影响，会使输出电压 U_2 不再和转速 n 成正比，会使输出特性向下弯曲，如图 6-19 中虚线所示。

为改善输出特性，削弱电枢的去磁影响，尽量使气隙磁通不变，可以采取：

① 对电磁式直流测速发电机，可在定子磁极上装补偿绕组。

② 设计中，取较小的线负荷，适当加大电动机气隙。

③ 负载电阻不应小于规定值。

另外，直流测速发电机因电刷有接触压降 ΔU_b，在低速时，使输出特性出现不灵敏区，如图 6-20所示。另外，温度变化也会使电阻值增加，使输出特性改变。可以在励磁绕组回路中串一较大电阻值的附加电阻来解决，使整个支路的回路中电阻基本不变，输出特性可以保持不变，但功耗增大。

5. 交流测速发电机的类型

交流测速发电机分为同步测速发电机和异步测速发电机。

（1）同步测速发电机

同步测速发电机有永磁式、感应子式和脉冲式。永磁式和感应子式测速发电机，其感应电动势随转速变化而变化，因而，可以用来测速。永磁式多作指示计式转速计，而感应子式适用于速度较低的调节系统。

（2）异步测速发电机

异步测速发电机按其结构可分为笼型转子和杯形转子两种。笼型转子异步测速发电机的线性度差，相位差较大，剩余电压较高，多用于精度要求不高的系统中。

杯形转子异步测速发电机输出特性有较高精度，又因其转子转动惯量较小，可满足快建性要求，目前在自控系统中广泛应用的是空心杯转子异步测速发电机。

6. 交流测速发电机的结构

空心杯转子异步测速发电机主要由杯形转子、内定子、外定子绕组、外定子、机壳和转轴等组成，空心杯转子异步测速发电机的结构，如图 6-21 所示。

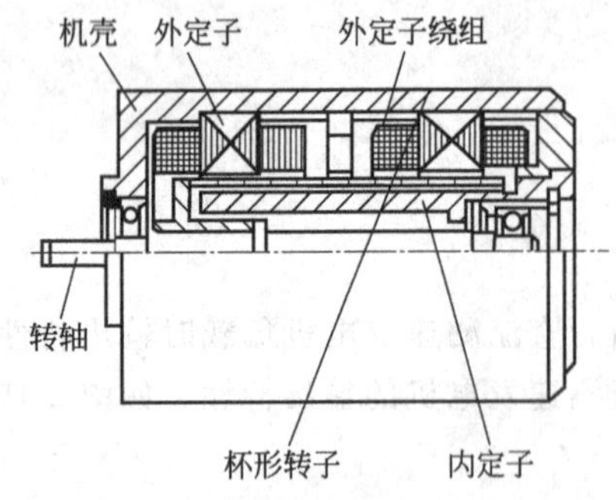

图 6-21　空心杯转子异步测速发电机的结构

空心杯转子异步测速发电机的转子为一个薄壁（0.2～0.3mm）非磁性杯，通常由高电阻率和低温度系数的硅锰青铜或锡锌青铜制成。杯的内外由内定子和外定子构成磁路，杯壁也属气隙。

转轴与杯形转子固定在一起，一端用轴承支撑在机壳内，另一端用轴承支撑在内定子端部内。内定子一端悬空，另一端嵌压在机壳中。

外定子上嵌有空间相差 90°电角度的两组绕组，一组为励磁绕组，另一组为输出绕组。励磁绕组接恒频恒压的交流电源，输出绕组与负载相联，作为测速发电机的电压输出端。

7. 交流测速发电机的输出特性

交流测速发电机在一定的励磁和负载条件下，输出电压与转速的关系，称为输出特性。在理想情况下，输出特性应为一直线。在输出电压和励磁电压是同相时，当转速为零时，没有输出电压，即所谓剩余电压为零。

实际上测速电动机由于加工、材料等原因，将会影响输出电压与转子转速间的线性关系。为了减小误差及减小工作转速范围内输出电压相位移的变化值，其方法有：减少定子漏阻抗、增大转子电阻和增大异步测速发电机的同步转速与提高发电机励磁电源等的方法，异步测速发电机大都采用 400Hz 的中频励磁电源。

8. 减小异步测速发电机的剩余电压的措施

剩余电压一般只有几个毫伏，剩余电压对交流测速发电机的输出特性的影响，如图 6-22 所示。异步测速发电机输出电压中的剩余电压会给系统带来不利影响，使系统产生误动作，引起随动系统的灵敏度降低。所以必须设法减小异步测速发电机的剩余电压。通常采用如下一些措施：

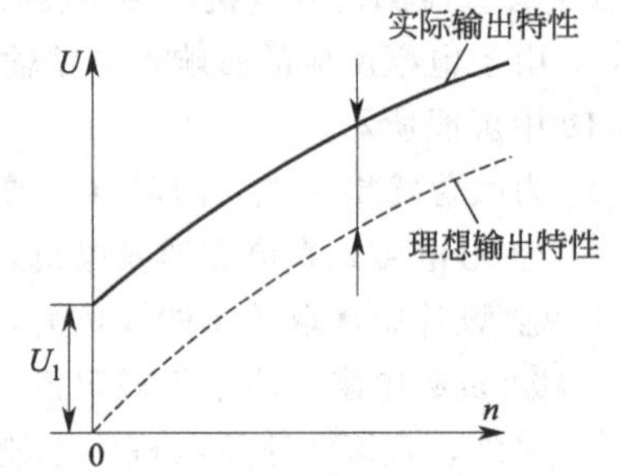

图 6-22　剩余电压对输出特性的影响

① 选用较低磁通密度的铁芯。

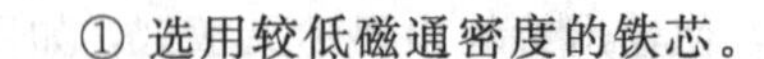

② 采用单层集中绕组和可调铁芯结构。

③ 定子铁芯采用旋转叠装法。

④ 提高定子铁芯和转子空心杯加工精度。

⑤ 采用补偿绕组。

⑥ 外接补偿装置，产生相位相反的附加电压，其大小接近于剩余电压的固定分量使之相互抵消。

9. 对测速发电机的要求

① 输出特性与其输入量成正比关系，且不随外界条件的变化而改变。

② 电动机转子转动惯量要小，以保证快速响应。

③ 电动机灵敏度要高，即要求输出特性斜率大。

④ 对无线信号干扰小、噪声小、结构简单、工作可靠、体积小、重量轻等。

10. 测速发电机的特点

① 输出特性线性度好。能提高自动控制系统的动态精度。

② 转动惯量小，能快速响应。

项目3　步进电动机的控制与应用

【项目描述】

主要学习常用步进电动机的类型、结构、工作原理、控制、工作特性及其应用。

【项目内容】

步进电动机是一种把电脉冲信号变成直线位移或角位移的执行元件。是一种特殊运行时的同步电动机，其转子为多极，定子有多相不同连接的控制绕组。由专用电源供给电脉冲信号，每输入一个脉冲信号，步进电动机就移进一步，故也称脉冲式微型同步电动机。

按运行方式分有：旋转式、直线式；按工作原理分有：反应式、永磁式和永磁感应子式。

任务1　反应式步进电动机的控制

1. 大步距角控制

如图6-23所示。其定、转子用硅钢片或其他软磁材料制成，定子上有6个极，每个极上装有一相控制绕组。转子上有4个均布的齿，没有转子绕组。

当U相控制绕组通电时，定子磁极U、U′轴线若与转子1、3齿不对应时，总有一磁拉力使转子转到1、3齿与定子磁极U、U′重合。重合时，仅有径向力而无切向力，致使转子停转。如图6-23(a)所示；U相断电，V相控制绕组通电时，转子将在空间逆时针转过30°（即步距角=30°），转子齿2、4与定子极V、V′对齐，如图6-23(b) 所示；如再使V相断电，W相控制绕组通电，转子又在空间逆时针转过30°(即步距角=30°)，使转子齿3、1与定子极W、W′对齐，如图6-23(c) 所示。若如此循环往复，并按U→V→W→U顺序通电，转子则按逆时针方向不断转动。其转速取决于控制绕组与电源接通和断开的频率。若通电顺序改变为U→W→V→U顺序时，电动机就按顺时针方向转动。接通和断开电源的过程，由电子逻辑电路来控制。

定子绕组每改变一次通电方式，就称为一拍。电动机转子所转过的空间角度称为步距角θ。上述通电方式称为三相单三拍，“单”是指每次只对一相控制绕组通电；“三拍”是指经过三次切换控制绕组的通电状态为一个循环，此时的步距角$\theta_s=30°$。还有“双三拍”、“单、双六拍”的通电方式。

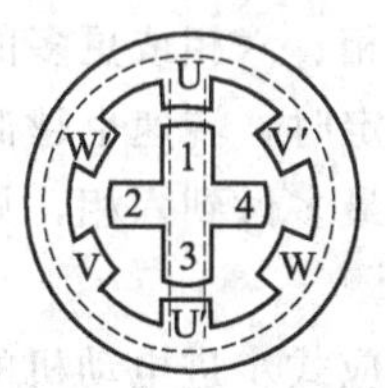

(a) U相控制绕组通电

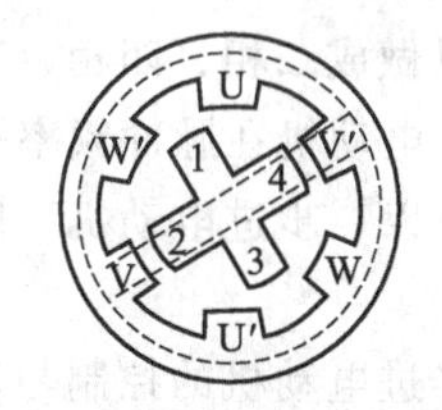

(b) V相控制绕组通电

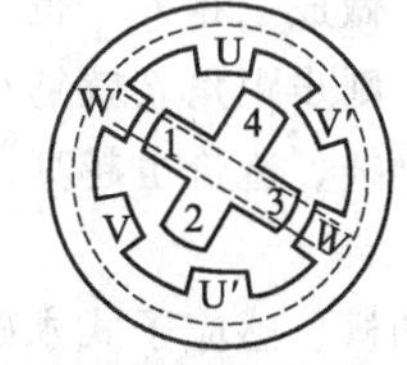

(c) W相控制绕组通电

图6-23　大步距角控制

2. 小步距角控制

小步距角三相反应式步进电动机的结构，如图6-24所示。它的定子上有6个极，上面装有控制绕组并联成U、V、W三相。转子上均匀分布40个齿，定子每个极面上也各有5个齿，定、转子的齿宽和齿距都相同。

当U相控制绕组通电时，电动机中产生沿U极轴线方向的磁场，由于磁通要按磁阻最小的路径闭合，使转子受到磁阻转矩的作用而转动，直至转子齿和定子U极面上的齿对齐为止。在转子上共有40个齿，每个齿的齿距为360°/40=9°，而每个定子磁极的极距为360°/6=60°，所以每一个极距所占的齿距数不是整数。

从图6-25给出的步进电动机定子、转子展开图中可以看到，当U极面下的定、转子齿对齐时，

V 极和 W 极极面下的齿就分别和转子齿相错 1/3 的转子齿距。若断开 U 相控制绕组而由 V 相控制绕组通电，这时电动机中产生沿 V 极轴线方向的磁场。同理，在磁阻转矩的作用下，转子按顺时针方向转过 3°，使定子 V 极面下齿和转子齿对齐，相应定子 U 极和 W 极极面下的齿又分别和转子齿相错 1/3 的转子齿距。

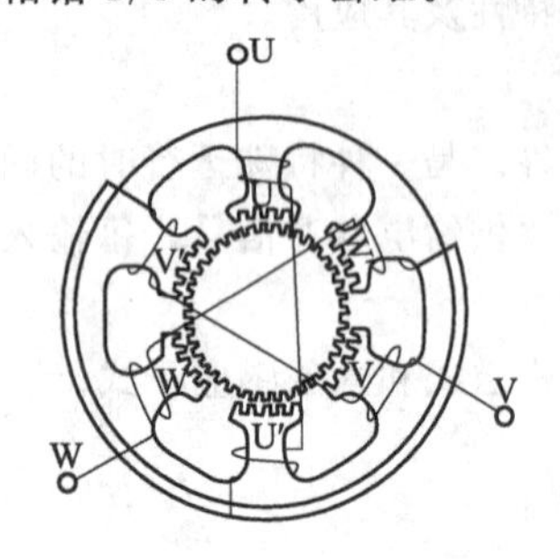

图 6-24　小步距角控制

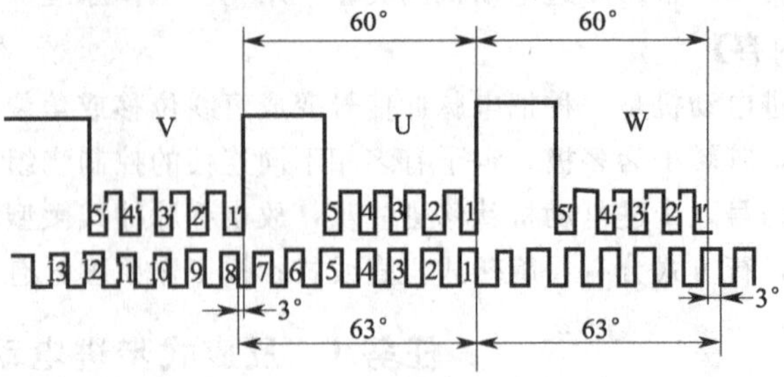

图 6-25　小步距角控制展开图

依此，当控制绕组按 U→V→W→U 顺序循环通电，转子就沿顺时针方向以每一拍转过 3°的方式转动。若改变通电顺序，即按 U→W→V→U 顺序循序通电，转子便沿逆时针方向同样以每拍转过 3°的方式转动，此时为单三拍通电方式运行。

若采用三相单、双六拍通电方式运行，步距角也减小一半，即每拍转子仅转过 1.5°。所以步进电动机的步距角 θ_s 的大小是由转子的齿数 Z_r、控制绕组的相数 m 和通电方式所决定。它们之间存在以下关系：

$$\theta_s = \frac{360°}{mZ_rC} \tag{6-10}$$

式中，C 为通电状态系数，当采用单拍或双拍方式时，$C=1$；而采用单、双拍方式时，$C=2$。

当步进电动机通电的脉冲频率为 f(即每秒的拍数或每秒的步数)，步进电动机的转速为：

$$n = \frac{60f}{mZ_rC} \tag{6-11}$$

式中，f 的单位是 1/s；n 的单位是 r/min。

步进电动机除了做成三相外，也可以做成二相、四相、五相、六相或更多的相数。电动机的相数和转子齿数越多，则步距角 θ_s 就越小，电动机在脉冲频率一定时，转速也越低。但电动机相数越多，相应电源就越复杂，造价也越高。所以，步进电动机一般最多做到六相，只有个别电动机才做成更多相数的。

永磁式步进电动机、感应子式永磁步进电动机的控制与反应式步进电动机的控制基本相似。

【自己动手】

(1) 设计一个大步距角控制的反应式步进电动机的控制启动运行与控制电路，说明启动控制过程并接线、运行。

(2) 设计一个小步距角控制的反应式步进电动机的控制启动运行与控制电路，说明启动控制过程并接线、运行。

任务 2　用微机实现的步进电动机的开环控制

使用微机对步进电动机进行开环控制有串行和并行两种方式。

1. 串行控制

具有串行控制功能的单片机系统与步进电动机驱动电源之间具有较少的连线。如图 6-26 所示，这种系统中，驱动电源中必须含有环行分配器。

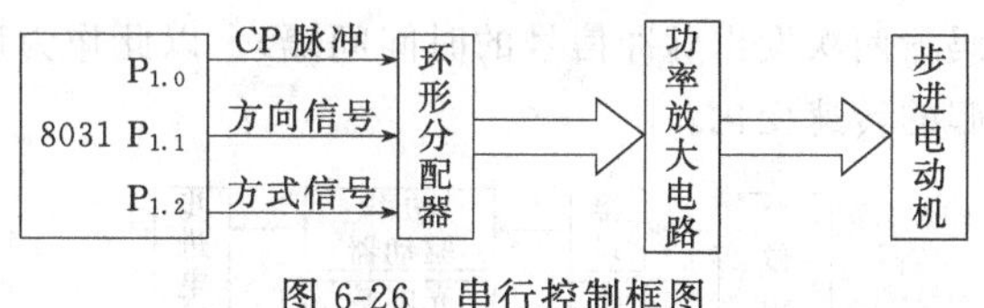

图 6-26 串行控制框图

2. 并行控制

用微机系统的数条端口线直接去控制步进电动机各相驱动电路的方法称为并行控制。如图 6-27 所示，有两种方法：

第一种是纯软件方法。即完全用编程来实现相序的分配，直接输出各相导通或截止的控制信号，主要有寄存器移位法和查表法。

第二种是软、硬件相结合的方法。有专门设计的编程器接口，计算机向接口输出简单形式的代码数据，而接口输出的是步进电动机各相导通或截止的控制信号。

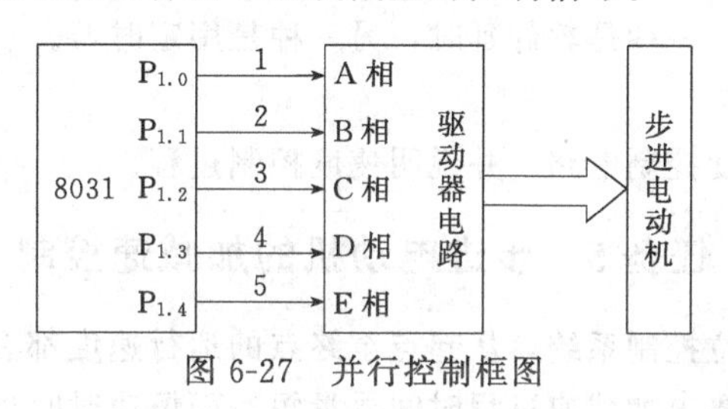

图 6-27 并行控制框图

【自己动手】

（1）举例说明一个用微机实现的步进电动机串行开环控制系统，并说明控制过程。

（2）举例说明一个用微机实现的步进电动机并行开环控制系统，并说明控制过程。

任务3 步进电动机的闭环控制

开环控制的步进电动机驱动系统，其输入的脉冲不依赖于转子的位置，而是事先按一定的规律给定的。缺点是电动机的输出转矩加速度在很大的程度上取决于驱动电源和控制方式。对于不同的电动机或者同一种电动机而不同的负载，很难找到通用的加减速规律，因此使提高步进电动机的性能指标受到限制。

闭环控制是直接或间接地检测转子的位置和速度，然后通过反馈和适当的处理，自动给出驱动的脉冲串。采用闭环控制，不仅可以获得更加精确的位置控制和高得多、平稳得多的转速，而且可以在步进电动机的许多其他领域内获得更大的通用性。

步进电动机的输出转矩是励磁电流和失调角的函数。为了获得较高的输出转矩，必须考虑到电流的变化和失调角的大小，这对于开环控制来说是很难实现的。

根据不同的使用要求，步进电动机的闭环控制也有不同的方案。主要有核步法、延迟时间法、带位置传感器的闭环控制系统等。

采用光电脉冲编码器作为位置检测元件的闭环控制功能框图如图 6-28 所示。其中编码器的分辨率必须与步进电动机的步距角相匹配。该系统不同于通常控制技术中的闭环控制，步进电动机由微机发出的一个初始脉冲启动，后续控制脉冲由编码器产生。

编码器直接反映切换角这一参数。然而编码器相对于电动机的位置是固定的。因此发出相切换的信号也是一定的，只能是一种固定的切换角数值。采用时间延迟的方法可获得不同的转速。在闭环控制系统中，为了扩大切换角的范围，有时还要插入或删去切换脉冲。通常在加速时要插入脉冲，而在减速时要删除脉冲，从而实现电动机的加速和减速控制。

在固定切换角的情况下，如负载增加，则电动机转速将下降。要实现匀速控制可利用编码器测出电动机的实际转速（编码器两次发出脉冲信号的时间间隔），以此作为反馈信号不断的调节切换角，从而补偿由负载所引起的转速变化。

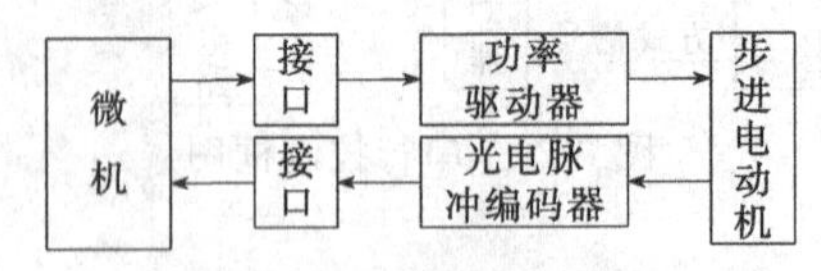

图 6-28　闭环控制功能框图

【自己动手】

举例说明一个用微机实现的步进电动机闭环控制系统，并说明控制过程。

任务 4　步进电动机的速度控制

控制步进电动机的运行速度，实际上就是控制系统发出脉冲的频率或者换相的周期。系统可用两种方法来确定脉冲的周期：一种是软件延时，另一种是用定时器。

【自己动手】

举例说明步进电动机速度控制电路，并说明速度控制过程。

任务 5　步进电动机的加减速控制

对于步进电动机的点—位控制系统，从起点至终点的运行速度都有一定要求。如图 6-29 所示，各种系统在工作过程中，都要求加减速过程时间尽量短，而恒速时间尽量长。特别是在要求快速响应的工作中，从起点至终点运行的时间要求最短，这就必须要求加速、减速的过程最短，而恒速时的速度最高。

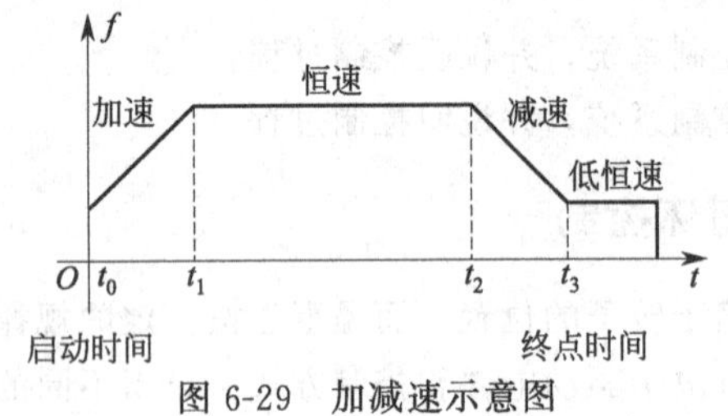

图 6-29　加减速示意图

升速规律一般可有两种选择：一是按照直线规律升速；二是按指数规律升速。按直线规律升速时加速度为恒定，因此要求步进电动机产生的转矩为恒值。从电动机本身的矩频特性来看，在转速不是很高的范围内，输出的转矩将有所下降，如按指数规律升速，加速度是逐渐下降的，接近电动机输出转矩随转速变化的规律。

如图 6-29 所示，用微机对步进电动机进行加减速控制，实际上就是改变输出脉冲的时间间隔。升速时使脉冲串逐渐加密，减速时使脉冲串逐渐疏稀。微机用定时器中断方式来控制电动机变速时，实际上就是不断改变定时器装载值的大小。一般用离散方法来逼近理想的升降速曲线。为了减少每步计算装载值的时间，系统设计时就把各离散点的速度所需的装载值固化在系统的 ROM 中，系统运行中用查表方法查出所需的装载值，从而大大减少占用 CPU 时间，提高系统响应速度。

系统在执行升降速的控制过程中，对加减速的控制还需准备下列数据：①加减速的斜率；②升速过程的总步数；③恒速运行总步数；④减速运行的总步数。

对升降速过程的控制有很多种方法，软件编程也十分灵活，技巧很多。此外，利用模拟/数字集成电路也可实现升降速控制，但缺点是实现起来较复杂且不灵活。

【自己动手】

举例说明步进电动机加减速控制电路，并说明加减速控制过程。

任务 6　步进电动机的应用

随着数字控制系统的发展，步进电动机的应用越来越广泛。如数控机床、绘图机、计算机外围设备、自动记录仪表、钟表、数-模转换装置等都有所应用。步进电动机主要优点是整个系统简化，且运行可靠、准确。其主要不足之处是效率较低，且需配上适当的专用驱动电源，它带负载惯量的能力不强。使用时要合理选择转矩的大小和负载转动惯量的大小，才能获得满意的运行性能。

例 6-3　步进电动机在数控线切割机床上的应用。

如图 6-30 所示。加工工件时，首先将加工工艺程序和数据编程输入计算机储存，然后操作计算机进行运算处理，分别对 X、Y 方向上的步进电动机给出控制电脉冲，以实现对加工工件进行线切割的目的。

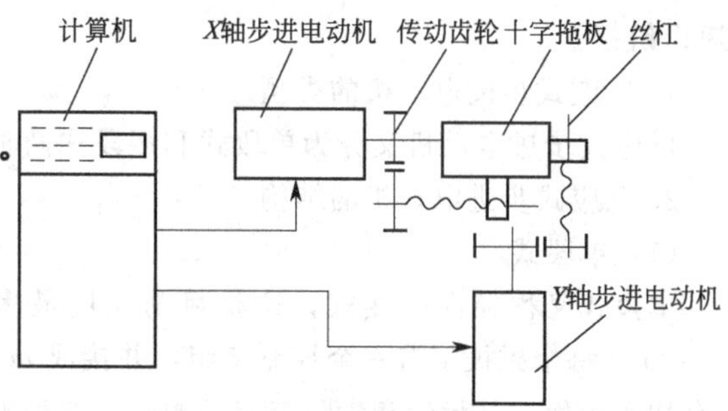

图 6-30　步进电动机在数控线切割机床上应用的示意图

例 6-4　步进电动机在数控铣床上的应用。

每台步进电动机可驱动一个坐标的伺服机构，利用两个或三个坐标轴连动就能加工出一定的几何形状来。下面介绍步进电动机伺服系统在 XK5040 数控立式升降台铣床中的应用。

图 6-31 所示为一数控铣床工作原理框图。在这种开环数控机床中，由于计算机的速度和精度都很高，完全能满足数控机床高速度、高精度的要求；因而数控机床的精度好坏和速度快慢等完全取决于步进电动机的伺服系统性能。只要步进电动机伺服系统的选择及应用得当，可以满足一般数控铣床速度和精度的要求。

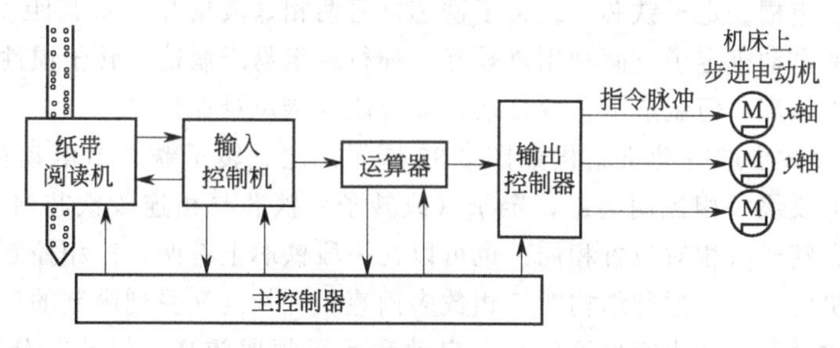

图 6-31　数控铣床工作原理框图

(1) 机床的功能及主要参数

① 机床的功能。XK5040 数控立式铣床，适用于加工各种复杂曲线的凸轮、样板、靠模、弧形槽等平面或立体零件。

② 机床主要参数。

工作台尺寸（长×宽）：1600mm×400mm

工作行程：纵向（x 坐标）900mm

(2) 伺服驱动系统特点

① 主要特点是 x、y、z 三坐标均采用功率步进电动机，经过两对齿轮减速直接驱动进给丝杠。

② 三坐标功率步进电动机均采用 300V/12V 高频晶闸管驱动电源，通电方式为三相六拍。

③ 数控铣床在自动升降频过程中，可以切削加工。

(3) 应用效果

① 机床进给系统采用功率步进电动机开环驱动，达到了设计标准。

② 采用了手动快速和 $\tau=130$ms 的自动升降频电路，切削进给速度可达 1.2m/min；快速进给速度可达 2m/min，达到了数控铣床速度要求。

【问题与思考】

(1) 步进电动机有哪些类型？

(2) 什么是反应式步进电动机的步距角？步距角的大小与哪些因素有关？

(3) 为什么反应式步进电动机的连续运行频率比启动频率要高得多？

(4) 径向磁路多段式步进电动机结构由哪些组成？

(5) 反应式步进电动机的运行特性分为几种运行状态？

(6) 驱动电源有何基本要求？

【知识链接】

1. 反应式步进电动机的类型

反应式步进电动机又分为单段式和多段式两种形式。

2. 反应式步进电动机的结构

(1) 单段式

单段式又称径向分相式，这是目前应用最多的形式。其定子磁极数通常为相数的2倍，即 $2p=2m$，每个磁极上有一个控制绕组，并接成 m 相。定子磁极极面上开有均布小齿，转子沿圆周也有均布小齿，其齿形和齿距与定子相同，这种电动机消耗功率较大，断电时无定位转矩。

(2) 多段式

多段式又称轴向分相式。按磁路特点又分为轴向磁路多段式和径向磁路多段式两种。

① 轴向磁路多段式步进电动机的结构，如图6-32所示。每段定子铁芯为Π字形，在其中置一相为环行控制绕组。定、转子铁芯均沿电动机轴向按相数 m 分段，定、转子四周上冲有齿形相近和齿数相同的均布小齿槽。定子铁芯（或转子铁芯）每两相邻段错开 $1/m$ 齿距。

该结构特点是使电动机定子空间利用率较好，环行绕组易于制造，转子惯性较低，步距角可较小，启动和运行频率较高。但制造工艺较复杂，即分段与错位难保证精度。

② 径向磁路多段式步进电动机结构如图6-33所示。定、转子铁芯沿电动机轴向按相数 m 分段，每段定子铁芯上仅绕一相控制绕组，定子（或转子）铁芯与相连段铁芯错开 $1/m$ 齿距，一段铁芯上每个极的定、转子齿相对位置相同。也可以在一段铁芯上有两、三相控制绕组，实质上它是由多台单段式电动机的组合。这种结构对于相数多而直径和长度又受到限制的反应式步进电动机来说，结构特点是形式灵活，其步距也可较小，启动和运行频率较高，但铁芯分段和错位工艺也较复杂。

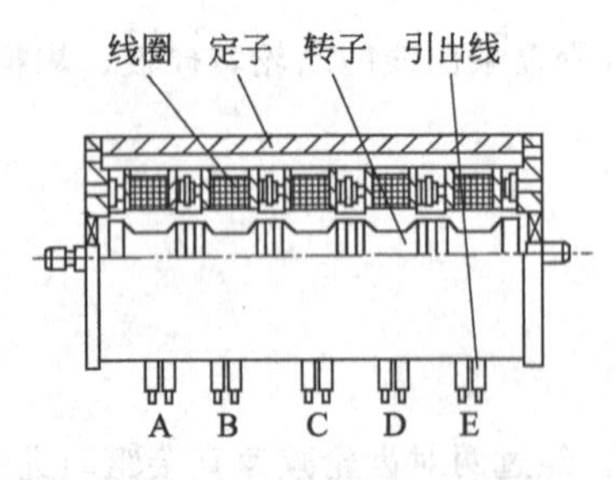

图6-32 轴向磁路多段式

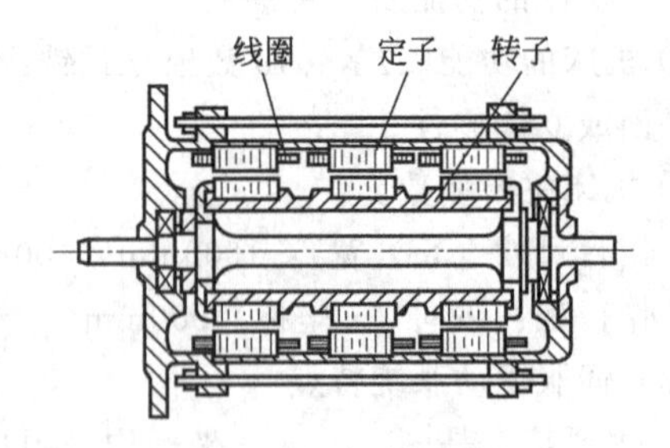

图6-33 径向磁路多段式

3. 反应式步进电动机的运行特性

反应式步进电动机的运行特性分为三种运行状态：静态运行状态、步进运行状态和恒定高频运行状态。

(1) 静态运行状态

步进电动机不改变通电的状态，即控制绕组电流不变时，为静态运行状态。在此状态下，其静转矩 T（电磁转矩）与电动机转子失调角 θ 之间的关系称为步进电动机的矩角特性，即 $T=f(\theta)$，它是步进电动机的基本特征。

① 失调角θ。是指转子偏离初始平衡位置的电角度。在反应式步进电动机中，转子一个齿距所对应的电角度。

② 初始平衡位置。步进电动机在空载条件下，控制绕组通入直流电，转子最后处于稳定的平衡位置叫步进电动机的初始平衡位置。

③ 稳定平衡位置。当步进电动机定子一相控制绕组通电，且通电电流大小不变，电动机空载时，通电相定子磁极轴线与转子磁极轴线重合（通电相定子、转子齿对齐），失调角$\theta=0$，只有径向磁拉力，无切向磁力，为稳定平衡位置，电磁转矩为零，如图 6-34(a) 所示。

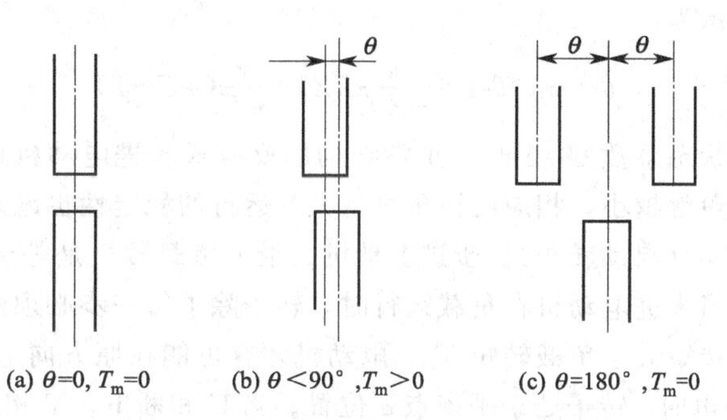

图 6-34　步进电动机转矩与失调角关系

④ 不稳定平衡点。当转子上加上负载T_L，使转子齿偏离初始位置一个角度，$\theta<90°$，则出现切向磁拉力，产生一电磁力矩T_{em}与负载转矩T_L平衡，直到$T_{em}=T_L$时，重新处于平衡状态，如图 6-34(b) 所示。显然，$\theta=90°$时，电磁转矩为最大值，称为最大静转矩。当$\theta>90°$时，磁阻增大，进入转子齿顶的磁通量减少，切向磁拉力及转矩反而减少，直到$\theta=180°$时，转子齿对准通电相定子两齿中间，因此，两个定子齿对转子齿的磁拉力互相抵消，电动机转矩$T=0$，电动机处于新的平衡状态，称为不稳定平衡点，如图 6-34(c) 所示。由此可见，以初始平衡位置为起点，向左、向右，失调角在$\theta=0°\sim180°$之间。

⑤ 矩角特性。如图 6-35 所示，当$\theta=0$时$T_m=0$，由于某种原因使转子偏离$\theta=0$点时，电磁转矩都能使转子恢复到$\theta=0$的点，因此$\theta=0$的点为步进电动机的稳定平衡点：当$\theta=\pm\pi$时，同样也可以使$T_{em}=0$，但$\theta>\pi$或$\theta<-\pi$时，转子因某种原因离开$\theta=\pm\pi$时，电磁转矩却不能再恢复到原平衡点，因此$\theta=\pm\pi$为不稳定的平衡点。两个不稳定的平衡点之间即为步进电动机的静态稳定区域，稳定区域为$-\pi<\theta<+\pi$。

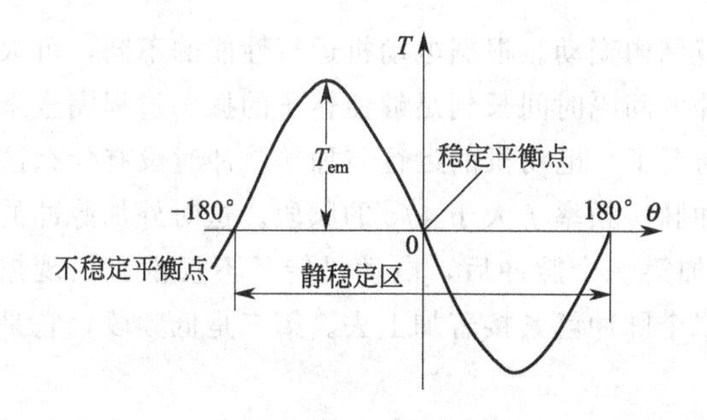

图 6-35　反应式步进电动机矩角特性

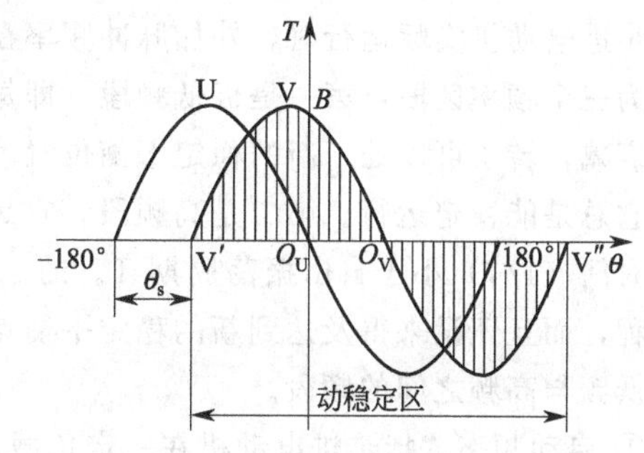

图 6-36　步进电动机的动稳定区

(2) 步进运行状态

步进运行状态是指电源脉冲频率很低，每两脉冲之间时间间隔大于步进电动机机电过渡过程所需时间，在下一脉冲到来之前，转子已完成一步，且运动已停止的运动状态。

① 动稳定区。步进电动机的动稳定区是指步进电动机从一种通电状态切换到另一种通电状态时．不会引起失步的区域。

空载的步进电动机，U相通电时的矩角特性如图6-36中曲线U，当转子位于平衡点O_U处，加一脉冲，U相断电，V相通电，矩角特性如曲线V改变通电状态．只要转子在VV′之间就会向O_V点运动。转子新的平衡点为Ov，而区间V′V″为稳定区。显然步距角愈小，即拍数或相数增加，动稳定区愈接近静稳定区，步进电动机运行的稳定性愈好，θr为裕量角，θ_r愈大，愈稳定。它的值如趋于零，电动机就不能稳定工作，也没有带负载的能力。

裕量角用电角度表示为：

$$\theta r=\pi-\theta es=\frac{\pi}{mZ_rC}XZ_r=\frac{\pi}{mC}(mC-2) \tag{6-12}$$

由上式可知，通电状态系数$C=1$时，正常结构的反应式步进电动机最少的相数必须是3。电动机的相数越多，步距角就越小，相应的裕角量越大，运行的稳定性也越好。

① 最大负载转矩Tst（启动转矩）。步进电动机的最大负载转矩是等于下一个通电相的最小静转矩，也称起动转矩。当步进电动机在负载运行时，转子除了每一步必须停在动稳定区，还必须使下一个通电相的最小静转矩大于负载转矩T_L，电动机才有可能在原方向上继续运行，如图6-37所示。这是因为当U相通电时，转子处于平衡点α'位置。当U相断电，V相通电的瞬时，转子位置来不及变化，V相产生的电磁转矩小于负载转矩T_L（如图6-37中b'点）。电动机不能沿着原方向继续运行，而是滑向另一方向，电动机处于失控状态．因此，负载转矩必须小于启动转矩。显然步矩角越小，最大负载转矩越接近最大静转矩。

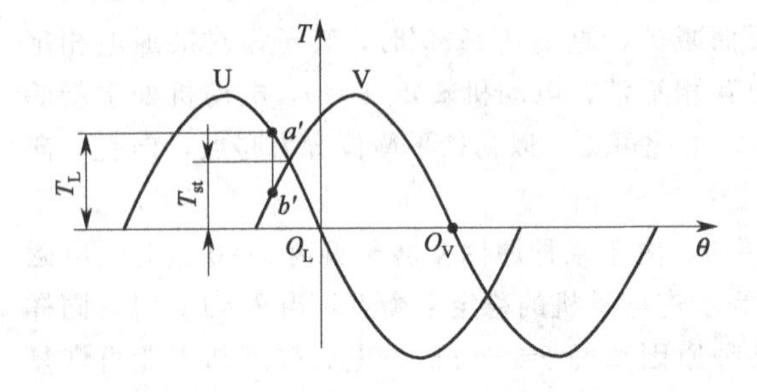

图6-37　步进电动机的最大负载转矩

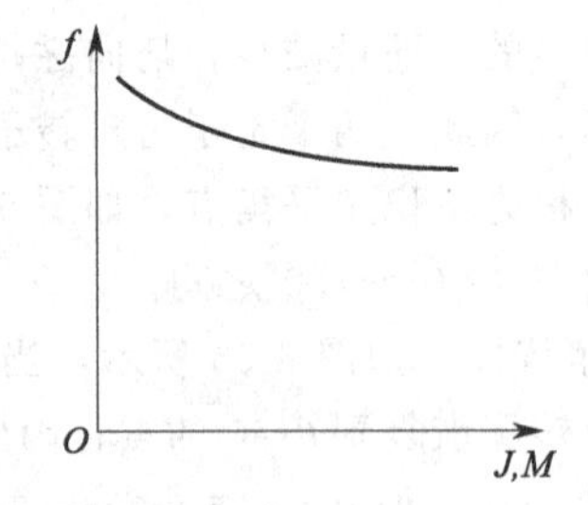

图6-38　连续运行的频矩特性

（3）连续脉冲运行状态

步进电动机实际运行时，外加脉冲频率在很大范围内变动。根据电动机运行性能的不同，可大致分为三个频率区段：第一是极低频段，即每一脉冲的间隔时间长到足够使转子的振荡过程完全来得及衰减，转子可以处于新的稳定平衡位置。这种情况下，电动机的运行与加单脉冲时没有什么区别，它总是能稳定运行。第二是高频段，它是指外加脉冲频率f大于$4fo$的频段。这时外加脉冲的间隔时间（$1/f$）小于自由振荡周期T。的1/4，即加第一个脉冲后，电动机转子不仅没有出现振荡过程，而且还没来得及达到新的稳定平衡点，第二个脉冲就紧接着加上去。第三是低频段，它是指极低频与高频之间的频段。

① 启动频率。指步进电动机在一定负载转矩下能够不失步启动的脉冲最高频率。它分为负载和空载两种情况．步进电动机的启动过程与一般微型同步电动机牵入同步的过程有些类似，它是由同步转矩来启动的。步进电动机步距角越小，最大静转矩越大，控制绕组时间常数越小，负载转矩T和转动惯量J越小，则电动机启动频率越高。

② 运行频率。步进电动机的运行频率也称连续工作频率，指启动后，当控制脉冲连续上升时能不

失步运行的最高频率。它与负载转矩的关系称为连续运行的矩频特性，如图6-38所示。影响运行频率的因素与影响启动频率的相同，但转动惯量对运行频率影响已不明显，它仅影响频率连续上升的速度。一般来讲，为了保证正常启动，启动频率不宜过高，但运行频率却可以较高。因为启动时除了克服负载转矩外，还要满足电动机加速要求，其负担远比连续运行时为重。启动时，频率稍高就易失步。而连续运行，电动机处于稳态，角加速度甚小，运行频率一般较高。

4. 永磁式步进电动机的结构

永磁式步进电动机的结构，如图6-39所示。定子是凸极无小齿，装有两相或多相绕组。转子为星形永久磁钢。转子极数与定子每相极数相同，图中定子为两相绕组，每相有两对磁极，因此转子也是两对磁极的永磁转子。

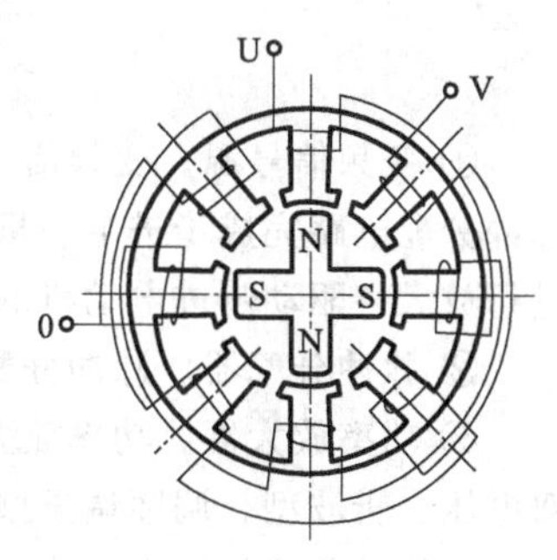

图6-39　永磁步进电动机

5. 永磁式步进电动机的特点

永磁式步进电动机的是步距角较大，启动和运行频率较低，且需供给正、负脉冲电源，消耗功率比反应式步进电动机小，具有定位转矩。

6. 感应子式永磁步进电动机的结构

如图6-40所示。其定子结构与单段反应式步进电动机相同。转子由环形磁钢和两端铁芯组成，两端转子铁芯上沿周围开有小齿，它们彼此相错1/2齿距。定、转子齿数配合与单段反应式步进电动机相同。

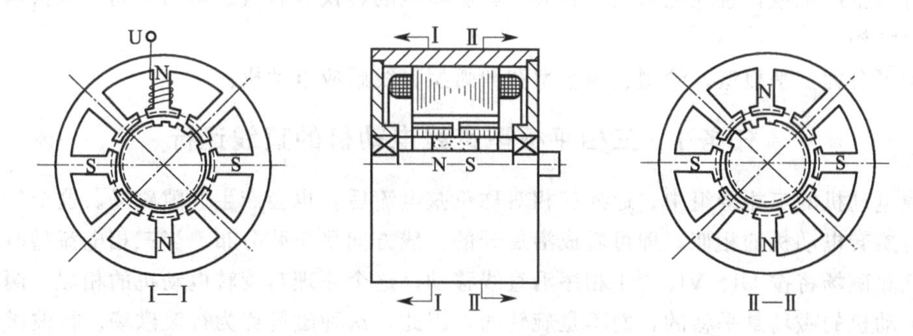

图6-40　感应子式永磁步进电动机

7. 感应子式永磁步进电动机的特点

步距角较小，有较高的启动和运行频率，需正、负脉冲供电，消耗功率较小，有定位转矩。它兼有反应式和永磁式步进电动机两者的优点，但结构和工艺比较复杂。

8. 步进电动机的驱动电源

步进电动机与其驱动电源是一个相互联系的整体。步进电动机的运行性能是电动机及其驱动电源二者配合的综合结果。

(1) 驱动电源的基本要求

① 相数、通电方式和电压、电流都要满足步进电动机的要求。

② 要满足步进电动机启动频率和连续运行频率的要求。

③ 最大限度地抑制步进电动机的振荡。

④ 工作可靠，抗干扰能力强。

⑤ 成本低、效率高、安装维护方便。

(2) 驱动电源的组成

驱动电源的基本部分包括变频信号源、脉冲分配器和功率放大器三部分，其方框图如

图 6-41 所示。

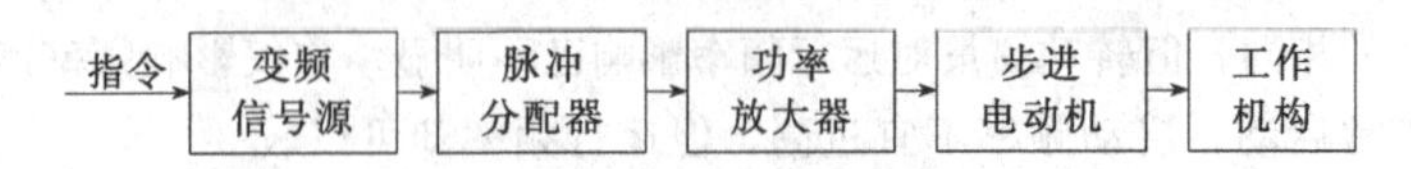

图 6-41　驱动电源方框图

① 变频信号源。变频信号源又叫脉冲信号发生电路，产生基准频率信号供给脉冲分配电路，脉冲分配电路完成步进电动机控制的各相脉冲信号，功率放大电路对脉冲分配回路输出的控制信号进行放大，驱动步进电动机的各相绕组，使步进电动机转动。

② 脉冲分配器。脉冲分配器有多种形式，早期的有环型分配器，现在逐步被单片机所取代。

③ 功率放大器。功率放大器对步进电动机的性能有十分重要的作用。功率放大器有单电压、双电压、斩波型、调频调压型和细分型等多种形式。近年来出现了将控制信号形成和功率放大电路合为一体的集成控制电源。

项目 4　直线电动机的控制与应用

【项目描述】

主要学习直线电动机的类型、结构、工作原理、控制及应用。

【项目内容】

直线电动机是近年来发展的一种新型电动机，它是将电磁能量转换成直线运动的机械能，对于作直线运行的生产机械，直线电动机可省去一套旋转运动转换成直线运动的中间转换机构，可提高精度和简化结构。

按结构可分为：平板型、管型、圆盘型和圆弧型直线感应电动机。

任务 1　三相平板型直线电动机的直线运行

当直线电动机的三相绕组中，通入三相对称正弦电流后，也会产生气隙磁场。这个气隙磁场的分布情况与旋转电动机的相似，即可看成沿展开的直线方向呈正弦分布。当三相电流随时间作瞬时变化时，气隙磁场将按 Ul、Vl、W1 相序沿直线移动。这个原理与旋转电动机的相似，两者的差异是；直线电动机的磁场是平移的，而不是旋转的，因此，这种磁场称为行波磁场。行波磁场的移动速度与三相电动机旋转磁场在定子内圆表面上的线速度是一样的，即为 v (m/s)，称为同步速度。

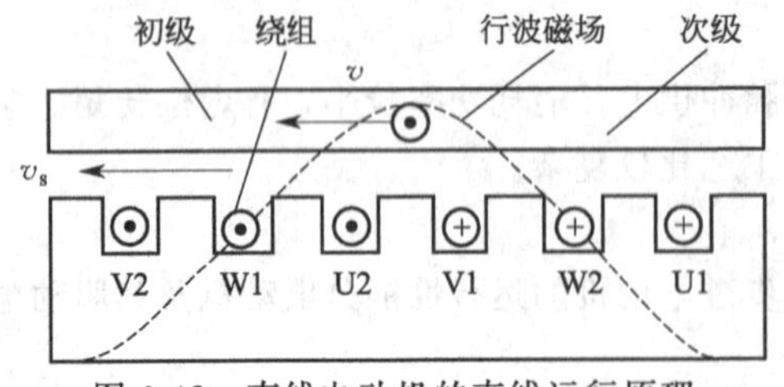

图 6-42　直线电动机的直线运行原理

如图 6-42 所示。行波磁场切割转子中的导体，产生电动势及电流。显然，载流导体与气隙中滑动磁场相互作用，会产生电磁推力。在这个电磁推力的作用下，这段转子就顺着行波磁场运动的方向作直线运动。

【自己动手】

设计一个三相平板型直线电动机的启动运行控制电路，并说明启动运行控制过程。

任务 2　三相平板型直线电动机的反向运行

对于旋转电动机通过对换任意两相的电源线，可以实现反向旋转。这是因为三相绕组的相序反了，旋转磁场的转向也随之反向，使转子跟着反转。同样，直线电动机对换任意两相的相序后，运动方向也会反过来。根据这一原理，可使直线电动机做往复直线运动。

【自己动手】

设计一个三相平板型直线电动机的正反运行控制电路，并说明正反运行控制过程。

任务3　直线电动机的应用

直线电动机能将电磁能量直接转换成直线运动的机械能，以其结构简单，不需经过齿轮即可把旋转运动转换为直线运动，使用方便，容易维修与更换，运行可靠，控制简单，制造费用低及运动方式独特，越来越广泛的应用。

对于作直线运行的生产机械，直线电动机可省去一套旋转运动转换成直线运动的中间转换机构，可提高精度和简化结构。因此，直线电动机广泛应用于高速磁悬浮列车、导弹、鱼雷的发射，飞机的起飞，以及冲击、碰撞等试验机的驱动、阀门的开闭、门窗的移动、机械手的操作、推车等。

【问题与思考】

(1) 直线电动机有哪些类型？

(2) 平板型直线感应电动机由哪些组成？在结构上有何特点？

(3) 直线电动机有何特点？

(4) 直线电动机在哪些方面应用？

【知识链接】

1. 直线电动机的类型

直线电动机的类型很多，如图6-43所示。除了按结构分外，还可按下列情况分类。

(1) 按工作原理分

按工作原理可分为直线电动机和直线驱动器。

(2) 按磁通和运动方向分

按磁通和运动方向可分为轴向磁通和横向磁通的直线感应电动机。

(3) 按电源分

按电源可分为交流和直流的直线感应电动机。

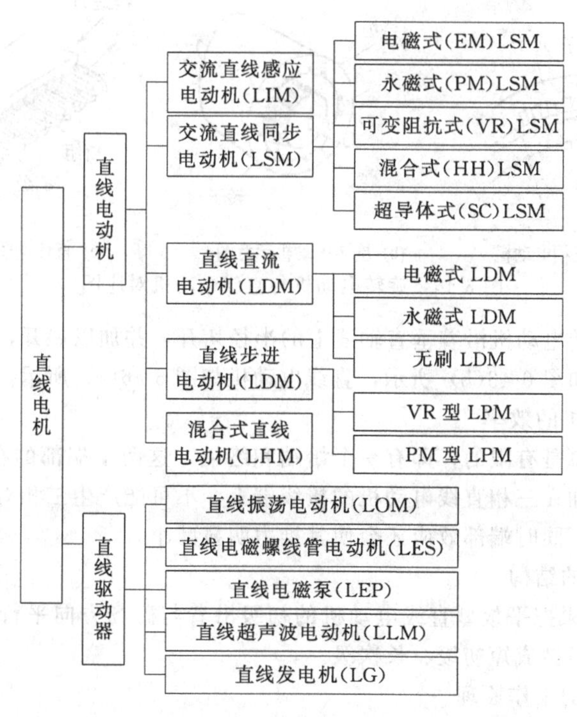

图6-43　直线电机的分类

2. 平板型直线电动机的结构

如图 6-44 所示。平板型直线感应电动机主要由初级（定子平展）、次级（转子展开）和线圈组成。

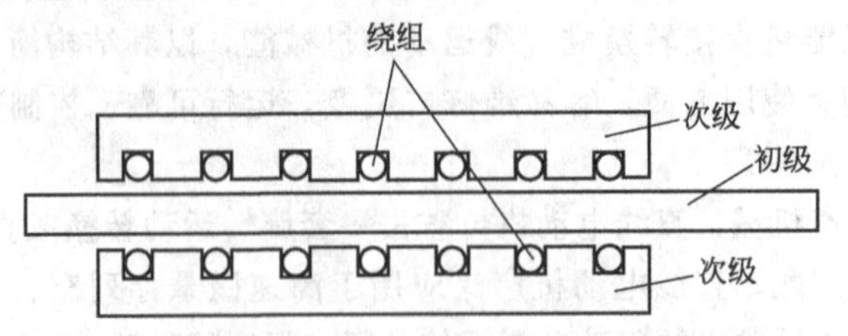

图 6-44　平板型直线感应电动机的组成

按初、次级的相对长度，可做成短初级，也可做成短次级。一般多采用短初级、长次级。如电动门就是短初级、长次级。

对于平板型直线感应电动机若为轴向磁通式的，如图 6-45(a) 所示。如果改变磁路，让磁通垂直于运动方向的平面，既可得到另一类直线电动机，叫做横向磁通直线电动机，如图 6-45(b) 所示。

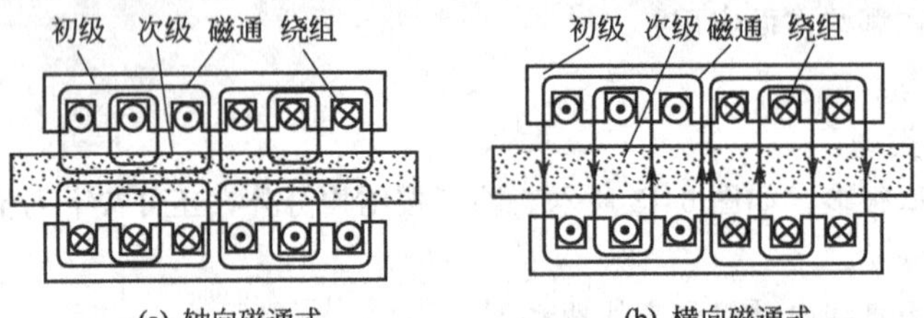

(a) 轴向磁通式　　(b) 横向磁通式

图 6-45　轴向磁通式与横向磁通直线电动机

3. 平板型直线电动机的设计原理

设想有一极数很多的三相电动机，其定子半径相当大，可以认为定子内表面某段是直线，则认为这一段便是直线电动机，如图 6-46(a) 所示。

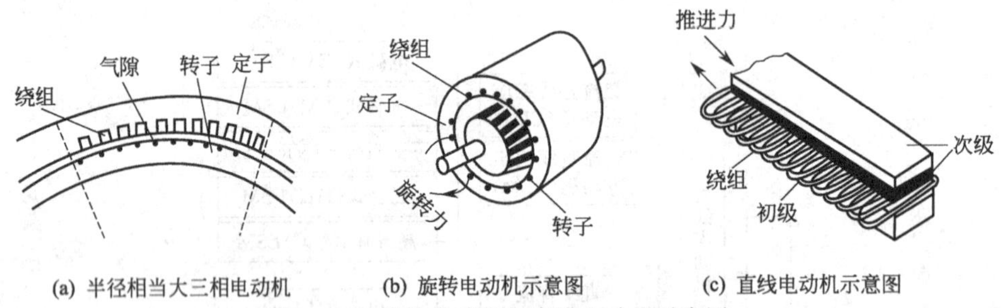

(a) 半径相当大三相电动机　　(b) 旋转电动机示意图　　(c) 直线电动机示意图

图 6-46　旋转电动机与直线电动机对应图

当然，也可认为旋转电动机沿着垂直轴线上的半径切开，并加以展开，也就成为一台直线运动的电动机，旋转电动机如图 6-46(b) 所示，直线电动机如图 6-46(c) 所示。

4. 平板型直线电动机的效率

直线电动机的长度总是有限的，即有一个始端和终端，这两个端部的存在必会引起端部效应。使得一个三相对称电压加在三相直线电动机的接线端上，不可能产生三相对称的电流。这使直线电动机的输出和效率降低，同时端部效应还会使其推力明显减小。

5. 管型直线电动机的结构

如图 6-47 所示。如果把平板型直线电动机的初级沿着与磁场方向平行的轴线再卷起来，便成为管型直线电动机。一般做成短初级、长次级。

6. 管型直线电动机的工作原理

管型直线电动机的工作原理与平板型直线电动机的工作原理基本相同。工作时，次级在初级管

图 6-47　旋转电动机与管型直线电动机对应图

型筒内作直线运动。

7. 圆弧型直线电动机的结构

如图 6-48 所示，圆弧型直线电动机就是将平板型直线电动机的初级沿运动方向改成圆弧型，并安放于圆柱形次级的柱面外侧而组成的直线电动机。

8. 圆弧型直线电动机的工作原理

圆弧型直线电动机的工作原理和设计思路与扁平型直线电动机结构相似，不同之处在于圆弧型直线电动机的运动轨迹是一个圆周运动。

9. 圆盘型直线电动机的结构

如图 6-49 所示，圆盘型直线电动机就是把次级做成一片圆盘（铜或铝、铝与铁复合），将初级放在次级圆盘靠近外缘的平面上而组成的直线电动机。圆盘型直线电动机的初级可以是双面的，也可以是单面的。

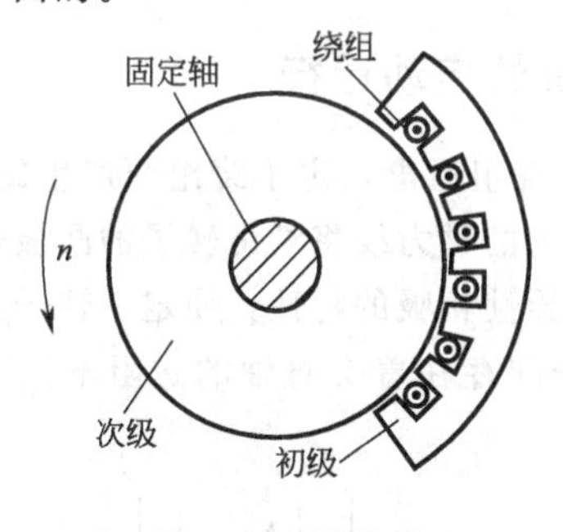

图 6-48　圆弧型

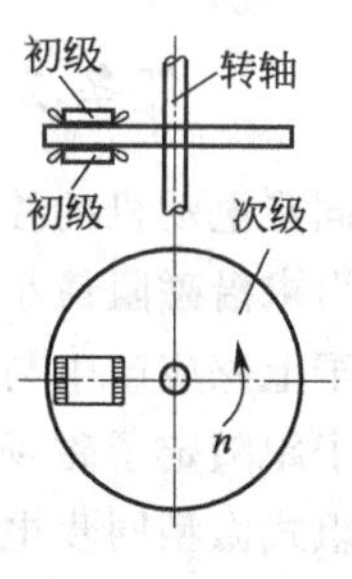

图 6-49　圆盘型

10. 圆盘型直线电动机的工作原理

圆盘型直线电动机的运动轨迹实际上也是一个圆周运动，如图 6-49 所示，由于它的运行原理和设计思路也与扁平型直线电动机结构相似，故也仍归入直线电动机的范畴。

11. 力直线电动机

力直线电动机是指单位输入量（或单位体积）所能产生一定推力的直线电动机。主要用于在静止物体上或低速的设备上，通常其速度为 0.7～1.5m/s，行程为 0.5～2m，例如阀门的开闭、门窗的移动、机械手的操作、推车等。这种电动机效率较低，对这类电动机不能用效率这个指标去衡量，而是用推力与功率的比来衡量。即在一定的电磁推力作用下，其输入的功率越小，则性能越好。

12. 功率直线电动机

功率直线电动机是指作为长期连续运行的直线电动机，它的性能是用效率、功率因数等指标来衡量。例如高速磁悬浮列车用的直线电动机、各种高速运行的输送线等。

13. 能量直线电动机

能量直线电动机是指运动构件在短时间内所能产生的极高能量的驱动直线电动机，它主要是在短时间、短距离内提供巨大的直线运动能量，例如导弹、鱼雷的发射，飞机的起飞，以及冲击、碰撞等试验机的驱动等。这类直线电动机的主要性能指标是能量效率（简称能效），即：能量效率＝输出的动能/电源所提供的电能。能效越高，能量电动机性能越好。

项目 5　微型同步电动机的控制与应用

【项目描述】

主要学习微型同步电动机的类型、结构、启动、工作特性及应用。

【项目内容】

微型同步电动机是根据电磁感应原理进行工作的一种旋转电动机，所谓同步就是电动机转子的转速与定子产生的旋转磁场的转速保持相同。只要改变电流方向，微型同步电动机就能可逆运行。

按转子结构和材料不同分为永磁式微型同步电动机、反应式（磁阻式）微型同步电动机、磁滞式微型同步电动机等多种形式。

任务 1　永磁式微型同步电动机的启动运行

永磁式微型同步电动机的控制，如图 6-50 所示。当定子绕组通入电流，气隙中产生旋转磁场，由于磁极同性相斥，异性相吸，定子磁场牢牢吸住转子磁极，以同步转速一起旋转。当电动机的极数一定、电源频率不变时，电动机的同步转速为定值即恒定不变。

【自己动手】

设计一个永磁式微型同步电动机的启动运行控制电路，并说明启动运行控制过程。

任务 2　反应式微型同步电动机的启动运行

反应式微型同步电动机的控制，如图 6-51 所示。当定子绕组通电，定子绕组便产生旋转磁场，按照磁力线总是力求沿磁阻最小的路径闭合的特征，定子磁场的磁力线将经由转子的凸极弧面而闭合成回路，在转子上感应产生与定子磁极相反的极性，又因异性相吸的特性，使定、转子磁场间产生吸力，促使转子跟随定子磁场一起同步旋转。由于定转子间存在着交直轴的磁阻不同的工作条件，故又称为磁阻式微型同步电动机。

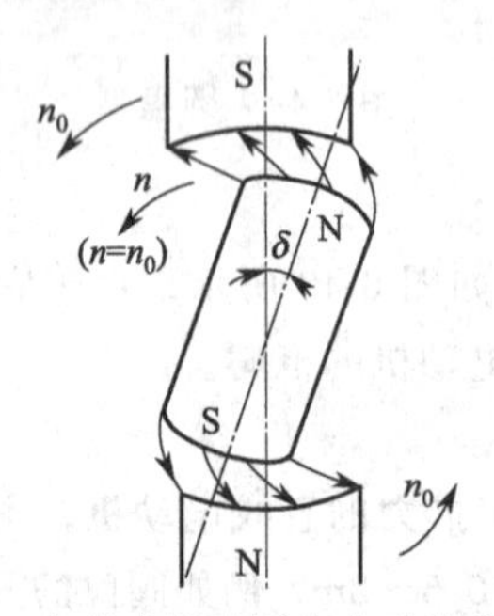

图 6-50　永磁式微型同步电动机启动运行

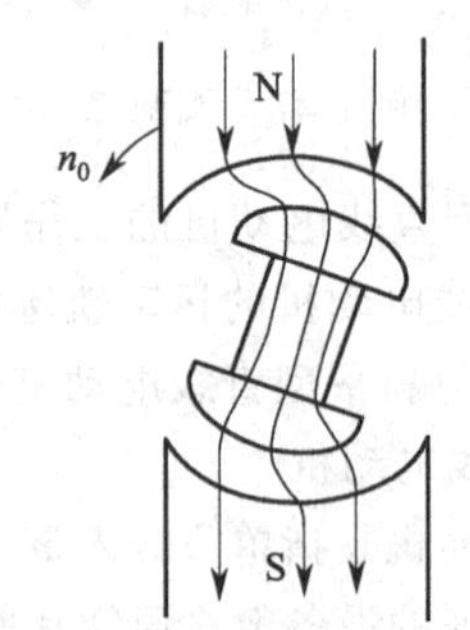

图 6-51　反应式微型同步电动机的启动运行

【自己动手】

设计一个反应式微型同步电动机的启动运行控制电路，并说明启动运行控制过程。

任务 3　磁滞式微型同步电动机的启动运行

当定子绕组通入电流，在气隙中产生旋转磁场，开始时定子磁场对转子进行磁化，转子产生规则的磁极，如图 6-52(a) 所示。随之定子磁场旋转，因转子采用硬磁材料，所以转子有较强的剩磁。当定子磁场离开时，转子磁性还存在，定转子磁极间产生吸引力就形成转矩（称为磁滞转矩），

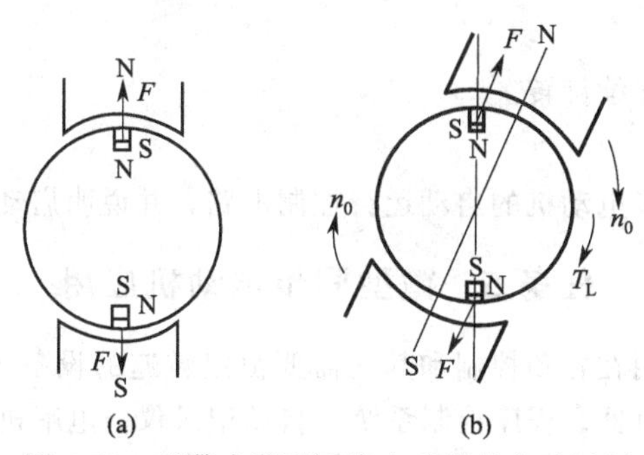

图 6-52 磁滞式微型同步电动机的启动运行

促使转子转动，并最终进入同步运行状态，如图 6-52(b) 所示。

【自己动手】

设计一个磁滞式微型同步电动机的启动运行控制电路，并说明启动运行控制过程。

任务4 自控式微型同步电动机的启动运行

自控式微型同步电动机结构示意图如图 6-53 所示。电动机本体是一台永磁式微型同步电动机，定子三相绕组分别与三个晶体管 V1、V2、V3（晶体管开关管）相连，转子位置传感器的旋转部分由导磁体（图中涂黑部分）和非导磁体组成一个圆环，与电动机同轴连接，三个霍尔元件 X_a、X_b、X_c 各差 120°电角度对称分布在其周围。当导磁体进入相应霍尔元件的有效区域时，该霍尔元件就产生感应电动势 U_g，并触发相应的晶体管导通。

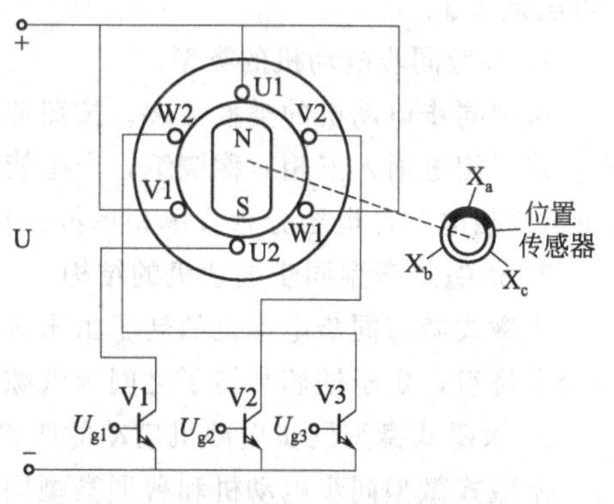

图 6-53 自控式微型同步电动机启动运行

(1) 转子在 $\omega t=0°$电角度

如图 6-54(a) 所示，转子位置传感器的导磁体进入霍尔元件 X_b 的有效区，使 X_b 产生电压 U_{g_2} 并触发 V2 导通，于是 V1 相绕组馈电，产生电枢磁通势 F_a 及相应的定子磁场，定子和转子磁场互相作用产生电磁转矩，使转子逆时针旋转。

(2) 转子转过 $\omega t=120°$电角度

如图 6-54(b) 所示，转子导磁体进入霍尔元件 X_c 的有效区，使 X_c 产生电压 Ug_3 并触发 V3 导通，于是 W1 相绕组馈电，产生电枢磁通势 F_a 及相应的磁场逆时针跃进 120°电角度，继续推动转子逆时针旋转。

(3) 转子转过 $\omega t=240°$电角度

如图 6-54(c) 所示，导磁体进入霍尔元件 X_a 的有效区，使 X_a 产生电压 U_{g_2} 并触发 V1 导通，于是 U1 相绕组馈电，产生电枢磁通势 F_a 及相应的定子磁场也逆时针跃进 120°电角度，继续推动转

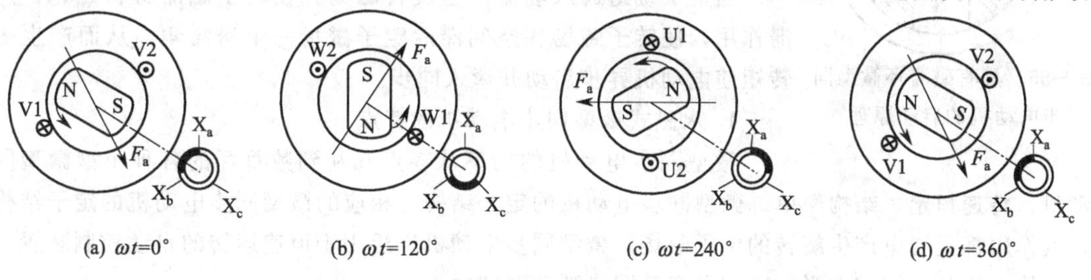

图 6-54 自控式微型同步电动机的启动运行原理

子逆时针旋转。

如此周而复始，转子便连续旋转。

【自己动手】

设计一个自控式微型同步电动机的启动运行控制电路，并说明启动运行控制过程。

任务 5　微型同步电动机应用

微型同步电动机广泛应用在自动控制和其他需要恒定转速的设备上，常用于复印机、录音机、传真机、转页扇、钟表、定时器、程序控制系统、自动记录仪、电唱机、遥控装置等。

【问题与思考】

(1) 微型同步电动机有何特点？

(2) 微型同步电动机有哪些类型？

(3) 永磁式微型同步电动机有哪些类型？永磁式微型同步电动机是如何工作？

(4) 反应式微型同步电动机有哪些类型？反应式微型同步电动机是如何工作？

(5) 磁滞式微型同步电动机有哪些特点？磁滞式微型同步电动机是如何工作？

(6) 自控式微型同步电动机的结构由哪些组成？自控式微型同步电动机是如何工作？

【知识链接】

1. 微型同步电动机的类型

微型同步电动机的类型很多。按照使用电源不同分为三相微型同步电动机和单相微型同步电动机。将三相电通入三相对称绕组，产生旋转磁场的称为三相微型同步电动机；有两相绕组通入电流(包括单相电源经电容分相或单相罩极式)，产生旋转磁场的称为单相微型同步电动机。

2. 永磁式微型同步电动机的结构

永磁式微型同步电动机的转子由永久磁铁制成，它可以是两极，也可以是多极。定子铁芯上绕有定子绕组，定子铁芯与转子之间为气隙。

3. 永磁式微型同步电动机启动的改善

永磁式微型同步电动机和普通微型同步电动机一样，存在启动困难的问题。除了转子本身惯量很小、极数较多的低速永磁式微型同步电动机外，一般的永磁式微型同步电动机都附加有启动装置，解决启动困难的问题。

解决的办法主要从结构上考虑，分为异步启动永磁式微型同步电动机和磁滞启动永磁式微型同步电动机。

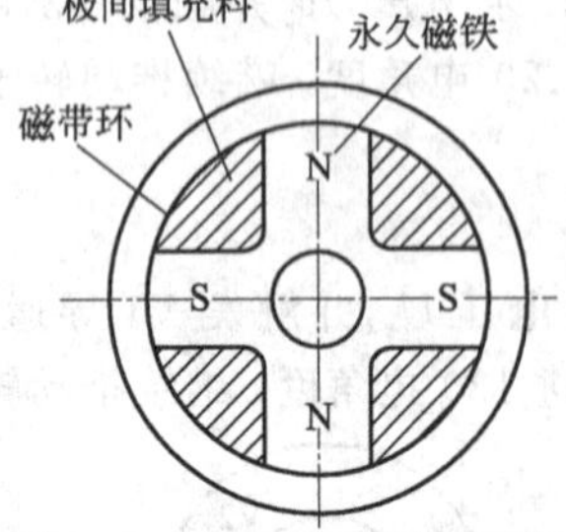

图 6-55　具有磁滞环微型同步电动机的启动原理

异步启动永磁式微型同步电动机是指转子上附加笼型绕组的永磁式微型同步电动机。

磁滞启动永磁式微型同步电动机是指转子上附加磁滞材料环帮助启动的永磁式微型同步电动机。如图 6-55 所示。

当定子绕组通入电流产生旋转磁场并使转子磁滞材料磁化，因磁滞作用，使转子磁场在空间滞后定子磁场一个磁滞角，从而产生磁滞转矩使电动机异步启动并牵入同步。

4. 永磁式微型同步电动机的特点

微型同步电动机的功率从零点几瓦到数百瓦的各种小型微型同步电动机，转速恒定、结构简单。微型同步电动机的定子结构与相应的微型同步电动机的定子结构相同，其作用都是通电产生旋转的定子磁场。微型同步电动机广泛用于恒速运转的自动控制装置、遥控、无线电通信、有声电影、磁带录音等同步随动系统中。

永磁式微型同步电动机的功率因数高，效率高，材料利用率高，输出功率大。但除小惯量微型同步电动机无法自行启动且不能在异步情况下带负载运行，结构相对复杂外，成本较高。如图 6-50 所示。

5. 反应式微型同步电动机的结构

反应式微型同步电动机的结构由定子和转子组成。定子铁芯由硅钢片叠成，转子采用软磁材料制成凸极式结构，本身没有磁性，有两凸极、四凸极之分与定子极数相同。如图 6-51 所示。

6. 反应式微型同步电动机启动的改善

反应式微型同步电动机也不能自行启动。为了改善启动性能，可在转子极靴上装有笼型结构的启动绕组。

7. 反应式微型同步电动机的特点

反应式微型同步电动机结构简单、成本低廉、运行可靠，但功率因数低。

8. 磁滞式微型同步电动机的结构

磁滞式微型同步电动机的转子采用硬磁材料制成的隐极式结构，定子铁芯上绕有定子绕组，定子铁芯与转子之间为气隙。如图 6-52 所示。

9. 磁滞式微型同步电动机的特点

磁滞式微型同步电动机转子的转速不论是否同步，都能产生磁滞转矩，它不需要任何启动装置即能自行启动。它结构简单、工作可靠、运行噪声小，它可以同步运行又可以异步运行。但它的效率和功率因数都较低，磁滞材料的利用率不高，电动机的重量和尺寸较同容量的其他微型同步电动机大，价格也较高。

10. 自控式微型同步电动机的结构

自控式微型同步电动机是由电动机本体、晶体管开关电路和转子位置传感器三部分组成，其原理框图如图 6-56 所示。

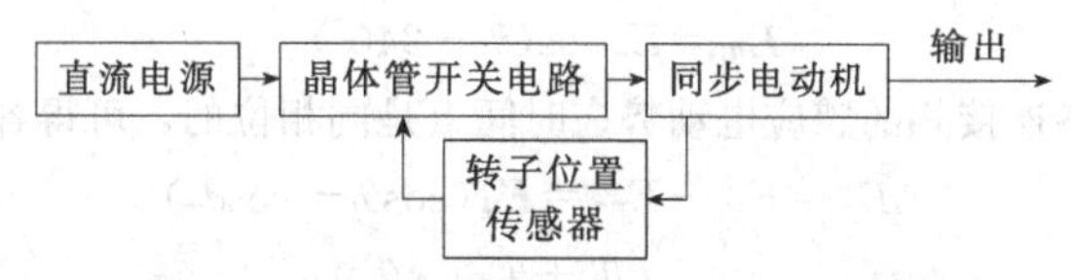

图 6-56 自控式微型同步电动机结构框图

11. 自控式微型同步电动机的特点

它有类似于直流电动机的调速特性，与直流电动机相比较，具有无刷换向器、无火花的特点，可以看作是一台以电子换向取代机械换向的直流电动机，因此，也常称为无刷直流电动机。

项目 6 自整角机的控制与应用

【项目描述】

主要学习自整角机的类型、结构、启动、控制及应用。

【项目内容】

自整角机在自动控制系统中用做角度的传输、指示或变换，通常将两台或多台相同的自整角机组合起来使用。

自整角机有力矩式和控制式两种，其用途不同。力矩式自整角机用做远距离转角指示；控制式自整角机可以将转角转换成电信号。

任务 1 力矩式自整角机的启动运行

力矩式自整角机的工作原理可以由图 6-57 来说明。图 6-57 中，由结构、参数均相同的两台自整角机构成自整角机组，一台用来发送转角信号，称自整角发送机，用 ZLF 表示；另一台用来接

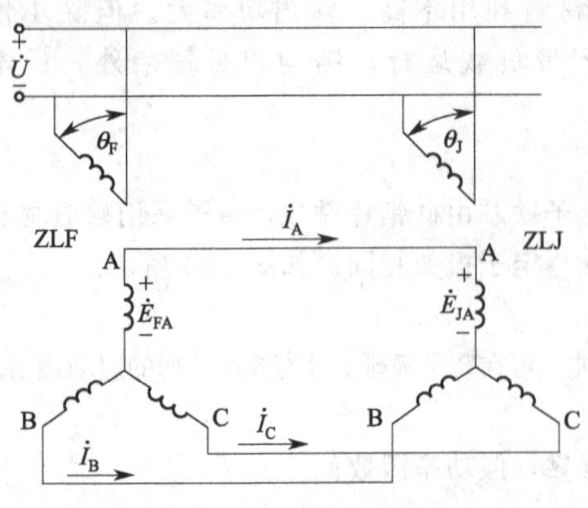

图 6-57 力矩式自整角机的启动运行原理图

收转角信号，称为自整角接收机，用 ZLJ 表示。两台自整角机中的整步绕组均接成星形，三对相序相同的相绕组分别连接成回路。两台自整角机转子中的励磁绕组接在同一个单相交流电源上。

在励磁绕组中通入单相交流电流时，两台自整角机的气隙中都将生成脉振磁场，其大小随时间按余弦规律变化。脉振磁场使整步绕组的各相绕组生成时间上同相位的感应电动势，电动势的大小取决于整步绕组中各相绕组的轴线与励磁绕组轴线之间的相对位置。当整步绕组中的某一相绕组轴线与其对应的励磁绕组轴线重合时，该相绕组中的感应电动势为最大，用 E_m 表示电动势的最大值。

设发送机整步绕组中的 A 相绕组轴线与其对应的励磁绕组轴线的夹角为 θ_F，接收机整步绕组中的 A 相绕组轴线与其对应的励磁绕组轴线的夹角为 θ_J，如图 6-57 所示。则整步绕组中各相绕组的感应电动势有效值如下。

对发送机

$$\begin{aligned} E_{FA} &= E_m\cos\theta_F \\ E_{FB} &= E_m\cos(\theta_F-120°) \\ E_{FC} &= E_m\cos(\theta_F-240°) \end{aligned} \tag{6-13}$$

对接收机

$$\begin{aligned} E_{JA} &= E_m\cos\theta_J \\ E_{JB} &= E_m\cos(\theta_J-120°) \\ E_{JC} &= E_m\cos(\theta_J-240°) \end{aligned} \tag{6-14}$$

由于发送机与接收机各连接相的感应电动势在时间上是同相位的，可得各相回路的合成电动势为

$$\begin{aligned} \Delta E_A &= E_{JA}-E_{FA}=E_m(\cos\theta_J-\cos\theta_F) \\ &= 2E_m\sin\frac{\theta_F+\theta_J}{2}\sin\frac{\theta}{2} \\ \Delta E_B &= E_{JB}-E_{FB} \\ &= 2E_m\sin\left(\frac{\theta_F+\theta_J}{2}-120°\right)\sin\frac{\theta}{2} \\ \Delta E_C &= E_{JC}-E_{FC} \\ &= 2E_m\sin\left(\frac{\theta_F+\theta_J}{2}-240°\right)\sin\frac{\theta}{2} \end{aligned} \tag{6-15}$$

式中，$\theta=\theta_F-\theta_J$ 为发送机、接收机偏转角之差，称为失调角。

当 $\theta_J\neq\theta_F$，即失调角 $\theta\neq0$ 时，整步绕组中各相回路的合成电动势不为零，使各相回路中产生均衡电流。设整步绕组中的各相阻抗为 Z，则各相回路的均衡电流有效值为

$$\begin{aligned} I_A &= \frac{\Delta E_A}{2Z}=\frac{E_m}{Z}\sin\frac{\theta_F+\theta_J}{2}\sin\frac{\theta}{2} \\ I_B &= \frac{\Delta E_B}{2Z}=\frac{E_m}{Z}\sin\left(\frac{\theta_F+\theta_J}{2}-120°\right)\sin\frac{\theta}{2} \\ I_C &= \frac{\Delta E_C}{2Z}=\frac{E_m}{Z}\sin\left(\frac{\theta_F+\theta_J}{2}-240°\right)\sin\frac{\theta}{2} \end{aligned} \tag{6-16}$$

由于 $\theta_J\neq\theta_F$ 时，整步绕组各相回路中存在均衡电流，带电的整步绕组在气隙磁场的作用下产生电磁转矩，电磁转矩作用于整步绕组而试图使定子旋转。由于定子不能旋转，电磁转矩只能反作用

于转子而使接收机转子转动（发送机转子的转轴是主令轴，不能因此而旋转）。接收机转子转动到使$\theta_J=\theta_F$时，均衡电流为零，接收机转子停转。可见，只要发送机转子转过一个角度，接收机的转子就会在接收机本身生成的电磁转矩作用下转过一个相同的角度，从而实现了转角的远距离再现。

实际上，由于存在摩擦转矩，当电磁转矩随失调角减小而减小到等于或小于摩擦转矩时，接收机的转子就停转了，也就是说，均衡电流未下降到零时接收机转子就停转了，说明接收机转子的偏转角与发送机转子的偏转角还有一定的偏差，即仍存在失调角，此时的失调角称为静态误差角。静态误差角越小，力矩式自整角机的精度越高。

【自己动手】

设计一个力矩式自整角机的启动运行控制电路，并说明启动运行控制过程。

任务2　控制式自整角机的启动运行

控制式自整角机的启动运行可以由图6-58来说明。图6-58中，由结构、参数均相同的两台自整角机构成自整角机组。一台用来发送转角信号，它的励磁绕组接到单相交流电源上，称为自整角发送机，用ZKF表示。另一台用来接收转角信号并将转角信号转换成励磁绕组中的感应电动势输出，称之为自整角接收机，用ZKJ表示。两台自整角机定子中的整步绕组均接成星形，三对相序相同的相绕组分别接成回路。

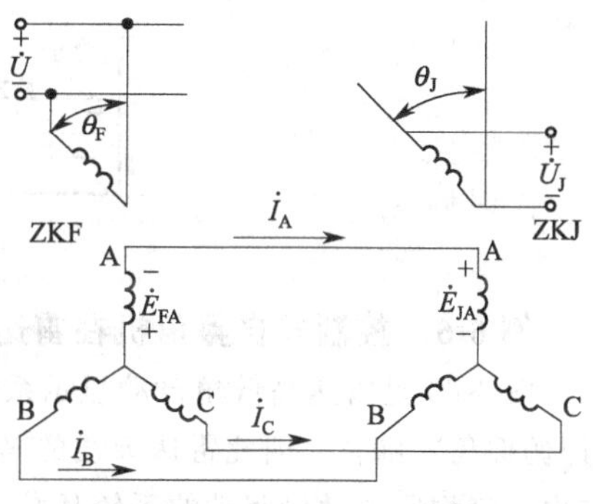

图6-58　控制式自整角机系统的启动运行原理图

在自整角发送机的励磁绕组中通入单相交流电流时，两台自整角机的气隙中都将产生脉振磁场，其大小随时间按余弦规律变化。脉振磁场使自整角发送机整步绕组的各相绕组生成时间上同相位的感应电动势，电动势的大小取决于整步绕组中各相绕组的轴线与励磁绕组轴线之间的相对位置。当整步绕组中的某一相绕组轴线与励磁绕组轴线重合时，该相绕组中的感应电动势为最大值，用E_{Fm}表示电动势的最大值。

设发送机整步绕组中的A相绕组轴线与其对应的励磁绕组轴线的夹角为θ_F，接收机整步绕组中的A相绕组轴线与其对应的励磁绕组轴线的夹角为θ_J，如图6-58所示。发送机整步绕组中各相绕组的感应电动势有效值为

$$E_{FA}=E_{Fm}\cos\theta_F$$
$$E_{FB}=E_{Fm}\cos(\theta_F-120°)$$
$$E_{FC}=E_{Fm}\cos(\theta_F-240°)$$

可以证明：接收机励磁绕组的合成电动势，即输出电动势E_0为

$$E_0=E_{0m}\cos\theta \tag{6-17}$$

式中　E_{0m}——最大输出电动势有效值。

从上式看出，失调角$\theta=0$时，接收机的输出电动势为最大而不是零，且与失调角θ有余弦关系的输出电动势不能反映发送机转子的偏转方向，故很不实用。实际的控制式自整角机是将接收机转子绕组轴线与发送机转子绕组轴线垂直时的位置作为计算θ_F的起始位置。此时，输出电动势表示为

$$E_0=E_{0m}\cos(\theta-90℃)=E_{0m}\sin\theta \tag{6-18}$$

由于接收机转子不能转动，即θ_J是恒定的。控制式自整角机的输出电动势的大小反映了发送机转子的偏转角度，输出电动势的极性反映了发送机转子的偏转方向，从而实现了将转角转换成电信号。

【自己动手】

设计一个控制式自整角机的启动运行控制电路，并说明启动运行控制过程。

任务 3　自整角机的应用

例 6-5　力矩式自整角机在液面位置指示器中的应用。

图 6-59 表示一液面位置指示器。浮子随着液面的上升或下降，通过绳索带动自整角发送机的转子转动，将液面位置转换成发送机转子的转角。自整角发送机和接收机之间再通过导线可以远距离连接，于是自整角接收机转子就带动指针准确地跟随着发送机转子的转角变化而偏转，从而实现远距离的位置指示。

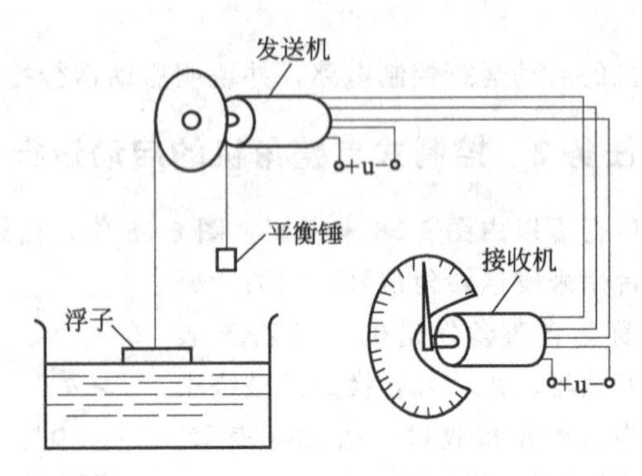

图 6-59　液面位置指示器

例 6-6　控制式自整角机在雷达高低角自动显示系统中的应用。

图 6-60 是雷达高低角自动显示系统示意图，图中自整角发送机转轴直接与雷达天线的高低角 α（即俯仰角）耦合，因此雷达天线的高低角 α 就是自整角发送机的转角。控制式自整角接收机转轴与由交流伺服电动机驱动的系统负载（刻度盘或火炮等负载）的轴相连，其转角用 β 表示。接收机转子绕组输出电动势 E_2（有效值）与两轴的差角 γ 即 $\alpha-\beta$ 近似成正比，即

$$E_2 \approx k(\alpha-\beta)=k\gamma \tag{6-19}$$

式中，k 为常数。

E_2 经放大器放大后送至交流伺服电动机的控制绕组，使交流伺服电动机转动。可见，只要 $\alpha\neq\beta$，即 $\gamma\neq 0$，就有 $E_2\neq 0$，伺服电动机便要转动，使 γ 减小，直至 $\gamma=0$。如果 α 不断变化，系统就

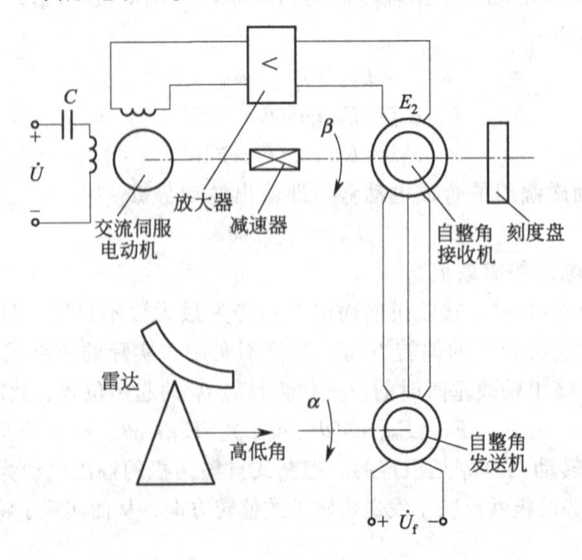

图 6-60　雷达高低角自动显示系统原理图

会使 β 跟着 α 变化，以保持 $\gamma=0$，这样就达到了转角自动跟踪的目的。只要系统的功率足够大，接收机上便可带动火炮一类阻力矩很大的负载。发送机和接收机之间只需三根连线，便实现了远距离显示和操纵。

【问题与思考】

（1）力矩式自整角机如何控制？

（2）控制式自整角机如何控制？

（3）自整角机由哪些部件组成？

（4）自整角机有什么用途？

【知识链接】

自整角机的结构分为定子和转子两大部分，自整角机结构如图 6-61 所示。

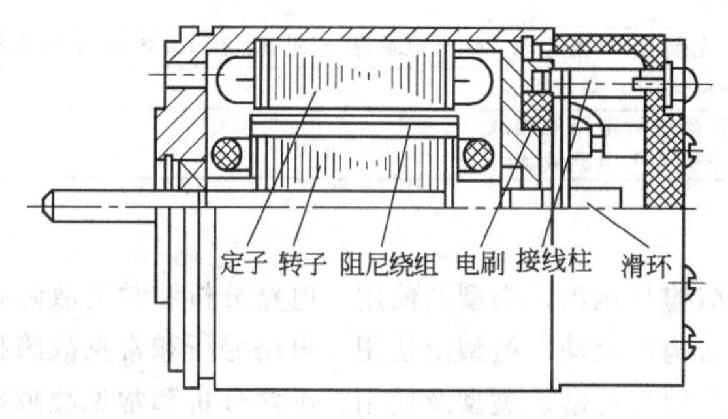

图 6-61　自整角机结构示意图

定、转子之间的气隙较小。定、转子铁芯均由高导磁率、低损耗的薄硅钢片叠成。

力矩式自整角机的转子多采用两极的凸极结构，对频率较高、规格较大的力矩式自整角机采用隐极结构。

控制式自整角机的接收机转子采用隐极结构。通常，定子铁芯槽内嵌有接成星形的三相对称绕组，称之为整步绕组。转子铁芯槽内嵌有单相绕组，称之为励磁绕组。励磁绕组通过滑环和电刷装置与外电路连接。

小　结

本情境主要介绍了伺服电动机、测速发电机、步进电动机、直线电动机、微型同步电动机和自整角机的类型、结构、控制、运行方式、特点和应用。

伺服电动机有两类：直流伺服电动机和交流伺服电动机；测速发电机有两类：直流测速发电机和交流测速发电机；步进电动机有两类：反应式、永磁式和感应子式永磁式；直线电动机主要有四类：平板型、管型、圆弧形和圆盘形；微型同步电动机主要有四类：永磁式、反应式、磁滞式和自控式。

自整角机主要有两类：力矩式和控制式。

情境7 普通机床电路分析与故障排除

【教学提示】

<table>
<tr><td rowspan="4">教</td><td>知识重点</td><td>(1)普通车床的结构、运动和电路分析
(2)普通钻床的结构、运动和电路分析
(3)普通磨床的结构、运动和电路分析
(4)普通铣床的结构、运动和电路分析</td></tr>
<tr><td>知识难点</td><td>普通机床的电路分析</td></tr>
<tr><td>推荐讲授方式</td><td>从任务入手,从实际电路出发,讲练结合</td></tr>
<tr><td>建议学时</td><td>10学时</td></tr>
<tr><td rowspan="3">学</td><td>推荐学习方法</td><td>自己先预习,不懂的地方作出记录,查资料,听老师讲解;在老师指导下连接电路,但不要盲目通电</td></tr>
<tr><td>需要掌握的知识</td><td>普通机床的电路分析</td></tr>
<tr><td>需要掌握的技能</td><td>(1)正确进行电路的接线
(2)正确处理电路故障</td></tr>
</table>

【学习目标】

(1) 学习普通车床的结构与运动、类型及使用、电路分析和常见故障排除。

(2) 学习普通钻床的结构与运动、类型及使用、电路分析和常见故障排除。

(3) 学习普通磨床的结构与运动、类型及使用、电路分析和常见故障排除。

(4) 学习普通铣床的结构与运动、类型及使用、电路分析和常见故障排除。

项目1 C650-2车床电路分析与故障排除

【项目描述】

学习车床的组成、运动、电气控制电路分析及常见故障处理。

【项目内容】

车床(Lathe Machine)是用车刀对旋转的工件进行车削加工的机床。主要用于切削轴、盘、套和其他具有回转表面工件的内圆、外圆和螺纹等成型面。是机械制造和修配中使用最广的一类机床。在车床上还可用钻头、扩孔钻、铰刀、丝锥、板牙和滚花工具等进行相应的加工。

任务1 C650-2车床的组成与运动

1. C650-2车床的组成

C650-2车床结构如图7-1所示。主要由床身、主轴箱、进给箱、溜板箱、刀架、丝杆、尾座等部分组成。

(1) 主轴箱

主轴箱又称床头箱，它的主要任务是将主电动机传来的旋转运动经过一系列的变速机构使主轴得到所需的正反两种转向的不同转速，同时主轴箱分出部分动力将运动传给进给箱。主轴箱中等主轴是车床的关键零件。主轴在轴承上运转的平稳性直接影响工件的加工质量，一旦主轴的旋转精度降低，则机床的使用价值就会降低。其包括的主要机构

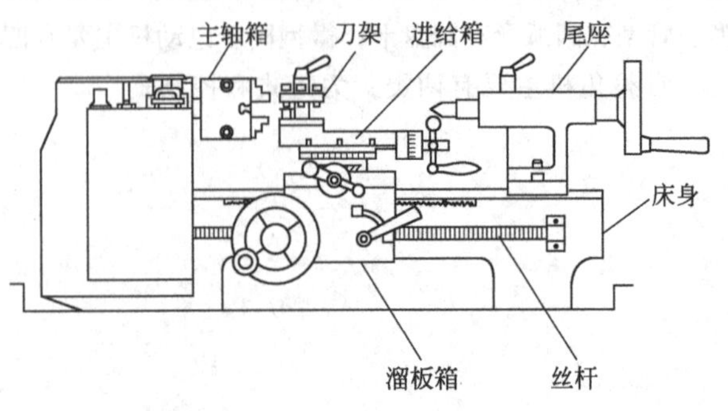

图7-1 C650-2车床的组成

和零件包括有：卸荷带轮、双向多片摩擦离合器及其操纵机构、主轴组件、变速操纵机构 。

（2）进给箱

进给箱又称走刀箱，进给箱中装有进给运动的变速机构，调整其变速机构，可得到所需的进给量或螺距，通过光杠或丝杠将运动传至刀架以进行切削。

（3）丝杠

丝杠与光杠用以连接进给箱与溜板箱，并把进给箱的运动和动力传给溜板箱，使溜板箱获得纵向直线运动。丝杠是专门用来车削各种螺纹而设置的，在进行工件的其他表面车削时，只用光杠，不用丝杠。

（4）溜板箱

溜板箱是车床进给运动的操纵箱，内装有将光杠和丝杠的旋转运动变成刀架直线运动的机构，通过光杠传动实现刀架的纵向进给运动、横向进给运动和快速移动，通过丝杠带动刀架作纵向直线运动，以便车削螺纹。其包括的主要机构有：开合螺母机构、纵向、横向机动进给及快速移动的操纵机构、互锁机构、安全离合器。

2. C650-2 车床的运动

C650-2 车床的运动主要包括切削运动、进给运动和辅助运动。

（1）切削运动

车床的切削运动包括工件旋转的主运动和刀具的直线进给运动。根据工件的材料性质、车刀材料及几何形头、工件直径、加工方式及冷却条件的不同，主轴有不同的切削速度。

（2）进给运动

车床的进给运动是刀架带动刀具的直线运动。溜板箱把丝杆或光杆的转动传递给刀架部分，变换溜板箱外的手柄位置，经刀架部分使车辆做纵向或横向进给。

（3）辅助运动

车床的辅助运动为机床上除切削运动以外的其他一切必需的运动，如尾架的纵向移动，工件的夹紧与放松等。

（4）注意事项

C650-2 型普通车床是一种中型车床，除有主轴电动机 M_1 和冷却泵电动机 M_2 外，还设置了刀架快速移动电动机 M_3。

① 主轴的正反转不是通过机械方式来实现，而是通过电气方式，即主轴电动机 M_1 的正反转来实现的。

② 主轴电动机的制动采用电气反接制动形式，并用速度继电器进行控制，实现快速停车。

③ 为便于对刀操作，主轴设点动控制。

④ 采用电流表来检测电动机的负载情况。

⑤ 控制回路由于电器元件很多，采用控制变压器 TC 与三相电网进行电隔离，提高操作和排故时的安全性。

3. C650-2 车床的电源和部分电器元件

（1）电源

50Hz、380V 三相交流电源。

（2）电器元件

电压型漏电保护器、电流型漏电保护装置、控制按钮、指示灯、断路器、熔断器、接触器、热继电器、变压器和电动机等。

【自己动手】

绘制普通车床结构示意图，说明车床有哪些运动。

任务 2　C650-2 车床电路识读与分析

1. C650-2 车床的电路识读

C650-2 车床电路原理图如图 7-2 所示，主要由主电路、控制电路和辅助电路组成。

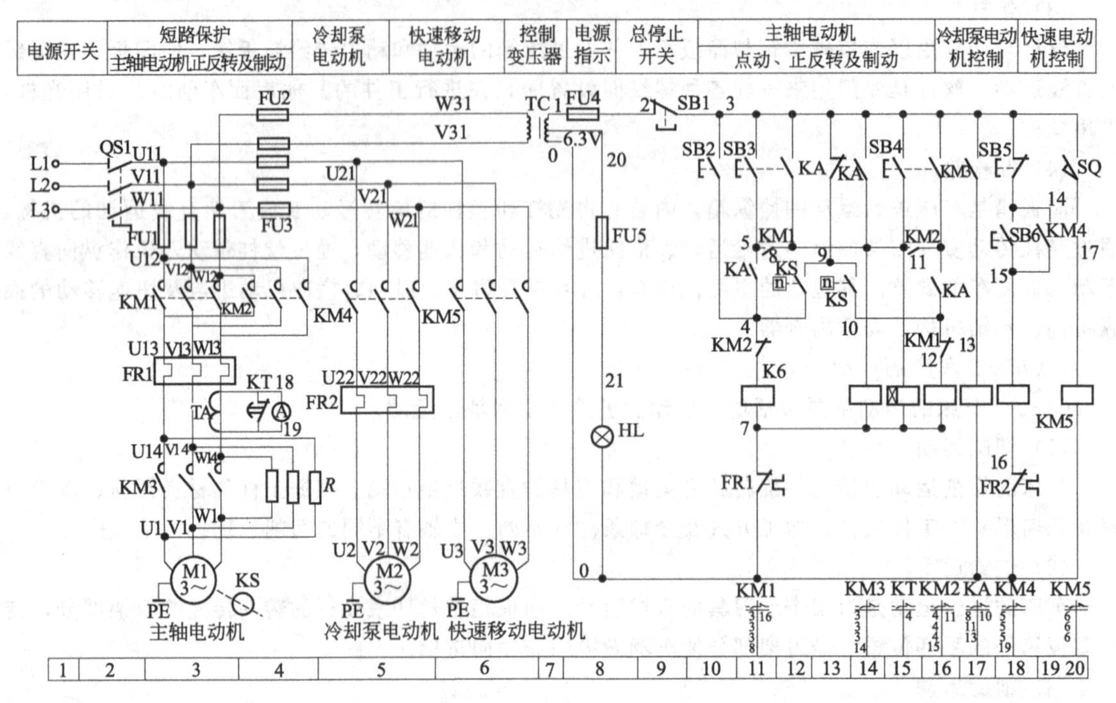

图 7-2　C650-2 车床电路原理图

2. C650-2 车床的电路分析

(1) 主电路分析

如图所示，QS1 为电源开关。FU1 为主轴电动机 M1 的短路保护用熔断器，FR1 为其过载保护用热继电器。*R* 为限流电阻，在主轴点动时，限制启动电流，在停车反接制动时，又起限制过大的反向制动电流的作用。电流表 A 用来监视主电动机 M1 的绕组电流，由于实际机床中 M1 功率很大，故 A 接入电流互感器 TA 回路。机床工作时，可调整切削用量，使电流表 A 的电流接近主轴电动机 M1 额定电流的对应值（经 TA 后减小了的电流值），以便提高生产效率和充分利用电动机的潜力。KM1、KM2 为正反转接触器，KM3 为用于短接电阻 R 的接触器，由它们的主触点控制主轴电动机 M1。

KM4 为接通冷却泵电动机 M2 的接触器，FR2 为 M2 过载保护用热继电器。KM5 为接通快速移动电动机 M3 的接触器，由于 M3 点动短时运转，故不设置热继电器。

(2) 控制电路分析

① 主轴电动机的点动控制　当按下点动按钮 SB2 不松手时，接触器 KM1 线圈通电，KM1 主触点闭合，电网电压经限流电阻 *R* 通入主电动机 M1，从而减少了启动电流。由于中间继电器 KA 未通电，故虽然 KM1 的辅助常开触点（5-8）已闭合，但不自锁，因而，当松开 SB2 后，KM1 线圈随即断电，进行反接制动（详见下述）主轴电动机 M1 停转。

② 主轴电动机的正反转控制　当按下正向启动按钮 SB3 时，KM3 通电，其主触点闭合，短接限流电阻 *R*，另有一个常开辅助触点 KM3（3-13）闭合，使得 KA 通电吸合，KA（3-8）闭合，使得 KM3 在 SB3 松手后也保持通电，进而 KA 也保持通电。另一方面，当 SB3 尚未松开时，由于 KA 的

另一常开触点 KA（5-4）已闭合，故使得 KM1 通电，其主触点闭合，主电动机 M1 全压启动运行。KM1 的辅助常开触点 KM1（5-8）也闭合。这样，当松开 SB3 后，由于 KA 的两个常开触点 KA（3-8）、KA（5-4）保持闭合，KM1（5-8）也闭合，故可形成自锁通路，从而 KM1 保持通电。另外，在 KM3 得电同时，时间继电器 KT 通电吸合，其作用是使电流表避免启动电流的冲击（KT 延时应稍长于 M1 的启动时间）。SB4 为反向启动按钮，反向启动过程同正向时类似，不再赘述。

③ 主轴电动机的反接制动　C650-2 车床采用反接制动方式，用速度继电器 KS 进行检测和控制。点动、正转、反转车时均有反接制动。

假设原来主轴电动机 M1 正转运行着，则 KS 的正向常开触点 KS（9-10）闭合，而反向常开触点 KS（9-4）依然断开着。当按下总停按钮 SB1 后，原来通电的 KM1、KM3、KT 和 KA 就随即断电，它们的所有触点均被释放而复位。然而，当 SB1 松开后，M1 由于惯性转速还很高，KS（9-10）仍闭合，所以反转接触器 KM2 立即通电吸合，电流通路是：1→2→3→9→10→12→KM2 线圈→7→0。

这样，主电动机 M1 就被串电阻反接制动，正向转速很快降下来，当降到很低时（$n<100$r/min），KS 的正向常开触点 KS（9-10）断开复位，从而切断了上述电流通路。至此，正向反接制动就结束了。

点动时反接制动过程和反向时反接制动过程不再赘述。

④ 刀架的快速移动和冷却泵控制　转动刀架手柄，限位开关 SQ 被压动而闭合，使得快速移动接触器 KM5 通电，快速移动电动机 M3 就启动运转，而当刀架手柄复位时，M3 随即停转。

冷却泵电动机 M2 的起停按钮分别为 SB6 和 SB5。

(3) 辅助电路分析

虽然电流表 A 接在电流互感器 TA 回路里，但主电动机 M1 启动时对它的冲击仍然很大。为此，在电路中设置了时间继电器 KT 进行保护。当主电动机正向或反向启动时，KT 通电，延时时间尚未到时，A 就被 KT 延时断开的常闭触点短路，延时时间到后，才有电流指示。

【自己动手】

绘制 C650-2 车床电路图，分析车床电气控制过程。

任务3　C650-2 车床电路故障排除、运行与维护

1. C650-2 车床电路故障排除

C650-2 车床的工作过程是由电气与机械、液压系统紧密结合实现的。因此，在故障排除中不仅要注意电气部分能否正常工作，也要注意它与机械和液压部分的协调关系。表 7-1 是普通车床常见电路故障与排除。

表 7-1　C650-2 车床电路故障现象、原因及排除表

故障现象	故障原因	故障排除
操作无反应	(1)无电源 (2)QS1 接触不良或内部熔丝断开 (3)FU2 或 FU4 中有一个熔断或接触不良 (4)变压器 TC 线圈有开路 (5)SB1 接触不良 (6)V11、W11、W31、V31、0、1、2、3 号线中有脱落或断路	(1)检查电源是否正常 (2)断电,用万用表电阻挡检查相关部分 (3)断电,用万用表电阻挡检查相关部分 (4)断电,用万用表电阻挡检查相关部分 (5)断电,用万用表电阻挡检查相关部分 (6)断电,用万用表电阻挡检查相关部分
主轴电动机不能点动,其余动作正常	(1)3、4 号线中有脱落或断路 (2)SB2 接触不良	用万用表电阻挡检查相关部分
主轴电动机不能正反转	KM3 不能吸合	(1)3、8、7 号线中有脱落或断路 (2)FR1 常闭触点断开或接触不良 (3)KM3 线圈断路

续表

故障现象	故障原因	故障排除
主轴电动机不能正转，但点动正常，反转正常	(1)3、13、0号线中有脱落或断路 (2)KM3(3-13)常开触点接触不良 (3)KA线圈断路	(1)用万用表电阻挡检查相关部分 (2)用万用表电阻挡检查相关部分 (3)用万用表电阻挡检查相关部分
	(1)3、5、4、8号线中有脱落或断路 (2)SB3接触不良 (3)KA(5-6)常开触点接触不良	(1)用万用表电阻挡检查相关部分 (2)用万用表电阻挡检查相关部分 (3)用万用表电阻挡检查相关部分
主轴电动机不能点动及正转，且反转时无反接制动	(1)4、6、7号线中有脱落或断路 (2)KM2(4-6)常闭触点接触不良 (3)KM1线圈断路	(1)用万用表电阻挡检查相关部分 (2)用万用表电阻挡检查相关部分 (3)用万用表电阻挡检查相关部分
主轴电动机反转不能自锁	(1)8、11号线中有脱落或断路 (2)KM2(8-11)常开触点接触不良	(1)用万用表电阻挡检查相关部分 (2)用万用表电阻挡检查相关部分
主轴电动机正反转均不能自锁	(1)3、8号线中有脱落或断路 (2)KA(3-8)常开触点接触不良	(1)用万用表电阻挡检查相关部分 (2)用万用表电阻挡检查相关部分
主轴电动机点动、正转均无反接制动，但反转正常	(1)9、10号线中有脱落或断路 (2)KS(9-10)常开触点接触不良	(1)用万用表电阻挡检查相关部分 (2)用万用表电阻挡检查相关部分
主轴电动机正反转均无反接制动	(1)3、9号线中有脱落或断路 (2)KA(3-9)常开触点接触不良 (3)速度继电器损坏	(1)用万用表电阻挡检查相关部分 (2)用万用表电阻挡检查相关部分 (3)用万用表电阻挡检查相关部分
主轴电动机反转缺相，点动、正转不能停车	KM2主触头中有一个接触不良	用万用表电阻挡检查相关部分
主轴电动机点动缺相，正、反转运行时正常，但正反转停车时均不能停车	制动电阻R中有一个开路	用万用表电阻挡检查相关部分
主轴电动机控制电路正常，但M1不能转动	(1)FU1中有二相熔断 (2)电动机Y形接点脱开 (3)电动机引出线有二根脱落	(1)用万用表电阻挡检查相关部分 (2)用万用表电阻挡检查相关部分 (3)用万用表电阻挡检查相关部分
主轴电动机点动、正转、反转均不能停车	电源相序接反，或主轴电动机相序接反	更换电源或主轴电动机相序

2. C650-2车床的运行

（1）准备工作

① 查看各电器元件上的接线是否牢固，各熔断器是否安装良好。

② 接地线是否安装好，设备下方垫好绝缘垫，将各开关置分断位。

③ 插上三相电源。

（2）试运行

① 使设备中漏电保护部分接触器先吸合，再合上QS1，电源指示灯亮。

② 按SQ，快速移动电动机M3工作。

③ 按SB6，冷却电动机M2工作，相应指示灯亮，按SB5，M2停止。

④ 按SB2，主轴电动机M1实现点动。（注：该按钮不应长时间反复操作，以免制动电阻R及M1过热）。

⑤ 按SB3，主轴电动机M1正转，相应指示灯亮，延时后，电流表指示M1工作电流（按SB3后KM1、KM3、KT、KA均应吸合）。按SB1，M1实现反接制动，迅速停转（按SB1后，KM2应先吸合，然后释放）。

⑥ 按SB4，主轴电动机M1反转，相应指示灯亮，延时后，电流表指示M1工作电流（按SB4后KM2、KM3、KT、KA均应吸合）。按SB1，M1实现反接制动，迅速停转（按SB1后，KM1应先吸合，然后释放）。

（3）注意事项

初次试运行时，可能会出现主轴电动机点动、正转、反转均不正常，这是由于电源或主轴电动机相序接反引起，马上切断电源，把电源或主轴电动机相序调换。

3. C650-2车床的维护

① 运行中，若发出较大噪声，要及时处理，如接触器发出较大嗡声，一般可将该电器拆下，修复后使用或更换新电器。

② 更换电器配件或新电器时，应按原型号配置。

③ 电动机在使用一段时间后，需加少量润滑油。

④ 当主轴电动机运行时，按下停止按钮SB1后，主轴电动机出现正反振荡现象，打开速度继电器KS后盖，调整弹簧，重新试车，直到振荡现象消除。

【自己动手】

排除车床电路常见故障、运行车床、对车床进行维护。

任务4　C650-2车床故障排除训练

根据C650-2车床控制电路，设置故障点并进行故障排除。

（1）故障点设置原则

① 设置的故障点，必须模拟机床在使用过程中，由于受到振动、受潮、高温、异物侵入、电动机负载及电路长期过载运行、启动频繁、安装质量低劣和调整不当等原因造成的自然故障。

② 不要设置改动电路、换线、更换电器元件等由于人为原因造成的非自然故障点。

③ 故障点的设置，应做到隐蔽且设置方便，除简单控制电路外，两处故障一般不宜设置在单独支路或单一回路中。

④ 对于设置一个以上故障点的电路，其故障现象应尽可能不要相互掩盖。

⑤ 不设置容易造成人身或设备事故的故障点。

⑥ 设置的故障点，难易适中。

（2）故障点设置方案

① 故障设置参考表。C650-2车床故障设置时可参考表7-2所示。

表7-2　C650-2车床故障设置一览表

开关断开	故障现象	备注
K1	机床不能启动	主轴、冷却泵和快速移动电动机都不能启动
K2	主轴自行启动	通电之后主轴自行启动
K3	主轴不能点动控制	
K4	主轴不能正转启动	点动、反转正常；正转启动时，KM3、KA能吸合，KM1不动作
K5	主轴不能正转启动	点动、反转正常；反转停止能制动；正转启动时，KM3、KA能吸合，KM1不动作
K6	主轴不能正转启动	反转正常，反转停止无制动；不能点动，正转启动时，KM3、KA能吸合，KM1不动作
K7	主轴不能启动	按正、反转启动按钮均无反应，无点动
K8	机床不能启动	主轴、冷却泵和快速移动电动机都不能启动
K9	主轴不能正转启动	正转启动时无任何反应
K10	主轴正转只能点动	按下正转启动按钮，主轴正转，松开按钮，KA、KM3保持，KM1释放，电动机停止
K11	主轴无制动	
K12	机床不能启动	冷却泵和快速移动电动机都不能启动；主轴只能点动
K13	主轴只能点动	按下SB3、SB4，主轴只能点动
K14	主轴正转只能点动	主轴正转只能点动控制

续表

开关断开	故障现象	备注
K15	主轴不能反转	反转启动时无任何反应
K16	主轴不能反转	正转启动、制动正常;反转启动时,KM3、KA 能吸合,KM2 不动作
K17	主轴反转只能点动	按下反转启动按钮,主轴反转,松开按钮,KA、KM3 保持,KM2 释放,电动机停止
K18	主轴不能反转启动	正转启动、制动正常;反转启动时,KM3、KA 能吸合,KM2 不动作
K19	主轴不能反转启动	正转启动正常,停止无制动;反转启动时,KM3、KA 能吸合,KM2 不动作
K20	主轴不能启动	按正、反转启动按钮 KM3 动作,KA 不动作,点动正常
K21	冷却泵不工作	按下 SB5,无任何反应
K22	冷却泵不工作	按下 SB5,无任何反应
K23	快速电动机不能启动	按下 SQ,无任何反应

② 故障设置原理图。C650-2 车床故障设置可参考图 7-3。

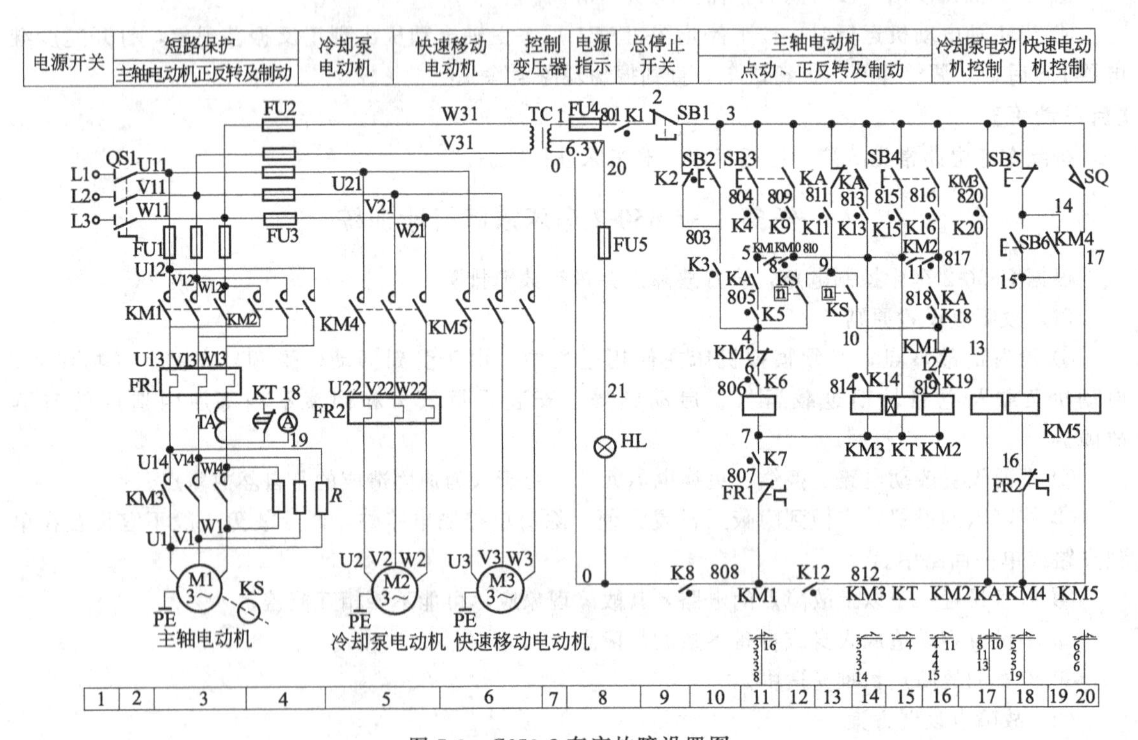

图 7-3 C650-2 车床故障设置图

(3) 故障判断与排除

故障判断与排除可参考图 7-3。

① 先熟悉原理图。

② 熟悉电器元件的安装位置,明确各电器元件作用。

③ 用通电方法发现故障现象,进行故障分析,缩小故障范围。

④ 断电排除故障。

⑤ 通电试车。

(4) 注意事项

① 排故时,严禁扩大故障范围或产生新的故障,并不得损坏电器元件。

② 设备应在指导教师指导下操作,安全第一。

③ 设备通电后,严禁在电器侧随意扳动电器件。

④ 进行排故训练,尽量采用不带电排故。若带电排故,则必须有指导教师在现场监护。

⑤ 安装好各电动机、支架接地线、设备下方垫好绝缘橡胶垫，厚度不小于 8mm。

⑥ 操作前仔细查看各接线端，有无松动或脱落，以免通电后发生意外或损坏电器。

⑦ 操作中若发出不正常声响，应立即断电，查明故障原因待修。

⑧ 发现熔芯熔断，应找出故障后，方可更换同规格熔芯。

⑨ 在排故故障中不要随便互换线端处号码管。

⑩ 排故结束后，断开设备电源。

⑪作好排故记录。

【自己动手】

设置车床故障、观察故障现象、取消故障设置、运行车床。

【问题与思考】

（1）车床的用途是什么？

（2）C650-2 普通车床由哪些部件组成？

（3）车床有哪些类型？

（4）时间继电器 KT 在 C650-2 车床电路中起什么作用？

项目 2　Z3040B 摇臂钻床电路分析与故障排除

【项目描述】

学习普通钻床的组成、运动、电气控制电路分析及常见故障处理。

【项目内容】

钻床（Drilling Machine）是指用钻头在工件上加工孔的机床。钻床结构简单，加工精度相对较低，可钻通孔、盲孔；更换特殊刀具，可扩孔、锪孔、铰孔或进行攻螺纹等加工。

钻床的特点是工件固定不动，刀具做旋转运动，并沿主轴方向进给，操作可以是手动，也可以是机动。通常钻头旋转为主运动，钻头轴向移动为进给运动。

任务 1　Z3040B 摇臂钻床的组成与运动

1. Z3040B 摇臂钻床的组成

Z3040B 摇臂钻床的结构如图 7-4 所示。主要由底座、内立柱、外立柱、摇臂、主轴箱、工作台等组成。

内立柱固定在底座上，在它外面套着空心的外立柱，外立柱可绕着内立柱回转一周，摇臂一端的套筒部分与外立柱滑动配合，借助于丝杆，摇臂可沿着外立柱上下移动，但两者不能作相对移动，所以摇臂将与外立柱一起相对内立柱回转。

主轴箱是一个复合的部件，它具有主轴及主轴旋转部件和主轴进给的全部变速和操纵机构。主轴箱可沿着摇臂上的水平导轨作径向移动。当进行加工时，可利用特殊的夹紧机构将外立柱紧固在内立柱上，摇臂紧固在外立柱上，主轴箱紧固在摇臂导轨上，然后进行钻削加工。

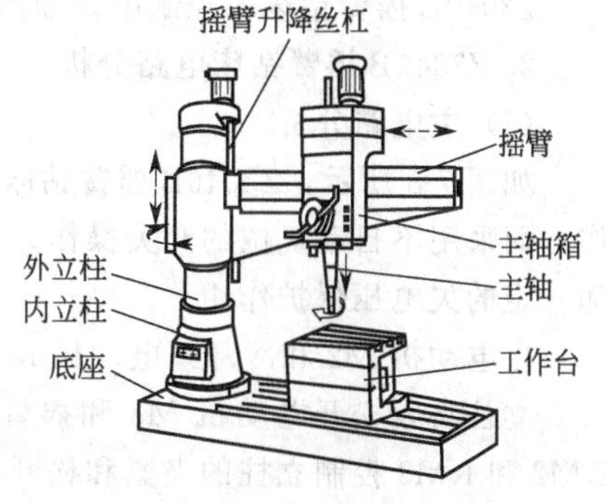

图 7-4　Z3040B 摇臂钻床结构图

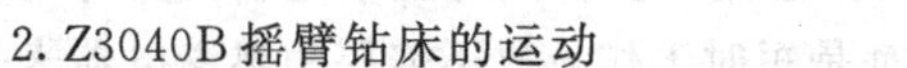
2. Z3040B 摇臂钻床的运动

Z3040B 摇臂钻床的运动主要包括主运动、进给运动和辅助运动。

（1）主运动

主运动是指主轴的旋转。

（2）进给运动

进给运动是指主轴的轴向进给。

（3）辅助运动

摇臂钻床除主运动与进给运动外，还有外立柱、摇臂和主轴箱的辅助运动，它们都有夹紧装置和固定位置。

摇臂的升降及夹紧放松由一台异步电动机拖动，摇臂的回转和主轴箱的径向移动采用手动，立柱的夹紧松开由一台电动机拖动一台齿轮泵来供给夹紧装置所用的压力油来实现，同时通过电气联锁来实现主轴箱的夹紧与放松。

（4）注意事项

摇臂钻床的主轴旋转和摇臂升降不允许同时进行，以保证安全生产。

由于摇臂钻床的运动部件较多，为简化传动装置，使用多电动机拖动，主电动机承担主钻削及进给任务，摇臂升降及其夹紧放松、立柱夹紧放松和冷却泵各用一台电动机拖动。

为了适应多种加工方式的要求，主轴及进给应在较大范围内调速。但这些调速都是机械调速，用手柄操作变速箱调速，对电动机无任何调速要求。从结构上看，主轴变速机构与进给变速机构应该放在一个变速箱内，而且两种运动由一台电动机拖动是合理的。

加工螺纹时要求主轴能正反转。摇臂钻床的正反转一般用机械方法实现，电动机只需单方向旋转。

3. Z3040B 摇臂钻床的电源和部分电器元件

（1）电源

50Hz、380V 三相交流电源。

（2）电器元件

十字开关、辅助螺母带动夹紧装置、电磁阀、控制按钮、指示灯、断路器、熔断器、接触器、热继电器、变压器和电动机等。

【自己动手】

绘制 Z3040B 摇臂钻床结构示意图，说明摇臂钻床有哪些运动。

任务 2　Z3040B 摇臂钻床电路识读与分析

1. Z3040B 摇臂钻床电路识读

Z3040B 摇臂钻床的控制电路如图 7-5 所示。主要由主电路、控制电路和辅助电路组成。

2. Z3040B 摇臂钻床电路分析

（1）主电路分析

如图 7-5 所示，Z3040B 摇臂钻床电源采用接触器 KM 控制。主轴旋转和摇臂升降不用按钮操作，而采用不自动复位的开关操作。用按钮和接触器来代替一般的电源开关，就可以具有零压保护和一定的欠电压保护作用。

主电动机 M2 和冷却泵电动机 M1 都只需单方向旋转，所以用接触器 KM1 和 KM6 分别控制。

立柱夹紧松开电动机 M3 和摇臂升降电动机 M4 都需要正反转，所以各用两只接触器控制。KM2 和 KM3 控制立柱的夹紧和松开；KM4 和 KM5 控制摇臂的升降。

Z3040B 型摇臂钻床的四台电动机只用了两套熔断器作短路保护。只有主轴电动机具有过载保护。因立柱夹紧松开电动机 M3 和摇臂升降电动机 M4 都是短时工作，故不需要用热继电器来作过载保护。冷却泵电动机 M1 因容量很小，也没有应用保护器件。

在安装实际的机床电气设备时，应当注意三相交流电源的相序。如果三相电源的相序接错了，电动机的旋转方向就要与规定的方向不符，在开动机床时容易发生事故。Z3040B 型摇臂钻床三相

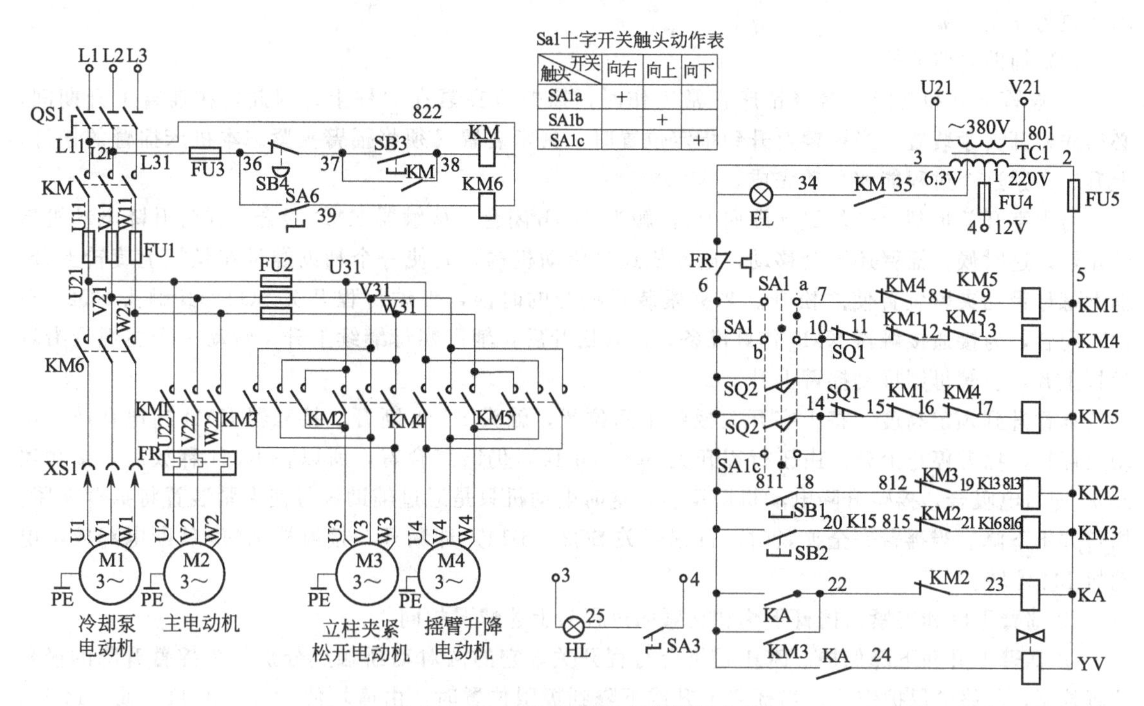

图 7-5 Z3040B摇臂钻床的控制电路

电源的相序可以用立柱的夹紧机构来检查。

Z3040B摇臂钻床立柱的夹紧和放松动作有指示标牌指示。接通机床电源，使接触器KM动作，将电源引入机床。然后按压立柱夹紧或放松按钮SB1和SB2。如果夹紧和松开动作与标牌的指示相符合，就表示三相电源的相序是正确的。如果夹紧与松开动作与标牌的指示相反，三相电源的相序一定是接错了。这时就应当关断总电源，把三相电源线中的任意两根电线对调位置接好，就可以保证相序正确。

（2）控制电路分析

① 电源接触器和冷却泵的控制。按下按钮SB3，电源接触器KM吸合并自锁，把机床的三相电源接通。按SB4，KM断电释放，机床电源即被断开。KM吸合后，转动SA6，使其接通，KM6则通电吸合，冷却泵电动机即旋转。

② 主轴电动机和摇臂升降电动机的控制。采用十字开关操作，控制电路中的SA1α、SA1b和SA1c是十字开关的三个触头。十字开头的手柄有五个位置。

当手柄处在中间位置，所有的触头都不通；手柄向右，触头SA1a闭合，接通主轴电动机接触器KM1；手柄向上，触头SA1b闭合，接通摇臂上升接触器KM4；手柄向下，触头SA1c闭合，接通摇臂下降接触器KM5。手柄向左的位置，未加利用。

十字开关的使用时操作形象化，不容易误操作。十字开关操作时，一次只能占有一个位置，KM1、KM4、KM5三个接触器就不会同时通电，这就有利于防止主轴电动机和摇臂升降电动机同时启动运行，也减少了接触器KM4与KM5的主触头同时闭合而造成短路事故的机会。

但是，单靠十字开关还不能完全防止KM1、KM4和KM5三个接触器的主触头同时闭合的事故。因为接触器的主触头由于通电发热和火花的影响，有时会焊住而不能释放。特别是在运行很频繁的情况下，更容易发生这种事故。这样，就可能在开关手柄改变位置的时候，一个接触器未释放，而另一个接触器又吸合，从而发生事故。

所以，在控制电路上，KM1、KM4、KM5三个接触器之间都有动断触头进行联锁，使电路的动作更为安全可靠。

(3) 辅助电路分析

① 摇臂上升和夹紧。摇臂钻床正常工作时，摇臂应夹紧在立柱上。因此，在摇臂上升期间，必须先松开夹紧装置。当摇臂上升到指定位置时，夹紧装置又须将摇臂夹紧。本机床摇臂的松开，上升、夹紧这个过程能够自动完成。

将十字开关扳到上升位置（即向上），触头 SA1b 闭合，接触器 KM4 吸合，摇臂升降电动机启动正转。这时候，摇臂还不会移动，电动机通过传动机构，先使一个辅助螺母在丝杆上旋转上升，辅助螺母带动夹紧装置使之松开。当夹紧装置松开的时候，带动行程开关 SQ2，其触头 SQ2（6-14）闭合，为接通接触器 KM5 作好准备。摇臂松开后，辅助螺母继续上升，带动一个主螺母沿着丝杆上升，主螺母则推动摇臂上升。

摇臂升到预定高度，将十字开关扳到中间位置，触头 SA1b 断开，接触器 KM4 断电释放。电动机停转，摇臂停止上升。由于行程开关 SQ2（6-14）仍旧闭合着，所以在 KM4 释放后，接触器 KM5 即通电吸合，摇臂升降电动机即反转，这时电动机只是通过辅助螺母使夹紧装置将摇臂夹紧。摇臂并不下降。当摇臂完全夹紧时，行程开关 SQ2（6-14）即断开，接触器 KM5 就断电释放，电动机 M4 停转。

② 摇臂下降和夹紧。摇臂下降和夹紧的过程与上述情况相同。

③ 摇臂上升和下降保护。SQ1 是组合行程开关，它的两对动断触点分别作为摇臂升降的极限位置控制，起终端保护作用。当摇臂上升或下降到极限位置时，由撞块使 SQ1（10-11）或（14-15）断开，切断接触器 KM4 和 KM5 的通路，使电动机停转，从而起到了保护作用。SQ1 为自动复位的组合行程开关，SQ2 为不能自动复位的组合行程开关。

摇臂升降机构除了电气限位保护以外，还有机械极限保护装置，在电气保护装置失灵时，机械极限保护装置可以起保护作用。

④ 立柱和主轴箱的夹紧。机床的立柱分内外两层，外立柱可以围绕内立柱作 360°的旋转。内外主柱之间有夹紧装置。立柱的夹紧和放松由液压装置进行，电动机拖动一台齿轮泵。电动机正转时，齿轮泵送出压力油使立柱夹紧，电动机反转时，齿轮泵送出压力油使立柱放松。

立柱夹紧电动机用按钮 SB1 和 SB2 及接触器 KM2 和 KM3 控制，其控制为点动控制。按下按钮 SB1 或 SB2，KM2 或 KM3 就通电吸合，使电动机正转或反转，将立柱夹紧或放松。松开按钮，KM2 或 KM3 就断电释放，电动机即停止。

立柱的夹紧松开与主轴箱的夹紧松开有电气上的联锁。立柱松开，主轴箱也松开，立柱夹紧，主轴箱也夹紧，当按 SB2 接触器 KM3 吸合，立柱松开，KM3（6-22）闭合，中间继电器 KA 通电吸合并自保。KA 的一个动合触头接通电磁阀 YV，使液压装置将主轴箱松开。在立柱放松的整个时期内，中间继电器 KA 和电磁阀 YV 始终保持工作状态。按下按钮 SB1，接触器 KM2 通电吸合，立柱被夹紧。KM2 的动断辅助触头（22-23）断开，KA 断电释放，电磁阀 YV 断电，液压装置将主轴箱夹紧。

(4) 注意事项

在该控制电路里，不能用接触器 KM2 和 KM3 来直接控制电磁阀 YV。因为电磁阀必须保持通电状态，主轴箱才能松开。一旦 YV 断电，液压装置立即将主轴箱夹紧。

KM2 和 KM3 均是点动工作方式，当按下 SB2 使立柱松开后放开按钮，KM3 断电释放，立柱不会再夹紧，这样为了使放开 SB2 后，YV 仍能始终通电就不能用 KM3 来直接控制 YV，而必须用一只中间继电器 KA，在 KM3 断电释放后，KA 仍能保持吸合，使电磁阀 YV 始终通电，从而使主轴箱始终松开。只有当按下 SB1，使 KM2 吸合，立柱夹紧，KA 才会释放，YV 才断电，主轴箱也被夹紧。

【自己动手】

绘制 Z3040B 摇臂钻床电路图，分析摇臂钻床电气控制过程。

任务3 Z3040B 摇臂钻床电路故障排除、运行与维护

1. Z3040B 摇臂钻床电路故障排除

Z3040B 摇臂钻床的工作过程是由电气与机械、液压系统紧密结合实现的。因此，在排故中不仅要注意电气部分能否正常工作，也要注意它与机械和液压部分的协调关系。表 7-3 是 Z3040B 摇臂钻床常见电气故障。

表 7-3 Z3040B 摇臂钻床电气故障现象、原因及排除表

故障现象	故障原因	故障排除
操作时一点反应也没有	(1)电源没有接通 (2)FU3 烧断或 L11、L21 导线有断路或脱落	(1)检查插头、电源引线、电源闸刀 (2)检查 FU3、L11、L21 线
按 SB3,KM 不能吸合,但操作 SA6,KM6 能吸合	36-37-38-KM 线圈-L11 中有断路或接触不良	用万用表电阻挡对相关电路进行测量
控制电路不能工作	(1)FU5 烧断 (2)FR 因主轴电动机过载而断开 (3)5 号线或 6 号线断开 (4)TC1 变压器线圈断路 (5)TC1 初级进线 U21、V21 中有断路 (6)KM 接触器中 L1 相或 L2 相主触点烧坏 (7)FU1 中 U11、V11 相熔断	(1)检查 FU5 (2)对 FR 进行手动复位 (3)查 5、6 号线 (4)查 TC1 (5)查 U21、V21 线 (6)检查 KM 主触点并修复或更换 (7)检查 FU1
主轴电动机不能启动	(1)十字开关接触不良 (2)KM4(7-8)、KM5(8-9)常闭触点接触不良 (3)KM1 线圈损坏	(1)更换十字开关 (2)调整触点位置或更换触点 (3)更换线圈
主轴电动机不能停转	KM1 主触点熔焊	更换触头
摇臂升降后,不能夹紧	(1)SQ2 位置不当 (2)SQ2 损坏 (3)连到 SQ2 的 6、10、14 号线中有脱落或断路	(1)调整 SQ2 位置 (2)更换 SQ2 (3)检查 6、10、14 号线
摇臂升降方向与十字开关标志的扳动方向相反	摇臂升降电动机 M4 相序接反	更换 M4 相序
立柱能放松,但主轴箱不能放松	(1)KM3(6-22)接触不良 (2)KA(6-22)或 KA(7-24)接触不良 (3)KM2(22-23)常闭触点不通 (4)KA 线圈损坏 (5)YV 线圈开路 (6)22、23、24 号线中有脱落或断路	(1)用万用表电阻挡检查相关部分 (2)用万用表电阻挡检查相关部分 (3)用万用表电阻挡检查相关部分 (4)用万用表电阻挡检查相关部分 (5)用万用表电阻挡检查相关部分 (6)用万用表电阻挡检查相关部分

2. Z3040B 摇臂钻床的运行

(1) 准备工作

① 查看各电器元件上的接线是否牢固，各熔断器是否安装良好。

② 接地线是否安装好，设备下方垫好绝缘垫，将各开关置分断位。

③ 插上三相电源。

(2) 试运行

① 合上 QS1，按 SB3，接通电源，电源指示灯亮。

② 转动 SA6，冷却泵电动机旋转，相应指示灯亮。

③ 手柄处在中间位置，所有的触头都不通。

④ 手柄向右，触头 SA1a 闭合，接通主轴电动机接触器 KM1。

⑤ 手柄向上，触头 SA1b 闭合，接通摇臂上升接触器 KM4。

⑥ 手柄向下，触头 SA1c 闭合，接通摇臂下降接触器 KM5。

（3）注意事项

注意电动机的转向，若转向不对，马上切断电源，把电源或主轴电动机相序调换。

3. Z3040B 摇臂钻床的维护

① 运行中，若发出较大噪声，要及时处理，如接触器发出较大嗡声，一般可将该电器拆下，修复后使用或更换新电器。

② 更换电器配件或新电器时，应按原型号配置。

③ 电动机在使用一段时间后，需加少量润滑油。

【自己动手】

排除 Z3040B 摇臂钻床电路常见故障、运行摇臂钻床、对摇臂钻床进行维护。

任务 4 Z3040B 摇臂钻床故障排除训练

根据 Z3040B 摇臂钻床电气控制电路，设置故障点并进行故障排除。

（1）故障点设置原则

① 设置的故障点，必须模拟机床在使用过程中，由于受到振动、受潮、高温、异物侵入、电动机负载及电路长期过载运行、启动频繁、安装质量低劣和调整不当等原因造成的自然故障。

② 不要设置改动电路、换线、更换电器元件等由于人为原因造成的非自然故障。

③ 故障点的设置，应做到隐蔽且设置方便，除简单控制电路外，两处故障一般不宜设置在单独支路或单一回路中。

④ 对于设置一个以上故障点的电路，其故障现象应尽可能不要相互掩盖。

⑤ 不设置容易造成人身或设备事故的故障点。

⑥ 设置的故障点，难易适中。

（2）故障点设置方案

① 故障设置参考表。Z3040B 摇臂钻床故障设置可参考表 7-4 所示。

表 7-4 Z3040B 摇臂钻床故障设置一览表

开关断开	故障现象	备注
K1	机床不能启动	电源能接通，冷却泵能启动，其他控制失灵
K2	机床不能启动	电源能接通，冷却泵能启动，其他控制失灵
K3	机床不能启动	电源能接通，冷却泵能启动，其他控制失灵
K4	主轴电动机不能启动	
K5	主轴电动机不能启动	
K6	摇臂不能上升	
K7	摇臂不能上升	
K8	摇臂不能下降	
K9	摇臂不能下降	
K10	摇臂不能下降	
K11	立柱不能夹紧	
K12	立柱不能夹紧	
K13	立柱不能夹紧	
K14	立柱自行松开	通电后，立柱自行松开
K15	立柱不能松开	
K16	立柱不能松开	
K17	主轴箱不能保持松开	按下立柱放松按钮，KM3 吸合，立柱松紧电动机反转，中间继电器 KA、电磁阀 YV 吸合，主轴箱松开，松开按钮，KA、YV 释放，主轴箱夹紧
K18	主轴箱不能松开	按下立柱放松按钮，KM3 吸合，立柱松紧电动机反转，中间继电器 KA、电磁阀 YV 不动作，主轴箱不能松开

续表

开关断开	故障现象	备　　注
K19	主轴箱不能松开	按下立柱放松按钮,KM3 吸合,立柱松紧电动机反转,中间继电器 KA、电磁阀 YV 不动作,主轴箱不能松开
K20	主轴箱不能松开	按下立柱放松按钮,KM3 吸合,立柱松紧电动机反转,中间继电器 KA 吸合,电磁阀 YV 不动作,主轴箱不能松开
K21	主轴箱不能松开	按下立柱放松按钮,KM3 吸合,立柱松紧电动机反转,中间继电器 KA 吸合,电磁阀 YV 不动作,主轴箱不能松开
K22	机床不能启动	按下 SB3,电源开关 KM 不动作,电源无法接通
K23	电源开关 KM 不能保持	按下 SB3,KM 吸合,松开 SB3,KM 释放,机床断电
K24	冷却泵不能启动	
K25	照明灯不亮	

② 故障设置参考电路。Z3040B 摇臂钻床故障设置时可参考图 7-6。

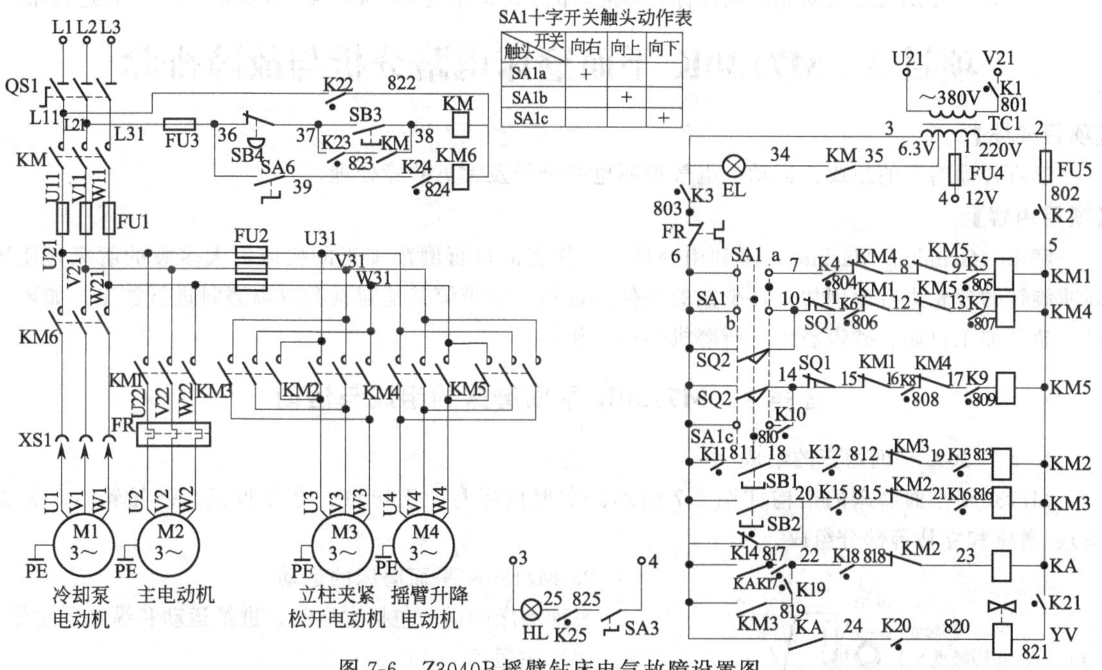

图 7-6　Z3040B 摇臂钻床电气故障设置图

（3）故障判断与排除

Z3040B 摇臂钻床故障判断与分析可参考图 7-6。

① 先熟悉原理图。

② 熟悉电器元件的安装位置，明确各电器元件作用。

③ 用通电方法发现故障现象，进行故障分析，缩小故障范围。

④ 断电排除故障。

⑤ 通电试车。

（4）注意事项

① 排故时，严禁扩大故障范围或产生新的故障，并不得损坏电器元件。

② 设备应在指导教师指导下操作，安全第一。

③ 设备通电后，严禁在电器侧随意扳动电器件。

④ 进行排故训练，尽量采用不带电排故。若带电排故，则必须有指导教师在现场监护。

⑤ 安装好各电动机、支架接地线、设备下方垫好绝缘橡胶垫，厚度不小于 8mm。

⑥ 操作前仔细查看各接线端，有无松动或脱落，以免通电后发生意外或损坏电器。

⑦ 操作中若发出不正常声响，应立即断电，查明故障原因待修。

⑧ 发现熔芯熔断，应找出故障后，方可更换同规格熔芯。

⑨ 在排故故障中不要随便互换线端处号码管。

⑩ 排故结束后，断开设备电源。

⑪作好排故记录。

【自己动手】

设置摇臂钻床电气故障、观察故障现象、取消故障设置、运行摇臂钻床。

【问题与思考】

(1) Z3040B摇臂钻床有什么用途?

(2) Z3040B摇臂钻床由哪些部件组成?

(3) 为什么Z3040B摇臂钻床的摇臂升降电动机、冷却泵电动机都不需要用热继电器进行过载保护?

项目3 M7130K平面磨床电路分析与故障排除

【项目描述】

学习普通磨床的组成、运动、电气控制电路分析及常见故障处理。

【项目内容】

磨床（Grinding Machine）是利用磨具对工件表面进行磨削加工的机床。大多数的磨床是使用高速旋转的砂轮进行磨削加工，少数的是使用油石、砂带等其他磨具和游离磨料进行加工，如珩磨机、超精加工机床、砂带磨床、研磨机和抛光机等。

任务1 M7130K平面磨床的组成与运动

1. M7130K平面磨床的组成

M7130K平面磨床的结构如图7-7所示。主要由床身、工作台、电磁吸盘、砂轮箱（又称磨头）、滑座和立柱等部分组成。

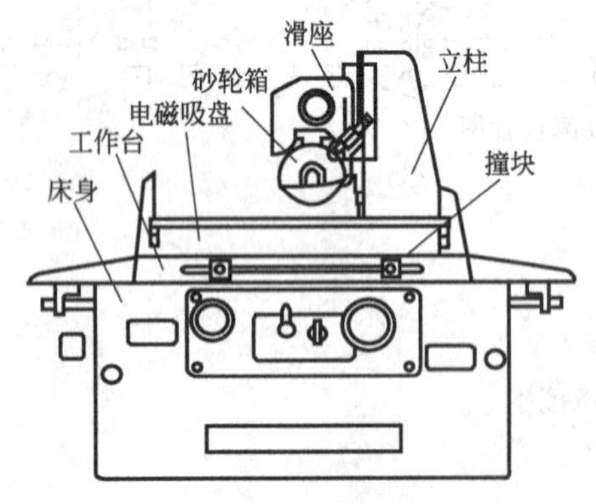

图7-7 M7130K平面磨床结构图

2. M7130K平面磨床的运动

平面磨床的运动包括主运动、进给运动和纵向运动等。

(1) 主运动

主运动是指砂轮的旋转运动。

(2) 进给运动

进给运动有垂直进给（滑座在立柱上的上、下运动）；横向进给（砂轮箱在滑座上的水平移动）。

(3) 纵向运动

纵向运动是指工作台沿床身的往复运动。

工作时，砂轮作旋转运动并沿其轴向作定期的横向进给运动。工件固定在工作台上，工作台作直线往返运动。矩形工作台每完成一纵向行程时，砂轮作横向进给，当加工整个平面后，砂轮作垂直方向的进给，以此完成整个平面的加工。

(4) 注意事项

磨床的砂轮主轴一般并不需要较大的调速范围，所以采用笼型异步电动机拖动。为达到缩小体积、结构简单及提高机床精度，减少中间传动，采用装入式异步电动机直接拖动砂轮，这样电动机的转轴就是砂轮轴。

由于平面磨床是一种精密机床，为保证加工精度采用了液压传动。采用一台液压泵电动机，通过液压装置以实现工作台的往复运动和砂轮横向的连续与断续进给。

为在磨削加工时对工件进行冷却，需采用冷却液冷却，由冷却泵电动机拖动。为提高生产率及加工精度，磨床中广泛采用多电动机拖动，使磨床有最简单的机械传动系统。所以KH-M7130K平面磨床采用三台电动机：砂轮电动机、液压泵电动机和冷却泵电动机进行分别拖动。具体要求：

① 砂轮电动机、液压泵电动机和冷却泵电动机都只要求单方向旋转。

② 冷却泵电动机随砂轮电动机运转而运转，但冷却泵电动机不需要时，可单独断开冷却泵电动机。

③ 具有完善的保护环节：各电路的短路保护，电动机的长期过载保护，零压保护，电磁吸盘的欠电流保护，电磁吸盘断开时产生高电压而危及电路中其他电气设备的保护等。

④ 保证在使用电磁吸盘的正常工作时和不用电磁吸盘在调整机床工作时，都能开动机床各电动机。但在使用电磁吸盘的工作状态时，必须保证电磁吸盘吸力足够大时，才能开动机床各电动机。

⑤ 具有电磁吸盘吸持工件、松开工件，并使工件去磁的控制环节。

⑥ 必要的照明与指示信号。

3. M7130K平面磨床的电源和部分电器元件

（1）电源

50Hz、380V三相交流电源。

（2）电器元件

电磁吸盘、液压泵、控制按钮、指示灯、断路器、熔断器、接触器、热继电器、变压器和电动机等。

【自己动手】

绘制普通平面磨床结构示意图，说明普通平面磨床有哪些运动。

任务2 M7130K平面磨床电路识读及分析

1. M7130K平面磨床的电路识读

M7130K平面磨床的电气控制电路如图7-8所示。图中省略了电磁吸盘线圈，用发光二极管来代替；实际磨床中欠电流继电器KI线圈是和电磁吸盘线圈串联的，在图中作了调整，对实际磨床

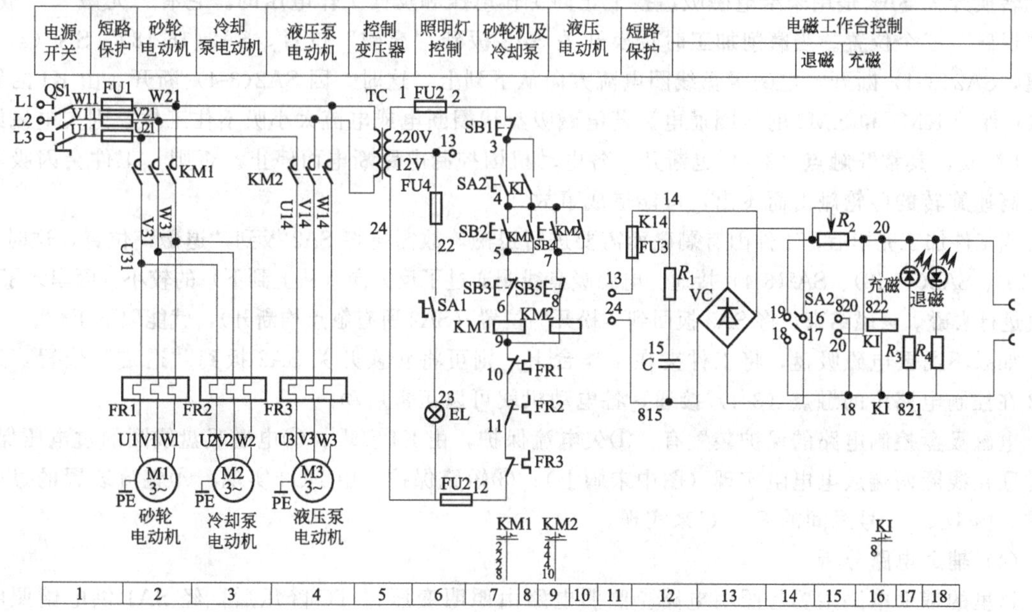

图7-8 M7130K平面磨床的电气控制电路

电气原理的理解，操作及故障排除并无影响。

整个电气控制电路按功能不同可分为主电路、控制电路、电磁吸盘电路和辅助电路四部分。

2. M7130K 平面磨床的电路分析

(1) 主电路分析

电源由总开关 QS1 引入，为机床工作做准备。整个电气电路由熔断器 FU1 作短路保护。

主电路中有三台电动机，M1 为砂轮电动机，M2 为冷却泵电动机，M3 为液压泵电动机。

冷却泵电动机和砂轮电动机同时工作，同时停止，共用接触器 KM1 来控制，液压泵电动机由接触器 KM2 来控制。M1、M2、M3 分别由 FR1、FR2、FR3 实现过载保护。

(2) 控制电路分析

控制电路采用交流 380V 电压供电，由熔断器 FU2 作短路保护。控制电路只有在触点（3-4）接通时才能起作用，而触点（3-4）接通的条件是转换开关 SA2 扳到触点（3-4）接通位置（即 SA2 置“退磁”位置），或者欠电流继电器 KI 的常开触点（3-4）闭合时（即 SA2 置“充磁”位置，且流过 KI 线圈电流足够大，电磁吸盘吸力足够时）。言外之意，电动机控制电路只有在电磁吸盘去磁情况下，磨床进行调整运动及不需电磁吸盘夹持工件时，或在电磁吸盘充磁后正常工作，且电磁吸力足够大时，才可启动电动机。

按下启动按钮 SB2，接触器 KM1 因线圈通电而吸合，其常开辅助触点（4-5）闭合进行自锁，砂轮电动机 M1 及冷却泵电动机 M2 启动运行。按下启动按钮 SB4 接触器 KM2 因线圈通电而吸合，其常开辅助触点（4-7）闭合进行自锁，液压泵电动机启动运转。SB3 和 SB5 分别为它们的停止按钮。

(3) 电磁吸盘（又称电磁工作台）电路分析

电磁吸盘用来吸住工件以便进行磨削。它比机械夹紧迅速、操作快速简便、不损伤工件、一次能吸好多个小工件，以及磨削中工件发热可自由伸缩、不会变形等优点。不足之处是只能对导磁性材料如钢铁等的工件才能吸住。对非导磁性材料如铝和铜的工件没有吸力。

电磁吸盘的线圈通的是直流电，不能用交流电，因为交流电会使工件振动和铁芯发热。

电磁吸盘的控制电路可分成三部分：整流装置、转换开关和保护装置。整流装置由控制变压器 TC 和桥式整流器 VC 组成，提供直流电压。

转换开关 SA2 是用来给电磁吸盘接上正向工作电压和反向工作电压的。它有“充磁”、“放松”和“退磁”三个位置。当磨削加工时转换开关 SA2 扳到“充磁”位置，SA2(16-18)、SA2(17-20) 接通，SA2(3-4) 断开，电磁吸盘线圈电流方向从下到上。这时，因 SA2(3-4) 断开，由 KI 的触点 (3-4) 保持 KM1 和 KM2 的线圈通电。若电磁吸盘线圈断电或电流太小吸不住工件，则欠电流继电器 KI 释放，其常开触点（3-4）也断开，各电动机因控制电路断电而停止。否则，工件会因吸不牢而被高速旋转的砂轮碰击而飞出，可能造成事故。

当工件加工完毕后，工件因有剩磁而需要进行退磁，故需再将 SA2 扳到“退磁”位置，这时 SA2 (16-19)、SA2(17-18)、SA2(3-4) 接通。电磁吸盘线圈通过了反方向（从上到下）的较小（因串入了 R_2）电流进行去磁。去磁结束，将 SA2 扳回到“松开”位置（SA2 所有触点均断开），就能取下工件。

如果不需要电磁吸盘，将工件夹在工作台上，则可将转换开关 SA2 扳到“退磁”位置，这时 SA2 在控制电路中的触点（3-4）接通，各电动机就可以正常启动。

电磁吸盘控制电路的保护装置有：①欠电流保护，由 KI 实现；②电磁吸盘线圈的过电压保护，由并联在线圈两端放电电阻实现（图中未画上）；③短路保护，由 FU3 实现；④整流装置的过电压保护。由 14、15 号线间的 R_1、C 来实现。

(4) 辅助电路分析

这里的辅助电路主要是照明电路。照明电路由照明变压器 TC 降压后，经 SA1 供电给照明灯 EL，在照明变压器副边设有熔断器 FU4 作短路保护。

(5) 注意事项

电磁吸盘电路工作要可靠。

【自己动手】

绘制普通平面磨床电路图，分析平面磨床电气控制过程。

任务3 M7130K 平面磨床电路故障排除、运行与维护

1. M7130K 平面磨床电路故障排除

平面磨床的工作过程是由电气与机械、液压系统紧密结合实现的。因此，在排故中不仅要注意电气部分能否正常工作，也要注意它与机械和液压部分的协调关系。表 7-5 是 M7130K 平面磨床常见电气故障。

表 7-5 M7130K 平面磨床电气故障现象、原因及排除表

故 障 现 象	故 障 原 因	故 障 排 除
电源正常，但所有电动机都不能启动	(1)电磁吸盘控制电路有故障 (2)电动机过载 (3)欠电流继电器 KI(3-4)触点接触不良 (4)SB1 损坏而不通 (5)2、3、9、10、11 号导线有脱落或断开的 (6)FU1 或 FU2 熔断	(1)查 FU3、FU2 有否熔断；TC 是否正常；桥式整流是否正常；SA2 是否损坏；KI 线圈是否烧断；电磁吸盘线圈是否开路 (2)检查 FR1、FR2、FR3 常闭触点是否因电动机过载而断开 (3)修复 KI 或更换 (4)检查或更换 SB1 (5)检查有关导线 (6)检查 FU1 或 FU2
SA2 置退磁位置时，所有电动机都不能启动，其余正常	(1)SA2(3-4)损坏 (2)3、4 线有脱落或有断线	(1)检查 SA2(3-4)修复或更换 (2)查 3、4 号线
液压泵电动机不能启动	(1)SB4、SB5 中有触点接触不良 (2)KM2 线圈烧坏 (3)液压泵电动机已损坏	(1)检查 SB4、SB5 (2)检查或更换 KM2 线圈 (3)更换 M3
电磁吸盘无吸力	(1)FU1、FU2、FU3、FU4 中有熔断 (2)变压器 TC 损坏 (3)桥式整流相邻两二极管都烧成断路 (4)转换开关 SA2 接触不良 (5)欠电流继电器 KI 线圈断开 (6)电磁吸盘线圈开路 (7)13、14、15、16、17、18 号线中有开路或脱落	(1)检查 FU1～FU4 (2)检查 TC 修复或更换 (3)检查并更换二极管 (4)检查并更换 SA2 (5)修理或更换 KI (6)修理或更换电磁吸盘线圈 (7)检查相关导线
电磁吸盘吸力不足	(1)电源电压过低 (2)桥式整流中有一个二极管或一对桥臂上二个二极管开路 (3)电磁吸盘线圈局部短路	(1)检查电源电压 (2)检查并更换二极管 (3)检查并更换电磁吸盘线圈
烧 FU3	(1)桥式整流中一个二极管烧成短路或相邻两个二极管烧成短路 (2)电磁吸盘线圈短路	(1)检查并更换二极管 (2)检查并修复或更换电磁吸盘线圈
充磁正常但不能退磁	(1)SA2 接触不良 (2)R_2 开路	(1)检查更换 SA2 (2)更换 R_2

2. M7130K 平面磨床的运行

(1) 准备工作

① 查看各电器元件上的接线是否牢固，各熔断器是否安装良好。

② 接地线是否安装好，设备下方垫好绝缘垫，将各开关置分断位。

③ 插上三相电源。

④ 电磁吸盘电路工作要可靠。

(2) 试运行

① 再合上 QS1，电源指示灯亮。

② 转动 SA1，照明灯 EL 亮。

③ 把 SA2 扳到“充磁”位置，KI 吸合，充磁指示灯亮。

④ 按 SB2，砂轮电动机 M1 及冷却泵电动机 M2 转动。

⑤ 按 SB4，液压泵电动机 M3 转动。

⑥ SB3 为 M1、M2 两台电动机的停止按钮，SB5 为 M3 的停止按钮，SB1 可同时关停 M1、M2、M3。

⑦ 若 M1、M2、M3 在运转过程中把 SA2 扳到中间“放松”位置，电动机停转。

⑧ 把 SA2 扳到“退磁”位置，退磁指示灯亮。

(3) 注意事项

注意电动机的转向，若转向不对，马上切断电源，把电源或主轴电动机相序调换。

3. M7130K 平面磨床的维护

① 运行中，若发出较大噪声，要及时处理，如接触器发出较大嗡声，一般可将该电器拆下，修复后使用或更换新电器。

② 更换电器配件或新电器时，应按原型号配置。

③ 电动机在使用一段时间后，需加少量润滑油。

【自己动手】

排除平面磨床电路常见故障、运行平面磨床、对平面磨床进行维护。

任务 4　M7130K 平面磨床故障排除训练

根据磨床电气控制电路，设置故障点并进行故障排除。

(1) 故障点设置原则

① 设置的故障点，必须模拟机床在使用过程中，由于受到振动、受潮、高温、异物侵入、电动机负载及电路长期过载运行、启动频繁、安装质量低劣和调整不当等原因造成的自然故障。

② 不要设置改动电路、换线、更换电器元件等由于人为原因造成的非自然故障。

③ 故障点的设置，应做到隐蔽且设置方便，除简单控制电路外，两处故障一般不宜设置在单独支路或单一回路中。

④ 对于设置一个以上故障点的电路，其故障现象应尽可能不要相互掩盖。

⑤ 不设置容易造成人身或设备事故的故障点。

⑥ 设置的故障点，难易适中。

(2) 故障点设置方案

① 故障设置参考表。M7130K 平面磨床故障设置可参考表 7-6 所示。

表 7-6　M7130K 平面磨床故障设置一览表

开关断开	故障现象	备注
K1	机床不能启动	
K2	砂轮电动机不能启动	充磁时，砂轮电动机不能启动；退磁时，砂轮电动机可以启动
K3	退磁时，砂轮电动机不能启动	充磁时，砂轮电动机可以启动；退磁时，砂轮电动机不能启动
K4	退磁时，砂轮电动机只能点动；充磁时，砂轮电动机不能启动	
K5	砂轮电动机自行启动	电磁吸盘充磁或者退磁时，砂轮电动机自行启动
K6	砂轮电动机不能启动	充磁、退磁砂轮电动机都不能启动
K7	砂轮电动机不能启动	充磁、退磁砂轮电动机都不能启动

续表

开关断开	故障现象	备注
K8	机床不能启动	
K9	机床不能启动	
K10	机床不能启动	
K11	液压泵不能启动	
K12	液压泵不能启动	
K13	液压泵不能启动	表现为充磁或退磁时,电磁吸盘工作指示灯不亮
K14	电磁吸盘不能工作	表现为充磁或退磁时,电磁吸盘工作指示灯不亮
K15	电磁吸盘不能工作	表现为充磁或退磁时,电磁吸盘工作指示灯不亮
K16	电磁吸盘不能工作	表现为充磁或退磁时,电磁吸盘工作指示灯不亮
K17	电磁吸盘吸力不足	电磁吸盘充磁时,表现为电磁吸盘工作指示灯亮度不够
K18	退磁效果不好	电磁吸盘退磁时,表现为电磁吸盘工作指示灯亮度很亮
K19	电磁吸盘不能退磁	表现为退磁时,电磁吸盘工作指示灯不亮
K20	电磁吸盘不能充磁	表现为充磁时,电磁吸盘工作指示灯不亮
K21	电磁吸盘不能工作	表现为充磁或退磁时,电磁吸盘工作指示灯不亮
K22	充磁时,砂轮电动机不能启动	
K23	电磁吸盘不工作	充磁(或退磁)时,充磁(退磁)指示灯亮,电磁吸盘工作指示灯不亮
K24	照明灯灯不亮	

② 故障设置参考电路。M7130K 平面磨床故障设置电路可参考图 7-9 所示。

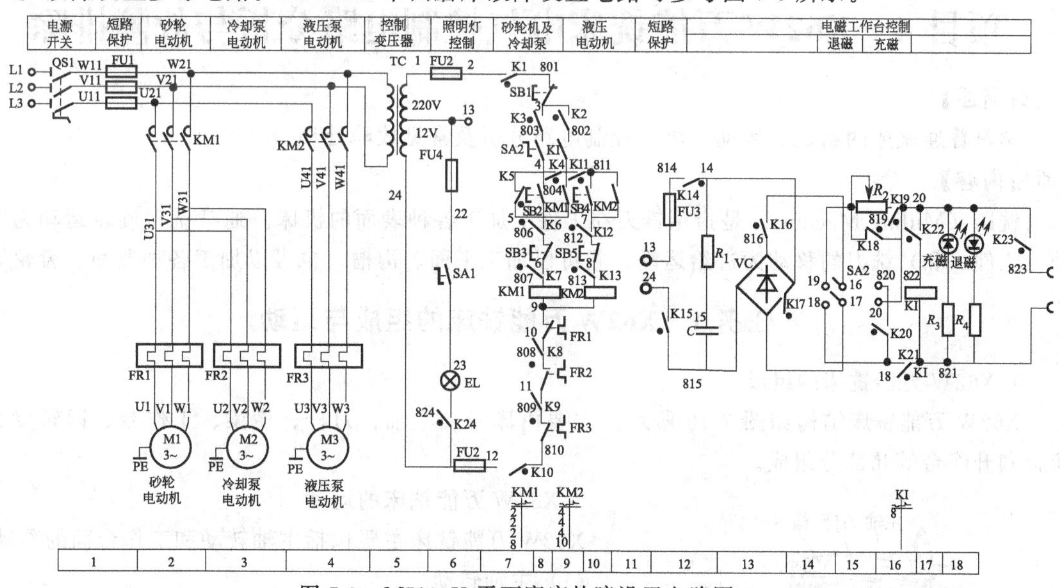

图 7-9 M7130K 平面磨床故障设置电路图

(3) 故障判断与排除

M7130K 平面磨床故障判断与排除可参考图 7-9。

① 先熟悉原理图。

② 熟悉电器元件的安装位置，明确各电器元件作用。

③ 用通电方法发现故障现象，进行故障分析，缩小故障范围。

④ 断电排除故障。

⑤ 通电试车。

(4) 注意事项

① 排故时，严禁扩大故障范围或产生新的故障，并不得损坏电器元件。

② 设备应在指导教师指导下操作，安全第一。

③ 设备通电后，严禁在电器侧随意扳动电器件。

④ 进行排故训练，尽量采用不带电排故。若带电排故，则必须有指导教师在现场监护。

⑤ 安装好各电动机、支架接地线、设备下方垫好绝缘橡胶垫，厚度不小于 8mm。

⑥ 操作前仔细查看各接线端，有无松动或脱落，以免通电后发生意外或损坏电器。

⑦ 操作中若发出不正常声响，应立即断电，查明故障原因待修。

⑧ 发现熔芯熔断，应找出故障后，方可更换同规格熔芯。

⑨ 在排故故障中不要随便互换线端处号码管。

⑩ 排故结束后，断开设备电源。

⑪ 作好排故记录。

【自己动手】

设置平面磨床故障、观察故障现象、取消故障设置、运行平面磨床。

【问题与思考】

(1) M7130K 平面磨床的用途是什么?

(2) M7130K 平面磨床由哪几部分组成?

(3) M7130K 平面磨床为什么用电磁吸盘来夹持工件?

(4) M7130K 平面磨床的电磁吸盘使用的是直流电，还是交流电?

项目 4　X62W 万能铣床电气控制电路分析与故障排除

【项目描述】

学习普通铣床的组成、运动、电气控制电路分析及常见故障处理。

【项目内容】

铣床 (Milling Machine) 是指用铣刀在工件上加工各种表面的机床。通常铣刀旋转运动为主运动，工件 (和) 铣刀的移动为进给运动。它可以加工平面、沟槽，也可以加工各种曲面、齿轮等。

任务 1　X62W 万能铣床的组成与运动

1. X62W 万能铣床的组成

X62W 万能铣床结构如图 7-10 所示。主要由床身、主轴、刀杆、横梁、工作台、回转盘、横溜板和升降台等几部分组成。

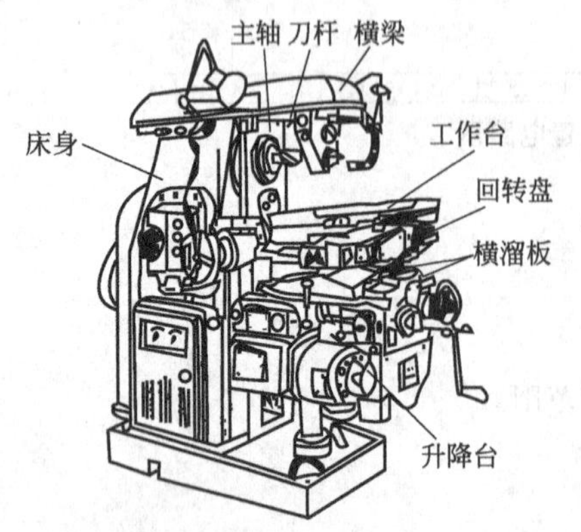

图 7-10　X62W 万能铣床结构图

2. X62W 万能铣床的运动

X62W 万能铣床主要包括主轴转动和工作台面的移动。

(1) 主轴转动

主轴转动是由主轴电动机通过弹性联轴器来驱动传动机构，当机构中的一个双联滑动齿轮块啮合时，主轴即可旋转。

(2) 工作台面的移动

工作台面的移动是由进给电动机驱动，它通过机械机构使工作台能进行三种形式六个方向的移动，即：工作台面能直接在溜板上部可转动部分的导轨上作纵向 (左、右) 移动；工作台面借助横溜板作横向 (前、后) 移动；工作台面还能借助升降台作垂直 (上、下) 移动。

(3) 注意事项

① 三台电动机，分别为主轴电动机、进给电动机和冷却泵电动机。

② 由于加工时有顺铣和逆铣两种，主轴电动机能正反转及在变速时能瞬时冲动，以利于齿轮的啮合，能制动停车和实现两地控制。

③ 工作台的三种运动形式、六个方向的移动是依靠机械的方法来达到的，对进给电动机要求能正反转，且要求纵向、横向、垂直三种运动形式相互间应有联锁，以确保操作安全。同时要求工作台进给变速时，电动机也能瞬间冲动、快速进给及两地控制等要求。

④ 冷却泵电动机只要求正转。

⑤ 进给电动机与主轴电动机需实现两台电动的联锁控制，即主轴工作后才能进行进给。

3. X62W 万能铣床的电源和部分电器元件

(1) 电源

50Hz、380V 三相交流电源。

(2) 电器元件

十字复式操作手柄、制动电阻器、速度继电器、牵引电磁铁、转换开关、限位开关、控制按钮、指示灯、断路器、熔断器、接触器、热继电器、变压器和电动机等。

【自己动手】

绘制 X62W 铣床结构示意图，说明铣床有哪些运动。

任务2 X62W 万能铣床电路识读及分析

1. X62W 万能铣床电路识读

X62W 万能铣床的电气原理图，如图 7-11 所示。主要由主电路、控制电路和辅助电路三部分组成。

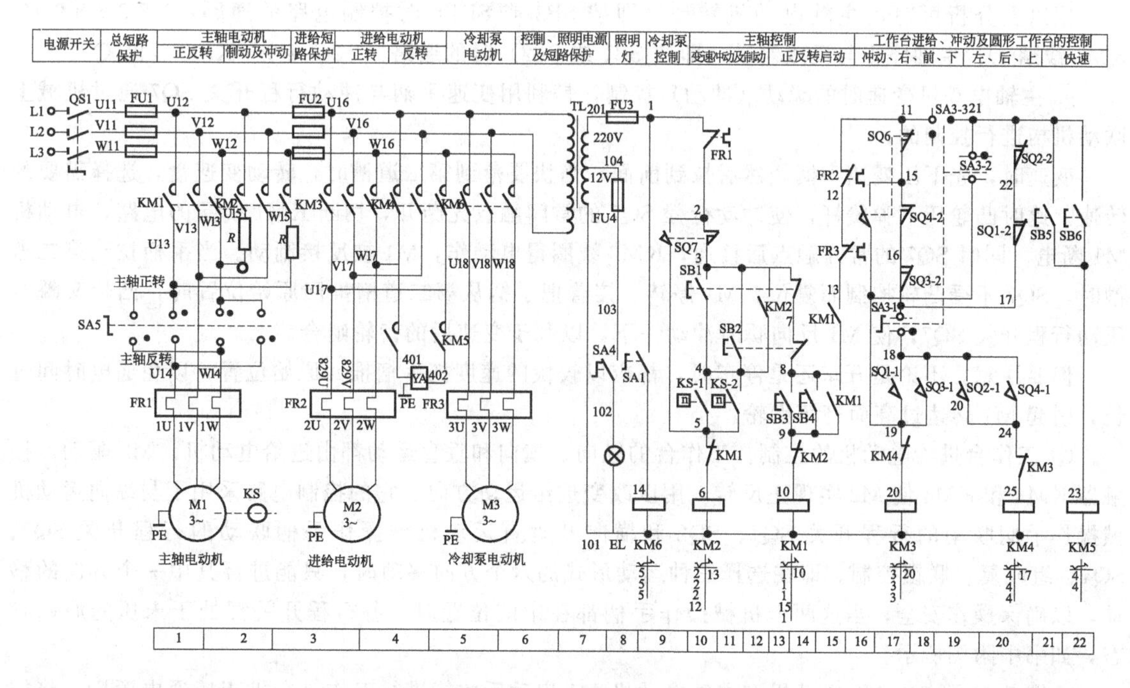

图 7-11 X62W 万能铣床的电气控制电路

2. X62W 万能铣床电路分析

(1) 主电路分析

主电路有三台电动机。M1 是主轴电动机；M2 是进给电动机；M3 是冷却泵电动机。

① 主轴控制。主轴控制是由主轴电动机 M1 通过换相开关 SA5 与接触器 KM1 配合，能进行正

反转控制，而与接触器 KM2、制动电阻器 R 及速度继电器的配合，能实现串电阻瞬时冲动和正反转反接制动控制，并能通过机械进行变速。.

② 进给控制。进给控制是由电动机 M2 进行正反转控制，通过接触器 KM3、KM4 与行程开关及 KM5、牵引电磁铁 YA 配合，实现进给变速时的瞬时冲动、六个方向的常速进给和快速进给控制。

③ 冷却泵控制。冷却泵控制是电动机 M3 控制冷却泵正转。

④ 熔断器 FU1 作机床总短路保护，也兼作 M1 的短路保护；FU2 作为 M2、M3 及控制变压器 TC、照明灯 EL 的短路保护；热继电器 FR1、FR2、FR3 分别作为 M1、M2、M3 的过载保护。

(2) 控制电路分析

① 主轴电动机的控制。

a. SB1、SB3 与 SB2、SB4 是分别装在机床两边的停止（制动）和启动按钮，实现两地控制，方便操作。

b. KM1 是主轴电动机启动接触器，KM2 是反接制动和主轴变速冲动接触器。

c. SQ7 是与主轴变速手柄联动的瞬时动作行程开关。

d. 主轴电动机需启动时，要先将 SA5 扳到主轴电动机所需要的旋转方向，然后再按启动按钮 SB3 或 SB4 来启动电动机 M1。

e. M1 启动后，速度继电器 KS 的一副常开触点闭合，为主轴电动机的停转制动作好准备。

f. 停车时，按停止按钮 SB1 或 SB2 切断 KM1 电路，接通 KM2 电路，改变 M1 的电源相序进行串电阻反接制动。当 M1 的转速低于 120r/min 时，速度继电器 KS 的一副常开触点恢复断开，切断 KM2 电路，M1 停转，制动结束。

据以上分析可写出主轴电动机转动（即按 SB3 或 SB4）时控制电路的通路：1-2-3-7-8-9-10-KM1 线圈-O；主轴停止与反接制动（即按 SB1 或 SB2）时的通路：1-2-3-4-5-6-KM2 线圈-O。

g. 主轴电动机变速时的瞬动（冲动）控制，是利用变速手柄与冲动行程开关 SQ7 通过机械上联动机构进行控制的。

变速时，先下压变速手柄，然后拉到前面，当快要落到第二道槽时，转动变速盘，选择需要的转速。此时凸轮压下弹簧杆，使冲动行程 SQ7 的常闭触点先断开，切断 KM1 线圈的电路，电动机 M1 断电；同时 SQ7 的常开触点后接通，KM2 线圈得电动作，M1 被反接制动。当手柄拉到第二道槽时，SQ7 不受凸轮控制而复位，M1 停转。接着把手柄从第二道槽推回原始位置时，凸轮又瞬时压动行程开关 SQ7，使 M1 反向瞬时冲动一下，以利于变速后的齿轮啮合。

但要注意，不论是开车还是停车时，都应以较快的速度把手柄推回原始位置，以免通电时间过长，引起 M1 转速过高而打坏齿轮。

② 工作台进给电动机的控制。工作台的纵向、横向和垂直运动都由进给电动机。M2 驱动，接触器 KM3 和 KM4 使 M2 实现正反转，用以改变进给运动方向。它的控制电路采用了与纵向运动机械操作手柄联动的行程开关 SQ1、SQ2 和横向及垂直运动机械操作手柄联动的行程开关 SQ3、SQ4、组成复合联锁控制。即在选择三种运动形式的六个方向移动时，只能进行其中一个方向的移动，以确保操作安全，当这两个机械操作手柄都在中间位置时，各行程开关都处于未压的原始状态，如书中附图所示。

由图 7-11 可知：M2 电动机在主轴电动机 M1 启动后才能进行工作。在机床接通电源后，将控制圆形工作台的组合开关 SA3 扳到断开，使触点 SA3-1(17-18) 和 SA3-3(12-21) 闭合，而 SA3-2 (19-21) 断开，然后启动 M1，这时接触器 KM1 吸合，使 KM1(9-12) 闭合，就可进行工作台的进给控制。

a. 工作台纵向（左右）运动控制。工作台的纵向运动是由进给电动机 M2 驱动，由纵向操纵手柄来控制。此手柄是复式的，一个安装在工作台底座的顶面中央部位，另一个安装在工作台底座的左下方。手柄有三个：向左、向右、零位。当手柄扳到向右或向左运动方向时，手柄的联动机构压下行程 SQ1 或 SQ2，使接触器 KM3 或 KM4 动作，控制进给电动机 M2 的正反转。工作台左右运动的行程，可通过调整安装在工作台两端的撞铁位置来实现。当工作台纵向运动到极限位置时，撞铁撞动纵向操纵手柄，使它回到零位，M2 停转，工作台停止运动，从而实现了纵向终端保护。

工作台向左运动。在 M1 启动后，将纵向操作手柄扳至向左位置，一方面机械接通纵向离合器，同时在电气上压下 SQ2，使 SQ2-2 断，SQ2-1 通，而其他控制进给运动的行程开关都处于原始位置，此时使 KM4 吸合，M2 反转，工作台向左进给运动。其控制电路的通路为：12-15-16-17-18-24-25-KM4 线圈-O。

工作台向右运动。当纵向操纵手柄扳至向右位置时，机械上仍然接通纵向进给离合器，但却压动了行程开关 SQ1，使 SQ1-2 断，SQ1-1 通，使 KM3 吸合，M2 正转，工作台向右进给运动，其通路为：12-15-16-17-18-19-20-KM3 线圈-O。

b. 工作台垂直（上下）和横向（前后）运动的控制。工作台的垂直和横向运动，由垂直和横向进给手柄操纵。此手柄也是复式的，有两个完全相同的手柄分别装在工作台左侧的前、后方。手柄的联动机械一方面压下行程开关 SQ3 或 SQ4，同时能接通垂直或横向进给离合器。操纵手柄有五个位置（上、下、前、后、中间)，五个位置是联锁的，工作台的上下和前后的终端保护是利用装在床身导轨旁与工作台座上的撞铁，将操纵十字手柄撞到中间位置，使 M2 断电停转。

工作台向前（或者向下）运动的控制：将十字操纵手柄扳至向前（或者向下）位置时，机械上接通横向进给（或者垂直进给）离合器，同时压下 SQ3，使 SQ3-2 断，SQ3-1 通，使 KM3 吸合，M2 正转，工作台向前（或者向下）运动。其通路为：12-21-22-17-18-19-20-KM3 线圈-O。

工作台向后（或者向上）运动的控制：将十字操纵手柄扳至向后（或者向上）位置时，机械上接通横向进给（或者垂直进给）离合器，同时压下 SQ4，使 SQ4-2 断，SQ4-1 通，使 KM4 吸合，M2 反转，工作台向后（或者向上）运动。其通路为：12-21-22-17-18-24-25-KM4 线圈-O。

c. 进给电动机变速时的瞬动（冲动）控制。变速时，为使齿轮易于啮合，进给变速与主轴变速一样，设有变速冲动环节。当需要进行进给变速时，应将转速盘的蘑菇形手轮向外拉出并转动转速盘，把所需进给量的标尺数字对准箭头，然后再把蘑菇形手轮用力向外拉到极限位置并随即推向原位，就在一次操纵手轮的同时，其连杆机构二次瞬时压下行程开关 SQ6，使 KM3 瞬时吸合，M2 作正向瞬动。其通路为：12-21-22-17-16-15-19-20-KM3 线圈 O，由于进给变速瞬时冲动的通电回路要经过 SQ1-SQ4 四个行程开关的常闭触点，因此只有当进给运动的操作手柄都在中间（停止）位置时，才能实现进给变速冲动控制，以保证操作时的安全。同时，与主轴变速时冲动控制一样，电动机的通电时间不能太长，以防止转速过高，在变速时打坏齿轮。

d. 工作台的快速进给控制。为提高劳动生产率，要求铣床在不作铣切加工时，工作台能快速移动。

工作台快速进给也是由进给电动机 M2 来驱动，在纵向、横向和垂直三种运动形式六个方向上都可以实现快速进给控制。

主轴电动机启动后，将进给操纵手柄扳到所需位置，工作台按照选定的速度和方向作常速进给移动时，再按下快速进给按钮 SB5(或 SB6)，使接触器 KM5 通电吸合，接通牵引电磁铁 YA，电磁铁通过杠杆使摩擦离合器合上，减少中间传动装置，使工作台按运动方向作快速进给运动。当松开快速进给按钮时，电磁铁 YA 断电，摩擦离合器断开，快速进给运动停止，工作台仍按原常速进给时的速度继续运动。

③ 圆形工作台运动的控制。

铣床如需铣切螺旋槽、弧形槽等曲线时，可在工作台上安装圆形工作台及其传动机械，圆形工作台的回转运动也是由进给电动机 M2 传动机构驱动的。

圆形工作台工作时，应先将进给操作手柄都扳到中间（停止）位置，然后将圆形工作台组合开关 SA3 扳到圆形工作台接通位置。此时 SA3-1 断，SA3-3 断，SA3-2 通。准备就绪后，按下主轴启动按钮 SB3 或 SB4，则接触器 KM1 与 KM3 相继吸合。主轴电动机 M1 与进给电动机 M2 相继启动并运转，而进给电动机仅以正转方向带动圆形工作台作定向回转运动。其通路为：12-15-16-17-22-21-19-20-KM3 线圈-O，由上可知，圆形工作台与工作台进给有互锁，即当圆形工作台工作时，不允许工作台在纵向、横向、垂直方向上有任何运动。若误操作而扳动进给运动操纵手柄（即压下 SQ1－SQ4、SQ6 中任一个），M2 即停转。

（3）辅助电路分析

这里的辅助电路主要是照明电路。照明电路由照明变压器 TL 降压后，经 SA4 供电给照明灯 EL，在照明变压器副边设有熔断器 FU4 作短路保护。

（4）注意事项

主轴电动机为正反转。

【自己动手】

绘制普通铣床电路图，分析铣床电气控制过程。

任务 3　X62W 万能铣床电路故障排除、运行与维护

1. X62W 万能铣床电路故障排除

X62W 万能铣床的工作过程是由电气与机械、液压系统紧密结合实现的。因此，在排故中不仅要注意它与机械和液压部分的协调关系，也要注意电气部分能否正常工作。表 7-7 是 X62W 万能铣床电气故障现象及排除表。

表 7-7　X62W 万能铣床电气故障现象、原因、排除表

故障现象	故障原因	故障排除
主轴停车时无制动	(1)反接制动接触器 KM2 不吸合 (2)速度继电器不能正常闭合 (3)有缺相	(1)检查 KM2 (2)检查速度继电器 (3)检查有无缺相
主轴停车后产生短时反向旋转	速度继电器动触点弹簧调整得过松	检查速度继电器
按下停止按钮后主轴电机不停转	(1)接触器 KM1 主触点熔焊 (2)反接制动时两相运行 (3)SB3 或 SB4 在启动 M1 后绝缘被击穿	(1)检查接触器 KM1 主触点 (2)检查反接制动时是否两相运行 (3)检查 SB3 或 SB4 在启动 M1 后绝缘
工作台不能作向上进给运动	(1)不能快速进给 (2)不能进给变速冲动或圆工作台向前进给 (3)不能向左进给及向后进给	(1)检查快速进给 (2)检查不能进给变速冲动或圆工作台向前进给 (3)检查不能向左进给及向后进给
工作台不能作纵向进给运动	(1)横向或垂直进给不正常 (2)行程开关 SQ6(12-15)、SQ4-2 及 SQ3-2 不能闭合 (3)进给变速冲动不正常 (4)SQ6(12-15)及 SQ1-1、SQ2-1 不正常	(1)检查横向或垂直进给是否正常 (2)检查行程开关 SQ6(12-15)、SQ4-2 及 SQ3-2 (3)检查进给变速冲动是否正常 (4)检查 SQ6(12-15)及 SQ1-1、SQ2-1
工作台各个方面都能进给	(1)进给变速冲动或圆工作台控制异常 (2)开关 SA3-1 及引接线 17、18 异常 (3)接触器 KM3 不吸合 (4)电动机的接线及绕组故障	(1)检查进给变速冲动或圆工作台控制异常 (2)检查开关 SA3-1 及引接线 17、18 异常 (3)检查接触器 KM3 触点 (4)检查电动机的接线及绕组
工作台不能快速进给	(1)牵引电磁铁电路不通 (2)杠杆卡死或离合器摩擦片间隙调整不当	(1)检查牵引电磁铁电路 (2)检查杠杆卡死或离合器摩擦片间隙

2. X62W 万能铣床的运行

(1) 准备工作

① 查看各电器元件上的接线是否牢固，各熔断器是否安装良好。

② 接地线是否安装好，设备下方垫好绝缘垫，将各开关置分断位。

③ 插上三相电源。

(2) 试运行

① 合上低压断路器开关 QS1。

② SA5 置左位（或右位），电动机 M1 正转或反转指示灯亮，主轴电动机正转或反转。

③ 旋转 SA4 开关，照明灯亮。

④ 转动 SA1 开关，冷却泵电动机工作，指示灯亮。

⑤ 按下 SB3 按钮（或 SB1 按钮），电动机 M1 启动（或反接制动）；按下 SB4 按钮（或 SB2 按钮），M1 启动（或反接制动）。

⑥ 主轴电动机 M1 变速冲动操作。

实际机床的变速是通过变速手柄的操作，瞬间压动 SQ7 行程开关，使电动机产生微转，从而能使齿轮较好实现换挡啮合。

本操作要用手动操作 SQ7，模仿机械的瞬间点动操作，使电动机 M1 通电后，立即停转，形成微动或抖动。操作时要迅速，以免出现连续运转现象。

⑦ 主轴电动机 M1 停转后，转动 SA5 转换开关，按启动按钮 SB3 或 SB4，使电动机换向。

⑧ 进给电动机控制（SA3 开关状态：SA3-1、SA3-3 闭合，SA3-2 断开）。

实际机床中的进给电动机 M2 用于驱动工作台横向（前、后）、升降和纵向（左、右）移动时，均通过机械离合器来实现控制状态的选择，电动机只作正、反转控制，机械状态手柄与电气开关的动作对应关系如下：

工作台横向、升降控制：由十字复式操作手柄控制，既控制离合器又控制相应开关。

工作台向后、向上运动：电动机 M2 反转（SQ4 压下）。

工作台向前、向下运动：电动机 M2 正转（SQ3 压下）。

模拟操作：按动 SQ4，M2 反转；按动 SQ3，M2 正转。

⑨ 工作台纵向（左、右）进给运动控制（SA3 开关状态：SA3-1、SA3-3 闭合，SA3-2 断开）。

实际机床专用“纵向”操作手柄，既控制相应离合器，又压动对应的开关 SQ1 和 SQ2，使工作台实现纵向的左和右运动。

模拟操作：按动 SQ1，M2 正转；按动 SQ2，M2 反转。

⑩ 工作台快速移动操作。

在实际机床中，按动 SB5 或 SB6 按钮，电磁铁 YA 动作，改变机械传动链中中间传动装置，实现各方向的快速移动。

模拟操作：在按动 SB5 或 SB6 按钮，KM5 吸合，相应指示灯亮。

⑪ 进给变速冲动（功能与主轴冲动相同，便于换挡时齿轮的啮合）。

实际机床中的变速冲动是操作变速手柄时，通过联动机构瞬时带动“冲动行程开关 SQ6”，使电动机产生冲动。

模拟“冲动”操作：按 SQ6，电动机 M2 冲动。操作此开关时应迅速压与放，以模仿瞬动压下的效果。

⑫ 圆形工作台回转运动控制。

将圆形工作台转换开关 SA3 扳到所需位置，此时，SA3-1、SA3-3 触点分断，SA3-2 触点接通。在启动主轴电动机后，M2 电动机正转，实际中即为圆形工作台转动（此时工作台全部操作手柄扳在零位，即 SQ1－SQ4 均不压下）。

（3）注意事项

注意电动机的转向，若转向不对，马上切断电源，把电源或主轴电动机相序调换。

3. X62W 万能铣床的维护

① 运行中，若发出较大噪声，要及时处理，如接触器发出较大嗡声，一般可将该电器拆下，修复后使用或更换新电器。

② 更换电器配件或新电器时，应按原型号配置。

③ 电动机在使用一段时间后，需加少量润滑油。

【自己动手】

排除 X62W 万能铣床电路故障、运行铣床、对铣床进行维护。

任务 4　X62W 万能铣床的故障排除训练

根据 X62W 万能铣床电气控制电路，设置故障点并进行故障排除。

（1）故障点设置原则

① 设置的故障点，必须模拟铣床在使用过程中，由于受到振动、受潮、高温、异物侵入、电动机负载及电路长期过载运行、启动频繁、安装质量低劣和调整不当等原因造成的自然故障。

② 不要设置改动电路、换线、更换电器元件等由于人为原因造成的非自然故障。

③ 故障点的设置，应做到隐蔽且设置方便，除简单控制电路外，两处故障一般不宜设置在单独支路或单一回路中。

④ 对于设置一个以上故障点的电路，其故障现象应尽可能不要相互掩盖。

⑤ 不设置容易造成人身或设备事故的故障点。

⑥ 设置的故障点，难易适中。

（2）故障点设置方案

① 故障设置参考表。X62W 万能铣床故障设置可参考表 7-8 所示。

表 7-8　X62W 万能铣床故障设置一览表

开关断开	故障现象	备　注
K1	主轴、进给均不能启动	照明、冷却泵工作正常
K2	主轴无变速冲动	主电动机的正、反转及停止制动均正常
K3	按 SB1 停止时无制动	SB2 制动正常
K4	主轴电动机无制动	按 SB1、SB2 停止时主轴均无制动
K5	主轴电动机不能启动	主轴不能启动，按下 SQ7 主轴可以冲动
K6	主轴不能启动	主轴不能启动，按下 SQ7 主轴可以冲动
K7	进给电动机不能启动	主轴能启动，进给电动机不能启动
K8	进给电动机不能启动	主轴能启动，进给电动机不能启动
K9	进给电动机不能启动	主轴能启动，进给电动机不能启动
K10	冷却泵电动机不能启动	
K11	进给变速无冲动，圆形工作台不能工作	非圆形工作台工作正常
K12	工作台不能左右进给	向上（或向后）、向下（或向前）进给正常，进给变速无冲动
K13	工作台不能左右进给	向上（或向后）、向下（或向前）进给正常，能进行进给变速冲动
K14	非圆形工作台不工作	圆形工作台工作正常
K15	工作台不能向左进给	非圆形工作台工作时，不能向左进给，其他方向进给正常
K16	进给电动机不能正转	圆形工作台不能工作；非圆形工作台工作时，不能向左、向上或向后进给
K17	工作台不能向上或向后进给	非圆形工作台工作时，不能向上或向后进给，其他方向进给正常
K18	圆形工作台不能工作	非圆形工作台工作正常，能进给冲动

续表

开关断开	故障现象	备　注
K19	圆形工作台不能工作	非圆形工作台工作正常，能进给冲动
K20	工作台不能向右进给	非圆形工作台工作时，不能向右进给，其他方向进给正常
K21	不能上下(或前后)进给，不能快进	圆形工作台工作正常，非圆形工作台工作时，能左右进给，不能快进，不能上下(或前后)进给
K22	不能上下(或前后)进给	圆形工作台工作正常，非圆形工作台工作时，能左右进给，左右进给时能快进；不能上下(或前后)进给
K23	不能向下(或前)进给	非圆形工作台工作时，不能向下或向前进给，其他方向进给正常
K24	进给电动机不能反转	圆形工作台工作正常；非圆形工作台工作时，不能向右、向下或向前进给
K25	只能一地快进操作	进给电动机启动后，按 SB5 不能快进，按 SB6 能快进
K26	只能一地快进操作	进给电动机启动后，按 SB5 能快进，按 SB6 不能快进
K27	不能快进	进给电动机启动后，不能快进
K28	电磁阀不动作	进给电动机启动后，按下 SB5(或 SB6)，KM5 吸合，电磁阀 YA 不动作
K29	进给电动机不转	进给操作时，KM3 或 KM4 能动作，但进给电动机不转

② 故障设置参考图。X62W 万能铣床故障设置电路可参照图 7-12 所示。

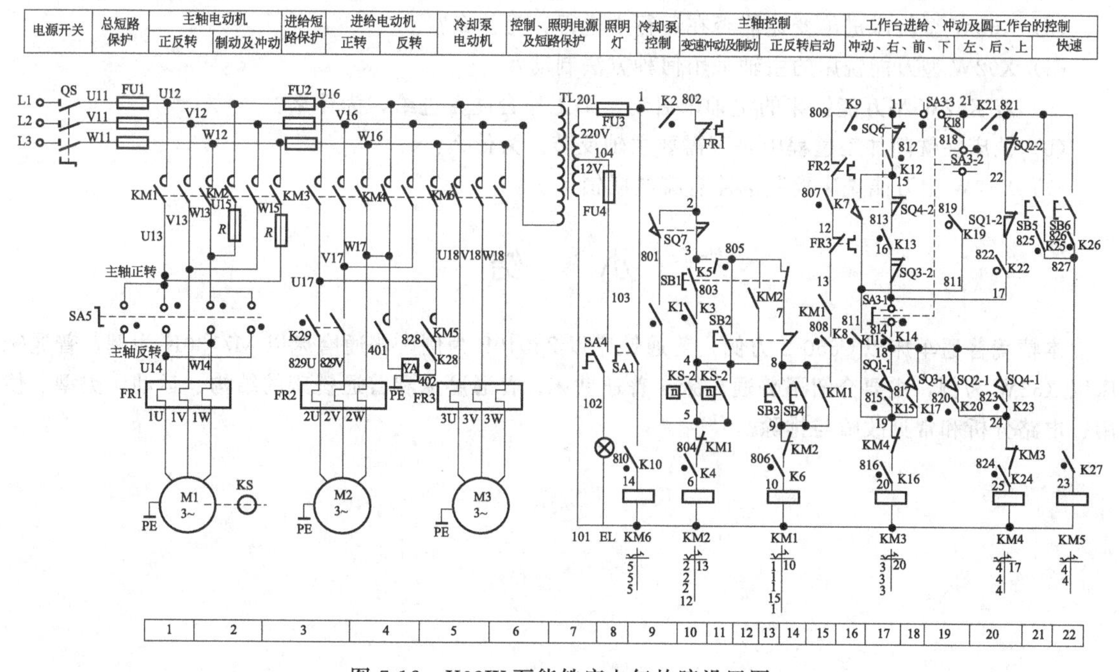

图 7-12　X62W 万能铣床电气故障设置图

(3) 故障判断与排除

故障判断与排除可参考图 7-12。

① 先熟悉原理图。

② 熟悉电器元件的安装位置，明确各电器元件作用。

③ 用通电方法发现故障现象，进行故障分析，缩小故障范围。

④ 断电排除故障。

⑤ 再通电试车。

(4) 注意事项

① 排故时，严禁扩大故障范围或产生新的故障，并不得损坏电器元件。

② 设备应在指导教师指导下操作，安全第一。

③ 设备通电后，严禁在电器侧随意扳动电器件。

④ 进行排故训练，尽量采用不带电排故。若带电排故，则必须有指导教师在现场监护。

⑤ 安装好各电动机、支架接地线、设备下方垫好绝缘橡胶垫，厚度不小于 8mm。

⑥ 操作前仔细查看各接线端，有无松动或脱落，以免通电后发生意外或损坏电器。

⑦ 操作中若发出不正常声响，应立即断电，查明故障原因待修。

⑧ 发现熔芯熔断，应找出故障后，方可更换同规格熔芯。

⑨ 在排故故障中不要随便互换线端处号码管。

⑩ 排故结束后，断开设备电源。

⑪ 作好排故记录。

【自己动手】

设置铣床故障、观察故障现象、取消故障设置、运行铣床。

【问题与思考】

(1) X62W 铣床的用途是什么?

(2) X62W 铣床由哪几部分组成?

(3) X62W 型铣床进给变速能否在运行中进行，为什么?

(4) X62W 型万能铣床的主轴采用何种方法制动?

(5) 若 X62W 型万能铣床的主轴未启动，则工作台能否进给，为什么?

(6) 铣床在铣削加工过程中是否需要主轴反转。为什么?

(7) X62W 型万能铣床控制电路有哪些联锁保护?

小　　结

本情境普通车床以 C650-2 为例，普通钻床以 Z3040B 为例，普通磨床以 M7130K 为例，普通铣床以 X62W 为例，主要介绍了普通车床、普通钻床、普通磨床和普通铣床的结构、运动、类型、使用、电路分析和常见故障与排除。

情境8　特殊机械电路分析与故障排除

【教学提示】

<table>
<tr><td rowspan="4">教</td><td>知识重点</td><td>(1)桥式起重机的结构、电路组成和应用
(2)注塑机的结构、电路组成和应用
(3)电梯的结构、电路组成和应用</td></tr>
<tr><td>知识难点</td><td>特殊机械电路分析</td></tr>
<tr><td>推荐讲授方式</td><td>从任务入手,从实际电路出发,讲练结合</td></tr>
<tr><td>建议学时</td><td>8 学时</td></tr>
<tr><td rowspan="3">学</td><td>推荐学习方法</td><td>自己先预习,不懂的地方作出记录,查资料,听老师讲解;在老师指导下连接电路,但不要盲目通电</td></tr>
<tr><td>需要掌握的知识</td><td>特殊机械的电路组成</td></tr>
<tr><td>需要掌握的技能</td><td>(1)能够进行特殊机械的常规电路接线
(2)正确处理常见故障</td></tr>
</table>

【学习目标】

(1) 学习桥式起重机的结构、类型及使用、电路分析与维护、常见故障与排除。

(2) 学习注塑机的结构、类型及使用、电路分析与维护、常见故障与排除。

(3) 学习电梯的结构、类型及使用、电路分析与维护、常见故障与排除。

项目1　桥式起重机电路分析与故障排除

【项目描述】

学习桥式起重机的结构、运动、电气控制电路分析及常见故障处理。

【项目内容】

桥式起重机是横架于车间、仓库和料场上空进行物料吊运的起重设备。由于它的两端坐落在高大的水泥柱或者金属支架上，形状似桥。桥式起重机的桥架沿铺设在两侧高架上的轨道纵向运行，可以充分利用桥架下面的空间吊运物料，不受地面设备的阻碍。它是使用范围最广、数量最多的一种起重机械。

任务1　桥式起重机的结构

如图8-1所示，普通桥式起重机一般由起重小车、桥架运行机构、桥架金属结构组成。

1. 起重小车

起重小车又由起升机构、小车运行机构和小车架三部分组成，如图8-1 (a) 所示。

(1) 起升机构

起升机构包括电动机、制动器、减速器、卷筒和滑轮组。电动机通过减速器，带动卷筒转动，使钢丝绳绕上卷筒或从卷筒放下，以升降重物，如图8-1 (b) 所示。

(2) 小车架

小车架是支托和安装起升机构和小车运行机构等部件的机架，通常为焊接结构，如图8-1 (c) 所示。

2. 桥架运行机构

运行机构一般只用四个主动和从动车轮，如果起重量很大，常用增加车轮的办法来降低轮压。当车轮超过四个时，必须采用铰接均衡车架装置，使起重机的载荷均匀地分布在各车轮上。

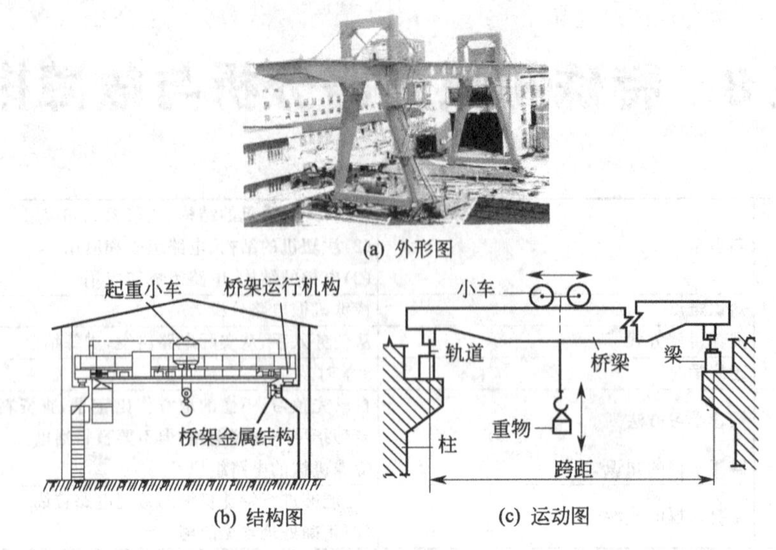

(a) 外形图

(b) 结构图　　(c) 运动图

图 8-1　桥式起重机结构

桥架运行机构的驱动方式可分为两大类：一类为集中驱动，即用一台电动机带动长传动轴驱动两边的主动车轮；另一类为分别驱动、即两边的主动车轮各用一台电动机驱动。中、小型桥式起重机较多采用制动器、减速器和电动机组合成一体的“三合一”驱动方式，大起重量的普通桥式起重机为便于安装和调整，驱动装置常采用万向联轴器。

3. 桥架金属结构

桥架金属结构由主梁和端梁组成，分为单主梁桥架和双梁桥架两类。单主梁桥架由单根主梁和位于跨度两边的端梁组成，双梁桥架由两根主梁和端梁组成。

主梁与端梁刚性连接，端梁两端装有车轮，用以支承桥架在高架上运行。主梁上焊有轨道，供起重小车运行。桥架主梁的结构类型较多比较典型的有箱形结构、四桁架结构和空腹桁架结构。

(1) 箱形结构

箱形结构又可分为正轨箱形双梁、偏轨箱形双梁、偏轨箱形单主梁等几种。正轨箱形双梁是广泛采用的一种基本形式，主梁由上、下翼缘板和两侧的垂直腹板组成，小车钢轨布置在上翼缘板的中心线上，它的结构简单，制造方便，适于成批生产，但自重较大。

偏轨箱形双梁和偏轨箱形单主梁的截面都是由上、下翼缘板和不等厚的主副腹板组成，小车钢轨布置在主腹板上方，箱体内的短加劲板可以省去，其中偏轨箱形单主梁是由一根宽翼缘箱形主梁代替两根主梁，自重较小，但制造较复杂。

(2) 四桁架结构

四桁架结构由四片平面桁架组合成封闭型空间结构，在上水平桁架表面一般铺有走台板，自重轻，刚度大，但与其他结构相比，外形尺寸大，制造较复杂，疲劳强度较低，已较少生产。

(3) 空腹桁架结构

空腹桁架结构类似偏轨箱形主梁，由四片钢板组成一封闭结构，除主腹板为实腹工字形梁外，其余三片钢板上按照设计要求切割成许多窗口，形成一个无斜杆的空腹桁架，在上、下水平桁架表面铺有走台板，起重机运行机构及电气设备装在桥架内部，自重较轻，整体刚度大，这在中国是较为广泛采用的一种形式。

【自己动手】

绘制桥式起重机结构示意图，说明桥式起重机有哪些运动。

任务 2　桥式起重机的运动与电动机的工作

1. 运动要求

① 空钩能快速升降，轻载提升速度应大于额定负载的提升速度。

② 有一定的调速范围。普通起重机的调速范围为 3∶1。

③ 有适当的低速区，一般在 30%额定速度内分为几挡，以便选择。

④ 提升第一挡为预备挡，作用是为了消除传动间隙，将钢丝绳张紧。这一挡的电动机启动转矩不能过大，以免产生过强的机械冲击。

⑤ 下降时，根据负载的大小，提升电动机可以工作在电动、倒拉反接制动、再生制动等工作状态。

⑥ 为了安全，起重机采用断电制动方式的机械抱闸制动，以免因停电制动无制动力矩，导致重物自由下落而引发事故，同时还要有电气制动方式，以匀速平稳下放重物。

⑦ 应有完善的保护和联锁控制环节。

2. 电动机的工作状态

中型桥式起重机主要使用交流电动机，我国生产的交流起重用电动机有 YZR（绕线转子型）与 YZ（笼型）系列。大型起重机主要使用的直流电动机有 ZZK 和 ZZ 系列。

（1）提升物品时电动机的工作状态

提升物品时，电动机负载转矩 T_L由重力转矩 T_W及提升机构摩擦阻转矩 T_f两部分组成，当电动机电磁转矩 T 克服 T_L时，重物被提升；当 $T=T_L$时，重物以恒定速度提升。如图 8-2 所示。

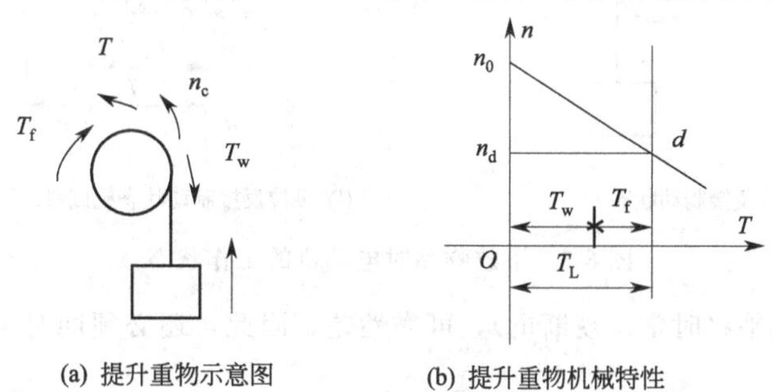

(a) 提升重物示意图　(b) 提升重物机械特性

图 8-2　提升物品时电动机的工作状态

（2）下放物品时电动机的工作状态

下放物品时电动机存在三种状态：一是反转电动状态，二是再生制动状态，三是倒拉反接制动状态。如图 8-3 所示。

【自己动手】

说明桥式起重机的运动要求和电动机的运动状态，并画电动机工作示意图和机械特性。

任务 3　桥式起重机的控制电路

1. 电路组成

如图 8-4 所示，桥式起重机的控制电路有大车电动机两台，小车电动机一台，大钩、小钩提升电动机各一台，变频器四台，凸轮控制器一个。

2. 制动

通过变频调速系统对重物下降时电机制动再生的电能，采取由变频器直流回路内接入制动电阻消耗掉的方式，把运动中的大、小车和吊钩迅速而准确地将转速降为 0。对于吊钩，常常需要重物在半空中停留一段时间（如重物在空中平移时），而变频调速系统虽然能使重物停住，但因容易受

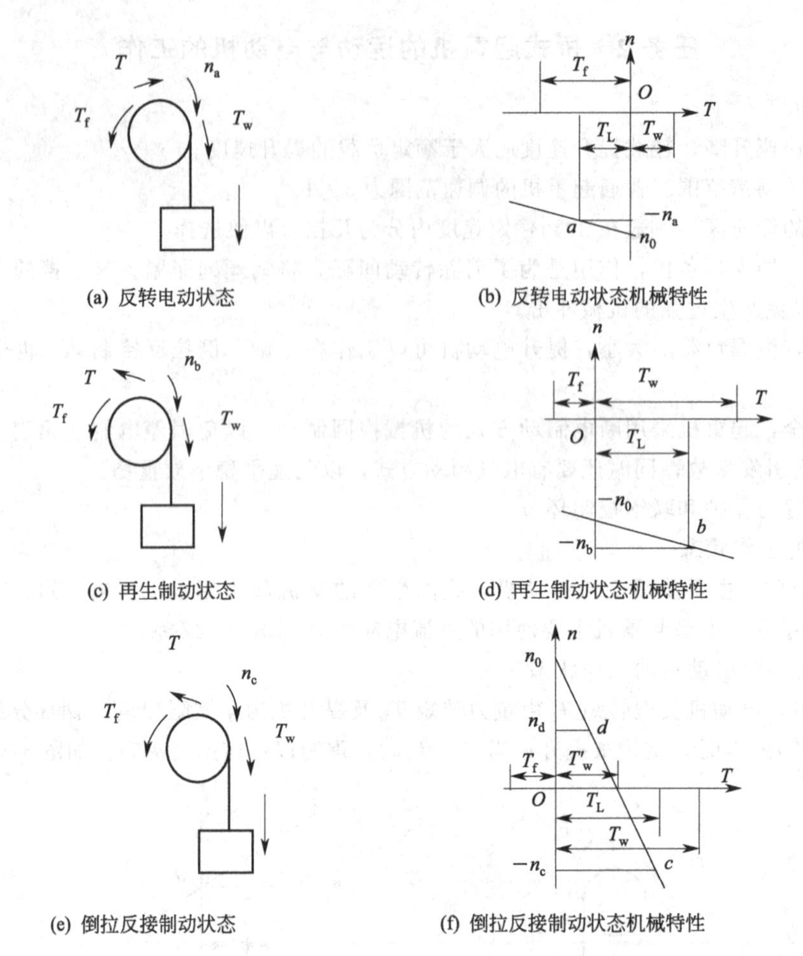

图 8-3　下放物品时电动机的工作状态

到外界因素的干扰（如平移时常出现断电），可靠性差。因此，还必须同时采取电磁制动器进行机械制动。

3. 变频控制运动与速度

桥式起重机拖动系统的控制包括：大车的左、右行及速度挡；小车的前、后行及速度挡；吊钩的升、降及速度挡等。这些都可以通过变频器可编程控制器进行无触点控制。

桥式起重机控制系统中需要引起注意的是关于防止溜钩的控制，在电磁制动器抱住之前和松开后的瞬间，极易发生重物由于停止状态下滑而产生溜钩。

① 起吊重物停住控制。设定停止起始频率和维持时间（应大于制动电磁铁抱闸时间 0.6s）。当变频器的工作频率下降时，变频器输出一个“频率到达信号”，发出制动电磁铁断电指令，此时维持，随后变频器工作频率降为 0。

② 起吊重物升降控制。设定“升降起始频率和”检测电流时间。当变频器达到的同时，变频器开始检测电流，确认电流足够大，产生的力矩能抵消下降力矩时发出松开指令，使制动电磁铁开始通电松开抱闸，时间应大于电磁铁松开时间。

③ 自动转矩提升设置。在调试过程中适当地提高中频电压可以改善低频特性，提高启动转矩；提高零频电压可以加大直流强励磁，可以使电动机保持足够大的转矩防止溜钩。

④ 各传动机构变频器的功能参数设置。桥式起重机各传动机构采用 SAJ 系列变频器。按说明书进行参数设定。

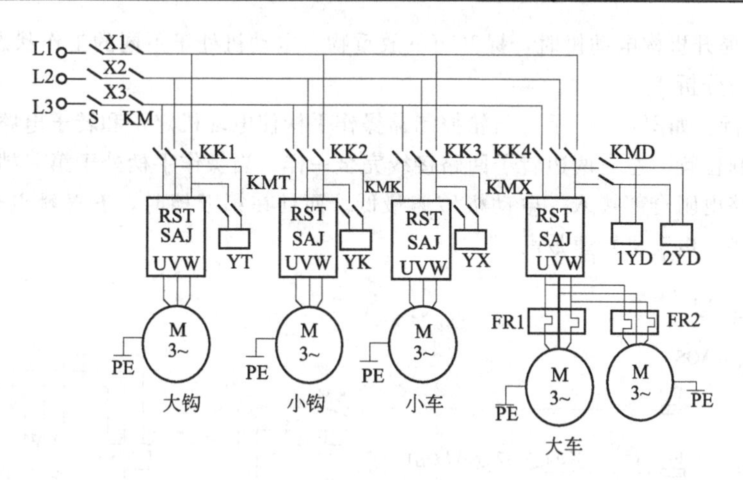

(a) 主电路

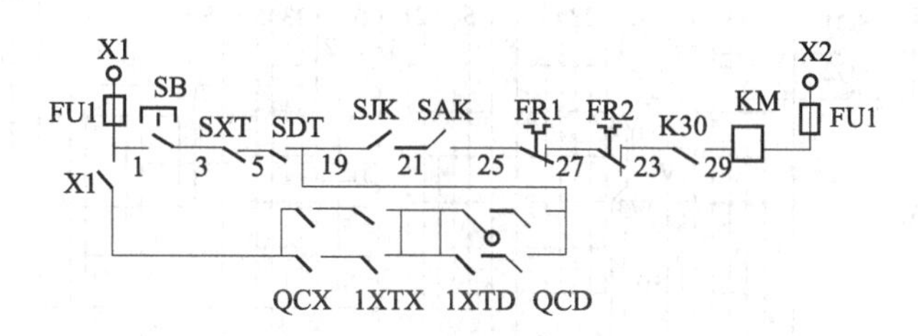

(b) 控制电路

图 8-4　桥式起重机变频调速主电路原理图

【自己动手】

画桥式起重机的控制电路，并说明控制过程。

任务 4　桥式起重机凸轮控制器的控制

1. 凸轮控制器的结构

如图 8-5 所示，凸轮控制器从外部看，由机械、电气、防护等三部分结构组成。其中手柄、转轴、凸轮、杠杆、弹簧、定位棘轮为机械结构。触头、接线柱和联板等为电气结构。而上下盖板、外罩及灭弧罩等为防护结构。

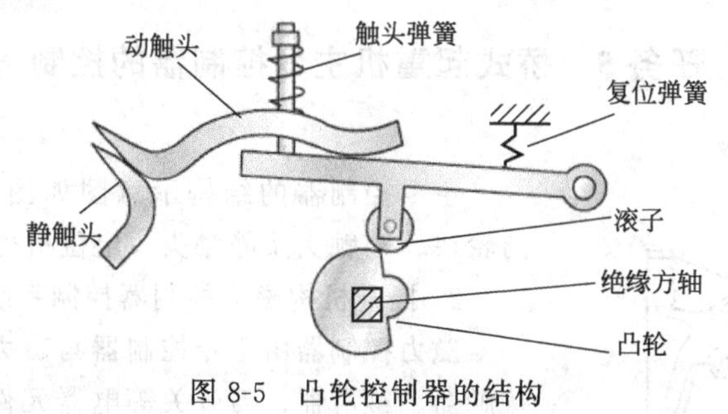

图 8-5　凸轮控制器的结构

2. 凸轮控制器的控制电路

（1）电路特点

① 可逆对称电路。

② 为减少转子电阻段数及控制转子电阻的触点数，采用凸轮控制器控制绕线型电动机时，转子串接不对称电阻。

③ 用于控制提升机构电动机时，提升与下放重物，电动机处于不同的工作状态。

(2) 控制线路分析

① 主电路分析。如图 8-6 所示，凸轮控制器操作手柄使电动机定子和转子电路同时处在左边或右边对应各挡控制位置。左右两边转子回路接线完全一样。当操作手柄处于第一挡时，各对触点都不接通，转子电路电阻全部接入，电动机转速最低。而处在第五挡时，五对触点全部接通，转子电路电阻全部短接，电动机转速最高。

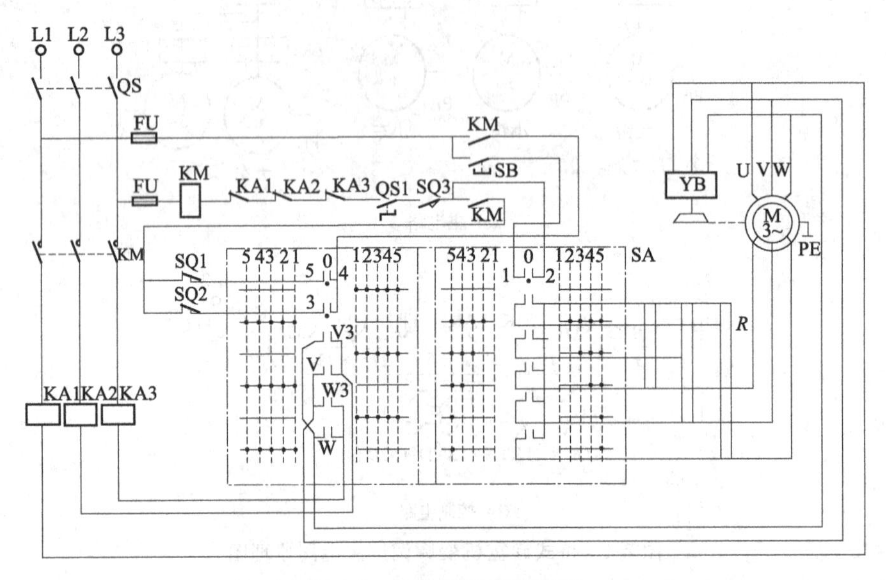

图 8-6 凸轮控制器原理图

② 控制电路分析。凸轮控制器的另外三对触点串接在接触器 KM 的控制回路中，当操作手柄处于零位时，触点 1-2、3-4、4-5 接通，此时若按下 SB 则接触器得电吸合并自锁，电源接通，电动机的运行状态由凸轮控制器控制。

③ 保护联锁环节分析。控制器 3 对常闭触点实现零位保护，并配合两个运动方向的行程开关 SQ1、SQ2 实现限位保护。

【自己动手】

画桥式起重机凸轮控制器的结构示意图和控制电路图，并说明控制过程。

任务 5 桥式起重机主令控制器的控制

1. 主令控制器的结构

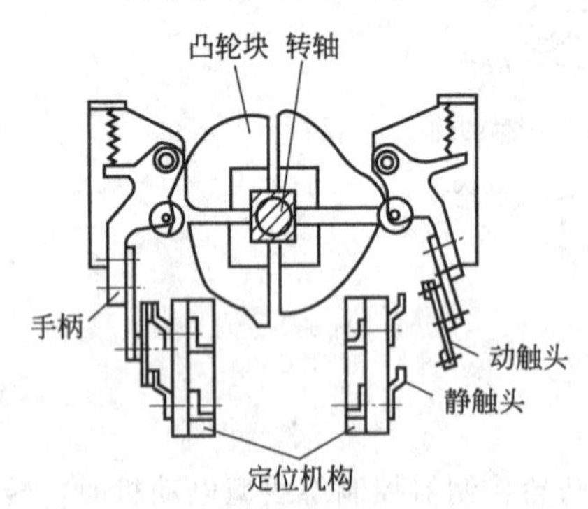

图 8-7 主令控制器的结构示意图

主令控制器的结构示意图如图 8-7 所示。主要由转轴、凸轮块、动触头及静触头、定位机构及手柄等组成。

2. 提升机构磁力控制器控制系统

磁力控制器由主令控制器与磁力控制盘组成。将控制用接触器、继电器、刀开关等电器元件按一定电路接线，组装在一块盘上，称作磁力控制盘。

(1) 提升重物时电路工作情况

当 SA 手柄扳到“上 1”挡位时，控制器触点 SA3、SA4、SA6、SA7 闭合，接触器 KM1、KM3、KM4 通电吸合，电动机接正转电源，制动电磁铁 YB 通电，电磁抱闸松开，短接一段转子电阻，当主令控制器手柄依次扳到上升的“上 2-上 6”挡时，控制器触点 SA8-SA12 依次闭合，接触器 KM5-KM9 相继通电吸合，逐级短接转子各段电阻，获得“上 2-上 6”机械特性，得到 5 种提升速度。

（2）下放重物时电路工作情况

① 制动下降。

② 强力下降。

（3）控制电路的保护措施

① 由强力下降过渡到制动下降，为避免出现高速下降的保护。

② 保证反接制动电阻串入的条件下才进入制动下降的联锁。

③ 控制电路中采用 KM1、KM2、KM3 常开触点并联，是为了在“下 2”、“下 3”位转换过程中，避免高速下降瞬间机械制动引起强烈振动而损坏设备和发生人身事故。

④ 加速接触器 KM6～KM8 的常开触点串接于下一级加速接触器 KM7～KM9 电路中，实现短接转子电阻的顺序联锁作用。

⑤ 由电压继电器 KA2 与主令控制 SA 实现零压与零位保护，过电流继电器 KA1 实现过电流保护；行程开关 SQ1、SQ2 实现吊钩上升与下降的限位保护。

【自己动手】

画桥式起重机主令控制器的结构示意图，并说明使用方法。

任务 6　桥式起重机的保护电路

交流桥式起重机，广泛使用保护箱来实现过载、短路、失压、零位、终端、紧急、舱口栏杆安全等保护。该保护箱是为凸轮控制器操作的控制系统进行保护而设置的。保护箱由刀开关、接触器、过电流继电器、熔断器等组成。

如图 8-8 所示为 XQB1 系列保护箱电气原理图。

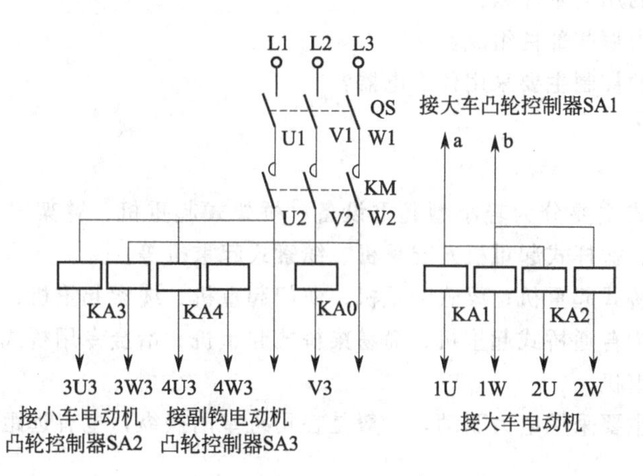

图 8-8　XQB1 系列保护箱电气原理图

【自己动手】

画桥式起重机的保护电路，并说明其作用。

任务 7　桥式起重机的应用

桥式起重机是现代工业生产和起重运输中实现生产过程机械化、自动化的重要工具和设备。所以桥式起重机在室内外工矿企业、钢铁化工、铁路交通、港口码头以及物流周转等部门和场所均得到广泛的运用。

【自己动手】

举例说明桥式起重机的应用。

任务 8　桥式起重机故障与维修

1. 渗漏修复

桥式起重机小车减速机因受振动、磨损、压力、温度等因素影响，各结合面的静密封部位常出现漏油现象。传统治理方法要拆卸减速机，更换密封垫片或涂抹密封胶，费时费力，而且难以确保密封效果，在运行中还会再次出现渗漏。当代西方国家多采用高分子复合材料现场治理渗漏，应用最多的有福世蓝系列等。高分子材料修复可免拆卸，且材料具备的优越的黏着力、耐油性及350%的拉伸度，很好地克服了减速机振动造成的影响，修复效果较传统方法更为有效。

2. 磨损修复

桥式起重机主动车轮和大车减速机运转频繁，多次反转急停和停车会造成减速机各轴的扭矩、振动增大，易造成磨损。该类问题发生后，传统方法多以补焊或刷镀后机加工修复为主，但两者均存在一定弊端：补焊高温产生的热应力无法完全消除，易出现弯曲或断裂；而电刷镀受涂层厚度限制，容易剥落，且以上两种方法都是用金属修复金属，无法改变“硬对硬”的配合关系，在各力综合作用下，仍会造成再次磨损。最新维修方法多以高分子复合材料为主，应用较多的有美嘉华，其具有超强的黏着力，优异的抗压强度等综合性能。应用高分子材料修复，既无补焊热应力影响，修复厚度也不受限制，同时具有金属材料不具备的退让性，可吸收设备的冲击振动，避免再次磨损的可能，并大大延长设备部件的使用寿命。

【自己动手】

总结桥式起重机常见故障及维修实例。

【问题与思考】

(1) 桥式起重机的用途是什么?

(2) 桥式起重机由哪些部件组成?

(3) 桥式起重机的控制主要采用什么电器?

【知识链接】

1. 起重机的类型

起重机按结构形式主要分为轻小型起重设备、桥架式起重机、臂架式（自行式、塔式、门座式、铁路式、浮船式、桅杆式起重机）起重机、缆索式起重机等。

桥架式起重机有桥式起重机、梁式起重机、龙门起重机、缆索起重机、运载桥等。

桥式起重机可分为普通桥式起重机、简易梁桥式起重机和冶金专用桥式起重机三种。

(1) 普通桥式起重机

普通桥式起重机主要采用电力驱动，一般是在司机室内操纵，也有远距离控制的。起重量可达500t，跨度可达60m。

(2) 简易梁桥式起重机

简易梁桥式起重机又称梁式起重机，其结构组成与普通桥式起重机类似，起重量、跨度和工作速度均较小。桥架主梁是由工字钢或其他型钢和板钢组成的简单截面梁，用手拉葫芦或电动葫芦配上简易小车作为起重小车，小车一般在工字梁的下翼缘上运行。桥架可以沿高架上的轨道运行，也可沿悬吊在高架下面的轨道运行，这种起重机称为悬挂梁式起重机。

(3) 冶金专用桥式起重机

冶金专用桥式起重机在钢铁生产过程中可参与特定的工艺操作，其基本结构与普通桥式起重机相似，但在起重小车上还装有特殊的工作机构或装置。这种起重机的工作特点是使用频繁、条件恶劣，工作级别较高。主要有五种类型。

① 铸造起重机。供吊运铁水注入混铁炉、炼钢炉和吊运钢水注入连续铸锭设备或钢锭模等用。主小车吊运盛桶，副小车进行翻转盛桶等辅助工作，为了扩大副钩的使用范围和更好地为炼钢工艺服务，主、副钩分别布置在各自有独立小车运行机构的主、副小车上，并分别沿各自的轨道运行。常用的结构形式有四梁四轨式和四梁六轨式。

② 夹钳起重机。利用夹钳将高温钢锭垂直地吊运到深坑均热炉中，或把它取出放到运锭车上。

③ 锭脱起重机。用以把钢锭从钢锭模中强制脱出。小车上有专门的脱锭装置，脱锭方式根据锭模的形状而定：有的脱锭起重机用顶杆压住钢锭，用大钳提起锭模；有的用大钳压住锭模，用小钳提起钢锭。

④ 加料起重机。用以将炉料加到平炉中。主小车的立柱下端装有挑杆，用以挑动料箱并将它送入炉内。主柱可绕垂直轴回转，挑杆可上下摆动和回转。副小车用于修炉等辅助作业。

⑤ 锻造起重机。用以与水压机配合锻造大型工件。主小车吊钩上悬挂特殊翻料器，用以支持和翻转工件；副小车用来抬起工件。

2. 桥式起重机的使用

① 每台起重机必须在明显的地方挂上额定起重量的标牌。

② 工作中，桥架上不许有人或用吊钩运送人。

③ 无操作证和酒后都不许驾驶起重机。

④ 操作中必须精神集中、不许谈话、吸烟或做无关的事情。

⑤ 车上要清洁干净；不许乱放设备、工具、易燃品、易爆品和危险品。

⑥ 起重机不允许超荷使用。

⑦ 下列情况不许起吊：捆绑不牢；机件超负荷；信号不明；斜拉；埋或冻在地里的物件；被吊物件上有人；没有安全保护措施的易燃品、易爆器和危险品；过满的液体物品；钢丝绳不符合安全使用要求；升降机构有故障。

⑧ 起重机在没有障碍物的线路上运行时，吊钩或吊具以及吊物底面，必须离地面2m以上。如果越过障碍物时，须超过障碍物0.5m高。

⑨ 对吊运小于额定起重量50%的物件，允许两个机构同时动作；吊大于额定起重量50%的物件，则只可以一个机构动作。

⑩ 具有主、副钩的桥式起重机，不要同时上升或下降主、副钩（特殊例外）。

⑪ 不许在被吊起的物件上施焊或锤击及在物件下面工作（有支撑时可以）。

⑫ 必须在停电后，并在电门上挂有停电作业的标志时，方可做检查或进行维修工作。如必须带电作业时，须有安全措施保护，并设有专人照管。

⑬ 不许随便从车上往下乱扔东西。

⑭ 限位开关和联锁保护装置，要经常检查。

⑮ 不允许用碰限位开关作为停车的办法。

⑯ 升降制动器存在问题时，不允许升降重物。

⑰ 被吊物件不许在人或设备上空运行。

⑱ 对起重机某部进行焊接时，要专门设置地线，不准利用机身做地线。

⑲ 吊钩处于下极限位置时，卷筒上必须保留有两圈以上的安全绳圈。

⑳ 起重机不允许互相碰撞，更不允许利用一台起重机去推动另一台起重机进行工作。

㉑ 吊运较重的物件、液态金属、易爆及危险品时，必须先缓慢地起吊离地面100～200mm，试验制动器的可靠性。

㉒ 修理和检查用的照明灯，其电压必须在36V以下。

㉓ 桥式起重机所有的电气设备外壳均应接地。如小车轨道不是焊接在主梁上时，应采取焊接地线措施。接地线可用截面积大于75mm²的镀锌扁铁或10mm²的裸铜线或大于30mm²的镀锌圆钢。司机室或起重机体的接地位置应多于两处。起重机上任何一点到电源中性点间的接地电阻，均应小于4Ω。

㉔ 要定期做安全技术检查，做好预检预修工作。

项目2　注塑机电路分析与故障排除

【项目描述】

学习注塑机的组成、运动、电气控制电路分析及常见故障处理。

【项目内容】

注塑机又名注射成型机或注射机。它是将热塑性塑料或热固性塑料利用塑料成型模具制成各种形状的塑料制品的主要成型设备。

任务1　注塑机的组成与工作原理

如图8-9(a)、(b)、(c)、(d)、(e)所示，注塑机的组成与注射成型工艺有关，是一个机电一体化很强的机种，主要由注射部件、塑化部件、合模部件、机身、液压系统、加热系统、控制系统、加料装置等组成。

注塑机的工作原理与打针用的注射器相似，它是借助螺杆（或柱塞）的推力，将已塑化好的熔融状态（即黏流态）的塑料注射入闭合好的模腔内，经固化定型后取得制品的工艺过程。

注射成型是一个循环的过程，每一周期主要包括：定量加料—熔融塑化—施压注射—充模冷却—启模取件。取出塑件后又再闭模，进行下一个循环。

1. 注射部件的组成与工作原理

(1) 注射部件的组成

目前，常见的注塑装置有单缸形式和双缸形式，我厂注塑机都是双缸形式的，并且都是通过液压马达直接驱动螺杆注塑。因不同的厂家、不同型号的机台其组成也不完全相同，下面就对我厂用的机台作具体分析。

卧式机和立式机注塑装置的组成图分别如图8-10和图8-11。角式注塑机的注射部件与卧式注塑机的一样。

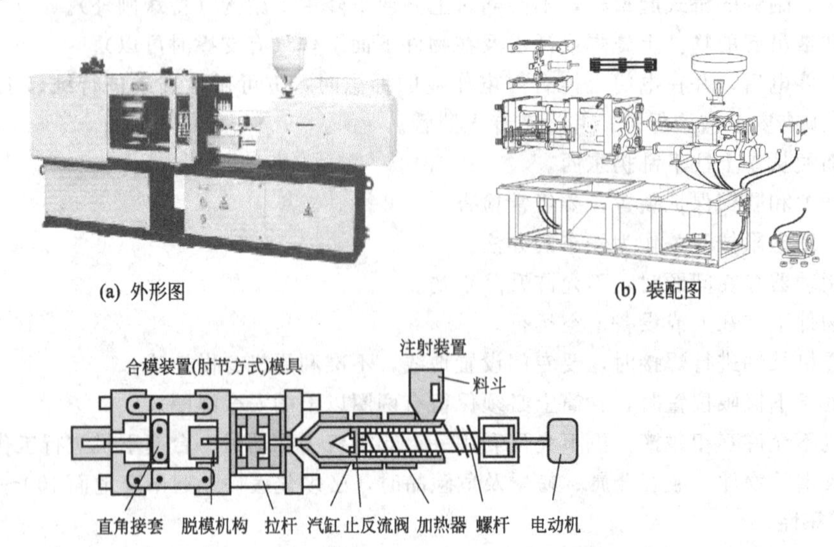

(a) 外形图　(b) 装配图

(c) 部件位置示意图

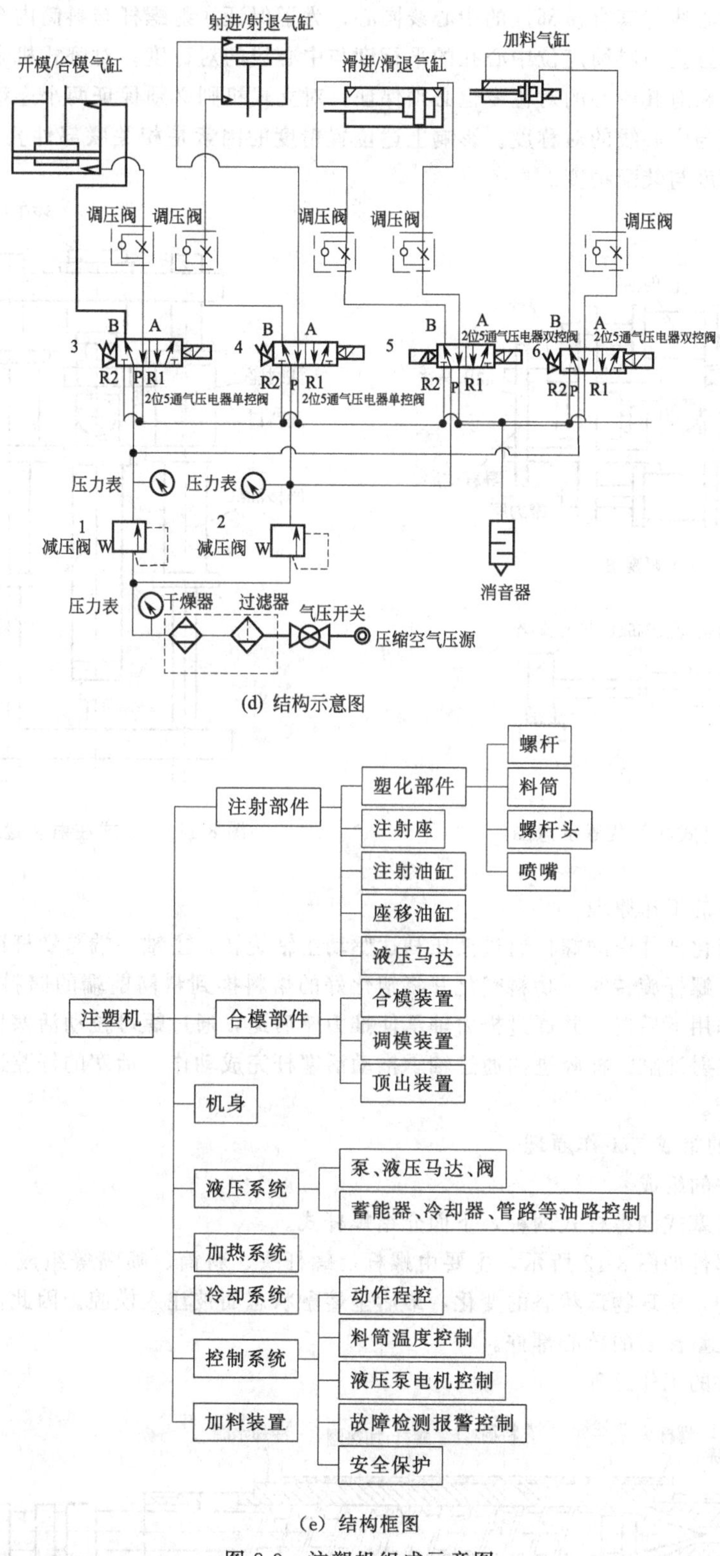

(d) 结构示意图

(e) 结构框图

图 8-9　注塑机组成示意图

(2) 注射部件的精度要求

装配后，整体注射部件要置于机架上，必须保证喷嘴与模具主浇套紧密地接合，以防溢料，要求使注射部件的中心线与其合模部件的中心线同心；为了保证注射螺杆与料筒内孔的配合精度，必须保证两个注射油缸孔与料筒定位中心孔的平行度与中心线的对称度；对卧式机来讲，座移油缸两个导向孔的平行度和对其中心的对称度也必须保证，对立式机则必须保证两个座移油缸孔与料筒定位中心孔的平行度与中心线的对称度。影响上述位置精度的因素是相关联部件孔与轴的尺寸精度、几何精度、制造精度与装配精度。

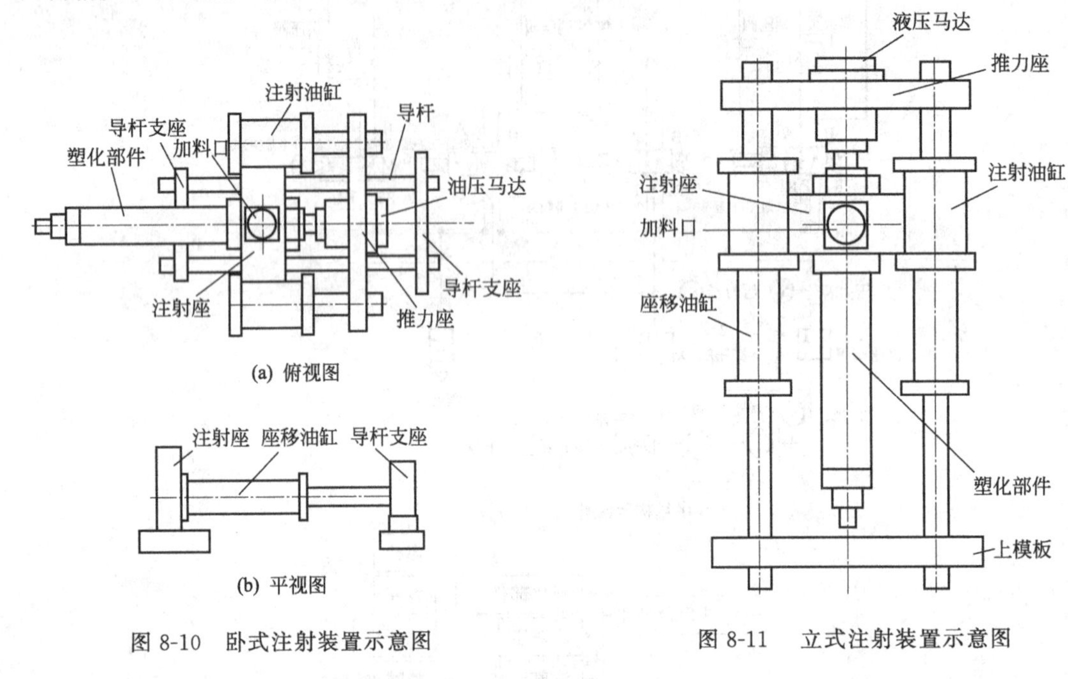

图 8-10 卧式注射装置示意图

图 8-11 立式注射装置示意图

(3) 注射部件的工作原理

预塑时，在塑化部件中的螺杆通过液压马达驱动主轴旋转，主轴一端与螺杆键连接，另一端与液压马达键连接，螺杆旋转时，物料塑化并将塑化好的熔料推到料筒前端的储料室中，与此同时，螺杆在物料的反作用下后退，并通过推力轴承使推力座后退，通过螺母拉动活塞杆直线后退，完成计量，注射时，注射油缸的杆腔进油通过轴承推动活塞杆完成动作，活塞的杆腔进油推动活塞杆及螺杆完成注射动作。

2. 塑化部件的组成与工作原理

(1) 塑化部件的组成

塑化部件有柱塞式和螺杆式两种，下面介绍螺杆式。

螺杆式塑化部件如图 8-12 所示，主要由螺杆、螺杆头、料筒、喷嘴等组成，塑料在旋转螺杆的连续推进过程中，实现物理状态的变化，最后呈熔融状态而被注入模腔。因此，塑化部件是完成均匀塑化，实现定量注射的核心部件。

(2) 塑化部件的工作原理

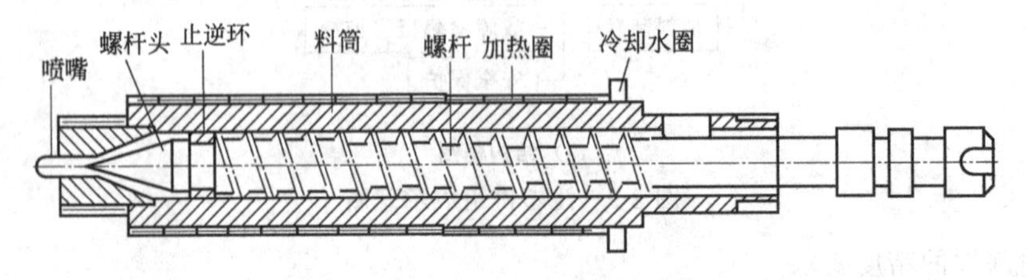

图 8-12 螺杆式塑化部件结构图

预塑时，螺杆旋转，将从料口落入螺槽中的物料连续地向前推进，加热圈通过料筒壁把热量传递给螺槽中的物料，固体物料在外加热和螺杆旋转剪切双重作用下，并经过螺杆各功能段的热历程，达到塑化和熔融，熔料推开止逆环，经过螺杆头的周围通道流入螺杆的前端，并产生背压，推动螺杆后移完成熔料的计量，在注射时，螺杆起柱塞的作用，在油缸作用下，迅速前移，将储料室中的熔体通过喷嘴注入模具。

（3）螺杆式塑化部件的特点

① 螺杆具有塑化和注射两种功能。

② 螺杆在塑化时，仅作预塑用。

③ 塑料在塑化过程中，所经过的热历程要比挤出长。

④ 螺杆在塑化和注射时，均要发生轴向位移，同时螺杆又处于时转时停的间歇式工作状态，因此形成了螺杆塑化过程的非稳定性。

3. 液压系统的组成与工作原理

（1）液压系统的组成

液压系统主要由注射油缸、推力座、座移油缸等组成。

（2）注射油缸的工作原理

注射油缸进油时，活塞带动活塞杆及其置于推力座内的轴承，推动螺杆前进或后退。通过活塞杆头部的螺母，可以对两个平行活塞杆的轴向位置以及注射螺杆的轴向位置进行同步调整。

（3）推力座的工作原理

注射时，推力座通过推力轴推动螺杆进行注射；而预塑时，通过油马达驱动推力轴带动螺杆旋转实现预塑。

（4）座移油缸的工作原理

当座移油缸进油时，实现注射座的前进或后退动作，并保证注塑喷嘴与模具主浇套圆弧面紧密地接触，产生能封闭熔体的注射座压力。

【自己动手】

（1）画注塑机结构示意图，说明各部分的用途。

（2）画注塑机注射部件示意图，说明工作原理。

（3）画注塑机塑化部件示意图，说明工作原理。

任务2　注塑机的电路识读与分析

如图8-13所示，注塑机电路主要由380V电源、开关，控制变压器、低通滤波器、强电指示灯、工作灯、电风扇等组成。

如图8-14所示，电气控制系统与液压系统合理配合，可实现注射机的工艺要求（压力、温度、速度、时间）和各种动作。主要由电动机、电子元件、仪表、加热器、传感器等电器组成。一般有四种控制方式：手动、半自动、全自动、调整。

【自己动手】

画注塑机电路图和框图，并分析电路中电器元件的作用。

任务3　注塑机常见故障

1. 按故障发生状态分类

（1）渐发性故障

渐发性故障是由于注塑机初始性能逐渐劣化而产生的，大部分注塑机的故障都属于这类故障。

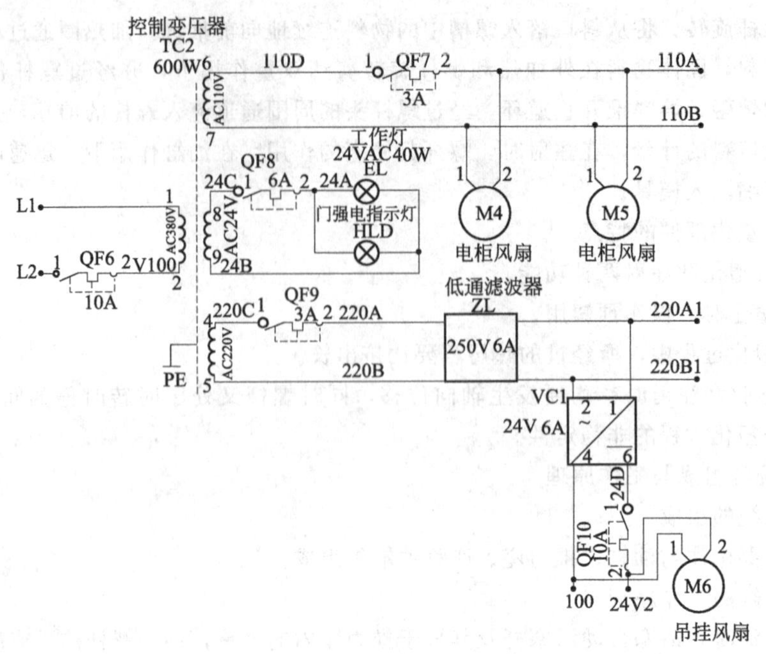

图 8-13 注塑机电路

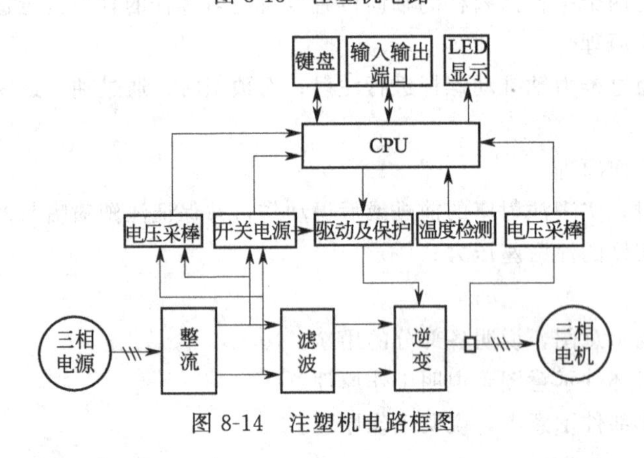

图 8-14 注塑机电路框图

这类故障与电控、液压机械元配件的磨损、腐蚀、疲劳及蠕变等过程有密切的关系。

(2) 突发性故障

突发性故障是各种不利因素以及偶然的外界影响共同作用而产生的，这种作用超出了注塑机所能承受的限度。例如：因料筒进入铁物出现超负荷而引起螺杆折断；因高压串入而击穿注塑机电子板。此类故障往往是突然发生的，事先无任何征兆。

突发性故障多发生在注塑机使用阶段，往往是由于设计、制造、装配以及材质等缺陷，或者操作失误、违章作业而造成的。

2. 按故障性质分类

(1) 间断性故障

间断性故障是注塑机在短期内丧失其某些功能，稍加修理调试就能恢复，不需要更换零部件。

(2) 永久性故障

永久性故障是注塑机某些零部件已损坏，需要更换或修理才能恢复使用。

3. 按故障影响程度分类

(1) 完全性故障

完全性故障是导致注塑机完全丧失功能。

(2) 局部性故障

局部性故障是导致注塑机某些功能丧失。

4. 按故障发生原因分类

(1) 磨损性故障

磨损性故障是由于注塑机正常磨损造成的故障。

(2) 错用性故障

错用性故障是由于操作错误、维护不当造成的故障。

(3) 固有的薄弱性故障

固有的薄弱性故障是由于设计问题，使注塑机出现薄弱环节，在正常使用时产生的故障。

5. 按故障的危险性分类

(1) 危险性故障

危险性故障是安全保护系统在需要动作时因故障失去保护作用，造成人身伤害和注塑机故障；液压电控系统失灵造成的故障等。

(2) 安全性故障

安全性故障是安全保护系统在不需要动作时发生动作；注塑机不能启动时启动的故障。

6. 按注塑机故障的发生、发展规律分类

(1) 随机故障

随机故障是故障发生的时间是随机的。

(2) 有规则故障

有规则故障是故障发生时有一定规律。

总之，每一种故障都有其主要特征，即所谓故障模式，或故障状态。各种注塑机的故障状态是相当繁杂的，但可归纳出以下数种：异常振动、机械磨损、输入信号无法让电脑接受、电磁阀没有输出信号、机械液压元件破裂、比例线性失调、液压压降、液压渗漏、油泵故障、液压噪声、电路老化、异常声响、油质劣化、电源压降、放大板无输出、温度失控等。

【自己动手】

总结注塑机常见故障及处理。

任务4 注塑机的应用

注塑机具有能一次成型外形复杂、尺寸精确或带有金属嵌件的质地致密的塑料制品的能力，被广泛应用于国防、机电、汽车、交通运输、建材、包装、农业、文教卫生及人们日常生活各个领域。在塑料工业迅速发展的今天，注塑机不论在数量上或品种上都占有重要地位，其生产总数占整个塑料成型设备的20%～30%，从而成为目前塑料机械中增长最快，生产数量最多的机种之一。据有关资料统计，1996～1998年我国出口注塑机8383台（套），进口注塑机42959台（套），其中1998年我国注塑机产量达到20000台，其销售额占塑机总销售额的42.9%。

中国生产注塑机的厂家较多，据不完全统计已超过2000家。注塑机的一次注射量45～51000g；锁模力200～60000kN；加工原料有热固性塑料、热塑性塑料和橡胶三种。热塑性塑料包括聚苯乙烯、聚乙烯、聚丙烯、尼龙、聚氨酯、聚碳酸酯、有机玻璃、聚砜及丙烯腈-丁二烯-苯乙烯共聚物（ABS）等。可加工单色或双色制品。

【自己动手】

举例说明注塑机的应用。

【问题与思考】

(1) 注塑机的用途是什么?

(2) 注塑机由哪些部件组成?

(3) 注塑机有哪些类型?

【知识链接】

1. 注塑机的类型

按合模部件与注射部件配置的形式有卧式、立式、角式三种。

(1) 卧式注塑机

如图 8-15 所示，卧式注塑机是最常用的类型。其特点是注射总成的中心线与合模总成的中心线同心或一致，并平行于安装地面。它的优点是重心低，工作平稳，模具安装、操作及维修均较方便，模具开度大，占用空间高度小；但占地面积大，大、中、小型机均有广泛应用。

(2) 立式注塑机

如图 8-16 所示，立式注塑机的特点是合模装置与注射装置的轴线呈一线排列而且与地面垂直。具有占地面积小，模具装拆方便，嵌件安装容易，自料斗落入物料能较均匀地进行塑化，易实现自动化及多台机自动线管理等优点。缺点是顶出制品不易自动脱落，常需人工或其他方法取出，不易实现全自动化操作和大型制品注射；机身高，加料、维修不便。

(3) 角式注塑机

如图 8-17 所示，角式注塑机注射螺杆的轴线与合模机构模板的运动轴线相互垂直排列，其优缺点介于立式与卧式之间。因其注射方向和模具分型面在同一平面上，所以角式注塑机适用于开设侧浇口的非对称几何形状的模具或成型中心不允许留有浇口痕迹的制品。

2. 注塑机的特点

图 8-15　卧式注塑机

图 8-16　立式注塑机

图 8-17　角式注塑机

(1) 立式注塑机

① 注射装置和锁模装置处于同一垂直中心线上，且模具是沿上下方向开闭。其占地面积只有卧式机的约一半，因此，换算成占地面积生产性约有 2 倍左右。

② 容易实现嵌件成型。因为模具表面朝上，嵌件放入定位容易。采用下模板固定、上模板可动的机种，拉带输送装置与机械手相组合的话，可容易地实现全自动嵌件成型。

③ 模具的重量由水平模板支承作上下开闭动作，不会发生类似卧式机的由于模具重力引起的前倒，使得模板无法开闭的现象。有利于持久性保持机械和模具的精度。

④ 通过简单的机械手可取出各个塑件型腔，有利于精密成型。

⑤ 一般锁模装置周围为开放式，容易配置各类自动化装置，适应于复杂、精巧产品的自动成型。

⑥ 拉带输送装置容易实现过模具中间安装，便于实现成型自动生产。

⑦ 容易保证模具内树脂流动性及模具温度分布的一致性。

⑧ 配备有旋转台面、移动台面及倾斜台面等形式，容易实现嵌件成型、模内组合成型。

⑨ 小批量试生产时，模具构造简单成本低，且便于卸装。

⑩ 经受了多次地震的考验，立式机由于重心低，相对卧式机抗震性更好。

(2) 卧式注塑机

① 即使是大型机由于机身低，对于安置的厂房无高度限制。

② 产品可自动落下的场合，不需使用机械手也可实现自动成型。

③ 由于机身低，供料方便，检修容易。

④ 模具需通过吊车安装。

⑤ 多台并列排列下，成型品容易由输送带收集包装。

(3) 角式注塑机

角式注塑机注射螺杆的轴线与合模机构模板的运动轴线相互垂直排列，其优缺点介于立式与卧式之间。因其注射方向和模具分型面在同一平面上，所以角式注塑机适用于开设侧浇口的非对称几何形状的模具或成型中心不允许留有浇口痕迹的制品。

3. 注塑机的螺杆

螺杆是塑化部件中的关键部件，和塑料直接接触，塑料通过螺槽的有效长度，经过很长的热历程，要经过3态（玻璃态、黏弹态、黏流态）的转变，螺杆各功能段的长度、几何形状、几何参数将直接影响塑料的输送效率和塑化质量，将最终影响注射成型周期和制品质量。

(1) 螺杆的类型

注塑螺杆按其对塑料的适应性，可分为通用螺杆和特殊螺杆。通用螺杆又称常规螺杆，可加工大部分具有低、中黏度的热塑性塑料，结晶型和非结晶型的通用塑料和工程塑料，是螺杆最基本的形式，与其相应的还有特殊螺杆，是用来加工用普通螺杆难以加工的塑料；按螺杆结构及其几何形状特征，可分为常规螺杆和新型螺杆，常规螺杆又称为三段式螺杆，是螺杆的基本形式，新型螺杆形式则有很多种，如分离型螺杆、分流型螺杆、波状螺杆、无计量段螺杆等。

常规螺杆其螺纹有效长度通常分为加料段（输送段）、压缩段（塑化段）、计量段（均化段），根据塑料性质不同，可分为渐变型、突变型和通用型螺杆。

渐变型螺杆：压缩段较长，塑化时能量转换缓和，多用于PVC等热稳定性差的塑料。

突变型螺杆：压缩段较短，塑化时能量转换较剧烈，多用于聚烯烃、PA等结晶型塑料。

通用型螺杆：适应性比较强的通用型螺杆，可适应多种塑料的加工，避免更换螺杆频繁，有利于提高生产效率。

常规螺杆各段的长度如下：

螺杆类型	加料段（L_1）	压缩段（L_2）	均化段（L_3）
渐变型	25％～30％	50％	15％～20％
突变型	65％～70％	15％～25％	20％～25％
通用型	45％～50％	20％～30％	20％～30％

(2) 螺杆的基本参数

螺杆的基本结构如图8-18所示，主要由有效螺纹长度L和尾部的连接部分组成。

d_s——螺杆外径。螺杆直径直接影响塑化能力的大小，也就直接影响到理论注射容积的大小，因此，理论注射容积大的注塑机其螺杆直径也大。

L/d_s——螺杆长径比。L是螺杆螺纹部分的有效长度，螺杆长径比越大，说明螺纹长度越长，直接影响到物料在螺杆中的热历程，影响吸收能量的能力，而能量来源有两部分：一部分是料筒外部加热圈传给的，另一部分是螺杆转动时产生的摩擦热和剪切热，由外部机械能转化

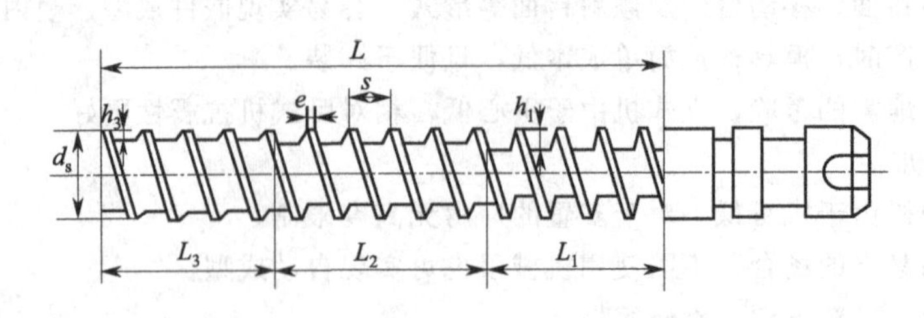

图 8-18　螺杆的基本结构

的，因此，L/d_s直接影响到物料的熔化效果和熔体质量，但是如果 L/d_s太大，则传递扭矩加大，能量消耗增加。

L_1——加料段长度。加料段又称输送段或进料段，为提高输送能力，螺槽表面一定要光洁，L_1的长度应保证物料有足够的输送长度，因为过短的 L_1会导致物料过早的熔融，从而难以保证稳定压力的输送条件，也就难以保证螺杆以后各段的塑化质量和塑化能力。塑料在其自身重力作用下从料斗中滑进螺槽，螺杆旋转时，在料筒与螺槽组成的各推力面摩擦力的作用下，物料被压缩成密集的固体塞螺母，沿着螺纹方向做相对运动，在此段，塑料为固体状态，即玻璃态。

h_1——加料段的螺槽深度。h_1深，则容纳物料多，提高了供料量和塑化能力，但会影响物料塑化效果及螺杆根部的剪切强度，一般 $h_1\approx$ (0.12～0.16) d_s。

L_3——熔融段长度。熔融段又称均化段或计量段，熔体在 L_3段的螺槽中得到进一步的均化，温度均匀，组分均匀，形成较好的熔体质量，L_3长度有助于熔体在螺槽中的波动，有稳定压力的作用，使物料以均匀的料量从螺杆头部挤出，所以又称计量段。L_3短时，有助于提高螺杆的塑化能力，一般 $L_3=$ (4～5) d_s。

h_3——熔融段螺槽深度。h_3小，螺槽浅，提高了塑料熔体的塑化效果，有利于熔体的均化，但 h_3过小会导致剪切速率过高，以及剪切热过大，引起分子链的降解，影响熔体质量。反之，如果 h_3过大，由于预塑时，螺杆背压产生的回流作用增强，会降低塑化能力。

L_2——塑化段（压缩段）螺纹长度。物料在此锥形空间内不断地受到压缩、剪切和混炼作用，物料从 L_2段入点开始，熔池不断地加大，到出点处熔池已占满全螺槽，物料完成从玻璃态经过黏弹态向黏流态的转变，即此段，塑料是处于颗粒与熔融体的共存状态。L_2的长度会影响物料从玻璃态到黏流态的转化历程，太短会来不及转化，固料堵在 L_2段的末端形成很高的压力、扭矩或轴向力；太长则会增加螺杆的扭矩和不必要的消耗，一般 $L_2=$ (6～8) d_s。对于结晶型的塑料，物料熔点明显，熔融范围窄，L_2可短些，一般为 (3～4) d_s，对于热敏性塑料，此段可长些。

s——螺距。其大小影响螺旋角，从而影响螺槽的输送效率，一般 $s\approx d_s$。

ε—— 压缩比。$\varepsilon=h_1/h_3$，即加料段螺槽深度 h_1与熔融段螺槽深度 h_3之比。ε 大，会增强剪切效果，但会减弱塑化能力，一般来讲，ε 稍小一点为好，以有利于提高塑化能力和增加对物料的适应性，对于结晶型塑料，压缩比一般取 2.6～3.0。对于低黏度热稳定性塑料，可选用高压缩比；而高黏度热敏性塑料，应选用低压缩比。

(3) 螺杆的特点

与挤出螺杆相比，注塑螺杆具有以下特点：

① 注射螺杆的长径比和压缩比比较小。

② 注射螺杆均化段的螺槽较深。

③ 注射螺杆的加料段较长，而均化段较短。

④ 注射螺杆的头部结构，具有特殊形式。

⑤ 注射螺杆工作时，塑化能力和熔体温度将随螺杆的轴向位移而改变。

4. 注塑机的螺杆头

在注射螺杆中，螺杆头的作用是：预塑时，能将塑化好的熔体放流到储料室中，而在高压注射时，又能有效地封闭螺杆头前部的熔体，防止倒流。

(1) 螺杆头的类型

如表 8-1 所示，螺杆头分为两大类，带止逆环的和不带止逆环的，对于带止逆环的，预塑时，螺杆均化段的熔体将止逆环推开，通过与螺杆头形成的间隙，流入储料室中，注射时，螺杆头部的熔体压力形成推力，将止逆环退回流道封堵，防止回流。

表 8-1　注射螺杆头形式与用途

形式		结构图	特征与用途
无止逆环型	尖头形		螺杆头锥角较小或有螺纹，主要用于高黏度或热敏性塑料
	钝头形		头部为“山”字形曲面，主要用于成型透明度要求高的 PC、AS、PMMA 等塑料
止逆型	环形	止逆环	止逆环为一光环，与螺杆有相对转动，适用于中、低黏度的塑料
	爪形	爪形止逆环	止逆环内有爪，与螺杆无相对转动，可避免螺杆与环之间的熔料剪切过热，适用于中、低黏度的塑料
	销钉形	销钉	螺杆头颈部钻有混炼销，适用于中、低黏度的塑料
	分流形		螺杆头部开有斜槽，适用于中、低黏度的塑料

对于有些高黏度物料如 PMMA、PC、AC 或者热稳定性差的物料 PVC 等，为减少剪切作用和物料的滞留时间，可不用止逆环，但这样的注射时会产生反流，延长保压时间。

(2) 螺杆头的特点

① 螺杆头灵活、光洁。

② 止逆环与料筒配合间隙适宜，既要防止熔体回流，又要灵活。

③ 有足够的流通截面，保证止逆环端面有合适的回程力，注射时快速封闭。

④ 结构上拆装方便，易清洗。

⑤ 螺杆头的螺纹与螺杆的螺纹方向相反，防止预塑时螺杆头松脱。

5. 注塑机的料筒

(1) 料筒结构

料筒是塑化部件的重要零件，内装螺杆外装加热圈，承受复合应力和热应力的作用，结构如图8-19，主要由加料口、电热圈等组成。

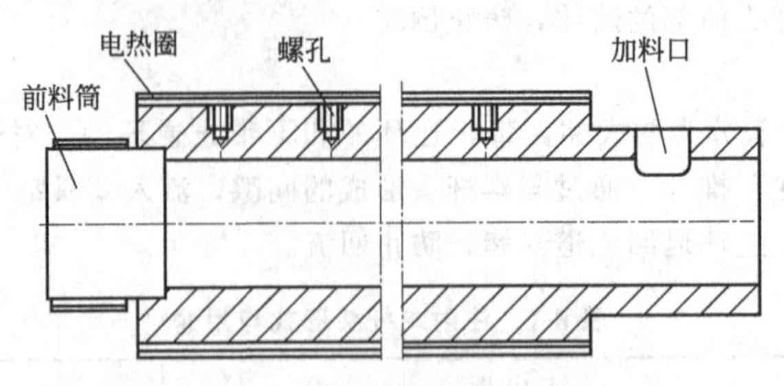

图 8-19　料筒结构

螺孔装热电偶，要与热电偶紧密地接触，防止虚浮，否则会影响温度测量精度。

① 加料口。加料口的结构形式直接影响进料效果和塑化部件的吃料能力，注塑机大多数靠料斗中物料的自重加料，常用的加料口截面形式如图 8-20 所示。对称形料口如图 8-20 (a)，制造简单，但进料不利；现多用非对称形式，如图 8-20 (b)、(c) 所示，此种加料口由于物料与螺杆的接触角大，接触面积大，有利于提高进料效率，不易在料斗中开成架桥空穴。

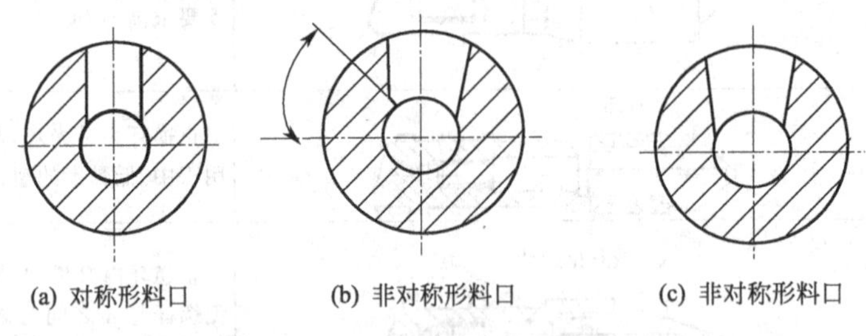

图 8-20　加料口结构形式图

② 电热圈。电热圈主要是对料筒进行加热。注塑机料筒加热方式有电阻电热、陶瓷加热、铸铝加热，应根据使用场合和加工物料合理设置，常用的有电阻加热和陶瓷加热，为符合注塑工艺要求，料筒要分段控制，小型机 3 段，大型机一般 5 段。

(2) 料筒特点

① 料筒的冷却。料筒的冷却是指对加料口处进行冷却，因加料口处若温度过高，固料会在加料口处“架桥”，堵塞料口，从而影响加料段的输送效率，故在此处设置冷却水套对其进行冷却。我厂是通过冷却循环水对加料口进行冷却的。

② 料筒的壁厚。料筒壁厚要求有足够的强度和刚度，因为料筒内要承受熔料和气体压力，且料筒长径比很大，料筒要求有足够的热容量，所以料筒壁要有一定的厚度，否则难以保证温度的稳定性；但如果太厚，料筒笨重，浪费材料，热惯性大，升温慢，温度调节有较大的滞后现象。

③ 料筒间隙。料筒间隙指料筒内壁与螺杆外径的单面间隙，此间隙太大，塑化能力降低，注射回泄量增加，注射时间延长，在此过程中引起物料部分降解；如果太小，热膨胀作用使螺杆与料筒摩擦加剧，能耗加大，甚至会卡死，此间隙 $\Delta=(0.002\sim0.005)\,d_s$。

6. 注塑机的喷嘴

(1) 喷嘴的功能

喷嘴是连接塑化装置与模具流道的重要部件，喷嘴有多种功能：

① 预塑时，建立背压，驱除气体，防止熔体流涎，提高塑化能力和计量精度；

② 注射时，与模具主浇套形成接触压力，保持喷嘴与浇套良好接触，形成密闭流防止塑料熔体在高压下外溢；

③ 注射时，建立熔体压力，提高剪切应力，并将压力头转变成速度头，提高剪切速度和温升，加强混炼效果和均化作用；

④ 改变喷嘴结构使之与模具和塑化装置相匹配，组成新的流道形式或注塑系统；

⑤ 喷嘴还承担着调温、保温和断料的功能；

⑥ 减小熔体在进出口的粘弹效应和涡流损失，以稳定其流动；

⑦ 保压时，便于向模具制品中补料，而冷却定型时增加回流阻力，减小或防止模腔中熔体向回流。

(2) 喷嘴的形式

喷嘴可分为直通式喷嘴、锁闭式喷嘴、热流道喷嘴和多流道喷嘴。

① 直通式喷嘴。直通式喷嘴是应用较普遍的喷嘴，其特点是喷嘴球面直接与模具主浇套球面接触，喷嘴的圆弧半径和流道比模具要小，注射时，高压熔体直接经模具的浇道系统充入模腔，速度快、压力损失小，制造和安装均较方便。

② 锁闭式喷嘴。锁闭式喷嘴主要是解决直通式喷嘴的流涎问题，适用于低黏度聚合物（如PA）的加工。在预塑时能关闭喷嘴流道，防止熔体流涎现象，而当注射时又能在注射压力的作用下开启，使熔体注入模腔。

项目3　电梯电路分析与故障排除

【项目描述】

学习电梯的组成、运动、电气控制电路分析及常见故障处理。

【项目内容】

电梯是指用电力拖动轿厢运行于铅垂或倾斜度不大于15°的两列刚性导轨之间、运送乘客或货物的间歇运动的升降设备，是现代建筑或高层建筑中不可缺少的配套设施之一。包括人（货）电梯、自动扶梯、自动人行道。

近几年受计算机技术、电子技术以及智能化技术发展的影响和人们对生活水平质量要求的提高，随着办公楼、医院、旅馆、商场以及其他类型建筑物高层化和现代化的发展，电梯技术和电梯种类发展非常迅速，出现了各种类型或各种用途的电梯。

任务1　电梯的组成

各类电梯的组成大同小异，如图8-21所示。其结构主要由曳引系统、导向系统、轿厢系统、门系统、重量平衡系统、电力拖动系统、电气控制系统和安全保护系统等组成。

1. 曳引系统

曳引系统是输出与传递动力、使曳引机的旋转运动转换为电梯的垂直运动的系统。主要由曳引机和曳引绳组成。

① 曳引机。曳引机由电动机、制动器和曳引轮等组成。电梯的驱动与停止靠曳引绳和曳引轮槽摩擦力。曳引机分为有齿轮曳引机和无齿轮曳引机，如图所示。有齿轮曳引机是电动机通过减速齿轮箱驱动曳引轮。无齿轮曳引机是电动机直接驱动曳引轮。如图8-22所示。

② 曳引绳。曳引绳是连接轿厢和对重的装置，是与曳引轮槽产生摩擦力驱动轿厢升降的专用钢丝绳。

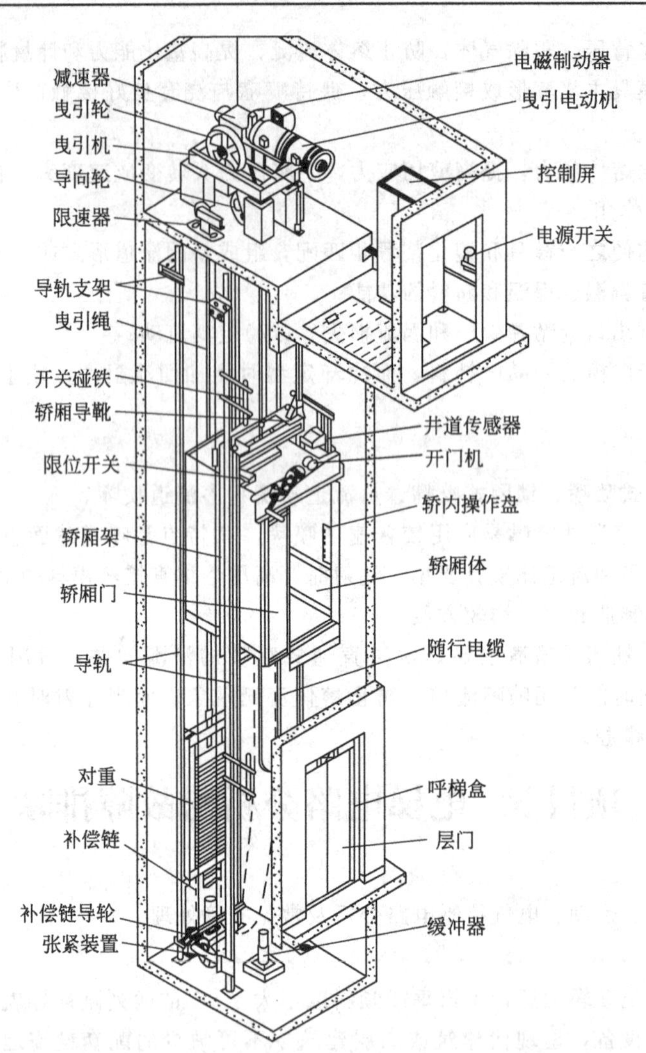

图 8-21 电梯的组成

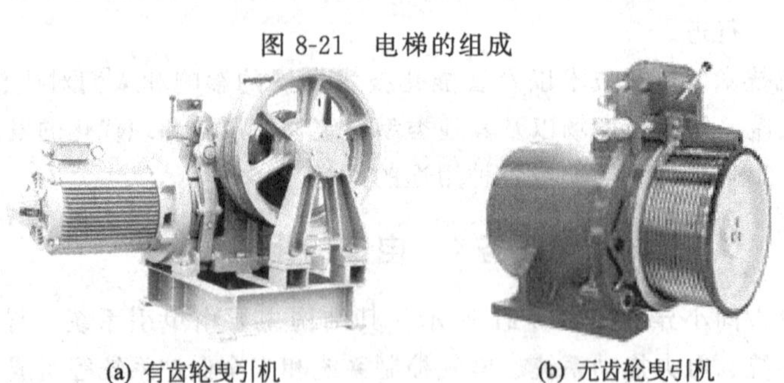

(a) 有齿轮曳引机　　(b) 无齿轮曳引机

图 8-22 曳引机

2. 导向系统

导向系统的作用是保证轿厢与对重的相互位置，限制轿厢和对重的活动自由度，使轿厢和对重只能沿着导轨作升降运动。导向系统主要由下列部件组成：

① 导轨。供轿厢和对重上、下运行的导向部件。

② 导轨支架。固定在井道壁或横梁上，支撑和固定导轨用的构件。

③ 导靴。装在轿厢和对重架上，与导轨配合，强制轿厢和对重沿导轨直立方向运动。

④ 导向轮。保证轿厢与对重之间的距离，使曳引绳经曳引轮再到对重装置的绳轮。

⑤ 反绳轮。设置在轿厢架和对重架上部的动滑轮。根据需要曳引绳绕过反绳轮可以构成不同的曳引比。反绳轮的数量根据曳引比确定，一般是1个、2个或3个。

3. 轿厢系统

轿厢系统是用于运送乘客或货物的系统。由下列部件组成：

① 轿厢架。支撑和固定轿厢的框架。包括上梁、立柱、底梁和拉杆等部件。

② 轿厢体。轿厢体具有一定的空间，是运载乘客或货物的容体。它由轿厢底、轿厢壁、轿厢门和轿厢顶组成。

4. 门系统

门系统的作用是防止坠落和挤伤事故发生。主要由下列部件组成：

① 轿厢门。装在轿厢入口的门。

② 层门。装在层站入口的门，又称厅门。

③ 开门机。使轿厢门、层门自动开启或关闭的装置。

④ 门锁装置。装在层门内侧，门关闭后将门锁紧，同时接通控制电路，使轿厢运行。门不锁紧，电梯不能运行。

5. 重量平衡系统

重量平衡系统的作用是使曳引电动机工作负担减轻，功率消耗降低，达到节能和提高效率的目的。它由下列装置构成：

① 对重。由对重架和对重块组成，其重量与轿厢满载时的重量成一定比例。用来平衡轿厢自重和部分额定载重。

② 重量补偿装置。在高层电梯中，用来补偿轿厢与对重侧曳引绳长度变化对电梯平衡影响的装置。

6. 电力拖动系统

电力拖动系统提供电梯运行动力，实现电梯速度控制。它由下列设备组成：

① 曳引电动机。它是电梯的动力源。根据电梯配置可用交流电动机或直流电动机。

② 供电装置。它是提供曳引电动机电源的装置。

③ 速度检测装置。它用来检测轿厢运行速度，将其转变成电信号，供电梯调速控制用。

④ 电动机调速控制。该装置对电梯运行速度调整控制。交流调速电动机的速度控制方式有交流变极调速、交流变压调速和变频变压调速等。其中变极调速属有级调速，不能均滑调速、调速性能差。直流电动机调速属无级调速，具有调速性能好和调速范围大的优点，常用发电机组构成有晶闸管励磁发电机-电动机、晶闸管整流装置直接供电的晶闸管整流装置-电动机等。

7. 电气控制系统

电气控制系统对电梯实行操作和控制的系统。它由下列装置构成：

① 操作装置。对电梯的运行进行操作的装置。包括轿厢内的按钮操作箱或手柄开关箱、层站召唤按钮箱、轿顶和机房中的检修或应急操作箱。

② 位置显示装置。设置在轿厢内和层站的指示灯，以灯光数字显示电梯运行方向及轿厢所在的层站的装置。

③ 控制屏（柜）。安装在机房中，对电梯实行电气控制的装置。

④ 平层装置。使轿厢达到平层准确度要求的装置。由磁感应器和遮磁板构成。

⑤ 选层控制器。有轿厢内开关控制器、按钮控制器、信号控制器、集选控制器、并列控制器和梯群控制器等类型。

8. 安全保护系统

安全保护系统的作用是保证电梯安全运行，防止一切危及人身安全的事故发生。

① 安全钳装置。电梯速度达到限速器动作速度时，甚至在悬挂装置断裂的情况下，安全钳装

置能夹紧导轨而使装有额定载重量的轿厢制停并保持静止状态。在安全钳装置作用时，装在它上面的电气安全装置能在安全钳动作前或同时，使曳引电动机停止转动，保证乘客、货物和设备安全。

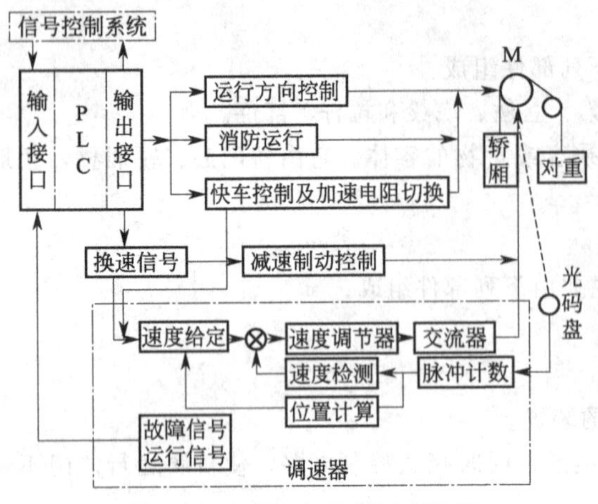

图 8-23 电梯电气控制原理框图

② 限速器。限速器是限制轿厢（或对重）运行速度的装置。当轿厢运行速度达到限定值时，限速器动作，使轿厢两边安全钳的楔块同步提起，夹住导轨。限速器通常安装在机房内或井道顶部。

③ 缓冲器。缓冲器是电梯极限位置的安全装置，装在井道底部。当电梯轿厢或对重因种种原因而迅速下滑，直冲底部时，轿厢或对重撞击缓冲器，由缓冲器吸收和消耗电梯能量，这样可以尽量减轻对轿厢的冲击，使轿厢或对重安全减速直到停止。如果缓冲器随轿厢或对重运行，则在行程末端应设置与其相撞的支座，支座高度不少于0.5m。

④ 超速保护开关。当电梯运行速度超过额定速度10%时，超速保护开关动作，切断控制电路，使电梯停止运行。

⑤ 上、下端站超越保护。在井道顶端、底端设置强迫减速开关、端站限位开关和终端极限开关。在轿厢或对重碰到缓冲器之前切断控制电路，使电梯停运。

⑥ 电气安全装置。主要由供电系统缺相保护装置、层门与轿门电气联锁装置、紧急操作装置等组成。

【自己动手】

画电梯结构示意图，并说明各部件的作用。

任务 2 电梯的电气控制

如图 8-23 所示，为电梯的电气控制原理框图。主要由 PLC（可编程控制器）、调速器和控制电路等组成。

1. 电梯的电气控制方式

电梯的电气控制方式主要有：交流单速电动机控制系统、交流调压调速控制系统、交流变频调压调速控制系统、直流发电机-电动机晶闸管励磁控制系统、晶闸管直流电动机控制系统等。

2. 电梯不同电气控制方式的比较

如表 8-2 所示，电梯不同电气控制方式具有不同的特点。

表 8-2 电梯不同电气控制方式的比较

序　号	拖动方式	特　点
1	交流单速电动机	由于舒适感差，仅用在杂物电梯上
2	交流双速电动机	结构紧凑，维护简单，广泛应用于低速电梯中
3	交流调压调速拖动系统	舒适感好、平层准确度高、结构简单，控制的电梯在快、低速范围内大量取代直流快速和交流双速电梯
4	直流发电机-电动机晶闸管励磁拖动系统	调速性能好、调速范围大，但因结构体积大、耗电量大、造价高，逐渐被交流调速电梯所取代
5	晶闸管直流电动机拖动系统	解决低速时的舒适感问题，应用较晚，目前世界上最高速度(10m/s)的电梯就是采用这种系统
6	交流变频调压拖动系统	包括各种拖动系统的所有优点，已成为世界上最新的电梯拖动系统，目前速度已达 6m/s

3. 电梯的电气控制要求

① 电梯运行到指定位置后具有手动或自动开/关的功能。

② 利用指示灯显示电梯厢外的呼唤信号、电梯厢内的指令信号和电梯到达信号。

③ 能自动判别电梯运行方向，并发出响应的指示信号。

④ 电梯上行下行由一台电动机牵引。电动机正转电梯上升，电动机反转电梯下降。

⑤ 电梯轿厢门由一台小功率电机驱动。电动机正转、轿厢门打开，电动机反转轿厢门关闭。

⑥ 每一层楼设有呼叫按钮 SB6-SB9；轿厢内开门按钮 SB1，关门按钮 SB2；轿厢内层面指令按钮 SB3-SB5。

4. 电梯交流调速控制系统的优点

① 与直流电动机相比，交流电动机具有结构简单、制造容易、维护工作量小等优点，但交流电动机的控制却比直流电动机复杂得多。

② 早期的交流传动均用于不可调传动，而可调传动则用直流传动，随着电力电子技术、控制技术和计算机技术的发展，交流可调传动已逐步普及。

【自己动手】

(1) 画电梯电气控制电路原理框图。

(2) 总结电梯电气控制电路的要求，分析不同控制方式的优缺点。

任务3 电梯的使用

载人电梯都是微机控制的智能化、自动化设备，不需要专门的人员来操作驾驶，普通乘客只要按下列程序乘坐和操作电梯即可。

① 在乘梯楼层电梯入口处，根据自己上行或下行的需要，按上方向或下方向箭头按钮，只要按钮上的灯亮，就说明你的呼叫已被记录，只要等待电梯到来即可。

② 电梯到达开门后，先让轿厢内人员走出电梯，然后呼梯者再进入电梯轿厢。进入轿厢后，根据你需要到达的楼层，按下轿厢内操纵盘上相应的数字按钮。同样，只要该按钮灯亮，则说明你的选层已被记录；此时不用进行其他任何操作，只要等电梯到达你的目的层停靠即可。

③ 电梯行驶到目的层后会自动开门，此时按顺序走出电梯即结束了一个乘梯过程。

【自己动手】

总结电梯使用注意事项。

任务4 电梯维护与常见故障

1. 机械维护

(1) 电梯的曳引机加油润滑

在曳引机的外罩上有两个刻度，打开油嘴查看油应在两个刻度中间，如果油低于下面的刻度，就表示应该给曳引机加油，如果不加油，电梯长时间的运行就会得不到很好润滑，从而导致电梯曳引机和电动机的烧毁。电梯运行时间长了以后应该及时更换油，使曳引机始终保持清爽良好的润滑。

(2) 电梯轿厢导靴清洗和润滑

众所周知，导靴在导轨上运行，导靴上面有油杯，要使电梯在运行中不产生磨擦声就必须定期给油杯加油和清洗导靴，并且应打扫干净轿厢的卫生。

(3) 电梯厅门和轿门的保养

电梯出现故障一般多在电梯厅门和轿门上，所以应注意厅门、轿门上的保养。门的上坎架上该加油地方加油，保持良好润滑，电梯就不会在运行中和门的开启中发出令人不愉快的声音。注意电梯的安全触板或光幕型的触板开关线的检查，因为电梯开关门的频率较高，会使开关线受损，这就要求维保人员在每一次工作中必须要检查，该换的就要提前换，不要让用户因门的问题对电梯产品质量产生怀疑。

2. 电气维护

电气部件大致分为控制屏、各安全回路的电器开关等，它是电梯的大脑，是电梯的中枢神经，电梯的启动、运行和门的开关都由它主宰，所以在日常维保工作中一定要把它当做重中之重来对待。在工作中最好不要在控制屏内进行电梯回路的短接。

3. 常见故障

常见故障有电气安全装置失灵、制动力矩不足、曳引力不足、限速器失灵、安全钳失灵等。

【自己动手】

总结电梯维护内容及常见故障与处理。

【问题与思考】

(1) 电梯的用途是什么？

(2) 电梯由哪些部件组成？

(3) 电梯有哪些类型？

(4) 电梯如何使用和管理？

小　结

本情境主要介绍了桥式起重机、注塑机和电梯的结构、运动、类型、使用、电路分析和常见故障与排除。

桥式起重机以普通式为例；注塑机以卧式为例；电梯以载人式垂直电梯为例。

参考文献

[1] 许实章．电机学［M］．北京：机械工业出版社，1995.
[2] 吴浩烈．电机及电力拖动基础［M］．重庆：重庆大学出版社，1996.
[3] 任礼维，林瑞光．电机与拖动基础［M］．杭州：浙江大学出版社，1994.
[4] 李发海，王岩．电机与拖动基础［M］．北京：清华大学出版社，1994.
[5] 严震池．电机学［M］．北京：中国电力出版社，1999.
[6] 杜贵明，张森林．电机与电气控制［M］．武汉：华中科技大学出版社，2010.
[7] 李贤温．电工技术与技能训练［M］．北京：电子工业出版社，2011.
[8] 盛国林．电气安装与调试技术［M］．北京：中国电力出版社，2005.
[9] 姜玉柱．电机与电力拖动［M］．北京：北京理工大学出版社，2006.
[10] 张运波，刘淑荣．工厂电气控制技术［M］．北京：高等教育出版社，2004.
[11] 陈思荣，李贤温．物业设备设施维护与管理［M］．北京：电子工业出版社，2007.
[12] 许晓峰．电动机及拖动［M］．北京：高等教育出版社，2006.
[13] 李益民．电动机及电气控制［M］．北京：高等教育出版社，2006.
[14] 赵承荻．电动机及应用［M］．北京：高等教育出版社，2003.
[15] 钱平．交直流调速控制系统［M］．北京：高等教育出版社，2005.
[16] 李发海，王岩．电动机与拖动基础［M］．北京：中央广播电视大学出版社，1987.
[17] 赵仁良．电力拖动控制线路［M］．北京：中国劳动出版社，1988.
[18] 李敬梅．电力拖动控制电路与技能训练［M］．北京：中国劳动社会保障出版社，2001.
[19] 白雪．电动机与电气控制技术［M］．西安：西北工业大学出版社，2008.
[20] 谭维瑜．电动机与电动机控制［M］．北京：机械工业出版社，2003.
[21] 徐建俊．电动机与电气控制［M］．北京：清华大学出版社，2005.
[22] 赵明．工厂电气控制设备［M］．北京：机械工业出版社，2005.
[23] 张运波．工厂电气控制技术［M］．北京：高等教育出版社，2001.
[24] 刘子林．电动机与电气控制［M］．北京：电子工业出版社，2003.
[25] 韩忠源．工厂电气控制设备［M］．重庆：重庆大学出版社，2003.
[26] 上海微电机研究所．微特电机［M］．上海：上海科学技术出版社，1983.
[27] 杨渝钦．控制电机［M］．北京：机械工业出版社，1990.
[28] 陈筱艳，陈隆昌．控制电机［M］．北京：国防工业出版社，1979.
[29] 才家刚．电机试验手册［M］．北京：中国电力出版社，1998.
[30] 常润．电工手册［M］．北京：北京出版社，1996.
[31] 机械工业部．中小型电机产品样本［M］．北京：机械工业出版社，1996．
[32] 赵家礼．电动机修理手册［M］．北京：机械工业出版社，1992.
[33] 于福鸿．电机与拖动基础［M］．吉林：吉林科学技术出版社，1996.
[34] 郑治同．电机实验［M］．北京：机械工业出版社，1981.
[35] 冯欣南．电机学［M］．北京：机械工业出版社，1985.
[36] 姜孝定，徐余法，胡幸鸣．电机及拖动实验［M］．北京：机械工业出版社，1997.
[37] 徐云宫．电机实验教程［M］．北京：水利电力出版社，1995.